SAFON UWCH DAEARYDDIAETH
MEISTROLI'R TESTUN

LLEOEDD
NEWIDIOL

Golygydd
y Gyfres:
Simon Oakes

Simon Oakes

HODDER
EDUCATION
AN HACHETTE UK COMPANY

Safon Uwch Daearyddiaeth Meistroli'r Testun Lleoedd Newidiol

Addasiad Cymraeg o *A-Level Geography Topic Master Changing Places* a gyhoeddwyd yn 2018 gan Hodder Education

Ariennir yn Rhannol gan
Lywodraeth Cymru

Part Funded by
Welsh Government

Cyhoeddwyd dan nawdd Cynllun Adnoddau Addysgu a Dysgu CBAC

Cydnabyddiaethau

Mae rhestr o Gydnabyddiaethau Ffotograffau ar dudalen 222

Diolch i'r *Geographical Association* am yr hawl i atgynhyrchu cynnwys o Bennod 3 a 4, Rawlings Smith, E., Oakes, S. and Owens, A. (2016) *Top Spec Geography: Changing Places. Sheffield: Geographical Association.*

tud. 16 Ffigur 1.8 Cromliniau Lorenz yn dangos lefel yr arwahaniad i wahanol gymunedau ethnig yn y DU yng Nghyfrifiad 1991. Ailgyhoeddwyd gyda chaniatâd JOHN WILEY & SONS, o [Transactions of the Institute of British Geographers, Cyfres Newydd, Cyfrol. 21, Rhif 1 (1996), tt 216-235]; cyflwynwyd y caniatâd drwy Copyright Clearance Center, Inc.; **tud. 17 Ffigur 1.9** Graffigyn gan Billy Ehrenberg – Shannon a Graham Parrish o *Northern Powerhouse project threatened by 'brain drain'* gan Andrew Bounds a Chris Tighe. Financial Times 18 Ebrill 2016; **tud. 22 Ffigur 1.13** Donald G. Janelle (2010), CENTRAL PLACE DEVELOPMENT IN A TIME-SPACE FRAMEWORK, The Professional Geographer, 20 (1): 5-10 © The Association of American Geographers, www.aag.org, ail argraffwyd trwy ganiatâd Taylor & Francis Ltd, httpwww.tandfonline.com ar ran The Association of American Geographers. **tud. 24 Ffigur 1.14** O *How laundered money shapes London's property market* gan Judith Evans. Financial Times 6 Ebrill 2016; **tud. 30** *Construction is turning London into a city of holes* gan Edwin Heathcote. Financial Times Magazine 23 Ebrill 2016; **tud. 70 Ffigur 2.26** Ail gynhyrchwyd gyda chaniatâd yr Institute of Cultural Capital, Prifysgol Lerpwl; **tud. 102 Ffigur 3.20** Graffigyn gan John Burn-Murdoch o *Left behind: can anyone save the towns the economy forgot* gan Sarah O'Connor. Financial Times Magazine. 18 Tachwedd 2017; **tud. 113 Tabl 3.9** Ail gynhyrchwyd gyda chaniatâd City AM Ltd; **tud. 131 Ffigur 4.12** Graffigyn gan John Burn-Murdoch o *Young professionals resist London's lure and head north for jobs* gan Andrew Bounds. Financial Times 11 Mai 2017; **tud. 140 Ffigur 4.20** Ail gynhyrchwyd gyda chaniatâd Yr Athro Alastair Owens; **tud. 175 Ffigur 5.19** Graffigyn gan Alan Smith o *Commuting times and housing costs compared in eight major cities* gan Hugo Cox ac Alan Smith. Financial Times. 18 Chwefror 2016

Gwnaed pob ymdrech i gysylltu â'r holl ddeiliaid hawlfraint, ond os oes unrhyw rai wedi'u hesgeuluso'n anfwriadol, bydd y cyhoeddwyr yn falch o wneud y trefniadau angenrheidiol ar y cyfle cyntaf.

Er y gwnaed pob ymdrech i sicrhau bod cyfeiriadau gwefannau yn gywir adeg mynd i'r wasg, nid yw Hodder Education yn gyfrifol am gynnwys unrhyw wefan y cyfeirir ati yn y llyfr hwn. Weithiau mae'n bosibl dod o hyd i dudalen we a adleolwyd trwy deipio cyfeiriad tudalen gartref gwefan yn ffenestr LlAU (*URL*) eich porwr.

Polisi Hachette UK yw defnyddio papurau sy'n gynhyrchion naturiol, adnewyddadwy ac ailgylchadwy o goed a dyfwyd mewn coedwigoedd cynaliadwy a ffynonellau eraill a reolir. Disgwylir i'r prosesau torri coed a gweithgynhyrchu gydymffurfio â rheoliadau amgylcheddol y wlad y mae'r cynnyrch yn tarddu ohoni.

Archebion

Hachette UK Distribution, Hely Hutchinson Centre, Milton Road, Didcot, Oxfordshire, OX11 7HH

ffôn: (44) 01235 827827

e-bost: education@hachette.co.uk

ISBN: 978 1 3983 6944 3

Cyhoeddwyd gyntaf yn 2022 gan

Hodder Education,
an Hachette UK Company,
Carmelite House,
50 Victoria Embankment
London EC4Y 0DZ

www.hoddereducation.co.uk

Llun y clawr © Alija / E+ / Getty Images

Darluniau gan Barking Dog Art

Teiposodwyd yn India gan Aptara Inc.

Argraffwyd yn Slovenia gan DZS GRAFIK D.O.O.

Mae cofnod catalog y teitl hwn ar gael gan y Llyfrgell Brydeinig.

MIX
Paper from
responsible sources
FSC™ C104740

Cynnwys

Cyflwyniad

Mae Safon Uwch mewn Daearyddiaeth ddynol wedi newid yn llwyr yn ddiweddar. Yn rhannol, mae'r newidiadau hyn yn adlewyrchu'r ffordd y mae cyrsiau daearyddiaeth y brifysgol yn esblygu dros amser. Mae pynciau newydd a gyflwynwyd yn gyntaf i'r cwricwlwm israddedig yn yr 1990au wedi dod yn bynciau priff ffrwd ar lefel gradd erbyn hyn. Y mwyaf blaenllaw o'r rhain yw astudio 'lleoedd newidiol'. Yn 2016, wedi i banel cynghori o arbenigwyr fynnu hynny, daeth yn rhan gofynnol o fanylebau Daearyddiaeth Safon Uwch hefyd. Nod y llyfr hwn yw datblygu dysgu'r myfyrwyr Safon Uwch am leoedd newidiol gan ddefnyddio cydbwysedd o theori (meddwl yn gysyniadol am le) ac astudiaethau achos sy'n eu hysgogi i feddwl. Mae'r astudiaethau achos yn canolbwyntio'n bennaf ar leoedd yn y DU ond, weithiau, maen nhw'n lleoedd pellach i ffwrdd (er enghraifft Barcelona, dinas sy'n ymddangos ar glawr y llyfr hwn).

Cyfres Meistroli'r Testun Safon Uwch Daearyddiaeth

Nod y llyfrau yn y gyfres hon yw cynorthwyo dysgwyr sy'n ceisio cyrraedd y graddau uchaf. Er mwyn cyrraedd y graddau uchaf mae angen i fyfyrwyr wneud mwy na dysgu ar gof. Traean yn unig o'r marciau sy'n cael ei roi am gofio gwybodaeth mewn arholiad Daearyddiaeth Safon Uwch (*Amcan Asesu 1*, neu *AA1*). Mae cyfran uwch o farciau'n cael eu cadw ar gyfer tasgau gwybyddol mwy heriol, gan gynnwys **dadansoddi, dehongli** a **gwerthuso** gwybodaeth a syniadau daearyddol (*Amcan Asesu 2*, neu *AA2*). Felly mae'r deunydd yn y llyfr hwn wedi cael ei ysgrifennu a'i gyflwyno'n bwrpasol mewn ffordd sy'n annog darllen gweithredol, myfyrio a meddwl yn feirniadol. Y nod gyffredinol yw eich helpu chi i ddatblygu'r 'galluoedd daearyddol' dadansoddol ac arfarnol sydd eu hangen arnoch i lwyddo mewn arholiad. Mae cyfleoedd i ymarfer a datblygu **sgiliau trin data** wedi'u cynnwys yn y testun drwyddo draw hefyd (gan gefnogi *Amcan Asesu 3*, neu *AA3*).

Mae pob llyfr *Meistroli'r Testun Daearyddiaeth* yn annog myfyrwyr i 'feddwl yn ddaearyddol' drwy'r amser. Yn ymarferol mae hyn yn gallu golygu sut i integreiddio **cysyniadau daearyddol** – gan gynnwys lle, graddfa, cyd-ddibyniaeth, achosiaeth ac anghydraddoldeb – yn y ffordd rydym yn meddwl, yn dadlau ac yn ysgrifennu. Mae'r llyfrau hefyd yn manteisio ar bob cyfle i feithrin **cysylltiadau synoptig** (sef gwneud cysylltiadau 'pontio' rhwng themâu a thestunau. Drwy gydol y llyfrau mae mae cyfeirio at dudalennau eraill i greu cysylltiadau rhwng gwahanol benodau ac is-destunau. Mae llawer o gysylltiadau wedi'u pwysleisio rhwng 'Lleoedd Newidiol' a thestunau Daearyddiaeth eraill, fel *Systemau byd-eang* neu *Gylchredau dŵr a charbon*.

Defnyddio'r llyfr hwn

Gellir darllen y llyfr hwn o glawr i glawr, neu mae'n bosib darllen pennod yn annibynnol yn ôl yr angen. Mae'r un nodweddion yn cael eu defnyddio ym mhob pennod:

- Mae *Amcanion* yn sefydlu'r pedwar prif bwynt (ac adran) ym mhob pennod.
- Mae *Cysyniadau allweddol* yn syniadau pwysig sy'n ymwnued naill ai â disgyblaeth Daearyddiaeth yn ei chyfanrwydd neu ag astudio lleoedd newidiol yn fwy penodol.
- Mae *Astudiaethau achos* cyfoes yn cymhwyso syniadau, damcaniaethau a chysyniadau daearyddol i gyd-destunau lleol yn y byd go iawn a'r problemau sy'n aml wedi eu heffeithio gan rymoedd byd-eang (fel yr argyfwng ariannol byd-eang, twf China a Brexit)
- Mae nodweddion *Dadansoddi a dehongli* yn eich helpu i ddatblygu'r sgiliau a'r galluoedd daearyddol er mwyn cymhwyso gwybodaeth a dealltwriaeth (AA2) a thrin data (AA3).
- Mae *Gwerthuso'r mater* yn cau pob pennod drwy drafod mater alweddol yn y maes Lleoedd Newidiol (gyda safbwyntiau croes)
- Hefyd, ar ddiwedd pob pennod, mae *Crynodeb o'r bennod*, *Cwestiynau adolygu*, *Gweithgareddau trafod*, *Ffocws y gwaith maes* (i gefnogi'r ymchwiliad annibynnol) a *Darllen pellach* dethol.

Nodweddion, dynameg a chysylltiadau lle

Mae'r berthynas ddynamig rhwng pobl, economïau a'r amgylchedd ffisegol yn helpu i greu lleoedd amlhaenog. Mae gwahanol leoedd yn datblygu hunaniaethau nodedig dros amser. Gan ddefnyddio amrywiaeth o syniadau, cysyniadau a data cefnogol, mae'r bennod hon yn:

- dadansoddi'r gwahanol elfennau dynol a ffisegol sy'n cydgysylltu i roi cymeriad i le
- ymchwilio sut mae lleoedd yn newid dros amser oherwydd prosesau mewnol ac allanol dynamig
- archwilio sut mae lleoedd a chymunedau'n cael eu siapio gan y cysylltiadau rhwydwaith a'r berthynas sydd ganddyn nhw â lleoedd eraill heddiw a'r berthynas oedd ganddyn nhw â lleoedd eraill yn y gorffennol, ar raddfeydd rhanbarthol, cenedlaethol a byd-eang
- gwerthuso i ba raddau y mae'n bosibl cadw a gwarchod lleoedd rhag y cyfryngau sy'n dod â newid, fel globaleiddio.

CYSYNIADAU ALLWEDDOL

Hunaniaeth lle Yr elfennau ffisegol a dynol sy'n helpu i wneud lle'n wahanol i leoedd eraill. Mae'r bennod hon yn archwilio nodweddion mesuradwy lle yn ffisegol, economaidd a demograffig (ac mae Pennod 2 yn archwilio dehongliadau mwy goddrychol o hunaniaeth lle).

Cyd-ddibyniaeth Sut mae gwahanol leoedd yn datblygu dibyniaeth ar ei gilydd dros amser. Hefyd, y dylanwad sydd gan gymdeithas, economi a thirwedd un lle dros le arall.

Globaleiddio Pan mae'r cysylltiadau rhwng gwahanol leoedd yn cynyddu a chryfhau ar raddfa fyd-eang. Mae'r newidiadau sy'n digwydd mewn marchnadoedd, technoleg a gwleidyddiaeth yn achosi i'r byd 'fynd yn llai' ac mae hyn yn golygu bod y llif cyfalaf, nwyddau, pobl a gwybodaeth yn symud yn gyflymach. Mae rhai pobl a chymdeithasau'n croesawu globaleiddio; mae eraill yn ceisio ei wrthod.

 TERM ALLWEDDOL

Gofod Cysyniad trefnu sylfaenol y daearyddwr. Yn y gorffennol roedd astudiaethau daearyddol yn ceisio nodi lleoliadau pobl a ffenomenau ar wyneb y Ddaear a chyflwyno'r wybodaeth hon i bobl eraill ei gweld gan ddefnyddio mapiau. Mewn astudiaethau cyfoes o leoedd, gallwn ni ddeall gofod fel y pellter sy'n gwahanu lleoedd. Mae dau bwynt pwysig yn codi. Yn gyntaf, dydy'r gofod sy'n gwahanu dau le byth yn wag nac yn ofod heb nodweddion ac ystyr. Er enghraifft, bydd mudwyr weithiau'n pasio drwy le nad oedden nhw'n gwybod cyn hynny ei fod yn bodoli, wrth iddyn nhw symud o'u hardal gartref i'r gyrchfan sydd ganddyn nhw mewn golwg. Gallan nhw benderfynu ymgartrefu yn y lle hwn, y 'cyfle rhyngol' hwn, yn lle cwblhau eu taith. Yn ail, mae'r gofod (neu'r pellter) rhwng y ddau le yn wir ac yn ganfyddedig: mae'r teimlad o bellter rhwng dau le yn mynd yn llai pan fydd cludiant cyflym a chyfathrebiad ar gael.

 # 1 Nodweddion lle

▶ *Beth yw'r prif elfennau sy'n creu lle, a sut maen nhw'n cyfuno i greu hunaniaeth nodedig?*

Darganfod lleoedd

'Lle' yw darn o gofod daearyddol sydd â'i hunaniaeth yn nodedig mewn rhyw ffordd. Mae gan leoedd penodol dirweddau unigryw oherwydd y ddaearyddiaeth ffisegol sy'n perthyn iddyn nhw, yn ogystal â'r ffordd y mae gwahanol gymdeithasau wedi siapio golwg arwynebol y lle dros amser. Mae 'hanes haenedig' yn agwedd bwysig o gymeriad lle. Mae'r term hwn yn disgrifio

▲ **Ffigur 1.1** Clerkenwell yn Llundain: yn yr ardal ganolog hon o'r ddinas mae brithwaith trefol o wahanol adeiladau cyferbyniol a mathau gwahanol o ddefnydd tir o wahanol gyfnodau hanesyddol.

🔑 **TERMAU ALLWEDDOL**

Lleoedd agos Yn yr ystyr wirioneddol, mae'r lleoedd hyn wrth ymyl ei gilydd. Yn y DU, digwyddodd y llifo gwledig-trefol hanesyddol rhwng y dinasoedd a'r ardaloedd gwledig o'u cwmpas. Gallwn ni hefyd ddefnyddio'r term hwn i ddisgrifio lleoedd sy'n *teimlo* yn agos diolch i dechnoleg a thrafnidiaeth – er eu bod nhw'n bell iawn i ffwrdd mewn gwirionedd.

Lleoedd pell i ffwrdd Lleoedd pell i ffwrdd o fewn gwlad, neu leoedd mewn gwledydd eraill sydd bellter mawr i ffwrdd yn aml iawn. Hefyd, lleoedd ynysig sy'n teimlo ymhell i ffwrdd am fod y daith i gyrraedd yno'n cymryd amser hir (er nad yw'r pellter yn fawr iawn mewn gwirionedd).

Rhanbarth Ardal eang, fel Canolbarth Lloegr neu Ardal y Llynnoedd, lle mae'r lleoedd oddi mewn iddi'n rhannu nodweddion ffisegol a diwylliannol penodol.

---

cyfuniad o'r holl olion o brosesau ffisegol a dynol sy'n gweithredu ar y dirwedd ar hyn o bryd, ac sydd wedi gweithredu ar y dirwedd yn y gorffennol. Mae rhai o ddinasoedd hynaf y DU, fel Caer, Llundain, Bryste ac Efrog, wedi eu hadeiladu ar orlifdir neu forlin. Ymhob un o'r rhain, gallwn ni weld tystiolaeth o lifogydd neu erydiad y gorffennol yn yr amddiffynfeydd sydd wedi dod yn rhan bwysig o hunaniaeth y dinasoedd hyn yn y byd modern. Mae lleoedd hŷn sydd i'w cael o fewn y dinasoedd hyn, fel ardal Clerkenwell yn Llundain, yn 'frithwaith trefol' o adeiladau a defnyddiau tir sy'n hollol wahanol i'w gilydd (gweler Ffigur 1.1). Ymysg yr adeiladau hyn mae tai o oes Fictoria a thai cyfoes, eglwysi Normanaidd, synagogau canoloesol, mosgiau o'r cyfnod ar ôl y rhyfel a hen ffatrïoedd sydd wedi eu troi'n swyddfeydd, clybiau nos neu yn fwytai. Y rheswm dros yr holl wahanol ddefnyddiau tir hyn, yn hynafol a modern, yw bod gan y lle hanes hir, amlhaenog o heriau a newidiadau economaidd, poblogaeth yn tyfu a phobl yn mudo.

Yn Clerkenwell heddiw mae'r dirwedd yn cynnig nifer o gliwiau am y ffordd y mae hunaniaeth y lle hwn – neu ei 'bersonoliaeth' – wedi cael ei ail siapio dro ar ôl tro gan ei berthynas newidiol gyda lleoedd a chymdeithasau eraill, ar wahanol raddfeydd daearyddol. Mae pob lle yn ddynamig a 'pherthynol' i ryw raddau. Y rheswm dros hynny yw bod y gymdeithas a'r economi sydd wedi creu'r lle, ac y mae'r lle yn dibynnu arnyn nhw, mewn cyflwr o newid drwy'r amser. Mae'r newid parhaol yma'n digwydd, yn rhannol, oherwydd y cysylltiadau newidiol sydd gan y lle gyda lleoedd agos (ar y raddfa leol a chenedlaethol) a lleoedd pell i ffwrdd (ar y raddfa ryngwladol a byd-eang). Mewn degawdau diweddar, mae globaleiddio wedi cyflymu cyfradd y newid a welwyd mewn llawer o leoedd, gan gynnwys Clerkenwell, lle mae nifer gynyddol o'u heiddo, eu busnesau a'u siopau yn awr dan berchnogaeth tramor. Dylanwad mawr arall ar faint y mae lleoedd yn newid (neu ddim yn newid) dros amser yw'r grymoedd gwleidyddol (gweler tudalennau 32-35).

Lle a graddfa

Mae pentrefi, trefi bach a chymdogaethau mewn dinas yn lleoedd lleol i gyd. Yn eu tro, mae pob un o'r rhain yn rhan o gyd-destun daearyddol graddfa fwy, fel rhanbarth neu ddinas. Er enghraifft, mae'r rhanbarth dinas fewnol, Bootle, a'r pentref ar gyrion y ddinas, Formby, yn perthyn i ddinas Lerpwl yng ngogledd-orllewin Lloegr. Gallwn ni ystyried y mannau hyn i gyd – Bootle, Formby, Lerpwl a'r gogledd-orllewin – yn lleoedd, am fod gan bob un gyfres o nodweddion ffisegol a dynol sy'n rhoi hunaniaeth iddyn nhw ac yn eu gwahaniaethu nhw oddi wrth leoedd eraill o'r un maint.

Roedd y syniad o 'hunaniaeth ranbarthol' ar raddfa fawr yn elfen hollbwysig yn y meddylfryd daearyddol ym mlynyddoedd cynnar yr ugeinfed ganrif. Pan oedd Paul Vidal de la Blanche yn ysgrifennu, yn fuan yn yr 1900au, cyflwynodd y syniad o ranbarthau unffurf – hynny yw, ardaloedd eang lle roedd 'cwlwm' arbennig wedi datblygu rhwng y dirwedd naturiol a'r cymdeithasau oedd yn byw yno. Mae syniadau Vidal i'w gweld hyd heddiw yn y ffordd rydyn ni'n ystyried bod gan wahanol ranbarthau neu wledydd gyfuniad o nodweddion ffisegol a diwylliannol nodedig. Er enghraifft, cafodd y melinau, simneiau ffatri a waliau ffermydd sy'n nodweddiadol o ranbarth Swydd Efrog eu hadeiladu gyda cherrig grut lleol o'r Pennines (gweler Ffigur 1.2). Maen nhw'n rhoi synnwyr o unffurfiaeth i Swydd Efrog, ynghyd â'i thafodiaith ranbarthol. Ac eto, mae pob pentref neu gymdogaeth drefol yn Swydd Efrog yn lle nodedig ynddo'i hun hefyd ar y raddfa leol.

Mae dwy egwyddor bwysig yn dilyn o hyn. Yn gyntaf, mae'n bosibl i elfennau o hunaniaeth lle fod yr un fath â'r rhanbarth ehangach neu'r ddinas y mae'r lle hwnnw'n perthyn iddo/iddi. Yn ail, yn aml iawn mae dirywiad economaidd lleoedd penodol yn rhan o ddarlun llawer mwy o ddirywiad sector a rhanbarth (gweler Penodau 3 a 4).

Ar y raddfa ddaearyddol fwyaf un, wrth astudio systemau byd-eang neu ddatblygiad y byd, mae daearyddwyr, a phobl nad ydynt yn ddaearyddwyr hefyd, yn defnyddio'r gair 'lle' wrth sôn am 'wlad'. Er enghraifft, gallai cwestiwn arholiad ofyn i fyfyriwr drafod pam mae lefelau o ddatblygiad economaidd yn amrywio'o le i le' ar draws y byd. Yn y cyd-destun hwn, mae'n rhesymol rhoi credyd i'r myfyriwr sy'n defnyddio dwy wlad ar wahanol gamau yn eu datblygiad fel enghreifftiau o 'le'. Gallai ateb da wneud hynny cyn manylu'r ffocws i lefel lawer mwy lleol a chymharu datblygiad economaidd dau bentref cyfagos o fewn rhanbarth.

Y casgliad felly yw ein bod ni'n gallu defnyddio'r gair 'lle' yn gywir mewn nifer o wahanol ffyrdd, yn dibynnu ar ba raddfa ddaearyddol y mae'r ymholiad yn edrych. Ond, am resymau ymarferol (gwaith maes), y ffordd orau o ddeall 'lle' mewn Daearyddiaeth Safon Uwch yw fel *lleoliad nodedig ar raddfa ddaearyddol rhywle rhwng stryd a dinas neu ranbarth*. Felly, mae'r llyfr hwn yn defnyddio'r gair 'lle' yn y ffordd honno'n bennaf. Y lleoedd sydd dan sylw yn bennaf yma yw pentrefi, trefi bach a chymdogaethau lleol mewn dinasoedd. Er bod Penodau 4 a 5 yn ymdrin ag ailddatblygu dinasoedd fel Lerpwl, Manceinion, Birmingham a Llundain, mae'r ffocws yn ddieithriad ar ailddatblygu *canol dinas*. Gallwn ni ystyried bod y canol dinasoedd hyn eu hunain yn lleoedd lleol sydd wedi eu cynnwys mewn aneddiadau llawer iawn mwy.

Lleoedd trefol a gwledig

Mae'r llyfr hwn yn ymwneud ag astudio lleoedd trefol a gwledig i'r un graddau â'i gilydd, a'r newidiadau a'r heriau y maen nhw'n eu wynebu. Mae astudiaethau trefol a gwledig yn is-ddisgyblaethau arwyddocaol mewn Daearyddiaeth. Mae gan bob un ei eirfa arbenigol iawn ei hun. Mae angen egluro rhywfaint o'r derminoleg hon, yn cynnwys y termau 'gwledig' a 'threfol' eu hunain, a gallwn ni ddiffinio'r ddau yma mewn nifer o wahanol ffyrdd. Er enghraifft, gallwn ni seilio'r gwahaniaeth rhwng y trefol a'r gwladol yn bennaf ar 'ffurf', hynny yw, sut mae'r ardal yn edrych o ran nodweddion ei thirwedd a'i dwysedd tai. Neu, gallwn ni wahaniaethu rhwng y ddau ar sail swyddogaeth economaidd y tir, sef y gwasanaethau a'r gyflogaeth sydd i'w cael yno. Ond, mae diffiniadau sydd wedi eu seilio ar weithredoedd wedi newid dros amser, oherwydd nid yw'n gwneud synnwyr bellach i ddiffinio ardal wledig fel un lle mae'r gyflogaeth yn

▲ **Ffigur 1.2** Mae gan Hebden Bridge ei hunaniaeth nodedig ei hun ac eto mae ganddi rai nodweddion penodol yn ei thirwedd sydd yr un fath â rhai nodweddiadol Swydd Efrog.

 TERMAU ALLWEDDOL

Trefol Yn gyffredinol, mae'r gair hwn yn ymwneud â threfi, dinasoedd a'r bywyd sy'n cael ei fyw yn y lleoedd hyn. Mewn rhai gwledydd a chyd-destunau, efallai fod ganddo ystyr fwy penodol (yn ymwneud â defnydd y tir neu'r boblogaeth fel arfer).

Gwledig Yn gyffredinol, mae'r gair hwn yn ymwneud â chefn gwlad a'r bywyd sy'n cael ei fyw yno. Mewn rhai gwledydd a chyd-destunau, efallai fod ganddo ystyr fwy penodol (yn ymwneud â defnydd y tir neu'r boblogaeth fel arfer).

Swyddogaeth Y rôl/rolau y mae lle neu anheddiad yn ei chwarae yn ei gymuned leol yn ogystal â'r byd ehangach. Er enghraifft, efallai mai prif weithred tref fach yw darparu gwasanaethau archfarchnad. Gallai dinasoedd mawr sy'n gartref i brifysgolion a phrif swyddfeydd cwmnïau mawr gynnig swyddogaethau cenedlaethol neu fyd-eang hyd yn oed.

ymwneud yn bennaf ag amaethyddiaeth. Roedd hynny'n wir ar un adeg, ond erbyn heddiw ychydig iawn o bobl wledig sy'n dibynnu ar ffermio i wneud eu bywoliaeth. Mae swyddogaethau gwledig wedi eu harallgyfeirio mewn blynyddoedd diweddar i groesawu'r gwasanaethau twristiaeth, technoleg a hamdden (gweler tudalennau 140 a 199-203).

Yn y DU heddiw, mae gwneuthurwyr polisïau'n defnyddio maint y boblogaeth mewn aneddiadau – yn hytrach na ffurf neu weithredoedd – fel prif nodwr y gwahaniaeth rhwng ardaloedd gwledig a threfol. Mae Llywodraeth y DU yn nodi chwe'math' o le gwledig a phedwar'math' o le trefol i gyd (gweler Ffigur 1.3). Y canllawiau pwysicaf sy'n sail i'r dosbarthiad hwn yw bod:

- 'trefol' yn cyfeirio at anheddiad unigol o fwy na 10,000 o bobl
- 'gwledig' yn cyfeirio at ddarnau agored o gefn gwlad neu ardaloedd lle mae pobl yn byw mewn aneddiadau llai, gyda llai na 10,000 o bobl (trefi marchnad bach, pentrefi a phentrefannau).

Yn ymarferol, dydy defnyddio'r termau hyn ddim bob amser yn syml wrth astudio Daearyddiaeth. Yn gyntaf, rydyn ni weithiau'n diffinio pobl sy'n byw mewn trefi bach fel poblogaeth wledig, sydd efallai'n gwrthddweud ei hun. Yn ail, rydyn ni'n diffinio rhai siroedd a rhanbarthau Prydeinig fel 'rhanbarthau gwledig' o fewn cyd-destun cenedlaethol. Er enghraifft Cernyw neu Ucheldir yr Alban. Ac eto, mae'r rhanbarthau gwledig hyn yn cynnwys aneddiadau trefol mawr o fwy na 10,000 o bobl, fel St Ives (Cernyw) ac Inverness (Ucheldir yr

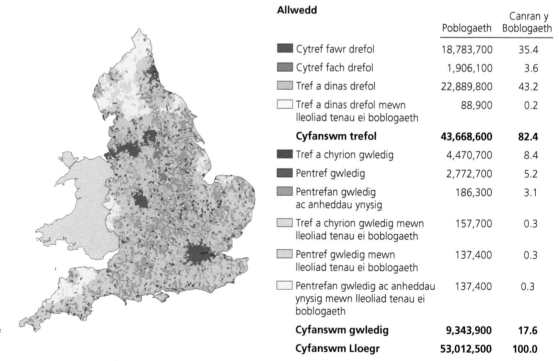

Allwedd

	Poblogaeth	Canran y Boblogaeth
Cytref fawr drefol	18,783,700	35.4
Cytref fach drefol	1,906,100	3.6
Tref a dinas drefol	22,889,800	43.2
Tref a dinas drefol mewn lleoliad tenau ei boblogaeth	88,900	0.2
Cyfanswm trefol	**43,668,600**	**82.4**
Tref a chyrion gwledig	4,470,700	8.4
Pentref gwledig	2,772,700	5.2
Pentrefan gwledig ac anheddau ynysig	186,300	3.1
Tref a chyrion gwledig mewn lleoliad tenau ei boblogaeth	157,700	0.3
Pentref gwledig mewn lleoliad tenau ei boblogaeth	137,400	0.3
Pentrefan gwledig ac anheddau ynysig mewn lleoliad tenau ei boblogaeth	137,400	0.3
Cyfanswm gwledig	**9,343,900**	**17.6**
Cyfanswm Lloegr	**53,012,500**	**100.0**

▲ **Ffigur 1.3** Ardaloedd gwledig a threfol Lloegr yn ôl y system ddosbarthu deg categori swyddogol. Ffynhonnell: Cyfrifiad y DU 2011

Alban).Yn yr un modd, mae rhanbarthau trefol fel Glannau Mersi a Manceinion Fwyaf yn cynnwys aneddiadau bach gwledig wedi eu lleoli yn y llain las sydd o amgylch eu dinasoedd mawr.

Yn olaf, byddai'n anghywir edrych ar Ffigur 1.3 a dod i gasgliad bod gan leoedd gwledig a threfol bob amser ffiniau y gallwch chi eu hadnabod yn hawdd gan ddefnyddio tystiolaeth maes.Yn wir, dydy nodweddion tirwedd gweladwy ddim bob amser yn cyfateb yn dda o gwbl â'r darlun 'swyddogol' sydd ar fapiau ffiniau gweinyddol.Yn anaml iawn y mae ardaloedd trefol yn dod i ben yn daclus wrth wal y dref lle mae caeau gwyrdd y tu draw yn ymestyn hyd at y gorwel.Yn hytrach, yr hyn rydyn ni'n ei weld yn aml iawn ydy newid graddol yn nwysedd y tai oherwydd blerdwf trefol ar y cyrion gwledig-trefol. Mae nifer y tai yn lleihau'n raddol wrth i erddi fynd yn fwy; mae pethau eraill yn dechrau ymddangos bob hyn a hyn rhwng yr ystadau tai – meysydd golff, cronfeydd dŵr, safleoedd tirlenwi neu ardaloedd bach o goetir. Mae datblygiadau hirgul ar hyd y teithiau cludiant yn creu ardaloedd sy'n rhan o gefn gwlad yn bennaf ac eto sydd â gwythiennau o dai neu ddiwydiant yn rhedeg drwyddynt.

Yn ardaloedd y cyrion, mae ffurfiau a gweithredoedd gwledig a threfol yn cyfuno â'i gilydd. Mae'r rhain yn fannau cymysg lle gall gweithwyr fferm a gweithwyr sy'n teithio i'r ddinas fyw drws nesaf i'w gilydd. Mae geirfa arbenigol amrywiol ar gael ar gyfer yr ardaloedd 'trothwyol' hyn sydd heb gymeriad sy'n amlwg drefol nac yn amlwg wledig. Rydyn ni'n defnyddio geiriau ac ymadroddion fel lleoedd 'gwledig-trefol', y continwwm gwledig-trefol a thiroedd y cyrion wrth astudio poblogaethau gwledig a threfol sy'n gorgyffwrdd a defnyddiau tir ar gyrion aneddiadau mawr (gweler Pennod 6).

Lleoedd cartref

Mae'r bennod hon yn archwilio nodweddion, dynameg, a chysylltiadau'r lleoedd hynny y mae ddaearyddwyr yn gallu eu darganfod, eu mapio a'u dadansoddi. Un ffordd o ddechrau yw drwy astudio cymdogaeth eich cartref neu'r fan lle rydych chi'n astudio. Dyma eich lle cartref.Ystyriwch sut mae'r fan lle rydych chi'n byw wedi newid yn ystod eich bywyd chi neu yn ystod bywyd trigolion hŷn rydych chi'n eu nabod, yn cynnwys aelodau'r teulu. Efallai fod hyd yn oed ystadau tai a adeiladwyd yn ddiweddar wedi newid mewn ffyrdd arwyddocaol yn ystod y cyfnod byr y maen nhw wedi sefyll, am fod pobl yn symud i mewn ac allan ac oherwydd newid yn y strwythur economaidd. Mae trefi newydd y DU sy'n dyddio o'r 1950au a'r 1960au – yn cynnwys Milton Keynes (gweler Ffigur 1.4) a Stevenage – hefyd yn cynnwys olion o anheddiad llawer cynharach os edrychwch chi'n ofalus.

▶ **Ffigur 1.4** Mae Milton Keynes yn anheddiad a adeiladwyd yn bwrpasol yn yr 1960au ond mae'r ardal hon hefyd wedi gweld newidiadau mawr yn ei hoes fer

 TERMAU ALLWEDDOL

Llain las Defnydd tir sy'n cael ei ddynodi, ac sy'n rhan bwysig o'r gyfraith gynllunio. Mae'r llain las yn 'wregys' o dir heb ei ddatblygu sy'n amgylchynu trefi a dinasoedd yn y DU (er ei fod yn cynnwys rhai pentrefi a datblygiadau eraill a adeiladwyd cyn cyflwyniad y llain las).

Blerdwf trefol Anheddiad yn ehangu tuag allan, wrth i bobl a gweithgareddau economaidd symud a sefydlu'n agosach at y cyrion.

Cyrion gwledig-trefol Cylchfa o newid rhwng y maestrefi lle mae mwy o adeiladau'n codi drwy'r amser a'r ardal cefn gwlad o'u hamgylch.

Continwwm gwledig-trefol Y trosglwyddiad di-dor o leoedd gwledig heb eu poblogi, neu sy'n brin eu poblogaeth, i leoedd trefol gyda phoblogaeth ddwys sy'n cael eu defnyddio'n llawn.

Tiroedd y cyrion Ardaloedd o dir trawsnewidiol lle mae cefn gwlad ar gyrion tref neu ddinas. Does gan yr ardaloedd hyn ddim cymeriad cwbl wledig na chwbl drefol, maen nhw'n fannau hybrid (neu 'drothwyol') sydd â'u hunaniaeth unigryw eu hunain.

Lle cartref Cymdogaeth eich cartref chi neu'r fan lle rydych yn astudio.

Beth sydd mewn lle?

Mae Ffigur 1.5 yn rhoi un fframwaith posibl i ni ar gyfer astudio nodweddion lle. Mae'r dull hwn yn defnyddio nifer o gysyniadau daearyddol sydd wedi hen ennill eu plwyf: (i) ffactorau safle ffisegol, (ii) gweithredoedd economaidd (iii) y dirwedd ddiwylliannol (sy'n cynnwys nodweddion poblogaeth y lle). Mae Ffigur 1.5 hefyd yn pwysleisio sut mae lle yn cael ei hunaniaeth yn rhannol gan y cysylltiadau a'r berthynas sydd ganddo gyda lleoedd eraill.

Safle lle

Safle lle yw'r tir y mae wedi ei adeiladu arno. Yn hanesyddol, mae pobl wedi gosod anheddiadau lle bynnag mae ffactorau'r safle daearyddol yn ffafrio gweithgareddau economaidd sy'n methu cael eu gwneud mewn ffordd mor broffidiol mewn lleoedd eraill. Mewn geiriau eraill, mae adnoddau lleol fel glo neu ddŵr yn esbonio pam mae rhai lleoedd lle maen nhw. Mae'r ddaearyddiaeth ffisegol yn helpu i siapio nodweddion dinasoedd a rhanbarthau cyfan. Er enghraifft, yn Sheffield a rhanbarth Hallamshire o'i amgylch, diwydiannau haearn a dur traddodiadol sydd wedi creu synnwyr cryf o le, ac yn Ne Cymru glo sydd wedi creu hunaniaeth yr anheddiadau.

Mae gan y lleoedd a'r cymdogaethau penodol mewn dinasoedd mawr eu topograffi a'u ffactorau safle buddiol eu hunain. Am fod cymdogaethau Hampstead a Highgate yn Llundain ar dir uchel roedden nhw'n rhoi aer glân a dŵr diogel i bobl gyfoethog oes Fictoria. Maen nhw'n parhau i fod yn fannau cyfoethog hyd heddiw (gweler tudalen 18).

(gweler tudalen 18)

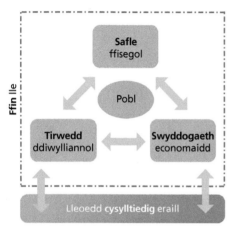

▲ **Ffigur 1.5** Prif elfennau lle

Yn ogystal â'r safle ei hun, mae hinsawdd yn ddylanwad ffisegol pwysig arall ar ranbarthau a lleoedd. Dyma sy'n penderfynu pa blanhigion a chnydau sy'n gallu tyfu. Mae rhanbarth Champagne yn Ffrainc yn mwynhau hafau cynnes, sych. Mae'r grawnwin sy'n cael eu defnyddio ar gyfer gwinwyddiaeth (gwneud gwin) yn ffynnu yn y priddoedd sialc, fflintaidd sydd i'w cael yno. Y farn yw fod blas byd-enwog ei winoedd yn adlewyrchiad o nodweddion daearyddol yr hinsawdd a'r ddaeareg yn Champagne i'r un graddau â'i gilydd. Mae'r ddaearyddiaeth ffisegol yn rhoi elfennau hanfodol o hunaniaeth y lle i bentrefi yn rhanbarth Champagne, er enghraifft Chouilly a Cramant.

Fodd bynnag, mae'n bwysig peidio gorbwysleisio'r graddau y mae daearyddiaeth ffisegol yn penderfynu sut mae lle (a chymdeithas) yn gallu datblygu neu'n methu datblygu dros amser. Y farn bennaf o fewn daearyddiaeth ddynol yw mai dyfeisgarwch dynol, ein technoleg a'n grymoedd gwleidyddol, sy'n gwneud y penderfyniad terfynol fel arfer am yr hyn sy'n digwydd mewn lle penodol. Yn aml iawn, mae'n bosibl goresgyn 'rhwystrau' amgylcheddol (fel prinder dŵr) os oes gan y bobl yr ewyllys (a'r arian) i sicrhau hynny.

Swyddogaethau economaidd lle

Swyddogaethau economaidd lle yw'r hyn y mae'r lle yn ei wneud i ddarparu gwasanaethau a gwaith i bobl. Yn wreiddiol, roedd hyn wedi ei gysylltu'n agos â ffactorau'r safle. Mae Tabl 1.1 yn dangos economi traddodiadol tair dinas fawr yn y DU.

Dinas	Yr economi traddodiadol (1700–1950)	Nodweddion y dirwedd ddiwylliannol drefol
Llundain	Mae Llundain saith gwaith yn fwy (o ran maint ei phoblogaeth) nag unrhyw ddinas arall yn y DU ac felly mae ganddi economi amrywiol iawn. Yn draddodiadol, roedd busnesau'r dociau a chwmnïau tecstilau, gwneud dodrefn, prosesu bwyd a diod, arfau a pheirianneg yn gyflogwyr pwysig.	Mae amrywiaeth eang o ddiwylliannau lleol i'w cael yno, o Ddwyrain Cocnïaidd Llundain i Chelsea a Bloomsbury.
Birmingham	Yn yr ugeinfed ganrif, daeth Birmingham yn ganolfan i'r diwydiant ceir Prydeinig (roedd Austin a Dunlop ymysg y cyflogwyr pwysig). Cyn hynny, roedd busnesau llwyddiannus Birmingham ym maes gemwaith, gynnau a phrosesu bwyd (Mae Cadbury's yn frand o Birmingham).	Mae ganddi hanes cerddorol cyfoethog, yn amrywio o waith Elgar i fandiau 'heavy metal' y ddinas.
Glasgow	Mewn lleoedd ar lannau'r afon, fel Dociau Sych Govan, Dumbarton a Clydebank, daeth gwaith adeiladu llongau ag arian mawr i mewn i Glasgow. Roedd hynny'n wir hefyd am bysgota, tecstilau a gweithgynhyrchu, prosesu tybaco a siwgr, a pheirianneg.	Tafodiaith Glasgow; gwrthdaro crefyddol traddodiadol rhwng clybiau pêl-droed Celtic a Rangers.

▲ **Tabl 1.1** Economi traddodiadol dinasoedd y DU a diwylliant cysylltiedig y lleoedd trefol

Fel rydyn ni wedi'i weld eisoes, mae'r rhan fwyaf o'r dinasoedd, trefi a phentrefi wedi eu lleoli lle maen nhw am resymau economaidd. Gallwn ni gysylltu'r manteision cymharol sydd gan wahanol aneddiadau gyda ffactorau ar y safle – fel y priddoedd, y cyflenwad dŵr neu'r ffaith eu bod nhw'n agos at ddeunyddiau crai. Fodd bynnag, mae llawer o aneddiadau wedi newid eu gweithredoedd dros amser. Mae Lerpwl a Manceinion yn ddinasoedd ôl-ddiwydiannol erbyn hyn lle mae gwasanaethau'r defnyddiwr wedi disodli'r diwydiannau gweithgynhyrchu. O ganlyniad i hynny, mae nifer o'r lleoedd o fewn y dinasoedd hyn wedi newid yn llwyr dros y degawdau diwethaf (gweler pennod 4). Mewn rhai lleoedd gwledig ôl-gynhyrchiol, mae twristiaeth wedi disodli amaethyddiaeth

Tirwedd ddiwylliannol y lleoedd trefol

Tirwedd ddiwylliannol yw popeth rydyn ni'n ei brofi mewn lle. Dyma'r newidiadau cyfan y mae pobl wedi eu gwneud i'r dirwedd naturiol, gan gynnwys y bensaernïaeth, yr isadeiledd a demograffeg y lle. Mae hefyd yn cynnwys celf, cerddoriaeth (rhan o seinlun rhywle) a gweithgareddau chwaraeon y lle. Ochr yn ochr â'u diwydiannau traddodiadol, mae Tabl 1.1 hefyd yn dangos rhai o nodweddion y dirwedd ddiwylliannol sydd wedi datblygu yn y dinasoedd hynny. Cyn i gludiant cyhoeddus fod ar gael i bawb, a chyn i bobl allu prynu ceir, roedd llawer o weithwyr trefol yn byw mewn cymdogaethau tynn lleol ac yn gwybod fawr ddim am y byd tu hwnt i hynny. Roedd cyflogau isel, wythnosau gwaith hir a gwyliau byr yn golygu nad oedd llawer o bobl yn teithio i leoedd eraill. Roedd amser hamdden yn beth prin felly byddai'n rhaid mwynhau gweithgareddau oedd yn lleol i'r gweithle. O ganlyniad, datblygodd tirweddau diwylliannol trefol oedd yn adlewyrchiad cryf o weithredoedd economaidd yr anheddiad ei hun. Roedd timau pêl-droed y

TERMAU ALLWEDDOL

Ôl-ddiwydiannol
Economi neu gymdeithas lle mae cyflogaeth mewn gweithgynhyrchu neu gloddio traddodiadol wedi cael ei ddisodli bellach gan strwythur cyflogaeth sy'n canolbwyntio ar wasanaethau a thechnoleg. Dinas ôl-ddiwydiannol yw anheddiad lle mae'r rhan fwyaf o swyddi yn y sectorau trydyddol a chwaternaidd.

Ôl-gynhyrchiol Lle neu economi gwledig lle dydy amaethyddiaeth ddim yn gyflogwr mawr bellach (er bod ardaloedd mawr o'r tir efallai'n dal i gael eu defnyddio ar gyfer amaethyddiaeth fecanyddol).

Seinlun Y seiniau naturiol a dynol sy'n cael eu cynhyrchu gan amgylchedd penodol ac sy'n helpu i siapio profiad pobl o'r lle.

▲ **Ffigur 1.6** Bathodynnau clwb pêl-droed sy'n dal i ddangos y cysylltiadau gyda'r economïau oedd gan y lleoedd hyn yn y gorffennol. Allwch chi weld beth oedd gweithredoedd economaidd traddodiadol pob un o'r dinasoedd neu ranbarthau hyn?

dinasoedd yn cymryd eu chwaraewyr amatur o'r ffatrïoedd lleol yn wreiddiol. Er enghraifft, mae'r canon ar fathodyn Arsenal yn adlewyrchu genedigaeth y clwb yn yr 1880au ymysg ffatrïoedd arfau Woolwich, gerllaw'r Afon Tafwys. Erbyn 1900, roedd Llundain yn cefnogi mwy na 100 o dimau pêl-droed lleol, ac roedd pob un wedi ei wreiddio mewn gwahanol gymdogaeth ffatri (gweler Ffigur 1.6). Ar y llaw arall, roedd cymunedau gwaith glo a llechi Cymru'n dod yn adnabyddus yn aml iawn am eu corau meibion.

Mae gan ddinasoedd Gogledd America hefyd hanes diwylliannol cyfoethog sy'n gysylltiedig â'u traddodiadau economaidd. Er enghraifft, yn yr 1950au, roedd Detroit yn enwog fel lle cynhyrchu ceir ac roedd corfforaethau trawswladol (TNCs), yn cynnwys Ford, wedi eu seilio yno. Yn dilyn llwyddiannau'r mudiad hawliau sifil yn yr 1960au, roedd niferoedd mawr o Americaniaid Affricanaidd wedi mudo yno o daleithiau'r de i chwilio am waith gweithgynhyrchu. Yn dilyn hynny, daeth Detroit yn gartref i Tamla Motown, sef y label recordiau a lansiodd Michael Jackson, Stevie Wonder a nifer o gerddorion du eraill yn yr 1960au a'r 1970au. Talfyriad o 'Motor Town' yw Motown, sy'n dangos yn glir sut y cafodd tirwedd ddiwylliannol Detroit ei siapio gan yr economi, yn arbennig lleoedd fel rhanbarth Grand Boulevard lle roedd prif swyddfa gyntaf Motown. Roedd demograffeg Detroit, a'r bobl oedd yn symud i mewn o leoedd eraill, yr un mor bwysig yn y datblygiad hwn hefyd: Roedd artistiaid Motown yn defnyddio eu traddodiadau cerddorol du o daleithiau'r de, yn cynnwys y Blues – math o gerddoriaeth sydd â'i wreiddiau'n ymestyn dros Fôr Iwerydd i Orllewin Affrica.

Ond, dydy pawb ddim yn ystyried tirwedd ddiwylliannol y lle trefol y maen nhw'n byw ynddo mewn ffordd gadarnhaol. Rhwng 2003 a 2013, cafwyd cyfres o lyfrau doniol poblogaidd yn dwyn y teitl *Crap Towns* oedd yn dogfennu'r 'lleoedd gwaethaf i fyw yn y DU'. Pleidleisiwyd am y rhain gan aelodau'r cyhoedd oedd yn ymweld â'r wefan *The Idler*. Roedd y llyfrau hyn yn rhoddion poblogaidd i lenwi hosannau Nadolig, ond roedden nhw'n achosi dadleuon hefyd. Roedd pobl yn credu y gallan nhw gael effaith niweidiol ar y patrymau buddsoddi oedd yn digwydd yn y lleoedd hynny oedd yn destun sbort yn y llyfrau. Mae Tabl 1.2 yn dangos y deg lle gwaethaf yn y gyfrol gyntaf o *Crap Towns* yn 2003. Ymatebodd y papurau newydd a'r gwleidyddion lleol yn gyflym iawn i amddiffyn y lleoliadau hyn; nes ymlaen yn y llyfr hwn, byddwch chi'n clywed am y gwaith adfywio ac ailddatblygu a ddigwyddodd wedi hynny yn Hull, Lerpwl a Hackney.

Safle	Lleoliad
1	Hull
2	Cumbernauld
3	Morecambe
4	Hythe
5	Caerwynt
6	Lerpwl
7	St Andrews
8	Bexhill-on-Sea
9	Basingstoke
10	Hackney, Llundain

▲ **Tabl 1.2** Trefn y deg tref waethaf yn ôl y gyfrol *Crap Towns*. yn 2003

Tirwedd ddiwylliannol y lleoedd gwledig

Mae gan lawer o leoedd gwledig nodweddion nodedig oedd yn deillio'n wreiddiol o arferion amaethyddol y cymunedau lleol neu o draddodiadau cartref a chrefftau oedd wedi datblygu'n aml iawn ochr yn ochr â'r ffermio. Roedd gwneud caws neu wau dillad gwlân, er enghraifft, yn ffordd dda i gymunedau amaethyddol ychwanegu gwerth i'w cynnyrch. Mewn mannau eraill, roedd gofaint yn defnyddio mwynau lleol yn eu gwaith metel. Yn ystod cyfnod datblygu 'proto-ddiwydiannol' yr 1600au, cyn gweithgynhyrchu mawr yr 1700au, roedd crefftau gwledig yn hanfodol i economi'r DU. Cyn datblygiad trafnidiaeth fodern, roedd llawer o bentrefi'n weddol ynysig a byddai traddodiadau diwylliannol a chrefftau unigryw yn datblygu mewn lleoedd fel hyn. Ond, daeth llawer o'r traddodiadau hyn i ben pan ddaeth y Chwyldro Diwydiannol. Wrth i bobl symud allan o'r ardal, doedd traddodiadau ddim yn cael eu pasio i lawr bellach o genhedlaeth i genhedlaeth.

Lle mae'r traddodiadau gwledig hyn wedi goroesi, maen nhw weithiau'n cynnwys geiriau ac iaith unigryw. Mae'r daearyddwr Robert Macfarlane (2015) wedi gwneud astudiaethau estynedig o iaith mewn lleoedd gwledig oedd yn arfer bod yn ynysig ac mae wedi darganfod cannoedd o wahanol eiriau mewn tafodiaith leol am 'glaw' neu 'ddŵr'. Roedd gan gymunedau lleol gerddoriaeth unigryw hefyd, ac mae ymchwilwyr wedi gweithio'n galed i ddiogelu'r gerddoriaeth hon.

- Yn yr 1800au, roedd caneuon a ysgrifennwyd gan bobl mewn cymunedau ynysig yn cael eu pasio o un genhedlaeth i'r llall yn aml iawn *o fewn y gymuned ei hun*, gan olygu bod pobl oedd yn byw y tu allan i'r lleoedd hyn erioed wedi eu clywed nhw. Er enghraifft daw alaw 'O Dawel Ddinas Bethlehem' o bentref Forest Green yn Surrey. Fyddai'r alaw hon ddim gennym ni heddiw heb y gwaith ymchwil a gafodd ei wneud yn fuan yn yr 1900au.
- Roedd y cyfansoddwyr Ralph Vaughan Williams a George Butterworth yn ymweld â phentrefi ynysig ac yn gwneud nodyn o'r geiriau a'r alawon a glywsen nhw. Roedd yr ethnograffydd Cecil Sharp yn defnyddio silindr cwyr, sef dyfais gynnar i recordio sain. Recordiodd ganeuon oedd yn perthyn i leoedd penodol ac oedd ar fin diflannu.
- Cafodd rhyfaint o'r gerddoriaeth o'r lleoedd hyn ei addasu'n ddiweddarach gan Vaughan Williams a'i berfformio gan gerddorfeydd mewn dinasoedd ar hyd a lled y byd: dyma enghraifft wych o ddiwylliant un lle'n cysylltu ag eraill yn fyd-eang.

Cafodd gwyliau a defodau unigryw eu cadw'n fyw mewn rhai lleoedd gwledig yn y DU ac mewn gwledydd Ewropeaidd eraill (gweler Pennod 5). Mae gorymdeithiau mewn gwisgoedd, dramodiadau symbolaidd a dawnsfeydd traddodiadol y fedwen haf yn nodi'r newid yn y tymhorau. Mewn rhai lleoedd, mae dathliadau o gylch y flwyddyn, o hau'r hadau a medi'r cnydau, wedi cael eu pasio i lawr o genhedlaeth i genhedlaeth ers canrifoedd, os nad milenia. Yn aml iawn, mae'r defodau lleol hyn yn cyfuno elfennau'r ddefod Gristnogol (diolchgarwch am y cynhaeaf) gyda chredoau paganaidd hŷn (dathlu cylch y tymhorau).

▲ **Ffigur 1.7** Mae Dawns Cyrn Abbots Bromley a ras rholio caws flynyddol Brockworth yn draddodiadau unigryw, gwledig, sydd wedi eu seilio mewn lle penodol

- Mae seremoni o'r enw 'Dawns y Cyrn' wedi bod yn digwydd ym mhentref Abbots Bromley yn Swydd Stafford ers y flwyddyn 1226. Mae cerddorion mewn gwisgoedd, yn cynnwys Ceffyl Pren a Ffŵl, yn cario cyrn carw o'r eglwys drwy'r pentref (gweler Ffigur 1.7).
- Yng ngogledd-orllewin Lloegr, mae *'Pace-egging'*, sef y ddefod o ymbil am wyau, yn dal i ddigwydd adeg y Pasg yn Heptonstall yn Nyffryn Calder.
- Ers canol yr 1800au, mae pobl o Brockworth, Swydd Gaerloyw, wedi bod yn dod at ei gilydd bob mis Mai i redeg ar ôl darn crwn o gaws lleol sy'n rholio i lawr yr allt (gweler Ffigur 1.7). Mae hanes y digwyddiad hwn wedi lledaenu drwy'r byd i gyd ar YouTube ac mae'r ddefod yn denu cystadleuwyr newydd erbyn hyn o leoedd annisgwyl. Enillwyd y ras yn 2013 gan ymwelydd o Japan; mae hyn yn dangos sut mae llifoedd gwybodaeth a phobl wedi cysylltu Brockworth gyda lleoedd llawer pellach i ffwrdd nag oedden nhw yn y gorffennol.

Demograffeg lle

Wrth gwrs, mae pobl yn rhan bwysig o dirwedd ddiwylliannol unrhyw le. Weithiau, dros amser, mae gwahanol leoedd yn datblygu nodweddion demograffig nodedig oherwydd eu gweithredoedd economaidd lleol a nodweddion eu safle.

Gallai cyfleoedd economaidd ddenu mudwyr mewnol (cenedlaethol) a mudwyr rhyngwladol. Gall y llifoedd mudo hyn gael effaith fawr ar strwythur oed, cyfradd ffrwythlondeb a chymeriad economaidd-gymdeithasol cymdogaeth. Hefyd, mae mudwyr rhyngwladol yn dod ag amrywiaeth ddiwylliannol i'r lle. Ar y llaw arall, mae rhai lleoedd yn y DU yn denu pobl wedi ymddeol sydd ddim yn pryderu rhyw lawer am y cyfleoedd economaidd sydd ar gael. Yn hytrach, mae gan y mudwyr hyn fwy o ddiddordeb yn y bywyd y gallan nhw ei fwynhau drwy fyw mewn lle gyda golygfeydd ysblennydd neu fwytai a theatrau da. Mae Tabl 1.3 yn nodi rhesymau pellach pam mae nodweddion demograffig yn amrywio o le i le.

Nodweddion demograffig	Esboniad	Enghreifftiau
Proffil oed	■ Gall strwythur y boblogaeth amrywio o le i le yn dibynnu pa oedran sy'n tueddu i symud i mewn ac allan o'r lleoedd hyn. ■ Mae'r gwahanol grwpiau o 'symudwyr' yn cynnwys myfyrwyr, pobl broffesiynol ifanc, cyplau gyda phlant bach a phobl wedi ymddeol. ■ Mae'r disgwyliad oes yn amrywio'n nodedig rhwng y gwahanol gymdogaethau, yn dibynnu ar y lefelau cyfoeth a thlodi. O ganlyniad, mae'r strwythur oed-rhyw yn gallu gwahaniaethu'n sylweddol o le i le.	■ Mae niferoedd uchel iawn o fyfyrwyr yn byw mewn rhai o gymdogaethau Leeds erbyn hyn a'r enw ar yr hyn sydd wedi digwydd yno yw 'myfyriwreiddio' ('studentification'). ■ Yr enw lleol ar gymdogaeth Balham yn Llundain yw 'nappy valley', sy'n cyfeirio at y gyfradd ffrwythlondeb uchel yno, am fod hwn yn lle poblogaidd i bobl broffesiynol ifanc o oedran cael plant sy'n teithio oddi yno i Lundain i weithio. ■ Y disgwyliad oes i ddynion yn ardal gyfoethog Kensington yn Llundain yw 84, ond yn Calton yn Glasgow, mae'n 54 (data 2016).
Proffil economaidd-gymdeithasol	■ Mae mewnfudiad pobl broffesiynol wedi gweddnewid proffil poblogaeth rhai cymdogaethau. Yr enw ar y broses hon yw boneddigeiddio ac mae'n effeithio ar ardaloedd trefol a gwledig fel ei gilydd. Mae prisiau'r eiddo'n codi ac mae'n dod â newidiadau i gymeriad siopau a gwasanaethau lleol. ■ Mewn rhai dinasoedd, yn arbennig yn yr Unol Daleithiau, mae pobl broffesiynol a theuluoedd wedi symud allan o rai lleoedd canol dinas yn gyfan gwbl oherwydd y cyfraddau troseddu uchel.	■ Yn rhanbarth canol dinas Lerpwl - Bootle (ward Linacre), mae mwy na 50 y cant o'r bobl yn wynebu heriau economaidd sylweddol yn ôl data'r llywodraeth leol. Ond ym mhentref Formby ar gyrion y ddinas, sydd ddim ond 10 km i'r gogledd, mae llai na 10 y cant o'r boblogaeth yn perthyn i'r grŵp yma ac mae hyd at 70 y cant o'r boblogaeth yn bobl broffesiynol sy'n gweithio neu wedi ymddeol, yn cynnwys athrawon, meddygon, ysgrifenyddion a chyfreithwyr. Mae llawer ohonyn nhw wedi symud i Formby o rannau eraill o'r rhanbarth.
Amrywiaeth ddiwylliannol (ethnig a/neu grefyddol)	■ Gall cyfansoddiad ethnig gwlad, dinas neu le lleol newid yn gyflym os bydd mudwyr rhyngwladol yn cyrraedd a hefyd os bydd cyfraddau ffrwythlondeb uchel ymysg y poblogaethau ifanc sy'n symud i mewn. ■ Gallwn ni fesur amrywiaeth ddiwylliannol mewn gwahanol ffyrdd, gan gynnwys amrywiaeth o ran cenedligrwydd, iaith, crefydd neu hil. Gall y mewnfudwyr fod yn wahanol i'r trigolion sydd wedi byw yno ers blynyddoedd ymhob un o'r ffyrdd hyn, neu mewn un o'r ffyrdd hyn yn unig.	■ Dros amser, mae rhai lleoedd yn Llundain wedi datblygu cysylltiad cryf â chymunedau Iddewig, Mwslimaidd neu Sikhaidd. Weithiau, mae mannau addoli neu siopau bwyd arbenigol yn helpu i 'angori' rhai grwpiau o bobl ar wasgar (diaspora) i leoedd arbennig. O ganlyniad, mae rhai poblogaethau o leiafrifoedd ethnig yn y DU yn dangos lefel uchel o arwahaniad mewn data ystadegol (gweler Ffigur 1.8) Felly, mae gan rai cymdogaethau trefol gymeriad ethnig nodedig.

▲ **Tabl 1.3** Sut mae lleoedd yn gallu amrywio yn dibynnu ar nodweddion a phrosesau demograffig

☞ TERMAU ALLWEDDOL

Boneddigeiddio Grwpiau incwm canolig ac incwm uchel yn symud i mewn i leoedd a oedd gynt yn gymdogaethau trefol neu wledig dosbarth gweithiol

Ar wasgar (diaspora) Pobl gyda'r un gwreiddiau ethnig neu genedlaethol sy'n byw mewn amrywiaeth o wahanol wledydd, fel dinasyddion byd-eang o linach Wyddelig neu Indiaidd.

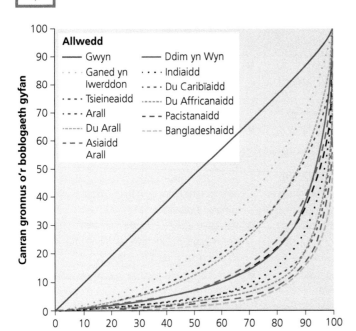

▲ **Ffigur 1.8** Cromliniau Lorenz yn dangos y lefel hanesyddol o wahaniaethu i wahanol gymunedau ethnig yn y DU yng Nghyfrifiad 1991.

Ffynhonnell: Ceri Peach, cyhoeddwyd yn Transactions of the Institute of British Geographers 21(1)t220 © RGS-IBG.

How might these patterns have changed since, and why?

Lleoedd a'u ffiniau

Yn olaf, un pwynt pwysig i'w nodi yn y cyflwyniad hwn i'r astudiaeth o leoedd yw nad oes gan bob lle ffiniau clir, hawdd eu hadnabod. Mewn rhai lleoedd, mae afonydd a morliniau'n darparu o leiaf un o ffiniau clir yr anheddiad, ac mae bwrdeistrefi, wardiau ac etholaethau lleol wedi eu marcio'n glir ar fapiau gweinyddol. Ond, mae ffiniau lleoedd eraill yn llawer llai clir. Dydy rhai cymdogaethau trefol ddim yn cyfateb ag ardaloedd gweinyddol 'swyddogol'. Er enghraifft, yn Llundain, mae'n anodd gwybod lle mae Clapham neu Chelsea yn cychwyn a gorffen. Mewn rhanbarthau gwledig, mae topograffeg a llystyfiant yn gallu helpu i greu synnwyr o le, ond mae'n anodd penderfynu'n ymarferol yn aml iawn lle mae un amgylchedd yn yr ucheldir yn gorffen ac ardal arall o iseldir yn cychwyn (gweler hefyd dudalennau 202-203).

Mae'r llinell doredig yn Ffigur 1.5. yn dangos lle sydd wedi achosi sialens ddaearyddol wrth geisio gosod ffin.

DADANSODDI A DEHONGLI

Mae Ffigur 1.9 yn dangos y newidiadau yn y boblogaeth, yn rhai gwirioneddol ac wedi rhagamcanu, fesul grŵp oedran mewn gwahanol ddinasoedd o'r DU ar gyfer y cyfnod 1993-2020.

(a) Ar gyfer y cyfnod 2013–20, nodwch un nodwedd ddemograffig sy'n gyffredin i bob un o'r dinasoedd a welwch.

(b) Ar gyfer y cyfnod 1993–2013, disgrifiwch sut mae newidiadau yn y grŵp 25-29 yn amrywio o ddinas i ddinas.

(c) Awgrymwch resymau dros y newidiadau amrywiol a ddisgrifiwyd gennych.

CYNGOR

Mae rhai dinasoedd yn dangos cynnydd ym maint eu grŵp 25-29 oed ac mae eraill yn dangos gostyngiad. Y ffordd orau o ateb Cwestiwn (c) yw drwy amlinellu ffyniant economaidd anwastad gwahanol ddinasoedd yn ystod yr 1990au yn dilyn dirywiad eang mewn diwydiannau traddodiadol yn yr 1970a a'r 1980au. Datblygodd Llundain economi ôl-ddiwydiannol fwy amrywiol yn gyflymach na nifer o ddinasoedd gogleddol, a hynny'n rhannol oherwydd ei dylanwad byd-eang. Roedd ffactorau tynfa economaidd Llundain yn denu pobl – yn bobl fedrus a phobl heb sgiliau fel ei gilydd – o rannau eraill o'r DU. Un o elfennau allweddol y 'rhaniad gogledd–de' yw'r ffordd y mae newidiadau demograffig mewn gwahanol ddinasoedd wedi eu cydgysylltu oherwydd y mudo.

(d) Esboniwch pam na fydd y newidiadau a ddangoswyd yn digwydd ymhob lle o fewn pob dinas.

CYNGOR

Nid yw'n dilyn bod lleoedd lleol o fewn dinasoedd yn gweld yr un newidiadau ag y byddwn ni'n eu gweld ar raddfa fwy'r ddinas. Efallai fod yr ardaloedd canol dinas oedd wedi dioddef y colledion mwyaf o ran swyddi traddodiadol wedi gweld hyd yn oed mwy o bobl yn symud allan nag y mae data'r ddinas gyfan yn ei ddangos. Bydd rhai o'r cymdogaethau cefnog ar y cyrion gwledig–trefol, neu yn yr ardaloedd sydd wedi eu boneddigeiddio yng nghanol dinasoedd gogledd Lloegr, wedi gweld mwy o bobl ifanc 25–29 oed yn symud i mewn, yn arbennig tuag at ddiwedd y cyfnod hwn. I'r un graddau, efallai fod y tueddiadau yn Llundain wedi bod yn anwastad (roedd rhai ardaloedd dinas fewnol yn dal i weld dirywiad yn yr 1990au). Dylai eglurhad sydd wedi ei gefnogi'n dda roi enghreifftiau gydag enwau lleoedd go iawn yn rhai o'r dinasoedd a ddangosir.

Newid yn y boblogaeth yn ôl y grŵp oed a'r rhanbarth

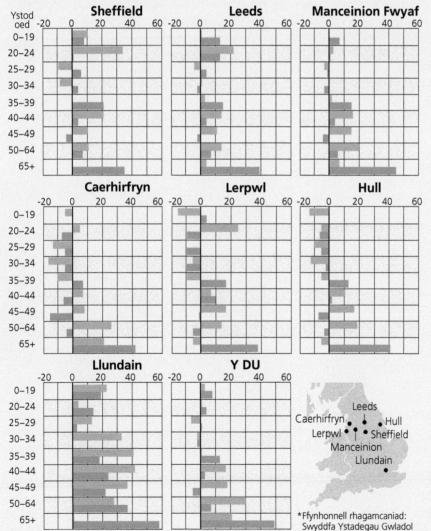

◀ **Ffigur 1.9** Newidiadau gwirioneddol a ragwelwyd ym mhoblogaeth dinasoedd mawr y DU, 1993-2020

*Ffynhonnell rhagamcaniad: Swyddfa Ystadegau Gwladol

ASTUDIAETH ACHOS GYFOES: HAMPSTEAD HEATH

Mae gan ardal adnabyddus Hampstead Heath yn Llundain safle ffisegol sydd â manteision naturiol ac mae cymdogaethau dosbarth uchel i'w cael o'i amgylch (gweler Ffigur 1.10). Yn wreiddiol, yn yr oesoedd canol, roedd Hampstead Health nifer o gilometrau i ffwrdd o gyrion Llundain, ac erbyn heddiw mae tua 100 m yn uwch na'r ddinas. Y rheswm ei fod yn uwch yw newidiadau hynafol yn lefel y môr. Mae'r Afon Tafwys wedi erydu i lawr i'w gorlifdir gwreiddiol, gan adael terasau afon creiriol i'r gogledd ac i'r de o Lundain. Mae'r stribedi hyn o dir uchel yn hawdd eu gweld ar fapiau Arolwg Ordnans.

Mae cymdogaethau 'pentref' cyfoethog Hampstead a Highgate i'w cael gerllaw tiroedd comin Hampstead Heath. Yn y lleoedd hyn mae pobl gyfoethog Llundain wedi byw ers i flerdwf Llundain lyncu'r ardaloedd yma yn y bedwaredd ganrif ar bymtheg. Yn ystod y Chwyldro Diwydiannol, roedd ganddyn nhw ddwy fantais bwysig. Yn gyntaf, yn anaml iawn y byddai trigolion ardaloedd uchel Hampstead neu Highgate yn cael eu heffeithio gan y mwrllwch oedd yn mygu canol Llundain. Yn ail, roedd gan y lleoedd hyn eu cyflenwad dŵr ffynnon eu hunain felly llwyddon nhw i osgoi epidemigau'r 1800au o golera a gludir mewn dŵr.

Gyda'u golygfeydd gwych dros Lundain, mae'n hawdd gweld pam y byddai'r bonedd a'r dosbarth uchel wedi dewis y cymdogaethau hyn yn wreiddiol. Heddiw, mae prisiau tai gerllaw Hampstead Heath yn parhau'n llawer uwch nag y byddai pobl gyffredin yn gallu ei fforddio. Yn 2017, gallai tŷ pum ystafell wely sy'n edrych allan dros y rhostir gostio hyd at £20 miliwn. Mae hyn wedi effeithio ar yr amrywiaeth a'r nodweddion cymdeithasol a diwylliannol.

Pobl hŷn yw proffil y boblogaeth: mae'r disgwyliad oes yn 84 o'i gymharu â'r cyfartaledd cenedlaethol o 78 (sydd efallai'n adlewyrchiad o statws elît nifer o'r trigolion a'r ffaith eu bod nhw'n gallu fforddio gofal iechyd preifat rhagorol).

Yng Nghyfrifiad 2011, roedd 84 y cant o boblogaeth Highgate yn wyn, o'i gymharu â 76 y cant o boblogaeth Llundain gyfan.

Efallai fod y lefelau uchel o addysg a dylanwad gwleidyddol ymysg trigolion Hampstead yn helpu i esbonio pam fod yr ardal yn adnabyddus am y meddylfryd **Nid yn Fy Ngardd Gefn i (NIMBY: Not in my Back Yard)**. Mae The Highgate Society yn garfan bwyso sy'n ceisio gwarchod cymeriad y lle yn lleol drwy leihau effaith globaleiddio cymaint â phosib. Gweithredu cyfreithiol gan drigolion lleol a rwystrodd McDonald's rhag symud i mewn i Stryd Fawr Hampstead am flynyddoedd lawer. O'r diwedd, rhoddwyd caniatâd iddyn nhw yn 1992 yn dilyn blynyddoedd o ddadlau a dim ond ar ôl i McDonald's gytuno i roi blaen siop plaen iawn ar eu bwyty.

Fodd bynnag, mae brandiau stryd fawr mwy byd-eang wedi dechrau cyrraedd dros y blynyddoedd diwethaf. Mae'r boblogaeth leol yn newid hefyd o ganlyniad i gysylltiadau byd-eang. Mae prynwyr eiddo tramor wedi heidio i Lundain ers yr 1990au: mae arian o Rwsia, China, Ffrainc a'r Dwyrain Canol wedi tywallt i mewn i farchnad dai Hampstead a Highgate. Roedd Cyfrifiad 2011 yn dangos cynnydd amlwg yn y gwladolion tramor oedd yn byw yno.

▲ **Ffigur 1.10** Yr olygfa o Parliament Hill ar Hampstead Heath

 TERM ALLWEDDOL

NIMBY Pan fydd pobl yn dangos yr agwedd 'nid yn fy ngardd gefn i'. Efallai fod pobl yn cefnogi'r syniad o ddatblygiad newydd fel tyrbinau gwynt, ond maen nhw eisiau iddyn nhw gael eu gosod mewn ardaloedd eraill, nid yn eu hardal nhw.

Dynameg lle

 Sut mae grymoedd mewnol ac allanol dynamig yn gyfrifol am newid nodweddion lle?

Lleoedd newidiol, cysylltiadau newidiol

Mae dwy gyfres o newidiadau'n gyfrifol am ddod â newidiadau dros amser i gymeriad lleoedd lleol. Y gyfres gyntaf yw **ffactorau mewndarddol** sy'n effeithio ar unrhyw rai o'r elfennau lle a welwn yn Ffigur 1.5. Er enghraifft, gall adeiladau a strwythurau eraill gael eu hadeiladu, eu chwalu neu eu hamnewid am nifer o resymau sy'n annibynnol ar unrhyw ddylanwad o'r tu allan. Yr ail gyfres o achosion yw **ffactorau alldarddol**: mae lle arbennig yn newid oherwydd ei gysylltiadau â lleoedd eraill, yn bell i ffwrdd neu'n agos. Er enghraifft, mae lleoedd a chymdeithasau ar draws y byd i gyd wedi eu heffeithio gan drawsnewidiad economaidd China ers yr 1980au. Mae'n debyg bod hyn yn cynnwys eich cartref chi hefyd:

- Oes gan bobl deledu mawr â sgrin wastad a wnaed yn China yn hongian yn amlwg ar waliau ystafelloedd byw eu tai yn eich stryd chi?
- Ydy rhai o'ch cymdogion yn addurno blaen eu tai adeg y Nadolig gyda goleuadau a wnaed yn China?
- Sut mae eich siopau a'ch busnesau lleol wedi cael eu heffeithio gan werthiant nwyddau rhad o China gan werthwyr ar-lein fel Amazon?

Ond, mae'r rhain yn newidiadau cynnil. Mae rhai lleoedd yn y DU wedi newid yn gyfan gwbl dros y degawdau diwethaf oherwydd grymoedd alldarddol. Yn yr achosion mwyaf amlwg o hyn, fel rhanbarth Ardal Dociau Llundain, mae gweddnewidiad llwyr wedi digwydd. Mae globaleiddio a **syfliad byd-eang** y diwydiannau traddodiadol wedi arwain at ailddatblygu nifer o'r lleoedd trefol ôl-ddiwydiannol (gweler Penodau 3 a 4). Mae gwaith mewn ffatrïoedd llafur-ddwys wedi diflannu bron yn gyfan gwbl mewn llawer o aneddiadau ac, yn eu lle, mae swyddi 'coler wen' wedi datblygu mewn diwydiannau nwyddau traul a gwasanaethau. Yn eu tro, roedd yn rhaid ailddatblygu nifer o'r ardaloedd manwerthu a gwasanaethu hŷn er mwyn iddyn nhw allu cystadlu â lleoedd eraill oedd yn cynnig yr un math o bethau. Os byddwn ni'n gwneud cymhariaeth 'cynt ac wedyn' o'r tir o fewn, ac o amgylch, gorsaf Birmingham New Street, rydyn ni'n gweld sut mae'r gwneuthuriad trefol cyfan wedi newid dros y blynyddoedd diwethaf (gweler Ffigur 1.11).

Mae'r adran hon o Bennod 1 yn archwilio twf cefn gwlad hefyd yn y cyfnod ôl-gynhyrchiol, a sut mae newid yng nghefn gwlad yn effeithio ar bentrefi a threfi marchnad sydd wedi gweld ailstrwythuro eu heconomïau ochr yn ochr ag esblygiad ardaloedd trefol ôl-ddiwydiannol. Nid cyflogaeth mewn amaethyddiaeth a defnydd tir amaethyddol yw prif nodwedd lleoedd gwledig y DU bellach. Mae **arallgyfeirio gwledig** wedi dod â chymysgedd ehangach o dwristiaeth, chwaraeon, gwasanaethau hamdden a chrefftau gwledig i gefn gwlad Prydain.

TERMAU ALLWEDDOL

Ffactorau mewndarddol
Ffactorau sy'n creu lle ac sy'n dod o'r tu mewn. Gallai'r rhain gynnwys agweddau o'r safle neu'r tir y cafodd y lle ei adeiladu arno, er enghraifft, uchder, tirwedd a draeniad, argaeledd dŵr, ansawdd y pridd ac adnoddau eraill. Maen nhw hefyd yn cynnwys nodweddion economaidd a demograffig oedd yn bodoli yno'n barod, yn ogystal ag agweddau o'r amgylchedd adeiledig a'r isadeiledd.

Ffactorau alldarddol
Ffactorau sy'n creu lle ac sy'n dod o'r tu allan. Maen nhw'n cynnwys cysylltiadau â lleoedd eraill, a dylanwadau o leoedd eraill. Gallai'r berthynas hon â lleoedd eraill gynnwys symudiad neu lif gwahanol bethau dros ofod, er enghraifft pobl, adnoddau, arian, buddsoddiad a syniadau.

Syfliad byd-eang Ail leoliad rhyngwladol gwahanol fathau o weithgareddau economaidd, yn enwedig diwydiannau gweithgynhyrchu. Mae cysylltiad cryf rhwng y term hwn â gwaith ysgrifenedig Peter Dicken.

Arallgyfeirio gwledig Esblygiad economïau gwledig i gynnwys amrywiaeth lawer ehangach o weithgareddau nag amaethyddiaeth yn unig. Mae twristiaeth a chrefftau gwledig yn ddau ychwanegiad pwysig.

▲ **Ffigur 1.11** Cafodd y gofod o fewn ac o amgylch gorsaf Birmingham New Street ei ailddatblygu'n radicalaidd rhwng 1990 (uchod) a 2015 (isod)

🔑 **TERM ALLWEDDOL**

Dad-ddiwydianeiddio Pan mae gweithgaredd diwydiannol yn mynd yn llai pwysig mewn lle lleol neu ranbarth ehangach, o'i fesur yn nhermau cyflogaeth a/neu allbwn.

Ffactorau mewndarddol (mewnol)

Gall daearyddiaeth ffisegol a thirwedd lle newid dros amser, waeth beth yw ei gysylltiadau allanol gyda chymdeithasau eraill. Mae'r bobl sy'n byw yno'n addasu lleoedd yn gyson mewn ffyrdd bwriadol. Enghraifft dda o hyn yw gwaith i adfer tir ar lannau afonydd sy'n creu mathau newydd o ddefnydd tir. Ar ôl adeiladu Arglawdd Victoria yn Llundain yn yr 1860au, roedd Afon Tafwys yn gulach. Roedd yn orchest beirianegol a chafodd glannau corsiog yr afon eu troi yn strydoedd a pharciau; o dan y rhain gosodwyd carthffosydd newydd a rheilffordd danddaearol.

Mae ffactorau amgylcheddol yn gallu achosi newid mewn lle hefyd. Weithiau, mae'r ddaearyddiaeth ffisegol sy'n helpu anheddiad i dyfu ar y cychwyn yn cyfrannu yn nes ymlaen at fethiant yr anheddiad hwnnw. Pan fydd adnoddau na ellir eu hadnewyddu, fel glo, copr a thun yn gorffen, mae diwydiannau cynhyrchiol yn dod i ben: mae hen drefi cloddio gwag i'w gweld dros y byd i gyd, o Chile i Awstralia. Pan fydd adnoddau adnewyddadwy fel pridd a llystyfiant yn cael eu defnyddio mewn ffyrdd anghynaliadwy, mae'r lle ei hun yn dioddef dirywiad hefyd. Symudodd ffermwyr allan o'u ffermydd yn Oklahoma a Texas a'u gadael yn wag yn ystod digwyddiad 'powlen lwch' yr 1930au yn Unol Daleithiau America. Roedd rhai o'r arferion ffermio yno'n annoeth a, phan effeithiwyd ar yr ardal gan wyntoedd cryf, cafodd y pridd ei dynnu oddi ar y tir.

Aeth dinas Caer drwy gyfnod o ddad-ddiwydianeiddio ganrifoedd yn ôl (yn llawer cynharach na'r syfliad byd-eang). Roedd silt yn cael ei ddyddodi'n naturiol ym moryd Afon Dyfrdwy ac, erbyn yr 1700au, doedd hi ddim yn bosibl i gymaint o longau gyrraedd Caer. Yn y pen draw, collodd y ddinas ei masnach longau a'i diwydiannau porthladd i Lerpwl gerllaw ac i ddyfroedd dyfnach moryd Afon Mersi. Newidiodd Caer fel lle o ganlyniad i hynny: datblygodd tirwedd economaidd a diwylliannol newydd oedd yn canolbwyntio'n llai ar ddiwydiant gweithgynhyrchu a fwy ar siopa a gwasanaethau.

Mae dad-ddiwydianeiddio'n gallu digwydd hefyd pan mae cymdeithas yn dechrau meddwl am risg amgylcheddol lleol mewn ffordd wahanol. Daeth pobl i ddeall mwy am y peryglon sy'n gysylltiedig â chloddio plwm ac asbestos ac mae'n bosib bod hynny'n esbonio pam y dirywiodd y gweithgareddau hyn yn y DU. Mae proses debyg yn cyfrif yn rhannol am y newid byd-eang mewn cynhyrchiad glo. Brwydrodd undebau llafur y gweithwyr yn llwyddiannus i foderneiddio pyllau glo Prydain ac roedden nhw'n mynnu bod y gweithwyr yn cael dillad a chyfarpar diogelwch wrth i bobl ddysgu mwy am y risgiau i iechyd. Nawr mae'n rhatach mewnforio glo o wledydd lle mae glowyr sydd ar gyflog isel yn dal i ddioddef damweiniau'n rheolaidd, fel yn Ne Affrica, ac mae cynhyrchiad glo bron â diflannu'n gyfan gwbl o'r DU (gweler tudalennau 82-83 a 94). Rydyn ni'n gweld y patrwm hwn mewn nifer o ddiwydiannau cynradd, prosesu a gweithgynhyrchu eraill. Mae diwydiannau sy'n beryglus neu sy'n achosi llygredd wedi dod yn anhyfyw yn ariannol yn y DU am fod y cronfeydd wedi dod i ben (tynnwyd y rhai rhataf a hawsaf eu cyrraedd yn gyntaf) ac oherwydd cyfreithiau tynnach, pwysau gan yr undebau llafur a'r cyfrifoldeb cymdeithasol ar gorfforaethau.

Ffactorau alldarddol (allanol)

Mae digwyddiadau, problemau neu brosesau allanol yn gyrru'r newidiadau mewn lleoedd hefyd. Yn rhan o'r ffactorau mewndarddol sydd wedi eu hamlinellu uchod mae agweddau alldarddol hefyd sy'n ymwneud â globaleiddio, sef proses sydd wedi dod â newid economaidd a diwylliannol i leoedd gwledig a threfol drwy'r DU gyfan. Rydyn ni'n gweld effeithiau llifoedd byd-eang o bobl, arian, technoleg a gwybodaeth yn amlwg mewn strydoedd mawr lleol ymhob man. Mae grymoedd graddfa fawr nad oes modd dianc rhagddyn nhw wedi newid strwythur economi Prydain a swyddi pobl. Rydyn ni'n gweld cynnydd yn yr amrywiaeth mewn bwyd, ffasiwn ac wynebau mewn trefi llai a lleoedd gwledig, nid yn y dinasoedd mawr yn unig.

Fodd bynnag, o edrych ar y darlun hanesyddol, dim ond y rownd ddiweddaraf o effeithiau globaleiddio ydy'r rhain mewn cyfres lawer hirach o newidiadau sydd wedi cael eu hachosi'n allanol ac sy'n dylanwadu ar nodweddion lleoedd:

- Roedd *mudo rhyngwladol* o leoedd pell i ffwrdd ar dir mawr Ewrop wedi dod â phob math o newidiadau demograffig, economaidd a diwylliannol i aneddiadau cynnar Ynysoedd Prydain. Gadawodd y goresgynwyr Rhufeinig, Llychlynnaidd a Normanaidd i gyd eu hôl yma (meddyliwch am wraidd yr enwau a ddefnyddiwn am ddyddiau'r wythnos yn y Gymraeg a'r Saesneg). Yn fwy diweddar, mae mudo ôl-drefedigaethol a gallu gweithwyr i symud yn rhydd o'r Undeb Ewropeaidd wedi cyfuno i ddod ag amrywiaeth ddiwylliannol i rai cymdogaethau trefol na welwyd yno erioed o'r blaen. Yn ôl yr amcangyfrifon, mae 300 o ieithoedd yn cael eu siarad erbyn hyn mewn rhannau o Lundain.
- *Llifoedd adnoddau'n fyd-eang ac yn genedlaethol* a sbardunodd y diwydiannu mewn lleoedd trefol yn yr 1700au. Roedd masnach fyd-eang ac Ymerodraeth Prydain yn dod ag ifori ac esgyrn i ddiwydiant dur Sheffield i wneud carnau i'w cyllyll; a thyfodd rhai lleoedd a grwpiau o bobl oedd yn byw yn Sheffield yn gyfoethog iawn drwy allforio cyllyll a ffyrc i farchnadoedd cenedlaethol a rhyngwladol. Mewn canrifoedd a fu, roedd Prydeinwyr yn teithio'n eang mewn gwledydd tramor ac yn dod â bwydydd, defnyddiau neu syniadau newydd yn ôl gyda nhw. Fforwyr cynnar ddaeth â thatws, te, coffi a thybaco i'r DU. Dychmygwch mor wahanol fyddai strydoedd mawr Prydain heb siopau sglodion a chaffis! Ystyriwch hefyd y niwed enfawr a achoswyd gan ysmygu i gymunedau drwy Brydain gyfan yn ystod cyfnod pan oedd y mwyafrif o bobl yn ysmygu. O ganlyniad i'r arfer niweidiol hwn, gostyngodd y disgwyliad oes ym mhob man.

 **TERM ALLWEDDOL**

Mudo ôl-drefedigaethol
Pobl yn symud i'r DU o gyn-drefedigaethau'r Ymerodraeth Brydeinig yn ystod yr 1950au, 1960au a'r 1970au. Weithiau mae pobl yn disgrifio'r symudiad hwn fel cyrhaeddiad y 'genhedlaeth Windrush'.

▲ **Ffigur 1.12** Dangosodd y cartwnydd o'r ddeunawfed ganrif, Hogarth, yr erchyllterau a achoswyd gan alcoholiaeth mewn lle brwnt yn Llundain a alwodd yn 'Gin Lane'.

 TERM ALLWEDDOL

Cydgyfeiriant amser-gofod Y profiad byw o deimlo bod lleoedd pell yn agosach am fod technolegau cyfathrebu a thrafnidiaeth newydd yn diddymu'r pellter yn llwyr.

● Roedd *mudo o'r wlad i'r dref* wedi gweddnewid cymdeithasau a thirweddau trefol yn ystod blynyddoedd olaf yr 1700au a'r 1800au. Cafodd pob tref fawr a dinas ei chreu am fod llif o bobl wedi symud i mewn yno o gefn gwlad ar ryw gyfnod yn hanes yr anheddiad hwnnw. Allwn ni ddim gor-bwysleisio pwysigrwydd y broses hon. Ar draws y byd, mae pobl wledig yn elfen hanfodol i yrru peiriant twf y trefi, p'un a ydyn ni'n sôn am Fanceinion y bedwaredd ganrif ar bymtheg neu Lagos yr unfed ganrif ar hugain. Yn ardaloedd trefol y DU, arweiniodd y twf enfawr yn y boblogaeth a thwf y dwysedd tai yn ystod y Chwyldro Diwydiannol at aflendid a gorlawnder eang ar y dechrau. Roedd y cymdogaethau trefol yn dioddef o orboblogi, tlodi, alcoholiaeth ac epidemigau o afiechydon (gweler Ffigur 1.12). Yn ddiweddarach, aeth peirianwyr oes Fictoria ati i fynd i'r afael â'r problemau hyn drwy osod isadeiledd arloesol newydd, yn cynnwys cludiant cyhoeddus a systemau carthffosiaeth, a newid lleoedd trefol mewn ffyrdd oedd yn tarfu'n fawr ar y lle ar y pryd ond a oedd, yn y pen draw, yn newidiadau cadarnhaol.

Technoleg a llif syniadau newydd.

Mae newidiadau technolegol wedi effeithio ar leoedd mewn ffyrdd cadarnhaol ac mewn ffyrdd negyddol ers miloedd o flynyddoedd. Weithiau, mae technoleg a syniadau newydd sy'n dod i mewn i ardal yn gallu helpu lle i dyfu mewn ffyrdd newydd a gwahanol, ond gall weithio fel arall hefyd. Gall technoleg wneud lle yn ddarfodedig; Mae hyn yn ganlyniad rhesymegol i gydgyfeiriant amser–gofod. Disgrifiwyd y broses hon gan Donald Janelle yn 1968 fel 'dileu' pellter drwy donnau olynol o arloesi ym myd trafnidiaeth. Pan ddaeth rheilffyrdd i gymryd lle'r gamlas a'r goets fawr yn Lloegr, daeth â lleoedd pell yn agosach at ei gilydd yn nhermau 'amser-gofod' (gweler Ffigur 1.13). Fodd bynnag, dioddefodd rhai aneddiadau o ganlyniad i hynny am nad oedd y camlesi y cawsent eu hadeiladu wrthynt yn cael eu defnyddio mwyach. Gallwn ni esbonio twf ac yna ddirywiad tref felin Todmorden yn Swydd Efrog yn rhannol drwy edrych ar y ffordd y newidiodd pwysigrwydd camlas Rochdale rhwng yr 1700au a'r 1900au.

Mae cydgyfeiriant amser-gofod wedi bod yn gyfrifol am ddatblygiad a dirywiad llawer o leoedd mewn hanes. Enghraifft arall yw'r cynnydd ym maint y llongau cynwysyddion a ddefnyddiwyd yn ystod yr 1960au. Roedd y llongau newydd hyn yn rhy fawr i'r Afon Tafwys a dechreuodd y lleoedd yn Ardal Dociau Llundain weld eu heconomi'n chwalu pan ddaeth y fasnach ar yr afon i ben yn sydyn (gweler tudalennau 160-161). Yn Isle of Dogs a Limehouse, roedd diweithdra ymysg y dynion wedi cyrraedd 60 y cant erbyn diwedd yr 1970au. I bob swydd a gollwyd yn y dociau, diflannodd tair arall mewn diwydiannau cynorthwyol, yn cynnwys cludiant a gwaith warws.

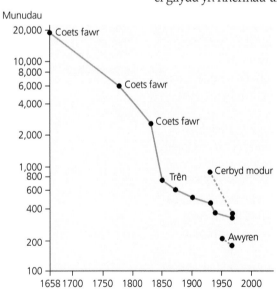

Munudau

▲ **Ffigur 1.13** Cydgyfeiriant amser–gofod wedi ei ddangos gan y gostyngiad mewn amser teithio rhwng Caeredin a Llundain, 1658–1966

Collodd y tafarnau a'r caffis lleol fusnes hefyd. Diflannodd bron i dri chwarter miliwn o swyddi i gyd o'r brifddinas rhwng 1960 ac 1975. Gostyngodd poblogaeth y ddinas o 8.6 miliwn ar ei uchafbwynt yn 1939 i 6.7 miliwn erbyn 1981.

Grymoedd allanol yn gweithredu ar ardaloedd gwledig

Roedd gan ffactorau mewndarddol ran flaenllaw iawn yn y broses o ddod â cham cynhyrchiol economi gwledig Prydain i ben. Yn draddodiadol, roedd cefn gwlad yn lle cynhyrchiol lle byddai cymunedau'n tyfu cnydau ac yn magu da byw yr oedden nhw naill a'n ei fwyta neu'n ei fasnachu mewn marchnadoedd trefol. Roedd Swydd Gaerhirfryn yn adnabyddus am ffermio gwartheg llaeth, East Anglia am rawnfwyd, ac yn y blaen. Ond, erbyn yr 1970au, roedd y dull hwn o fyw yn dod i ben, yn aml am resymau tebyg i'r rhai oedd wrth wraidd colli'r diwydiant gweithgynhyrchu yn ninasoedd Prydain.

Diolch i'r globaleiddio ac i farchnad rydd yr Undeb Ewropeaidd oedd wedi ehangu, roedd y mewnforion cig, grawnfwydydd a ffrwythau oedd yn cyrraedd y DU yn rhatach. Roedd y gostyngiad mewn cymorthdaliadau gan y llywodraeth i'r ffermwyr yn gwneud rhai lleoedd gwledig yn llai sefydlog yn economaidd (er hynny, i lawer o ffermwyr, roedd hyn wedi'i gydbwyso gan gynnydd yng ngwariant yr Undeb Ewropeaidd ar amaeth). Roedd cefn gwlad wedi elwa hefyd yn y degawdau yn syth ar ôl y rhyfel diolch i bolisïau datblygu rhanbarthol hael i 'ranbarthau problemus' oedd werth cannoedd o filiynau o bunnoedd. Fodd bynnag, yn dilyn cyfnod o chwyddiant uchel yng nghanol yr 1970au, cafwyd toriadau sylweddol mewn gwariant cyhoeddus.

Cafodd y pwysau cynyddol hwn yr effaith o gyflymu'r broses o fecaneiddio ffermio a defnyddio contractwyr ffermio âr yn lle gweithwyr parhaol ar ffermydd. Cafodd y dyrnwyr medi eu cyflwyno am y tro cyntaf ar ôl yr Ail Ryfel Byd pan ddefnyddiodd Llywodraeth y DU gymorth ariannol gan UDA i helpu i ddiogelu'r cyflenwad bwyd domestig.

- Erbyn yr 1970au, roedd peiriannau fferm yn bethau cyffredin ond roedd hynny ar draul hyd yn oed mwy o swyddi. Yn 2015, roedd ychydig dros un y cant o weithlu Prydain yn gweithio mewn amaeth o'i gymharu ag un ar ddeg y cant ganrif yn gynharach.
- Collodd llawer o bentrefi bach nifer fawr o bobl ar ôl 1945 wrth i swyddi mewn ffermio ddirywio. Cafodd rhai pentrefi eu llenwi eto gan bobl oedd eisiau byw yno a theithio i weithio yn y trefi a'r dinasoedd, a phobl oedd eisiau prynu ail gartref (tudalennau 193–195).

Fodd bynnag, mae'n bwysig peidio gorddweud wrth sôn am ddirywiad amaeth *fel defnydd tir*. Hyd yn oed heddiw, mae tua 70 y cant o dir y DU yn cael ei ddefnyddio ar gyfer amaethyddiaeth. Mewn gwirionedd, mae'r ardaloedd gwledig yn y cyfnod ôl-gynhyrchiol wedi dod yn fannau lle mae mathau newydd o waith ar gael yn aml iawn *ochr yn ochr* â ffermio mecanyddol. Mae Pennod 6 yn archwilio sut mae lleoedd gwledig wedi amrywio eu heconomïau drwy groesawu gwasanaethau twristiaeth a gweithgareddau hamdden i gwsmeriaid. Mae busnesau lletygarwch a manwerthu wedi disodli amaeth fel prif gyflogwyr cyfran fawr o gefn gwlad Prydain.

DADANSODDI A DEHONGLI

Mae Ffigur 1.14 yn dangos y nifer o eiddo yn Llundain a brynwyd gan gwmnïau tramor rhwng 2010 a 2015. Mae hefyd yn dangos y tiriogaethau lle mae'r prif brynwyr wedi sefydlu

(a) Disgrifiwch ddosbarthiad yr eiddo yn Llundain a brynwyd gan gwmnïau tramor.

(b) Nodwch un newid posibl y gallech chi ei wneud i'r map ac esboniwch pam y byddai hyn yn welliant.

CYNGOR

Yn ogystal â defnyddio amrywiaeth o sgiliau a thechnegau, dylai myfyrwyr Daearyddiaeth allu rhoi ystyriaeth feirniadol i'r dulliau maen nhw'n eu defnyddio. Mae'r diagram yn dangos map coropleth. Mae'r data wedi'i rannu'n bum categori; mae'n dangos y nifer o eiddo a brynwyd ymhob ardal awdurdod lleol (yn hytrach nag is-ardaloedd gweinyddol llai). Ydych chi'n cytuno â'r ddau benderfyniad yma? A allai'r map fod yn well ac, os felly, sut?

(c) Awgrymwch beth mae Ffigur 1.14 yn ei ddangos am y ffordd y mae cysylltiadau un lle gyda lleoedd eraill yn gallu dylanwadu ar nodweddion y lle hwnnw.

CYNGOR

Mae'r diagram yn dangos bod prynwyr tramor yn prynu eiddo, gan awgrymu bod meintiau mawr o gyfalaf yn llifo i mewn i farchnad dai Llundain. Pa effeithiau eraill allai'r duedd hon eu cael? Mae'r ffaith nad yw tai'n fforddiadwy ar hyn o bryd yn gysylltiedig â'r galw cryf ymysg prynwyr tramor a'r cynnydd mewn pris y mae hyn yn ei achosi. Pan mae'r galw wedi ei ganolbwyntio ar ardal o godau post penodol, mae hyn yn codi'r prisiau lleol i lefelau arbennig o uchel. Sut allai lleoedd lleol gael eu newid os bydd prynwyr tramor yn penderfynu byw yn yr eiddo yma yn hytrach na'u rhentu nhw? A allai nodweddion demograffig lleol ddechrau newid? A fyddai siopau a bwytai lleol yn newid eu gwasanaethau a'u bwydlenni i ddarparu ar gyfer cymunedau o fewnfudwyr incwm uchel?

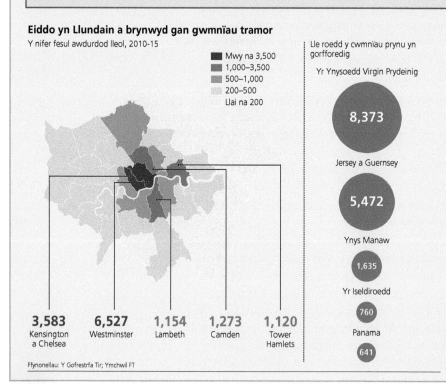

Eiddo yn Llundain a brynwyd gan gwmnïau tramor
Y nifer fesul awdurdod lleol, 2010-15

◀ **Ffigur 1.14** Eiddo yn Llundain a brynwyd gan gwmnïau tramor 2010-2015

ASTUDIAETH ACHOS GYFOES: DINAS FEWNOL SHEFFIELD

Dros amser, mae ffactorau lleol ac allanol wedi cyfuno i siapio economi a hunaniaeth lleoedd mewn ffyrdd cadarnhaol a negyddol. Ystyriwch achos Sheffield a phentrefi Hallamshire o'i amgylch. Erbyn y drydedd ganrif ar ddeg roedden nhw'n defnyddio haearn a grut melinfaen lleol i gynhyrchu cyllyll a phladuriau yno. Roedd y galw am y cynnyrch yma o leoedd eraill yn Lloegr yn un rheswm pam y llwyddodd y rhanbarth hwn yn gynnar iawn. Erbyn blynyddoedd hwyr yr 1800au, roedd Sheffield wedi dod yn ddinas oedd yn gwasanaethu'r marchnadoedd byd-eang gyda dur a chyllyll a ffyrc oedd yn cael eu masgynhyrchu. Yn eu tro, dechreuodd bobl y ddinas deimlo synnwyr cryf o hunaniaeth. Er enghraifft, roedd gweithwyr o ffatrïoedd a gweithdai metel Sheffield wedi sefydlu tîm pêl-droed o'r enw 'The Blades' (gweler Ffigur 1.6).

Ond ni wnaeth yr hyder hwn barhau. Gostyngodd y galw rhyngwladol am ddur a metel Sheffield yn fawr yn yr 1970au. Roedd syfliadau byd-eang wedi golygu bod gwneuthurwyr dur yn Ne Korea wedi llwyddo i gipio cyfran fawr o farchnadoedd y byd. Roedd lleoedd yng nghanol dinas Sheffield, fel ystadau Park Hill a Manor, wedi dioddef mwy na chwalfa economaidd drychinebus; roedden nhw wedi colli eu hunaniaeth hefyd. I'r mwyafrif o bobl, doedd bywyd y gymdogaeth ddim wedi ei seilio o amgylch y profiad o wneud dur a metel bellach.

Mae gan leoedd unigol yn Sheffield fel Park Hill eu hanes unigryw eu hunain wrth gwrs. Roedd safle Park Hill yn barc ceirw ar un adeg i Iarll Amwythig. Daeth yn ardal o dai tenement yn ystod y Chwyldro Diwydiannol, ac roedd pobl yn ei alw'n 'Little Chicago' am fod y cyfraddau troseddu mor uchel yno yn yr 1930au. Yn ystod yr 1950au, adeiladwyd cyfadeiladau tai newydd yno (gweler Ffigur 1.15). Cafodd ystad Park Hill ei ddylanwadu gan gynlluniau a syniadau pensaernïol o gyfandir

Ewrop, ac ers hynny mae wedi derbyn statws rhestredig Graddfa II*.

Heddiw, ychydig iawn o arwyddion sydd ar ôl ar orwel Sheffield i awgrymu ei orffennol diwydiannol trwm. Ond, mae mathau newydd o ddiwydiant yn ffynnu mewn lleoedd penodol, sydd weithiau wedi eu gosod yng nghregyn yr hen ffatrïoedd. Er enghraifft, mae Canolfan Ymchwil Uwch i Weithgynhyrchu (AMRC) *Advanced Manufacturing Research Centre* y brifysgol yn cyflogi 500 o beirianwyr a gwyddonwyr i gynhyrchu cynhyrchion titaniwm a thantalwm arbenigol. Efallai nad yw dur yn cael ei gynhyrchu yno bellach ond mae'r ddinas wedi cychwyn ar 'drydydd cyfnod' o waith metel i farchnadoedd rhyngwladol. Y cyfnod cyntaf oedd cyfnod y crefftwaith metel cyn-ddiwydiannol, ac yna'r ail oedd y cyfnod diwydiannol o fas-gynhyrchu dur a chyllyll a ffyrc; cafodd hyn ei ddisodli gan **weithgarwch ôl-Fordaidd**. Ond, heb ddaearyddiaeth ffisegol y rhanbarth, a'r sgiliau gwaith metel a pheirianneg a ddatblygodd *yn y lle ei hun*, ni fyddai unrhyw ran o hyn wedi bod yn bosibl.

▲ **Ffigur 1.15** Ystad Park Hill, Sheffield

🔑 **TERM ALLWEDDOL**

Gweithgarwch ôl-Fordaidd Gwaith hyblyg, wedi ei yrru gan y farchnad, sy'n ymatebol iawn i'r galw gan y cwsmer, yn enwedig am nwyddau moeth. Mae rhai diwydiannau ôl-Fordaidd yn arbenigo mewn cynhyrchu nwyddau moeth neu arbenigol, sy'n cael eu gwneud â llaw yn aml iawn gan ddefnyddio technegau traddodiadol. Mae diwydiannau 'technoleg uchel', sy'n cynnwys roboteg, peirianneg drachywir, peiriannau jet a gwneuthurwyr arfau, yn gategori arall o ddiwydiannau ôl-Fordaidd.

3 Rhwydweithiau lle a chysylltiadau haenedig

▶ *Sut mae astudio rhwydweithiau lle a 'chysylltiadau haenedig' yn ein helpu i ddeall hunaniaeth lle?*

Rhwydweithiau lle ar hyn o bryd ac yn y gorffennol

Mae gwahanol leoedd yn datblygu cysylltiadau â'i gilydd i ffurfio rhwydwaith o leoedd cysylltiedig, sy'n gysylltiadau diweddar a rhai o'r gorffennol. Mae rhwydwaith yn ddarluniad neu'n fodel sy'n dangos sut mae gwahanol leoedd wedi eu cysylltu â'i gilydd gan gysylltiadau neu lifoedd, fel buddsoddiad uniongyrchol tramor (FDI) sy'n digwydd oherwydd mudo, neu gan gorfforaethau trawswladol (TNCs). Mae mapio rhwydwaith yn wahanol i fapio topograffig am nad yw'n cynrychioli pellteroedd go iawn ond, yn hytrach, mae'n canolbwyntio ar y lefel amrywiol o gyd-gysylltiad sydd gan wahanol leoedd – neu nodau – ar y map rhwydwaith (gweler Ffigur 1.16). Mewn damcaniaeth rhwydwaith, rydyn ni'n disgrifio dinasoedd, a lleoedd penodol oddi mewn iddyn nhw (fel clystyrau ymchwil prifysgol yng Nghaergrawnt neu Fanceinion) sydd â chysylltiadau arbennig o dda yn ganolfannau byd-eang. Dyma yw llifoedd allweddol y rhwydweithiau:

TERMAU ALLWEDDOL

Rhwydwaith Mae hwn yn ddarluniad neu'n fodel sy'n dangos sut mae gwahanol leoedd wedi eu cysylltu â'i gilydd. Mae daearyddwyr yn creu rhwydweithiau i bwysleisio'r cysylltiadau sy'n bodoli rhwng gwahanol leoedd.

Buddsoddiad uniongyrchol tramor (FDI: Foreign Direct Investment) Buddsoddiad ariannol gan gorfforaeth trawswladol neu chwaraewr rhyngwladol arall (fel cronfa gyfoeth sofran) i mewn i economi gwladwriaeth.

Canolfan fyd-eang Anheddiad (neu ranbarth ehangach) sy'n darparu canolbwynt i weithgareddau sydd â dylanwad byd-eang. Mae'r mega-ddinasoedd i gyd (10 miliwn neu fwy o bobl) yn ganolfannau byd-eang, ynghyd â rhai aneddiadau llai fel Caergrawnt, lle mae gan y brifysgol a'r parc gwyddoniaeth gyrhaeddiad byd-eang go iawn.

- *Cyfalaf (arian).* Dyma ddwy enghraifft o'r llifoedd ariannol pwysig sy'n cysylltu rhai lleoedd gyda lleoedd pell i ffwrdd yn rhywle arall: buddsoddiad gan gorfforaethau trawswladol mewn rhanbarthau masnachol, a buddsoddwyr tramor yn prynu eiddo preswyl (gweler tudalennau 128–129).

- *Defnyddiau crai.* Mae llifoedd nwyddau yn cynnwys cnydau, mwynau a thanwyddau ffosil, wedi eu sianelu nid yn unig gan weithredoedd cwmnïau mawr ond hefyd gan fusnesau bach ac unigolion sy'n masnachu ar-lein. Weithiau mae cysylltiadau nwyddau annisgwyl yn bodoli rhwng gwahanol leoedd. Mae Calder Textiles yn nhref Dewsbury yn Swydd Efrog yn gwneud edafedd cashmir wedi'i lifo â llaw ar gyfer cwmnïau ffasiwn. Mae'n prynu'r gwlân gan ffermwyr geifr yn rhanbarth Herat yn Afghanistan. Cafodd y bartneriaeth hon rhwng gwahanol leoedd ei threfnu gan adran amddiffyn UDA!

- *Nwyddau.* Mae tua 200 miliwn o gynwysyddion yn cael eu symud bob blwyddyn ar longau sy'n teithio'r moroedd. Yn aml iawn, rydyn ni'n galw China – o le mae cymaint o nwyddau'n llifo – yn 'weithdy'r byd' (enw oedd gan y DU ar un cyfnod yn y gorffennol). Mae Bangladesh ac Indonesia hefyd yn genhedloedd cynhyrchu pwysig. Mae gan lawer o strydoedd mawr y DU siopau disgownt sy'n prynu eu nwyddau o'r gwledydd hyn ac yn gwerthu niferoedd mawr ohonyn nhw.

- *Gwybodaeth.* Mae lleoedd ymhob man yn fwyfwy agored i lifoedd data. Mae radio, teledu a band eang yn aml iawn ar gael yn y rhannau mwyaf anghysbell o'r DU. Os edrychwn ni ar rannau eraill o'r byd, mae gan gymunedau gwledig anghysbell yn India wasanaethau ffôn symudol. Mae gwasanaethau ffôn symudol ar gael hefyd ym mhentref Inuit bach iawn, Little Diomede, sydd ar ynys ynysig yng Nghulfor Bering, gydag Alaska i'r dwyrain a Rwsia i'r gorllewin (er gwaethaf y ffaith mai dim ond unwaith yr wythnos y mae'r post yn cyrraedd yma).

- *Gwasanaethau.* Mae Cernyw ac Ucheldir yr Alban yn rhanbarthau lle mae nifer gynyddol o bobl hunangyflogedig yn cynnig gwasanaethau 'teleweithio'. Mae penseiri, cyfreithwyr, awduron a dylunwyr meddalwedd yn gweithio o bell o'u swyddfeydd cartref. Gall eu cleientiaid fyw yn unrhyw le.
- *Pobl.* Yn ôl yr amcangyfrifon, yn 2017 roedd 250 miliwn o bobl yn byw mewn gwledydd na chawson nhw eu geni ynddynt, o'i gymharu â 80 miliwn yn 1965. Mae'r ffigur hwn yn cynnwys dros 150 o fudwyr economaidd cyfreithlon a 50 miliwn o fudwyr anghyfreithlon, yn ogystal â phobl wedi eu dadleoli (ceiswyr lloches yn dianc o drychinebau ffisegol neu erledigaeth wleidyddol). Cafwyd mewnfudo i rai o leoedd anghysbell mwyaf gwledig y DU hyd yn oed, gan gynnwys Cwm Rhondda yng Nghymru lle mae nifer o feddygon y GIG a aned yn India a'u teuluoedd wedi byw am ddegawdau lawer.

Yn aml iawn rydyn ni'n ystyried mai'r gwelliannau yng nghyflymder a gallu trafnidiaeth a TGCh (technoleg gwybodaeth a chyfathrebu) yw'r prif ffactorau sydd wedi gyrru twf rhwydweithiau lleoedd ar wahanol raddfeydd. Mae datblygiadau pwysig dros y deng mlynedd ar hugain ddiwethaf – y rhyngrwyd, ffonau symudol, cwmnïau hedfan – wedi cynyddu cysylltedd lleoedd yn sicr. Mae'n haws cwblhau trafodion economaidd, p'un a ydyn nhw'n drafodion cynnyrch (gall y cynhyrchwyr brynu nwyddau ffisegol drwy gontract a threfniadau allanol o leoedd pell i ffwrdd gan

(a) Lleoedd wedi eu dangos fel tiriogaethau ar fap

(b) Lleoedd wedi eu dangos fel nodau mewn rhwydwaith

▲ **Ffigur 1.16** Lleoedd mewn mapiau (a) topograffig a (b) rhwydwaith

ddefnyddio rhwydweithiau cludiant cyflymach nag erioed) neu'n drafodion drwy brynwriaeth (mae'n ymddangos bod modd prynu nwyddau, gwybodaeth a chyfranddaliadau yn unrhyw le, unrhyw bryd, ar-lein dim ond drwy glicio botwm). Mae haws i bobl symud o gwmpas heddiw nag oedd hi yn y gorffennol hefyd. Mae cwmnïau hedfan rhad yn dod â 'lleoliadau pleserus' sydd mewn gwledydd pell i ffwrdd o fewn cyrraedd hawdd i dwristiaid ariannog o genhedloedd lle mae'r incwm yn uchel.

Byd sy'n lleihau a'r newid yn ein canfyddiad o leoedd 'agos' a 'phell'

Mae cynnydd mewn cysylltiadau'n newid ein syniad o amser, pellter a rhwystrau posibl i atal symudiad pobl, nwyddau, arian a gwybodaeth. Mae lleoedd pell i ffwrdd yn teimlo'n agosach nag oedden nhw yn y gorffennol. Felly, mae ein diffiniad o'r hyn sy'n lle 'agos' neu 'bell' yn newid wrth i'n canfyddiadau ni newid am gysylltiadau gofodol. Efallai fod trefi yn ne Ffrainc yn teimlo fel lleoedd 'agos' i deithwyr easyJet o Loegr. Ond, ganrif yn ôl, byddai pobl Lloegr yn ystyried bod arfordir Môr y Canoldir yn bell iawn i ffwrdd. Yn ôl damcaniaeth Janelle am gydgyfeiriant amser–gofod (gweler tudalen 22), mae technoleg yn gwneud i leoedd deimlo'n agosach nag oedden nhw yn y gorffennol. Wrth i bob technoleg trafnidiaeth newydd wella ar y dechnoleg gynt, mae'n torri munudau ac oriau oddi ar y teithiau sy'n cysylltu un lle â'r llall. Ers i hwyliau llongau lenwi ag aer am y tro cyntaf, mae cymdeithas ddynol wedi gweld y'byd yn lleihau'.

Wrth ysgrifennu am rywbeth tebyg i hyn, mae David Harvey wedi dadlau bod y newidiadau amser–gofod hyn wedi bod yn hanfodol er mwyn i gyfalafiaeth allu parhau. Yr hyn sydd wedi gwasgu botwm technoleg yw adeiladwyr yr ymerodraethau economaidd byd-eang. Mae trenau cyflym a chysylltiadau band eang – fel yr awyrennau a'r llongau cynhwysyddion sy'n symud nwyddau o amgylch y byd – wedi dod i fodolaeth oherwydd y chwilio bythol am farchnadoedd ac elwon newydd gan gorfforaethau trawswladol.

Mae ail echelin o rym dynol – sef arfer grym milwrol a dyhead ymerodrol – sydd hefyd yn ysgogiad yr un mor bwysig i ddatblygu trafnidiaeth newydd ac arloesi ym myd cyfathrebu. Roedd un o'r technolegau 'byd yn lleihau' cynharaf yn amlwg wedi ei ddyfeisio i gadw cenedl yn ddiogel: mae'r arfer o gynnau tanau rhybuddio ar draws cadwyn o fryniau goleufa yn dyddio'n ôl i'r Hen Roeg. Pan welwyd Armada Sbaen am y tro cyntaf yn 1588 pasiwyd y neges drwy Loegr mewn mater o oriau drwy gynnau coelcerthi ar ben bryniau. Roedd y bobl oedd yn gyfrifol am gynnau'r rhain wedi creu rhwydwaith cynnar o leoedd cysylltiedig.

Ond mae'n rhaid i ni ystyried un rhybudd pwysig wrth i ni astudio lleoedd cysylltiedig mewn byd sy'n mynd yn llai. Roedd Doreen Massey yn ddaearyddwr oedd yn ysgrifennu'n feirniadol am ganfyddiadau newidiol o le mewn byd sy'n datblygu'n dechnolegol. Roedd hi'n dadlau bod cydgyfeiriant amser–gofod yn wahanol yn dibynnu ar y gymdeithas, hynny yw mae'n gymdeithasol wahaniaethol: dydy pawb ddim yn profi'r synnwyr hwn o fyd yn lleihau i'r un graddau â'i gilydd o bell ffordd. Heddiw, mae grwpiau elît breintiedig yn hedfan o amgylch y byd yn rheolaidd ar gyfer gwaith a hamdden: mae pobl academaidd yn mynd i gynadleddau rhyngwladol ac mae sêr y byd roc yn mwynhau eu teithiau o amgylch stadiymau'r byd. Ond, mae llawer mwy o bobl wedi gweld technoleg yn gweddnewid eu bywydau ond dim ond cyn belled â'r ffaith bod digonedd o nwyddau, sioeau teledu, a bwyd rhad yn cael eu mewnforio iddyn nhw eu mwynhau.

Cysylltiadau amlhaenog

Wrth i ni edrych ar hanes lle, mae gan yr hanes hwnnw nifer o benodau fel arfer oherwydd y ffordd y mae rhwydweithiau a llifoedd y lle wedi newid dros amser. Mae gan bob cyfnod hanesyddol ei gysylltiadau ei hun â lleoedd eraill, yn bell ac agos (gweler Ffigur 1.18). Dros amser, adeiladodd yr haenau hyn o gysylltiadau i gynhyrchu hanes cronedig sydd i'w weld yn nhirwedd ddiwylliannol pob lle. Yn Efrog, gallwn ni weld adeiladau sydd wedi parhau o nifer o wahanol gyfnodau, gan gynnwys y Shambles o'r oesoedd canol (gweler Ffigur 1.17), ac mae archeolegwyr wedi canfod crochenwaith Rhufeinig a gweddillion Llychlynnaidd yn y tir o dan strydoedd y ddinas.

▲ **Ffigur 1.17** Y Shambles yn Efrog

Mae'r arteffactau hanesyddol hyn yn dangos sut mae llifoedd rhyngwladol o nwyddau, pobl ac arian wedi siapio'r lleoedd yma dros filenia i gynhyrchu cyfuniad o ddolenni a chysylltiadau. Mae'r astudiaeth achos blaenorol o Sheffield (gweler tudalen 25) yn dangos hefyd sut mae cysylltiadau rhwng anheddiad a'r byd ehangach yn adeiladu, haen am ben haen, dros amser.

Gall y cysylltiadau effeithio ar leoedd mewn ffyrdd cadarnhaol a negyddol fel ei gilydd (a gall rhai pobl ystyried yr un effaith yn gadarnhaol ag y mae eraill yn ei ystyried yn negyddol).

- Mae ymosodiadau diweddar gan derfysgwyr – sy'n ymwneud yn rhannol â chysylltiadau hanesyddol a gwleidyddol cymhleth rhwng y DU a rhannau eraill o'r byd, yn cynnwys y Dwyrain Canol – wedi cael effaith ddifrifol ar ofodau a lleoedd trefol yn y DU. Un enghraifft arbennig o hyn yw'r ffordd y defnyddir cerbydau fel 'arfau' sydd wedi golygu bod rhwystrau wedi eu gosod ar y palmentydd erbyn hyn mewn mannau sy'n agored i'r perygl hwn, er enghraifft ar hyd Pont Westminster. Mae cynlluniau newydd i wneud Stryd Oxford yn Llundain yn ardal i gerddwyr yn unig yn ymwneud nid yn unig â llygredd aer ond bydd hefyd yn helpu i atal y posibilrwydd y gallai terfysgwyr yrru cerbydau i mewn i le hamdden hynod o brysur (ynghyd â gwell goruchwyliaeth CCTV, rydyn ni weithiau'n cyfeirio at hyn fel 'tynhau diogelwch' man cyhoeddus).
- Mae Clwb Pêl-droed Lerpwl wedi dod yn rhan o adlach yn erbyn camdriniaeth hawliau dynol honedig China yn Tibet wedi i ymgyrchwyr ofyn i'r Clwb ganslo cytundeb noddi gyda chwmni sy'n potelu dŵr wrth rewlif yn Tibet. Am fod clybiau pêl-droed Ewropeaidd yn ceisio creu cysylltiadau â buddsoddwyr yn China, mae rhai o'u cefnogwyr yn gwrthwynebu'r cynnydd hwn yn eu cysylltiadau lle gan ddweud eu bod nhw'n anfoesegol.
- Mae cwmnïau yn y DU sydd â llawer o gysylltiadau yn cael eu beirniadu'n gynyddol gan y cyhoedd am symud eu helw o Brydain er mwyn osgoi talu treth.

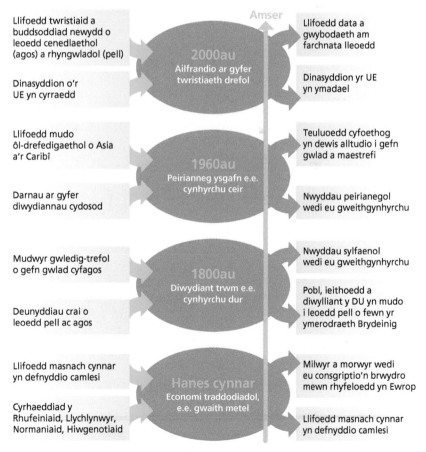

▲ **Ffigur 1.18** Newidiadau 'amser-gofod' mewn cymdogaeth dinas fewnol: mae 'cysylltiadau haenedig' wedi datblygu gyda lleoedd eraill yn bell ac agos. Mae cysylltiadau ar raddfa leol a rhyngwladol i'w gweld yn y diagram: allwch chi eu nodi nhw?

ASTUDIAETH ACHOS GYFOES: BARCELONA

Mae'r mwyafrif o'r enghreifftiau ac astudiaethau achos cyfoes sydd i'w cael yn y llyfr hwn yn dod o'r Deyrnas Unedig. Ond, os bydd eich manyleb Safon Uwch yn gofyn i chi astudio lleoedd 'cyferbyniol' bob hyn a hyn, yna byddai'n syniad da i chi ymchwilio astudiaeth achos sydd heb ei seilio yn y DU.

Mae dinas Barcelona yn Sbaen i'w gweld ar glawr y llyfr hwn ac mae'r ddinas hon yn cynnwys nifer o leoedd graddfa lai sydd werth eu hymchwilio. Gallwn ni ddefnyddio hanes cyfoethog yr anheddiad hwn i ddangos nifer o themâu 'lleoedd newidiol', yn cynnwys cynllunio trefol, ail-frandio ac adfywio ('ail-greu lle') a rôl busnesau a thechnoleg byd-eang.

Mae Eixample yn rhanbarth o Barcelona a ddyluniwyd gan Ildefons Cerdà ac a adeiladwyd yn y bedwaredd ganrif ar bymtheg a blynyddoedd cynnar yr ugeinfed ganrif. Roedd hwn yn broject cynllunio trefol uchelgeisiol ac yn enghraifft fyd-enwog o 'drefoli iwtopaidd' (gweler tudalen 59). Yn y llun ar y clawr, gallwch chi weld blociau wythochrog nodedig iawn y lle hwn gyda'u corneli siamffrog.

Bydd pobl yn cyfeirio at Barcelona yn aml iawn fel enghraifft o ddatblygiad trefol. Pan gynhaliwyd y Gemau Olympaidd yno yn 1992 camodd y ddinas i gyfnod newydd ac agorwyd y drws i ail ddatblygiad drwy'r ddinas gyfan, gan gynnwys clirio'r slymiau ar raddfa fawr mewn lle o'r enw El Raval, y rhanbarth hanesyddol gerllaw'r ddinas Rufeinig a chanoloesol wreiddiol, y Barri Gotic. Roedd rhai o'r dulliau a ddefnyddiwyd yn ddadleuol, gan gynnwys chwalu hen adeiladau adfeiliedig a symud (dadleoli) y boblogaeth wreiddiol i ardaloedd eraill. Mae Penodau 4 a 5 yn archwilio themâu tebyg yng nghyd-destun y DU.

Mae'r nifer o ymwelwyr dros nos y mae'r ddinas yn eu derbyn bob blwyddyn wedi tyfu o tua 2 filiwn yn 1990 i fwy nag 8 miliwn heddiw, ac mae nifer y gwelyau gwesty wedi treblu. Mae twristiaeth yn cyfrif am un deg pedwar y cant o'r economi ac yn darparu mwy na 100,000 o swyddi. Ond, mewn blynyddoedd diweddar, mae tensiynau wedi tyfu rhwng y trigolion a'r bobl sydd ar eu gwyliau yno. Pan ddangosodd y papurau newydd o amgylch y byd luniau o dwristiaid Eidalaidd noeth yn prancio drwy un o gymdogaethau Barcelona yng nghanol y dydd, cafwyd protestiadau eang yn erbyn twristiaeth oedd wedi mynd allan o reolaeth.

Ochr yn ochr â'i thwf fel canolfan fyd-eang i dwristiaid, mae'r ddinas wedi cynnal nifer o ffeiriau technoleg byd-eang ac, yn 2014, rhoddodd yr Undeb Ewropeaidd deitl Prifddinas Arloesedd Ewrop iddi. Mae awdurdodau'r ddinas wedi hyrwyddo Barcelona fel 'dinas glyfar' o'r radd flaenaf (gweler tudalen 138).

Mae gan Barcelona hunaniaeth gymhleth am ei bod yn ddwfn yn rhanbarth Catalonia sydd â'i ddiwylliant nodedig ei hun. Mae llawer o ddinasyddion Barcelona yn ceisio cael annibyniaeth lawn oddi wrth Sbaen ac mae baneri Catalonia i'w gweld yn gyffredin yn y ddinas. Mae'r gefnogaeth i annibyniaeth wedi cynyddu i fwy na 50 y cant mewn blynyddoedd diweddar.

DADANSODDI A DEHONGLI

Mae'r ffynhonnell ddata ansoddol nesaf yn disgrifio canol Llundain fel lle dynamig sydd â thirwedd yn llawn o gliwiau am gysylltiadau daearyddol, ddoe a heddiw, gyda lleoedd eraill yn y DU a thu hwnt. Darllenwch y darn ac atebwch y cwestiynau.

◀ **Ffigur 1.19** Gwaith adeiladu yn Llundain

Adeiladu yn Llundain

Yn Llundain heddiw, mae pobl yn aml yn ystyried gwaith adeiladu'n niwsans yn hytrach nag yn arwydd o ddatblygiad, ac yn lleisio eu rhwystredigaeth amdano: gorsaf y Tiwb wedi cau, gwyriad traffig, sŵn. Wrth i'r brifddinas dyfu, mae'n mynd drwy donnau o ailadeiladu, a bwriad pob un o'r tonnau hyn mae'n debyg yw ymdrin â phroblem amlwg sydd angen sylw. Ar ddiwedd y bedwaredd ganrif ar bymtheg, clirio'r slymiau oedd y bwriad; ar ôl yr Ail Ryfel Byd, y bwriad oedd ailadeiladu dinas a ddifrodwyd gan y bomio; yn yr 1980au roedd yr ailadeiladu'n ymdrech i adfywio'r ddinas fel canolfan ariannol fyd-eang. Heddiw, mae angen sicrhau digon o dai ar gyfer poblogaeth sy'n tyfu.

Y tyllau mwyaf i ymddangos yng nghanol Llundain yn ystod y blynyddoedd diwethaf yw'r tyllau a gloddwyd i adeiladu'r project Crossrail £15 biliwn. Pan fydd wedi ei gwblhau, bydd y project hwn yn darparu cyswllt rheilffyrdd 100 km o Reading a Heathrow yn y gorllewin, o dan ganol Llundain, i Shenfield yn y dwyrain. Mae bylchau wedi agor yn rhai o gymdogaethau mwyaf clos ac atmosfferig y ddinas. Gorchuddiwyd darnau mawr o Soho gan goncrit. Mae'r blociau o amgylch Denmark Street, a oedd yn ganolbwynt y busnes cerdd ar un adeg gyda'i siopau gitâr, stiwdios recordio a chlybiau lloriau isaf, wedi bod yn prysur ddiflannu. Mae'r gymdogaeth anniben hon, oedd yn rhy fudr a digyswllt i ddatblygwyr roi unrhyw sylw iddi ar un adeg, yn cael ei hail-greu erbyn hyn yn ddarn o eiddo tiriog o'r radd flaenaf sydd hefyd yn cynnig yr elfen o hanes cerddorol.

Wrth gwrs, dydy hi ddim yn bosibl adeiladu yn y ddinas heb chwalu adeiladau'n gyntaf. Pan fydd safle'n cael ei chwalu a'i agor yn sydyn, mae'r adeiladau o'i amgylch yn edrych yn ddigon bregus. Mae'n rhoi cipolwg i ni ar rannau o'r adeiladau nad oedden nhw wedi eu bwriadu erioed i gael eu gweld o'r stryd. Mae gwedd newydd y lle yn edrych yn ddiarth a gall pobl synnu wrth ei weld neu hyd yn oed deimlo ychydig bach ar goll. Gallwn ni weld waliau mewnol yr adeiladau, gyda phapur wal yn dal i fod arnyn nhw'n aml iawn a lleoedd tân hanner ffordd i fyny'r waliau. Mae'r datblygwyr yn gadael hen ffasadau lle maen nhw er mwyn gwneud cais – yn ofer – i gadw golwg hanesyddol y ddinas, er bod y rhan fwyaf o'r cefnlun wedi newid gyda'i adeiladau newydd hynod o fodern.

Ond, mae'r bylchau hyn lle chwalwyd adeiladau'n datgelu un peth, sef cymhlethdod rhyfeddol ac adeiladwaith *ad hoc* gwahanol ddarnau o ddinas a gafodd ei haddasu ac yr ychwanegwyd ati dros ganrifoedd lawer. Yn aml iawn, mae'n amhosibl dod o hyd i'r esgyrn gwreiddiol, ynghudd o dan ddegawdau o ychwanegiadau. Roedd y rhain bron bob amser yn adeiladau gyda ffasadau wedi'u haddurno'n hardd; dim ond ar gyfer y blaen y gosodwyd yr elfen bensaernïol. Ac eto, mae'r creadigaethau hyn o'r cyfnodau Sioraidd a Fictoraidd wedi llwyddo i barhau dros y canrifoedd, gan ymdopi ag addasiadau a chael eu hail ddefnyddio ymron pob degawd; o ddefnydd preswyl i fasnachol, o weithdai i stiwdios, siopau, tafarnau a fflatiau un ystafell, beth bynnag oedd eu hangen ar y pryd.

Ffynhonnell: Heathcote, E. (2016) Construction in London. *Financial Times* [ar-lein].

(a) Gan ddefnyddio'r paragraff cyntaf, esboniwch sut mae ffactorau alldarddol yn gallu achosi newidiadau mewn lle.

CYNGOR

Mae'n ofyniad gan y cwestiwn eich bod chi'n defnyddio tystiolaeth o baragraff cyntaf y darn yn rhan o'ch ateb. Mae'n rhoi amrywiaeth o wahanol resymau dros y 'tonnau o ailadeiladu' sy'n effeithio ar Lundain. Nod y cwestiwn hwn yw rhoi cyfle i fyfyrwyr ddefnyddio eu gwybodaeth am ystyr 'ffactorau alldarddol' yn y cyd-destun a roddwyd.

(b) (i) Defnyddiwch dystiolaeth o'r darn i nodi ym mha ffyrdd mae gweithredoedd economaidd wedi newid dros amser yn ninas Lundain.
(ii) Defnyddiwch eich gwybodaeth eich hun i awgrymu rhesymau posibl am y newidiadau hyn.

CYNGOR

Mae'n sôn am weithgareddau economaidd sy'n cynyddu ac yn gostwng. Gan ddefnyddio eich gwybodaeth eich hun, efallai y byddwch chi'n gallu cysylltu'r newidiadau a ddisgrifiwyd gan yr awdur â thueddiadau ehangach rydych wedi dysgu amdanyn nhw, er enghraifft globaleiddio neu ddad-ddiwydianeiddio.

(c) Defnyddiwch dystiolaeth o'r darn a'ch gwybodaeth chi eich hun i egluro sut mae nodweddion lleoedd yn cael eu siapio gan y cysylltiadau sydd ganddyn nhw ar hyn o bryd, ac a oedd ganddyn nhw yn y gorffennol, gyda lleoedd eraill.

CYNGOR

Mae'r cwestiwn hwn yn eich gwahodd i archwilio'r cymhlethdod amlhaenog mewn lleoedd. Un ffordd dda o ateb efallai fyddai cyferbynnu'r enghraifft o Lundain yn y darn gyda hanes cyfochrog o le, dinas neu ranbarth lle mae eich cartref chi.

4 Gwerthuso'r mater

▶ *I ba raddau allai lleoedd gael eu gwarchod yn llwyr rhag newid?*

Cyd-destunau posibl ar gyfer gwarchod a newid

Mae gwledydd a gafodd eu diwydianeiddio'n gynnar, fel y DU, Ffrainc ac UDA wedi gweld canrifoedd o dwf economaidd a mudo gwledig-trefol. Yn ystod y cyfnod hwn, cafodd anheddiadau eu heffeithio gan newidiadau pwysig i'w tirwedd a'u gweithredoedd wrth i'w heconomïau aeddfedu. Yn ogystal, mae rhai tirweddau'n cynnwys tystiolaeth archeolegol o anheddiad mwy hynafol o wareiddiad ac aneddiadau o gyfnodau cyn y Chwyldro Diwydiannol.

- Yn aml iawn mae gan leoedd hŷn dirwedd 'palimpsest'. Ystyr hyn yw fod ganddyn nhw gymysgedd o olion cymdeithasau, gweithgareddau a diwylliannau diweddar a llawer hŷn. Mewn cyfnodau hanesyddol sy'n dilyn ei gilydd, gosodwyd haenau newydd o ddatblygiad fel taenu blanced am ben yr un flaenorol (Ffigur 1.20). Ond roedd tyllau yn y blancedi hyn ac nid oeddent yn gorchuddio *popeth* oedd wedi bod yno ynghynt. Gallwn ni weld eglwysi a chartrefi Rhufeinig, Normanaidd a chanoloesol mewn llawer o drefi a dinasoedd

hŷn y DU, er bod ganddyn nhw dai a swyddfeydd mwy diweddar o'u hamgylch.

- Yn gyffredinol, yr adeiladau sydd wedi para'r hiraf yw'r rheini sydd ag ystyr arbennig ac sy'n cael eu defnyddio at bethau arbennig, fel eglwysi cadeiriol, amgueddfeydd a neuaddau tref. Mewn degawdau diweddar, fodd bynnag, mae amrywiaeth ehangach o adeiladau wedi cael eu gwerthfawrogi a'u gwarchod, gan gynnwys blociau tŵr briwtalaidd a mathau eraill o bensaernïaeth fodern.

Os ydych chi eisiau gwneud cymariaethau, mae gwerth mewn ystyried i ba raddau y mae'r patrymau a'r tueddiadau hyn i'w gweld mewn gwledydd sy'n datblygu ac mewn economïau lled-ddatblygedig.

- Mae gan lawer o ddinasoedd yn Asia, Affrica ac America Ladin hanes hynafol. Ers 1945, mae llawer o adeiladau a lleoedd pwysig sydd wedi goroesi wedi derbyn statws Safle Treftadaeth Byd (STB) gan Sefydliad Addysg, Gwyddoniaeth a Diwylliant y Cenhedloedd Unedig (UNESCO), a nod y sefydliad hwn yw 'cadw a hyrwyddo treftadaeth gyffredin y ddynoliaeth'. Mae statws STB gan Hen Dref Cairo, lle mae Mosg y Swltan Hassan.

▲ **Ffigur 1.20** Mae camlesi a warysau o flynyddoedd cynnar yr 1800au i'w gweld o hyd, drwy'r bylchau yn yr haenau o ddatblygiad trefol mwy diweddar yn Victoria Quays yn Sheffield; mae Park Hill (tudalen 25) yn weladwy ar y gorwel

- Ond, mae pwysau'r boblogaeth yn Cairo a dinasoedd eraill sy'n datblygu yn y byd yn fwy hyd yn oed na'r pwysau a oedd ar Ewrop yn y gorffennol. Mae rhai mega-ddinasoedd fel São Paulo a Lagos yn derbyn hanner miliwn o newydd-ddyfodiaid bob blwyddyn erbyn hyn. Mewn dim ond 35 o flynyddoedd mae Shenzhen yn China wedi tyfu o fod yn dref farchnad a physgota fach ac ynddi lai na 300,000 o bobl i fod yn ddinas fawr eang o 20 miliwn. Mae'r twf mor gyflym nes bod y gwaith o warchod y rhanbarthau hŷn yn dod yn sialens.

Yn wahanol i ddinasoedd, mae ardaloedd gwledig yn gallu bod yn weddol hawdd weithiau i'w gwarchod rhag newid. Yn Ewrop, mae amddiffyniad mawr i ardaloedd cefn gwlad yn aml iawn, yn enwedig mewn ardaloedd lle mae pensaernïaeth a chofebion hynafol i'w cael. Mae cyfyngiadau cyfreithiol yn rheoli faint o ddatblygiad newydd sy'n cael digwydd ar safleoedd tir glas y DU. Yn ogystal, mae llai o bwysau demograffig a masnachol i ddatblygu lleoedd gwledig ynysig.

- Mae rôl bwysig gan berchnogion y tir gwledig: mae perchnogion Ynys Jura yn yr Alban wedi cadw a gwarchod yr ynys. Mae'n gweithredu fel ystad hela lle mae unrhyw newidiadau i ddefnydd y tir wedi eu cadw mor fach ag sy'n bosibl.
- Ond, efallai fod newidiadau anochel i'r amgylchedd ffisegol, fel y rheiny sy'n gysylltiedig â newid hinsawdd, i'w gweld yn llawer mwy eglur mewn ardal wledig nac mewn cyd-destun trefol.

Gwerthuso'r farn ei *bod* yn bosibl gwarchod lleoedd

Mae nifer o enghreifftiau o leoedd gwarchodedig. Yn y pen draw, mae rheoleiddio mawr ar y mwyafrif o'r marchnadoedd tir. Mae cyfreithiau a rheolau cynllunio'n rheoli'r newidiadau sy'n cael digwydd yn gyfreithlon. Yn nhrefi'r DU, mae'r awdurdod lleol yn rhoi ystyriaeth ofalus i unrhyw addasiad y mae pobl eisiau ei wneud i ddefnydd tir (er enghraifft, ei newid o ddefnydd preswyl i ddefnydd masnachol, neu o ddefnydd masnachol i ddefnydd preswyl). Mae llawer o geisiadau'n cael eu gwrthod. Hefyd, mae

mwy na 400,000 o adeiladau yn y DU yn awr sydd â statws rhestredig Gradd I, II* neu II, sy'n rhoi lefel uchel o ddiogelwch iddyn nhw. Ers 1983, mae *English Heritage*, sef asiantaeth sydd wedi'i hariannu gan y llywodraeth ac sydd â'r teitl *Historic England* erbyn hyn, wedi goruchwylio'r broses hon. Mae pob adeilad a adeiladwyd cyn 1700 sydd wedi goroesi mewn cyflwr gweddol debyg i'w gyflwr gwreiddiol wedi eu rhestru. Mae hynny'n wir am y rhan fwyaf o'r rhai a adeiladwyd rhwng 1700 a 1840 hefyd.

Ond, mae rhoi gwerth ar dirweddau a lleoedd yn gallu mynd yn broses ddadleuol a chystadleuol. Ni fydd pawb yn cytuno pa bethau ddylai gael eu gwarchod a pha bethau ddylai ddim. Yn anochel, mae goddrychedd, safbwyntiau unigol a rhagfarn yn effeithio ar y penderfyniadau sy'n cael eu gwneud. Gall tensiwn godi os bydd rhai pobl yn gweld ystyr arbennig mewn lle ac eraill ddim (gweler Adran 1.2).

- Weithiau mae'r penderfyniad 'o'r brig i lawr' gan lywodraeth neu gan UNESCO i ddiogelu lle yn wynebu gwrthwynebiad 'o'r gwaelod i fyny' gan bobl leol a fyddai'n hoffi gweld datblygiad masnachol ffres a swyddi newydd yn cael eu creu.
- Mae *Historic England* wedi ychwanegu adeiladau modern i'w rhestr o adeiladau gwarchodedig, yn

▲ **Ffigur 1.21** Mae Bruges yn ddinas sydd â chysylltiadau byd-eang oherwydd ei golygfeydd 'hudol' ysblennydd a gwarchodedig.

cynnwys ystad briwtalaidd Park Hill yn Sheffield (gweler tudalen 25), sydd â theilyngdod pensaernïol yn ôl yr arbenigwyr. Does dim llawer o bobl yn cytuno.

Weithiau, mae'n gwneud synnwyr masnachol i warchod lleoedd yn hytrach na'u datblygu nhw, wrth gwrs. Gall twristiaeth treftadaeth ddod ag elw: dydy dinas hanesyddol Bruges yng Ngwlad Belg (Ffigur 1.21) ddim wedi gweld llawer iawn o ddatblygiad modern ac mae ei gorwel prydferth yn denu miliynau o ymwelwyr bob blwyddyn. Mae unrhyw ddatblygiadau newydd yn Rhydychen a Bath (Caerfaddon) yn cael eu monitro'n fanwl rhag ofn y bydden nhw'n andwyo'r dirwedd hanesyddol y mae ymwelwyr yn disgwyl ei weld. Mae cynllunwyr y ddinas yn Llundain wedi caniatáu i dirwedd ddatblygu sy'n gymysgedd o'r modern a'r hanesyddol ond ni chaniateir unrhyw waith adeiladu newydd os yw'n rhwystro'r olwg warchodedig ar Eglwys Gadeiriol St Paul's o amrywiol leoliadau blaenllaw o amgylch y ddinas.

- Mae lleiniau glas yn parhau o hyd o amgylch dinasoedd mawr y DU, er gwaethaf y galw cynyddol am dai fforddiadwy newydd.
- Mae rhai lleoedd yn nhrefi a dinasoedd y DU wedi eu dynodi'n ardaloedd cadwraeth lle mae'r coed wedi eu gwarchod ac nid oes modd eu torri i lawr heb ganiatâd arbennig gan yr awdurdod cynllunio lleol.

Gwerthuso'r farn *na all* rhai lleoedd gael eu gwarchod

Gallwn ni wneud nifer o ddadleuon i'r gwrthwyneb hefyd, sy'n dangos mor anodd yw sicrhau gwarchodaeth i le mewn gwirionedd. Mae gwerth hynod o uchel y tir yn ninasoedd mawr y byd fel Efrog Newydd a Llundain yn golygu bod datblygiadau masnachol mawr yn gallu cynhyrchu elw enfawr. Mae'r elw posibl mor uchel nes bod datblygwyr yn barod i ymroi i frwydrau cyfreithiol hir a drud yn aml iawn i gael caniatâd cynllunio.

Allwch chi ddim anwybyddu pwysau gan y boblogaeth chwaith. Mae dinasoedd sy'n perfformio i lefel uchel, fel Llundain a Chaerdydd, yn denu cyfran uwch o fewnfudwyr na lleoedd eraill. Does gan gynllunwyr dinasoedd ddim rheolaeth dros fewnfudiad i'r DU. Yn lle hynny, mae'n rhaid iddyn nhw geisio darparu ar gyfer nifer uwch o bobl gystal ag y gallent. Pa opsiynau sydd ganddyn nhw heblaw rhoi caniatâd i adeiladu mwy o dai, ysgolion cynradd ac archfarchnadoedd? Mae pwysau o'r tu allan yn golygu bod cynigion am ddatblygiadau newydd ac estyniadau ar dai yn fwy tebygol o gael eu derbyn; yr ymateb mwyaf pragmatig a fydd i'w glywed yw: 'allwch chi ddim atal newid'.

Yn ogystal, mewn amgylchiadau y tu allan i'r cyffredin, bydd cyfreithiau ac egwyddorion gwarchod bob amser yn cael eu torri.

- Ychydig iawn y gallwn ni ei wneud i warchod lleoedd rhag difrod mewn cyfnodau o ryfel. Cafodd Lerpwl a Llundain eu difrodi'n ddifrifol gan fomiau'r Ail Ryfel Byd, a chollodd Coventry ei eglwys gadeiriol yn ystod y brwydro. Yn fwy diweddar, cafodd y deml Rufeinig yn Palmyra yn Syria, ei ddinistrio gan luoedd Daesh (neu ISIS fel y gelwir nhw). Doedd dim ots ganddyn nhw bod UNESCO wedi rhoi statws STB iddi.
- Mae digwyddiadau tywydd eithafol yn gweddnewid lleoedd oherwydd y distryw y maen nhw'n ei greu. Yn 1976, cafodd de Lloegr ddeunaw mis o sychder a laddodd lawer o goed. Cwympodd 15 miliwn arall o goed yn Lloegr mewn storm fawr yn 1987. Chwalodd Corwynt Katrina gymdogaethau trefol cyfan yn New Orleans yn 2005.

Rydyn ni'n gweld cynnydd yn y nifer o leoedd sy'n cael eu heffeithio gan newid hinsawdd tymor hirach nad oes posib ei reoli. Mewn llawer o ardaloedd arfordirol, wrth i lefelau'r môr godi, mae pobl yn gorfod naill ai symud i ffwrdd o'r ardal neu godi amddiffynfeydd newydd. Y naill ffordd neu'r llall, mae'n anochel bod y lle'n mynd i newid. Bydd nodweddion tirwedd yr ardaloedd gwledig yn cael eu haddasu'n raddol wrth i batrymau glawiad a thymheredd newid. Yn ne Lloegr, efallai na fydd ecosystemau fel Epping Forest yn goroesi ar y ffurf y maen nhw nawr os yw'r rhagolygon am newid hinsawdd yn gywir.

Dod i gasgliad sy'n seiliedig ar dystiolaeth

I ba raddau allwn ni warchod lleoedd yn llwyr rhag newid? I fod yn realistig, mae amddiffyniad llwyr – yn y tymor hir – yn amhosibl. O amgylch y byd, mae gwahanol leoedd yn cael eu bygwth gan ddaeargrynfeydd, corwyntoedd, tswnamis, enciliad y morlin a newid hinsawdd nad oes modd eu hatal. Efallai mai'r unig ymateb yw addasu drwy beirianneg neu symud allan: yn anochel, mae lleoedd sy'n cael eu heffeithio'n newid. Elfennau eraill sy'n anodd eu hosgoi yw globaleiddio a phrosesau datblygiadol byd-eang, yn cynnwys newid mewn cyfraddau ffrwythlondeb a marwoldeb, a thwf y cyfryngau cymdeithasol. Ychydig iawn o leoedd sydd wedi eu diffodd yn gyfan gwbl oddi wrth y tueddiadau hyn. Mae hyd yn oed y lleoedd a'r poblogaethau gweddol ynysig yn newid gyda datblygiad byd-eang dros amser.

Ond, mae'n bosibl cadw'r newid mewn lleoedd i'r isafswm yn y tymor byr drwy lywodraethiant effeithiol. Mae'n rhaid cael cyfreithiau a rheolaethau cynllunio lleol y gall yr awdurdodau eu gorfodi os yw agweddau Nid yn fy Ngardd Gefn i (*NIMBY: Not in my Back Yard*) a 'chadwraethol' yn mynd i lwyddo. Mae'n bosibl lleihau newidiadau i leoedd hefyd drwy wneud penderfyniadau gwleidyddol ar lefel genedlaethol i gyfyngu ar ryngweithio byd-eang, er enghraifft cyflwyno rheolaethau tynnach ar fudo neu dariffau uwch ar fewnforio nwyddau a gynhyrchwyd dramor. Yn olaf, weithiau mae'n bosibl adfer lle i'w gyflwr blaenorol ar ôl i newid ddigwydd oedd yn ddigroeso ac nad oedd modd ei atal. Mae rhai cymdeithasau a lleoedd yn gallu rheoli'r canlyniad hwn, a'r enw ar hynny yw gwytnwch. Un enghraifft o hynny yw ail godi adeiladau a chofebion hanesyddol yn dilyn tân.

Ond yn y pen draw, mae pob cymdeithas ac amgylchedd yn newid dros gyfraddau hirach o amser. Yn yr un modd, mae lleoedd yn newid hefyd am fod hunaniaeth y lleoedd wedi ei siapio gan y rhyngweithio rhwng y grymoedd amgylcheddol a chymdeithasol dynamig. Yn y tymor hir, mae'n bosibl arafu newidiadau i leoedd drwy fesurau gwarchod ond nid eu hatal yn gyfan gwbl. Yn y tymor byr, dyma'r ffactorau sy'n penderfynu i ba raddau y gallwn ni warchod rhywle: (i) maint a chyflymder grym y newid, (ii) yr ewyllys wleidyddol i'w atal a (ii) chost gwneud hynny.

🔑 **TERMAU ALLWEDDOL**

Briwtaliaeth Arddull bensaernïol o ganol yr ugeinfed ganrif sydd fel arfer i'w gweld ar flociau a thyrau concrit enfawr sy'n blaen a heb unrhyw addurn. Erbyn heddiw, y farn gyffredinol yw bod cynlluniau Briwtalaidd yn hyll a milain yr olwg yn hytrach na chynlluniau sy'n ysbrydoli. Cafodd y term ei fathu'n wreiddiol yn Sweden yn 1950 i ddisgrifio cynlluniau adeiladau brics diflas.

Economïau lled-ddatblygedig Gwledydd sydd wedi dechrau gweld cyfraddau uwch o dwf economaidd, yn aml iawn oherwydd ehangiad cyflym ffatrïoedd a diwydianeiddio. Mae'r economïau lled-ddatblygedig yn cyfateb yn fras â grŵp o wledydd 'incwm canolig' Banc y Byd sy'n cynnwys China, India, Indonesia, Brasil, México, Nigeria a De Affrica.

Safle maes glas Lle sydd wedi parhau'n rhydd o dai, diwydiant neu ddatblygiad trefol (er ei fod efallai wedi ei ddefnyddio ar gyfer ffermio) ac sy'n parhau'n 'naturiol' yr olwg.

Tai fforddiadwy Cartrefi newydd sy'n cael eu gwerthu am brisiau is na phris y farchnad i bobl sy'n prynu am y tro cyntaf. Gall y cynghorau lleol fynnu erbyn hyn bod datblygiadau tai newydd yn cynnwys rhai tai fforddiadwy.

Llywodraethiant Mae'r term yn awgrymu'r syniadau ehangach o lywio neu dywys yn hytrach na'r ffurfiau mwy uniongyrchol o reoli sy'n gysylltiedig â 'llywodraeth'.

Gwytnwch Mae hyn yn disgrifio gallu lle (neu gymdeithas neu economi) i ddychwelyd i'w gyflwr blaenorol, neu sefydlu llwybr twf newydd, yn dilyn chwalfa, sioc neu drychineb mawr.

Crynodeb o'r bennod

✔ Gallwn ni esbonio beth yw 'lle' fel hyn: anheddiad, cymuned neu ardal graddfa fach lle mae cyfuniad o'i nodweddion ffisegol a'i nodweddion dynol yn creu hunaniaeth benodol. Mae ffactorau'r safle, gweithredoedd economaidd a thirwedd ddiwylliannol y lle yn dair elfen sy'n cydgysylltu â'i gilydd i roi 'personoliaeth' i le.

✔ Mae elfennau lle yn ddynamig: weithiau mae newidiadau sydd wedi eu gyrru'n fewnol (mewndarddol) yn digwydd am fod y bobl sy'n byw yno'n gwneud penderfyniadau rheoli neu'n rhoi prosesau ffisegol ar waith.

✔ Mae cysylltiadau allanol (alldarddol) gyda lleoedd a phobl eraill yn dod â newidiadau aml i leoedd. Mae mudo yn un ffactor pwysig sy'n dod â newid i'r dirwedd ddiwylliannol oherwydd y ffordd y mae'n effeithio ar amrywiaeth ethnig a strwythur y boblogaeth. Mae globaleiddio yn ddylanwad allweddol arall: yn ei dro cafodd syfliad byd-eang y diwydiannau gweithgynhyrchu effaith ar economïau lleol a chymdeithasau drwy'r DU gyfan.

✔ Cafodd ardaloedd gwledig eu newid gan gysylltiadau gyda lleoedd eraill, yn enwedig ardaloedd trefol cyfagos. Pan fydd gweithwyr yn y ddinas yn symud i'r ardaloedd cefn gwlad cyfagos mae hyn yn cymylu'r ffin rhwng y lleoedd gwledig a'r lleoedd trefol gan greu ardaloedd 'gwledig-trefol' ar yr ymylon, neu diroedd y cyrion.

✔ Mae cysylltiadau daearyddol a llifoedd rhwydwaith yn newid o un cyfnod hanesyddol i'r nesaf. Felly, mae gan aneddiadau hŷn hunaniaeth amlhaenog sy'n adlewyrchu'r llifoedd pobl, arian, adnoddau a syniadau ar hyn o bryd a rhai'r gorffennol.

✔ Dydy hi ddim yn bosibl gwarchod lle yn gyfan gwbl rhag newid oherwydd cymhlethdod y prosesau daearyddol niferus a'r cysylltiadau sy'n siapio'r byd o'i gwmpas. Mae digwyddiadau gwleidyddol a naturiol achlysurol, yn cynnwys rhyfeloedd, tywydd eithafol a newid hinsawdd, yn dod ag effeithiau dinistriol a chreadigol nad ydyn ni bob amser yn gallu diogelu ein hunain rhagddynt.

Cwestiynau adolygu

1 Beth yw ystyr y termau daearyddol canlynol? Safle anheddiad; gweithredoedd anheddiad; tirwedd ddiwylliannol.

2 Gan ddefnyddio enghreifftiau, amlinellwch y cydberthnasau sy'n bodoli rhwng gweithredoedd economaidd a thirwedd ddiwylliannol gwahanol leoedd.

3 Gan ddefnyddio enghreifftiau, esboniwch y gwahaniaeth rhwng lle gwledig a rhanbarth gwledig.

4 Amlinellwch wahanol ffyrdd o wahaniaethu rhwng lleoedd gwledig a lleoedd trefol.

5 Esboniwch y newidiadau demograffig ac economaidd sydd wedi digwydd mewn dinasoedd yn y DU o ganlyniad i fewnfudo o (i) leoedd agos a (ii) lleoedd pell i ffwrdd.

6 Gan ddefnyddio enghreifftiau, esboniwch ddwy ffordd y mae technoleg newydd wedi dod â newid i leoedd gwledig.

7 Amlinellwch sut mae gwahanol lifoedd o bobl, adnoddau a syniadau'n creu rhwydweithiau o leoedd cysylltiedig.

8 Gan ddefnyddio enghreifftiau, esboniwch beth yw ystyr 'byd sy'n lleihau'.

9 Gan ddefnyddio enghreifftiau, esboniwch sut mae pobl ar wahanol raddfeydd daearyddol wedi ceisio gwarchod gwahanol leoedd rhag newid.

Gweithgareddau trafod

1   Mewn parau, trafodwch nodweddion (a) y lle neu'r gymdogaeth lle rydych chi'n byw, a (b) y ddinas neu'r rhanbarth y mae'n perthyn iddi/iddo. Pa nodweddion sydd gan eich lle cartref chi sy'n debyg i nodweddion y ddinas neu'r rhanbarth ehangach? Beth sy'n gwneud eich lle chi'n unigryw a beth sydd yn ei wneud yn wahanol i weddill y ddinas neu'r rhanbarth?

2   Defnyddiwch Ffigur 1.5 a Ffigur 1.18 i'ch helpu i ddisgrifio 'stori lle' eich cymdogaeth neu'ch anheddiad cartref chi.

3   Tynnwch linell amser o 1945 hyd at yr amser y cawsoch eich geni, yn fras, ar gyfer (a) y DU gyfan a (b) lle rydych yn byw. Ychwanegwch anodiadau i ddangos unrhyw newidiadau economaidd a chymdeithasol mawr a ddigwyddodd, yn ôl yr hyn rydych chi wedi'i ddysgu, yn ystod pob degawd o'ch llinell amser.

4   Mewn parau, gwnewch restr o gynifer o ddinasoedd a threfi mwyaf y DU ag y gallwch. Defnyddiwch enwau timau pêl-droed neu leoliad sioeau teledu rydych wedi eu gweld i'ch helpu i greu eich rhestr. Nawr ceisiwch enwi diwydiant traddodiadol oedd yn gysylltiedig â phob anheddiad yn wreiddiol.

5   Lluniwch ddiagram i ddangos symudiadau pobl yn y DU yn ystod yr 1970au a'r 1980au. Gallai eich diagram gynnwys ardaloedd mewnol a maestrefi dinasoedd, tiroedd gwledig yn y rhanbarth cymudwyr a rhanbarthau gwledig anghysbell ymhellach i ffwrdd. Pwy oedd yn symud i mewn ac allan o'r gwahanol leoedd hyn i gyd? Ble oedden nhw'n mynd? Pa newidiadau a gafwyd oherwydd eu symudiadau?

FFOCWS Y GWAITH MAES

Gallwn ni ddefnyddio'r testun 'nodweddion, dynameg a chysylltiadau lle' i gynnwys pob math o ymchwiliadau annibynnol Safon Uwch sy'n ddiddorol ac efallai'n unigryw. Mae digonedd o gyfle i chi gasglu data cynradd ansoddol a meintiol. Gallwch chi ddefnyddio amrywiaeth fawr o adnoddau fel mathau o ddata eilaidd, yn cynnwys deunydd gwybodaeth, cerddoriaeth a chelf. Dyma rai awgrymiadau posibl.

A   *Proffilio gwahanol gymdogaethau er mwyn ymchwilio sut a pham mae nodweddion demograffig lleoedd yn amrywio.* Mae llywodraethau'n casglu amrywiaeth o ddata am leoedd ac mae'r rhain ar gael ar ffurf rifiadol a gallan nhw gael eu defnyddio mewn profion ystadegol. Un enghraifft o'r hyn y gallech chi ei wneud yw defnyddio'r data yma i gymharu'r lefelau o amrywiaeth ethnig mewn gwahanol gymdogaethau. Gallech chi gyflenwi'r data eilaidd gyda data cynradd o gyfweliadau: gallai holiadur ganolbwyntio ar y rhesymau pam mae'n well gan rai grwpiau cymdeithasol fyw mewn rhai cymdogaethau ond nid eraill.

B   *Cyfweld aelodau teuluoedd o wahanol genedlaethau er mwyn ymchwilio cysylltiadau lle.* Gallech chi drefnu cyfres o gyfweliadau gyda phlant, eu rhieni a'u nain a'u taid / eu mam-gu a'u tad-cu mewn nifer o grwpiau teulu o boblogaeth ar wasgar (gweler tudalen 15), e.e. dinasyddion Prydeinig sy'n dod o linach Indiaidd. Gallech chi gasglu data drwy ofyn amrywiaeth o gwestiynau i unigolion, gan gynnwys pa mor aml maen nhw wedi ymweld ag India, a pha mor aml maen nhw'n cysylltu ag aelodau eu teulu yno yn y dulliau traddodiadol neu ar y cyfryngau cymdeithasol. Gyda phoblogaethau ar wasgar sydd wedi sefydlu'n fwy diweddar, fel dinasyddion Pwylaidd sy'n byw yn y DU, gallech chi ymchwilio cysylltiadau lle drwy ofyn cwestiynau i bobl am bwysigrwydd a rôl anfon arian at ei gilydd o fewn eu rhwydweithiau teulu.

Deunydd darllen pellach

Castells, M. (1996) *The Rise of the Network Society*. Rhydychen: Blackwell.

Crang, P. (2014) Local-Global. Yn: P. Cloke, P. Crang a M. Goodwin, gol. *Introducing Human Geographies*. Abingdon: Routledge.

Creswell, T. (2014) Place: *A short introduction*. Rhydychen: Wiley Blackwell.

Hubbard, P. (2010) *Key Thinkers on Space and Place*. Llundain: Saets.

Jones, C. (2013) How economic change alters nature of work in UK over 170 years. Financial Times [ar-lein]. Ar gael yn: www.ft.com/content/ebf7ea62-cdfe-11e2-a13e-00144feab7de [Cyrchwyd 23 Mawrth 2018].

Macfarlane, R. (2015) *Landmarks*. Llundain: Penguin.

Massey, D. (1993) Power geometry and a progressive sense of place. Yn: J. Bird et al., gol. *Mapping the Futures*. Llundain: Routledge.

Massey, D. (1995) The conceptualisation of place. Yn: D. Massey a J. Pat, gol. *A Place in the World?* Rhydychen: Y Brifysgol Agored/Gwasg Prifysgol Rhydychen.

Ystyron, cynrychioliadau a phrofiadau lle

Mae'r profiad o berthyn i le yn gallu siapio ein hunaniaeth ni – ein synnwyr ni'n hunain o bwy ydyn ni. Yn ein tro, rydyn ni'n portreadu lle yn y ffordd a ddewiswn ni drwy'r diwylliant rydyn ni'n ei greu. Mae'r bennod hon yn defnyddio amrywiaeth o ddata ansoddol a chyd-destunau lle, o'r DU yn bennaf, i:

- archwilio'r ystyron goddrychol a'r ystyron ar y cyd y mae pobl yn eu rhoi i leoedd
- ymchwilio sut mae lleoedd yn cael eu cynrychioli mewn gwahanol gyfryngau, a pha effaith mae'r cynrychioliad hwn yn ei chael yn y byd go iawn
- dadansoddi'r amrywiol ffyrdd y mae dinasoedd a chefn gwlad wedi cael eu cynrychioli mewn diwylliant poblogaidd
- asesu'r tensiwn a'r gwrthdaro sy'n codi weithiau oherwydd yr ystyron amrywiol y mae gwahanol grwpiau o bobl yn eu cysylltu â lle.

CYSYNIADAU ALLWEDDOL

Ystyr lle Yr arwyddocâd, y gwerth neu'r materion sy'n gwneud lle yn bwysig i unigolyn (ystyron personol) neu i grŵp (ystyron ar y cyd). Er enghraifft, rydyn ni'n cysylltu rhai lleoedd mewn ffordd gadarnhaol â digwyddiadau hanesyddol ac maen nhw'n dod yn symbol o hunaniaeth grŵp o bobl. Ond, rydyn ni'n gweld lleoedd eraill fel 'lleoedd problemus' lle mae angen canfod ffyrdd o ddatrys y problemau sydd yno.

Cynrychioliadau lle Y ffyrdd amrywiol y mae lleoedd yn cael eu portreadu mewn gwahanol fathau o gyfryngau, yn amrywio o ffilmiau i ffotograffau a dyddiaduron personol. Gall y cynrychioliadau lle hyn gynnwys – ymysg elfennau eraill – tirweddau ffisegol, tirnodau pwysig a phobl.

Lle sy'n ennyn dadl Lle sydd wedi gweld tensiwn neu wrthdaro am nad yw gwahanol bobl wedi gallu cytuno beth yw'r ffordd orau o reoli, defnyddio neu gynrychioli'r lle.

Ystyr lle i unigolion a chymdeithasau

▶ *Pa fathau o ystyron mae gwahanol bobl yn eu cysylltu â lleoedd penodol, a pham?*

Ymlyniad â lle a phrofiadau o le

Yn wahanol i'r bennod flaenorol lle roedden ni'n archwilio nodweddion gwrthrychol ('go iawn') sydd gan leoedd (er enghraifft, safle a swyddogaethau pentref neu dref), mae'r ffocws yn troi nawr at y teimladau mwy goddrychol ('yn y dychymyg') sydd gan bobl am leoedd. Gall y teimladau hyn ddod o:

- ein hymlyniad ni ein hunain, heddiw neu yn y gorffennol, â lleoedd rydyn ni wedi byw neu weithio ynddyn nhw

- ein profiadau ni ein hunain yn y gorffennol o ymweld â lleoedd penodol
- cynrychioliad o le y mae pobl *eraill* wedi ei greu (ar sail *eu* profiadau a'u syniadau personol nhw eu hunain).

Ein teimladau ni sy'n rhoi'r ystyron goddrychol a phersonol i le arbennig. Cyn i chi ddarllen ymhellach, byddai'n syniad i chi dreulio ychydig funudau'n meddwl am le neu leoedd lleol rydych yn eu nabod yn dda a'r ystyron rydych *chi* yn eu rhoi iddyn nhw. Meddyliwch am y canlynol: eich cartref ar hyn o bryd; unrhyw leoedd rydych chi wedi byw ynddyn nhw yn y gorffennol; lleoedd rydych chi wedi bod iddyn nhw ar wyliau; lleoedd lle rydych chi wedi gweithio neu astudio. Yn eich barn chi, beth yw'r nodweddion sy'n diffinio'r lleoedd hyn? Ydy hi'n bosibl y gallai pobl eraill ddisgrifio'r lleoedd hyn mewn ffordd gyferbyniol i chi, am fod eu profiadau nhw'n hollol wahanol i'ch rhai chi? Er enghraifft, dydy pawb ddim yn mwynhau eu hamser yn yr ysgol: mae rhai myfyrwyr yn mwynhau bod yn rhan o gymuned, ond mae eraill yn teimlo'n gaeth neu'n unig er eu bod nhw yn yr un lle.

Wrth gwrs, yn aml iawn mae llawer o bobl yn rhoi'r un ystyr â'i gilydd i le: mae llawer o ddinasyddion y DU yn teimlo bod tirnodau a thirweddau eiconig Prydeinig yn bwysig, er enghraifft Big Ben neu Glogwyni Gwyn Dyfnaint, am fod y lleoedd hyn yn arwyddwyr o hunaniaeth genedlaethol (gweler Ffigur 2.1).

Uniaethu â lleoedd yn gadarnhaol

'Ystyr bod yn ddynol yw byw mewn byd sy'n llawn o leoedd arwyddocaol' (Ted Ralph, 1976).

Y lleoedd hynny rydyn ni'n uniaethu â nhw yn y ffordd fwyaf cadarnhaol ydy'r lleoedd rydyn ni'n teimlo synnwyr cryf o gysylltiad â nhw. Hefyd, mae priodoledd esthetig lle yn gallu effeithio ar ein teimladau ni amdano. Bob dydd, mae nifer enfawr o ffotograffau o dirweddau'n cael eu postio ar blatfformau cyfryngau cymdeithasol fel Instagram (gweler Ffigur 2.2). Mae rhai golygfeydd yn effeithiol iawn am ysbrydoli pobl i estyn yn reddfol am eu camerâu.

Pan fyddwn ni'n trafod i le rydyn ni'n teimlo ein bod ni'n perthyn, mae hyn yn ein gwahodd i ddechrau meddwl yn feirniadol am *raddfa* ein hymlyniadau daearyddol. Er enghraifft, efallai fod synnwyr pobl o'u hunaniaeth bersonol wedi ei seilio mewn teimladau o berthyn i:

- *stryd neu gymdogaeth eu cartref* (mae rhai pobl wedi treulio eu plentyndod yn teimlo synnwyr cryf o elyniaeth neu gystadleuaeth rhwng eu cymuned leol eu hunain ac ardal gyfagos yn y ddinas neu mewn pentrefi gwledig gerllaw; byddwn ni'n dychwelyd at y thema hon ar dudalen 68)
- *y ddinas*, neu ran o ddinas, lle mae eu cymdogaeth nhw (efallai fod cefnogwyr pêl-droed mewn dinas fawr sydd â mwy nag un tîm mawr yn uniaethu â'r rhan o'r ddinas sy'n dod o dan gylch dylanwad y tîm maen nhw'n ei gefnogi)
- *y sir* y mae eu tref, dinas neu bentref yn perthyn iddi (er enghraifft, efallai y bydd pobl yn rhoi'r ateb 'Swydd Efrog' neu 'Essex' yn reddfol pan fydd rhywun yn gofyn iddyn nhw: 'O le wyt ti'n dod?')

TERMAU ALLWEDDOL

Arwyddwr Rhywbeth sy'n cynrychioli ystyr, cysyniad neu syniad pwysig i grŵp o bobl sy'n rhannu yr un diwylliant.

Cylch dylanwad Ardal lle mae canolfan drefol neu fusnes unigol yn dosbarthu ei wasanaethau neu'n tynnu ei gwsmeriaid a'i ymwelwyr.

▼ **Ffigur 2.1** Ym mhropaganda'r Rhyfel Byd Cyntaf, defnyddiodd y llywodraeth luniau o gefn gwlad Prydain i sbarduno teimladau gwladgarol

YOUR COUNTRY'S CALL

Isn't this worth fighting for? ENLIST NOW

- *eu cenedl* (i lawer o bobl Brydeinig, eu hunaniaeth fel rhywun o Gymru, Yr Alban, Gogledd Iwerddon neu Loegr yw'r peth pwysicaf iddyn nhw – yn bwysicach efallai na'u statws gwleidyddol fel dinesydd y DU sydd â phasbort y DU).

Mae pobl yn uniaethu â lleoedd lleol a thiriogaethau graddfa fwy mewn ffyrdd eraill hefyd. Yn gyntaf, mae nifer gynyddol o ddinasyddion y DU yn perthyn i boblogaeth ar wasgar (gweler tudalen 15), sy'n golygu bod rhai, neu bob un, o'u hynafiaid wedi eu geni mewn gwledydd eraill, er enghraifft mewn rhannau o India, Jamaica, Iwerddon neu Wlad Pwyl. Mae hyn yn creu teimlad mwy cymhleth fyth o hunaniaeth bersonol sydd wedi ei gwreiddio mewn lleoedd cartref mewn dwy neu fwy o wahanol wledydd. Yn ail, mae'n bosibl teimlo synnwyr cryf o berthyn i dirwedd ffisegol benodol (yn hytrach na hunaniaeth wleidyddol, gymdeithasol neu ddiwylliannol y lle). Er enghraifft, roedd y cyfansoddwr cerddoriaeth glasurol Edward Elgar yn ysgrifennu'n aml am ei deimladau o 'berthyn' i Fryniau Malvern (gweler Ffigur 2.3).

Pwysigrwydd lleoedd lleol mewn byd sydd wedi globaleiddio

Ym mlynyddoedd hwyr yr 1980au a blynyddoedd cynnar yr 1990au, gwelwyd diddordeb o'r newydd mewn ystyron lle a gwleidyddiaeth hunaniaeth yng ngwaith ysgrifenedig llawer o'r daearyddwyr academaidd blaenllaw, yn cynnwys Doreen Massey, Peter Jackson a Stephen Daniels.

- Roedd eu gwaith nhw – oedd yn defnyddio rhywfaint ar ddamcaniaethau a ddatblygwyd yn y disgyblaethau Astudiaethau Diwylliannol ac Astudiaethau'r Cyfryngau – yn canolbwyntio ar y ffaith bod lleoedd lleol oedd â hunaniaethau unigryw yn parhau i fod yn arwyddocaol yn gymdeithasol *er gwaethaf y ffaith bod globaleiddio yn cyflymu.*
- Roedd y ffordd hon o feddwl yn wahanol iawn i'r hyn roedd llawer o ysgrifenwyr eraill yn ei ddweud ar y pryd. Un farn boblogaidd arall oedd bod globaleiddio wedi dechrau 'dod â daearyddiaeth i ben' oherwydd y ffordd roedd technolegau sy'n gwneud y byd yn llai a mwy o integreiddio gwleidyddol (fel yr Undeb Ewropeaidd) yn siapio byd o 'ddinasyddion byd-eang'. Yn ôl y bobl hyn, fyddai hunaniaethau cul, oedd wedi eu seilio ar genedl neu le unigol, ddim yn bodoli bellach yn oes newydd y rhyngrwyd.
- Roedd Massey, Jackson ac eraill yn anghytuno'n llwyr. Yn wir, mae angen y teimlad hwn o berthyn i le lleol yn fwy nag erioed mewn byd sy'n globaleiddio'n gyflym. 'Cydberthyniad cyson' yw geiriau'r damcaniaethwr diwylliannol, Michel Foucault, i ddisgrifio'r tensiwn hwn rhwng globaleiddio sy'n cyflymu a chynnydd mewn lleoliaeth. Er bod pobl yn mwynhau'r manteision a ddaw i'w bywydau am fod nwyddau, mudwyr a syniadau'n gallu symud yn rhwyddach nag erioed, gallan nhw hefyd wrthod y pethau hyn am fod llifoedd byd-eang wedi dod â gormod o newid i'r mannau lleol y maen nhw'n teimlo agosaf atynt.

▲ **Ffigur 2.2** Mae Instagram a phlatfformau cyfryngau cymdeithasol eraill yn orlawn â delweddau y mae pobl wedi eu creu

▲ **Ffigur 2.3** Yn ôl y sôn, Bryniau Malvern oedd wedi ysbrydoli cerddoriaeth Edward Elgar

Os byddwn ni'n cymryd cipolwg o amgylch y byd heddiw, byddwn ni'n gweld bod unigolion a chymdeithasau mewn llawer o wahanol gyd-destunau lleol a chenedlaethol fel petaen nhw'n 'encilio' i mewn i hunaniaethau hŷn sy'n gysylltiedig â lle neu grefydd. Dyma rai o'r digwyddiadau nodedig a welwyd yn y byd yn 2015, 2016 a 2017: canlyniad refferendwm y DU yn cefnogi Brexit; llwyddiant annisgwyl Donald Trump yn ei gais i ddod yn Arlywydd (gan addo y byddai'n tynnu'r Unol Daleithiau allan o nifer o gytundebau byd-eang); datganiad o annibyniaeth Catalonia oddi wrth Sbaen; canlyniad agos refferendwm annibyniaeth yr Alban; ac ansefydlogi a darnio darnau mawr o'r Dwyrain Canol a Gogledd Affrica oherwydd datblygiad Daesh (neu'r ISIS fel maen nhw'n cael eu galw). Ym mhob un o'r achosion hyn, mae llawer o bobl wedi ystyried bod materion sy'n ymwneud â hunaniaeth ar sail lle ac ar sail tiriogaeth yr un mor werthfawr, neu'n fwy gwerthfawr na'r buddion economaidd sydd i fod i ddod gydag integreiddio byd-eang.

▲ **Ffigur 2.4** Mewn blynyddoedd diweddar, mae torfeydd o bobl yn dathlu elfen 'Seisnig' baner San Siôr wedi dod yn rhywbeth cyffredin mewn cystadlaethau chwaraeon cenedlaethol.

Lleoedd a hunaniaeth ddiwylliannol

Weithiau mae 'Lleoedd Newidiol' yn dal i gael ei ystyried yn bwnc 'daearyddiaeth ddiwylliannol' (ond mewn gwirionedd mae wedi dod yn faes mwy prif ffrwd mewn daearyddiaeth ddynol dros amser). Y rheswm dros hynny yw bod angen rhywfaint o ddealltwriaeth o ystyr 'diwylliant' os ydyn ni am astudio'r cysyniadau 'ystyr lle' a 'hunaniaeth lle'.

● Mae unrhyw ddiwylliant (boed yn lleol neu'n genedlaethol) yn gweithredu fel system o ystyr y mae pawb yn ei rhannu; roedd disgrifiad y damcaniaethwr diwylliannol enwog, Raymond Williams, yn fwy syml na hynny hyd yn oed. Yn ôl Raymond Williams, mae diwylliant yn 'strwythur o deimlad'. Mae'r ymadrodd tri gair hwn yn un craff: er bod ein teimladau ni'n hunain am rywbeth yn deimladau personol i ni, dydyn nhw'n aml iawn ddim yn rhai *unigryw*.

● Yn wir, mae dangos emosiwn *ar y cyd* yn beth cyffredin pan feddyliwch chi am y peth: o angladdau a gemau pêl-droed i briodasau a Wimbledon, mae pobl sydd mewn grŵp i'w gweld yn amlwg yn *rhannu* yr un teimladau â'i gilydd (gweler Ffigur 2.4).

Mae'r diwylliant neu'r diwylliannau rydyn ni'n perthyn iddyn nhw'n dylanwadu ar ein dulliau o fyw ac yn creu terfynau neu reolau ar gyfer y ffordd rydyn ni'n ymddwyn. Efallai fod y rhain yn ymwneud â'r ffordd rydyn ni'n gwisgo, ein moesau a'n defodau, gan gynnwys pa anifeiliaid rydyn ni'n eu bwyta (neu ddim yn eu bwyta) os ydyn ni'n bwyta anifeiliaid o gwbl. Mae rhai o'r rheolau hyn yn grefyddol (neu roedden nhw wedi eu gwreiddio mewn crefydd yn y gorffennol ac yn parhau heddiw fel normau cymdeithasol a etifeddwyd gan genedlaethau blaenorol). Mae pensaernïaeth cymdeithas yn rhan o'i diwylliant hi hefyd: dyma pam mae pobl yn teimlo parch mawr tuag at rai adeiladau a thirluniau ac yn rhoi gwarchodaeth swyddogol iddyn nhw (gweler tudalennau 32-35). Mae diwylliant yn cael ei atgyfnerthu hefyd drwy gerddoriaeth, theatr a chelfyddyd y gymdeithas. Ar y raddfa genedlaethol, mae 'llifoedd' o ddiwylliant Prydeinig – gan gynnwys gweithiau Shakespeare, Beatrix Potter (gweler tudalen 55), JK Rowling a The Beatles – yn un rheswm pam mae'r DU yn dal i fod yn wladwriaeth sydd â llawer iawn o gysylltiadau o amgylch y byd.

Fel unrhyw 'system', gallwch chi fapio diwylliant ar ffurf diagram i ddangos y gwahanol nodweddion neu elfennau, er enghraifft iaith a cherddoriaeth, sy'n caniatáu i'r diwylliant weithredu. Ar ben hynny, mae'r nodweddion hyn yn ddynamig. Pan fydd diwylliant yn cael ei basio ymlaen o un genhedlaeth i'r nesaf, mae'n aml yn esblygu hefyd, yn enwedig os oes cyfradd uchel o newid technolegol yn digwydd, neu os oes llawer o gysylltiad â phobl o leoedd eraill. Mae cysylltedd rhwng gwahanol leoedd a'u diwylliannau (ar wahanol raddfeydd) yn un o'r pethau hanfodol sy'n achosi newid diwylliannol.

Ystyriwch am funud sut mae'r diwylliant rydych chi eich hun yn ei fyw, yn y fan lle rydych chi'n byw, yn wahanol i ddiwylliant eich nain a'ch taid/mam-gu a thad-cu. Gallech chi ystyried y gerddoriaeth rydych chi'n ei mwynhau, y dillad rydych chi'n eu gwisgo, y bwyd a fwytewch a'r ffordd rydych chi'n siarad (mae Tabl 2.1 yn rhoi un olwg i ni ar y ffordd y mae diwylliant Lloegr wedi newid dros amser). Dyma awgrymiadau am rai o'r rhesymau pwysig pam mae ein diwylliant ni yn wahanol:

- y cynnydd yn y dylanwad diwylliannol gan sioeau, ffilmiau, bwyd a cherddoriaeth a ddaw o UDA, Japan neu India
- buddsoddiad, hysbysebion a datblygiad marchnadoedd gan gorfforaethau trawswladol tramor sy'n gweithredu yn y sectorau adloniant a bwyd
- y trosglwyddiadau diwylliannol sy'n digwydd ar-lein gan ddefnyddio platfformau cyfryngau cymdeithasol (YouTube a Facebook)
- y patrymau mudo byd-eang a'r cyfraniadau i fywyd diwylliannol y DU gan donnau olynol o bobl yn cyrraedd o Asia, y Caribî ac, yn fwy diweddar, dwyrain Ewrop (efallai y gallech chi wneud cymariaethau diddorol rhwng eich diwylliant chi'ch hun a diwylliant eich nain a'ch taid/mam-gu a thad-cu os oedden nhw wedi symud i'r DU o rywle arall yn y byd).

Mae Ffigur 2.5 yn dangos sut mae hunaniaeth lle a hunaniaeth ddiwylliannol yn gorgyffwrdd. Mae'n arbennig o ddiddorol archwilio'r rôl y gall y dirwedd ffisegol ei chwarae o ran siapio hunaniaeth lle *a* hunaniaeth ddiwylliannol. Mae daearyddiaeth ffisegol lle yn effeithio ar elfennau pwysig o'r diwylliant lleol, fel rydyn ni wedi'i weld yn barod ym Mhennod 1 (gweler Ffigur 1.5).

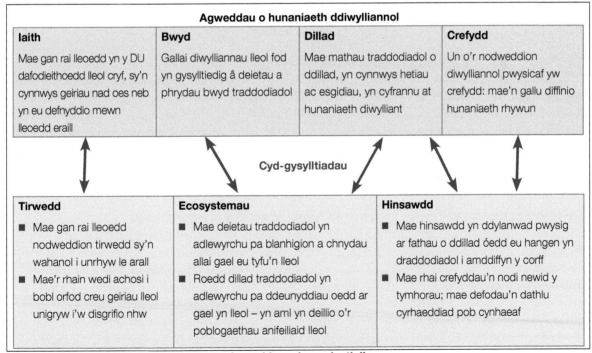

▲ **Ffigur 2.5** Mae'r cyd-gysylltiad rhwng hunaniaeth ddiwylliannol cymdeithas a hunaniaeth lle lleol yn helpu i esbonio pam mae lle yn datblygu ystyron pwysig i'r bobl sy'n byw yno

	Blynyddoedd cynnar yr ugeinfed ganrif	Yr unfed ganrif ar hugain
Credoau crefyddol	Yn gyffredinol eang, gyda nifer uchel o bobl yn mynd i eglwys Anglicanaidd neu Gatholig	Yn seciwlar ac anghrefyddol i raddau mawr, ond gyda mwy o amrywiaeth grefyddol ymysg y rheini *sydd* â ffydd
Bwyd	Bwyd tymhorol yn deillio o'r ardal leol, bron byth yn defnyddio sbeisys o dramor, yn dewis perlysiau brodorol	Blas amrywiol mewn bwyd, bwydydd byd-eang Mae defnyddio sbeisys cryf mewn coginio'n beth cyffredin
Hunaniaeth	Mae gan bobl synnwyr cryf o berthyn i'r ardal leol (naill ai i dref neu i sir). Y tafodieithoedd rhanbarthol yn gryfach nag ydyn nhw heddiw; mae'r rhan fwyaf hefyd yn eithriadol o wladgarol a bydden nhw'n fodlon brwydo dros eu gwlad	Ni fyddai pobl mor barod i frwydro dros eu gwlad, er eu bod nhw'n aml yn gefnogwyr cryf i dimau pêl-droed lleol neu genedlaethol. Mae pobl iau yn aml yn eu hystyried eu hunain yn 'ddinasyddion byd-eang'
Gwreiddiau geirfa	Celtaidd, Sacsonaidd, Sgandinafaidd (Llychlynnaidd), Rhufeinig, Groegaidd, Ffrengig	Dylanwadau ychwanegol o India, Jamaica, America (oherwydd mudo, teledu ac YouTube)

▲ **Tabl 2.1** Sut mae agweddau o'r diwylliant Prydeinig wedi newid dros amser

Lle, diwylliant a'r amgylchedd

Enghraifft synoptig arall (sy'n defnyddio elfennau o ddaearyddiaeth ddynol a ffisegol) yw'r ffordd y mae mawn wedi'i sychu (pridd sy'n cynnwys llawer o garbon) yn cael ei losgi'n draddodiadol fel ffynhonnell egni mewn rhai o ranbarthau gwledig y DU, gan gynnwys Ynysoedd Gorllewinol yr Alban. Roedd llosgi mawn yn rhoi blas 'mwg' cryf i gig, pysgod a wisgi yn y lleoedd hyn. Erbyn heddiw, mae gan bobl barch mawr at y cynhyrchion bwyd a diod traddodiadol hyn ac yn eu hystyried yn nwyddau treftadaeth. Maen nhw'n chwarae rôl ganolog yn y ffordd y mae'r lleoedd hyn yn cael eu cynrychioli a'u marchnata fel cyrchfan i dwristiaid.

Mae Robert Macfarlane (gweler tudalen 13 hefyd) wedi darganfod cannoedd o wahanol eiriau lleol am dirffurfiau a nodweddion tirwedd ac, am fod gwahaniaethau mewn daeareg, dim ond yn y lleoedd penodol hyn mae'r geiriau'n bodoli. Yn draddodiadol, mae diwylliannau lleol wedi creu'r geiriau roedden nhw eu hangen i'w helpu i ddisgrifio a mapio eu hamgylchedd. Er enghraifft, mae'r gair 'zawn' yn disgrifio 'bylchau mewn clogwynni lle mae'r tonnau wedi eu taro', a'r unig bobl sy'n defnyddio'r gair yw pobl ar arfordir Cernyw sy'n byw mewn mannau lle mae'r lan yn cael ei tharo'n rheolaidd gan donnau egni uchel sydd â chyrch hir. 'Mae ein geiriau'n rhan o raen ein tirweddau a'n tirweddau'n rhan o raen ein geiriau,' meddai MacFarlane.

Uniaethu â, neu uniaethu yn erbyn, gwahanol leoedd a diwylliannau

Mae pobl yn uniaethu'n gadarnhaol â rhai lleoedd a diwylliannau. Ond gallan nhw hefyd uniaethu'n negyddol *yn erbyn* eraill. Fel y byddwn ni'n gweld yn nes ymlaen yn y bennod hon, un o'r rhesymau pam mae ystyron lle *yn bwysig* yw eu bod nhw'n gallu achosi tensiwn neu wrthdaro diwylliannol rhwng gwahanol grwpiau o bobl (gweler tudalen 67). Mae problemau o wahanol faint yn gallu codi – o drais rhwng gangiau o wahanol gymdogaethau i'r rhagfarnau y mae dinasyddion o wahanol genhedloedd yn eu dangos tuag at ei gilydd – pan fydd gan bobl synnwyr *rhy* gryf o berthyn i un lle yn hytrach nag un arall. Gall hynny achosi iddyn nhw deimlo wedi'u dieithrio o le arall, ac felly yn eu hanfod maen nhw'n gwrthwynebu'r lle hwnnw. Mae Tabl 2.2 yn amlinellu dwy ddamcaniaeth bwysig am y ffordd y mae prosesau uniaethu daearyddol a diwylliannol yn gweithio.

Damcaniaeth	Esboniad
Uniaethu â lle	■ Lle da i gychwyn astudio hyn yw disgrifiad Ben Anderson (1983) o'r ffordd y mae pob cenhedlaeth yn 'gymuned yn y dychymyg'. Yn gyffredinol, mae hwn yn ddeunydd darllen hanfodol mewn daearyddiaeth ddynol, ac mae hynny'n fwy gwir heddiw nag erioed o ystyried y tensiynau sy'n bodoli yn y DU am Brexit ac annibyniaeth yr Alban. Roedd Anderson yn dadlau bod diwylliannau wedi eu hadeiladu'n ddetholus o amgylch straeon, mythau a phrofiadau penodol. Weithiau mae'r naratif hefyd wedi ei wreiddio yn y syniad o bobl frodorol ond dydy hynny ddim yn rhywbeth sy'n hanfodol er mwyn cael hunaniaeth genedlaethol – rydyn ni'n gweld tystiolaeth o hynny yn y ffaith bod cynifer o Americanwyr yn ystyried eu hunaniaeth genedlaethol eu hunain ar wahân yn llwyr i ddiwylliant yr Americanwyr Brodorol. ■ Gallwn ni ddefnyddio damcaniaeth Anderson wrth sôn am le lleol hefyd: mae llawer o ysgolion yn creu synnwyr cryf o hunaniaeth drwy greu 'naratif' hanesyddol sy'n meithrin teimlad o gymuned a pherthyn ymysg y disgyblion i gyd. Mae'r naratif hwn yn aml yn cynnwys: enwi ystafelloedd ar ôl penaethiaid sydd wedi ymddeol; dyddiadau pwysig ar y calendr blynyddol, fel diwrnodau gwobrwyo; gwisgoedd ysgol traddodiadol; 'cân yr ysgol'. ■ Mewn blynyddoedd diweddar, mae nifer gynyddol o bobl wedi cyflwyno samplau DNA i'w dadansoddi er mwyn ymchwilio eu cysylltiad hynafiadol gyda gwledydd a lleoedd lleol penodol. Er enghraifft, gwelwyd bod rhai pobl oedd â hynafiaid yn dod o Gernyw a Dyfnaint yn dangos hunaniaeth enynnol benodol sy'n wahanol i weddill Lloegr. Mae pobl eraill sy'n byw yn y DU yn synnu bod y dadansoddiad DNA yn dangos bod ganddyn nhw wreiddiau mwy byd-eang – a llai lleol – nag yr oedden nhw wedi'i ddisgwyl. Ond, byddai Anderson yn dadlau bod hunaniaeth rhywun yn ymwneud â llawer mwy na dim ond bioleg: mae'n ymwneud â'r broses o *ddysgu teimlo* eich bod chi'n perthyn i rywle.
Uniaethu *yn erbyn* lle	■ Weithiau, mae'r cysylltiad rhwng pobl a lle penodol yn cael ei gryfhau *pan fydden nhw'n meddwl yn negyddol am leoedd a phobl eraill*. Mae gwrthod lleoedd a phobl eraill (am fod yn 'rhy wahanol') yn dod yn ffordd seicolegol o gryfhau'r cysylltiad maen nhw'n ei deimlo gyda'u lle cartref eu hunain. ■ Mae damcaniaeth 'aralleiddio' Edward Said (1978) yn dadlau bod y synnwyr o hunaniaeth sydd gan bobl – fel unigolion a hefyd fel aelodau o gymdeithas – yn datblygu pan maen nhw'n teimlo bod gwahaniaeth yn bodoli rhyngddyn nhw ac unigolion neu gymdeithasau eraill. Felly, mae hunaniaeth yn gysyniad 'perthynol'. Mewn geiriau eraill, wrth i ni gyfarfod unigolion a chymdeithasau 'eraill' sy'n wahanol i ni, gallwn ni ddechrau dod yn fwy ymwybodol o'n hunaniaeth ni ein hunain. Efallai y gallai'r broses y mae Said yn ei disgrifio helpu i esbonio pam mae casineb mor gryf yn gallu datblygu rhwng gangiau gwahanol sy'n perthyn i wahanol strydoedd yn yr un gymdogaeth drefol. Mae hefyd yn ein helpu ni i ddeall pam mae achosion difrifol o hil-laddiad wedi digwydd yn y gorffennol pell ac yn fwy diweddar.

▲ **Tabl 2.2** Damcaniaethau sy'n helpu i esbonio sut mae pobl yn uniaethu â, ac yn uniaethu *yn erbyn* lleoedd gwahanol

Pam mae ystyr yn bwysig

Mae'n debyg nad oeddech chi wedi astudio 'ystyr' yn eich cwrs Daearyddiaeth TGAU. Ond, efallai eich bod chi wedi treulio llawer o amser yn archwilio ystyr neu neges cerddi a nofelau mewn gwersi Cymraeg a Saesneg TGAU. Mewn gwersi Celf, mae athrawon a myfyrwyr yn trafod sut mae arlunwyr yn ceisio cynrychioli syniadau, ac mae gwersi Hanes weithiau'n canolbwyntio ar ffynonellau sy'n dangos sut y cafodd digwyddiadau hanesyddol eu portreadu ar y pryd mewn gwahanol gyfryngau (ac efallai mewn ffyrdd rhagfarnllyd, camarweiniol neu strategol).

Gallwch chi ddefnyddio'r pethau a ddysgwyd gennych yn y pynciau hyn i gyd i'ch sbarduno chi i ystyried sut a pham mae ystyron lle a chynrychioliadau lle *yn bwysig*. Yn aml iawn, mae pobl yn teimlo bod lle

▲ Ffigur 2.6 Protestiadau a gynhaliwyd i arbed coetir rhag cael ei chwalu

penodol yn bwysig iawn iddyn nhw, yn union fel y maen nhw'n teimlo bod llyfr neu ffilm arbennig yn bwysig. Pan fyddwch chi'n cofio am le penodol gallwch chi brofi teimladau ac emosiynau cryf. Yn wir, mae ymlyniad pobl â lle yn gallu bod yn ddigon cryf i'w hysgogi nhw i brotestio ac efallai ymladd yn gorfforol i warchod y lle rhag newid, yn union fel y bydden nhw'n ymateb i ddiogelu'r bobl y maen nhw'n eu caru (gweler Ffigur 2.6).

Mae ystyr lle yn effeithio ac yn siapio ein gweithredoedd a'n hymddygiad drwy'r amser wrth benderfynu sut mae lle yn cael ei reoli.

- Mae pobl yn penderfynu sut i reoli lle nid yn unig drwy edrych ar y ffeithiau caled, fel diweithdra neu ddata am risg peryglon, ond hefyd drwy ystyried teimladau a chredoau pobl. Maen nhw'n teimlo bod rhai lleoedd yn bwysicach na lleoedd eraill, efallai am fod ganddyn nhw nodweddion symbolaidd neu bwysig yn eu tirwedd. Efallai y bydd pobl sy'n ceisio penderfynu a ddylid gosod amddiffynfeydd môr drud, ac sy'n ystyried y buddion o'i gymharu â'r gost, yn rhoi ystyriaeth i deimladau'r rhanddeiliaid – teimladau y mae'n anodd rhoi gwerth arnyn nhw. Gallai pobl ddadlau bod y morlin yn rhy bwysig i'w golli am fod ganddo olygfeydd godidog y mae pobl yn eu hedmygu, neu efallai fod cofeb hanesyddol yno sydd mewn perygl o gael ei golli. Efallai fod ffilm boblogaidd wedi ei ffilmio yno a bod pobl o bob man eisiau gwarchod yr ardal.
- Wrth gwrs, mae'r broses o roi gwerth i rywle'n mynd yn broses ddadleuol pan fydd rhai grwpiau'n methu deall y gwerth y mae pobl eraill yn ei roi i rywbeth. Mae Historic England (gweler tudalen 33) wedi rhoi statws adeilad rhestredig gwarchodedig i nifer o ddarnau o bensaernïaeth fodern, yn cynnwys Tŵr Trellick yn Llundain (gweler Ffigur 2.7). Ond, nid yw rhai pobl yn gallu deall pam mae angen gwarchod yr adeiladau hyn.
- Yn ei dro, mae ystyr lle yn penderfynu pa strategaethau marchnata y bydd asiantaethau ffurfiol (swyddogol) fel y byrddau croeso yn eu defnyddio yn eu gwaith. Mae'n rhaid penderfynu pa rannau o dreftadaeth neu ddiwylliant dinas sy'n rhannau dilys i'w dathlu. Ond, bydd gan wahanol bobl safbwyntiau gwahanol ynglŷn â beth sy'n briodol: er enghraifft, cafodd Amgueddfa Jack the Ripper yn Llundain ei beirniadu am ennyn diddordeb pobl mewn trais yn erbyn menywod.

▲ Ffigur 2.7 Cafodd Tŵr Trellick ei wneud yn adeilad rhestredig er syndod i'r bobl sy'n feirniadol o'r lle

🔑 TERMAU ALLWEDDOL

Is-ddiwylliant System amgen o werthoedd diwylliannol y mae aelodau iau'r boblogaeth fel arfer yn eu mabwysiadu a'u rhannu. Fel arfer, mae is-ddiwylliannau modern wedi eu diffinio gan gerddoriaeth, ffasiwn ac weithiau gan farnau gwleidyddol cryf. Yn y DU, mae damcaniaeth is-ddiwylliant yn gysylltiedig â gwaith Stuart Hall ac Angela McRobbie, ymysg eraill.

Tirwedd dechnolegol Tirwedd lle mae'r dechnoleg ddiweddaraf yn dominyddu a thirwedd sy'n gysylltiedig yn aml iawn â diwydiannau technoleg. Mae rhai o dirweddau technolegol y gorffennol wedi eu cadw hyd heddiw, er enghraifft Gorsaf Bŵer Battersea yn Llundain.

ASTUDIAETH ACHOS GYFOES: SOHO YN LLUNDAIN

Mae Soho yn lle yng nghanol Llundain sy'n golygu, ac sydd wedi golygu, pethau gwahanol i wahanol grwpiau ac **is-ddiwylliannau**. Mae'n lle sydd wedi ennyn dadleuon am fod cynnydd enfawr yng ngwerth yr eiddo (roedd fflat tair ystafell wely'n costio £5 miliwn yn 2017) wedi esgor ar brosesau ailddatblygu economaidd, ond mae hynny'n digwydd ar draul tirwedd ddiwylliannol hŷn sydd â hanes artistig a cherddorol cyfoethog.

Cafodd cornel yng ngogledd-orllewin Soho ei chwalu yn rhan o'r gwaith adeiladu ar gyfer rhwydwaith Crossrail Llundain. Ymysg yr adeiladau niferus a gollwyd roedd man perfformio cerddorol yr Astoria: rhwng 1976 a 2009, hwn oedd un o safleoedd enwocaf Llundain ac, ochr yn ochr â'r 100 Club yn Soho, roedd yn rhan bwysig o ddatblygiad pync roc yr 1970au. Yn yr 1990au, perfformiodd Metallica, Nirvana a Radiohead yn yr Astoria. I gefnogwyr cerddoriaeth, roedd y rhan hwn o Soho yn un o'r uchelfannau cerddorol lle cafwyd rhai o'r gigs enwocaf mewn hanes cerddorol. Ond mae'r ystyr hwn wedi ei golli am byth ac ni fydd ar gael i genedlaethau'r dyfodol.

O dan fygythiad hefyd mae Theatreland yng nghanol Soho. Mae'r newidiadau parhaus yn Soho wedi golygu bod llawer o theatrau a safleoedd rifiw, fel Madam Jojo's, wedi cau. Mae ymgyrch sy'n cael ei chefnogi gan yr actorion Benedict Cumberbatch a Stephen Fry yn gwthio i gael gwarchodaeth well i dirwedd ddiwylliannol unigryw Theatreland.

Mae hanes Soho yn awgrymu bod hwn yn fan lle roedd gwahanol is-ddiwylliannau'n ffynnu. Rhan o'r hyn oedd yn ei wneud mor arbennig i gynifer o bobl oedd y cymysgedd amrywiol o adeiladau, gweithrediadau a hunaniaethau (mae Soho wedi bod yn ganolbwynt pwysig ers tro byd i gymunedau hoyw Llundain). Fodd bynnag, yn raddol mae rhannau mawr o Soho a'i gyrion yn dechrau troi'n **dirwedd dechnolegol** fwy unffurf yr olwg. Mae'r ddau lun (gweler Ffigur 2.9) yn dangos yn union faint mae Soho yn newid, o ran y ffordd y mae'n cael ei gynrychioli mewn delweddau fel rhain a hefyd yr ystyr sydd gan y tirweddau cyferbyniol hyn i wahanol grwpiau o bobl.

▲ **Ffigur 2.9** Lluniau o Soho a'i amgylchoedd: (chwith) yr Astoria yn gynnar yn yr 2000au; (dde) yr orsaf Crossrail newydd, 2017

TERMAU ALLWEDDOL

Testun Unrhyw gynrychioliad o rywbeth, a gynhyrchwyd yn ddiwylliannol, yr ydyn ni'n ystyried ei fod yn cynnwys ystyr.

Adysgrif Cofnod o gyfweliad manwl gyda rhywun sydd wedi ei deipio allan fel dogfen.

Disgwrs Cyfres arbennig o ddadleuon neu arferion a ddefnyddiwn i gynhyrchu ac ailadrodd credoau penodol am ystyron dros amser.

② Grym cynrychioliad lle

▶ *Pwy sy'n penderfynu sut mae lleoedd yn cael eu cynrychioli mewn gwahanol gyfryngau a pham mae hyn yn bwysig?*

Cynrychioli lleoedd gan ddefnyddio gwahanol fathau o destun

Rydyn ni'n cael cipolwg pellach ar ystyron lle a phrofiadau lle drwy astudio cynrychioliadau lle. Mae daearyddwyr diwylliannol yn defnyddio'r gair testun i gyfeirio at amrywiaeth eang o wahanol fathau o gynrychioliadau lle. Gall y gair gyfeirio at amrywiaeth eang o ffynonellau data ansoddol sy'n cynnwys – ymysg pethau eraill – teledu, ffilmiau, cerddoriaeth a seiniau eraill, dyddiaduron, papurau newydd, celf, cartwnau a ffotograffau (gweler Ffigur 2.10). Pan fyddwn ni'n gwneud cyfweliadau manwl yn rhan o'r broses o gasglu data cynradd, gallwn ni ddisgrifio'r adysgrif (cofnod o'r cyfweliad) fel testun hefyd.

- Weithiau byddwn ni'n disgrifio testunau hŷn fel data analog (er enghraifft, llyfr mewn print neu record finyl) ac maen nhw'n cael eu storio'n gorfforol mewn llyfrgelloedd.
- Mae'r testunau mwy diweddar yn ddata digidol fel arfer: bydd y cynrychioliadau hyn o fywyd yn cael eu creu ar gyfrifiadur neu ffôn ac yn cael eu llwytho i blatfform ar-lein.

Efallai y byddwch chi'n synnu ar y dechrau wrth gael eich hun yn astudio 'testunau' a 'chynrychioliadau' am ein bod ni fel arfer yn cysylltu'r geiriau hyn ag astudiaethau Cymraeg neu Saesneg yn hytrach na Daearyddiaeth. Ond mae daearyddwyr yn yn ymchwilio'n aml iawn drwy gyfrwng testunau. E.e. drwy ymchwilio i:

- safbwyntiau cyferbyniol ynglŷn â'r cwestiwn a ddylai lleoedd gael eu rheoli neu eu marchnata fel cyrchfannau i dwristiaid (a'r ffordd y mae gwahanol grwpiau o bobl yn mynegi eu barn neu ddisgwrs ar gyfryngau ar-lein neu gan ddefnyddio cyfryngau traddodiadol)
- tensiwn a gwrthdaro rhwng gwahanol bobl berthnasol neu randdeiliaid (er enghraifft, mewn perthynas â'r ffordd y mae lleoedd wedi eu cynrychioli yn y cyfryngau a sut y bydd y cynrychioliad hwn yn effeithio ar brosesau yn y byd go iawn – e.e. mudo).

▲ **Ffigur 2.10** Daearyddwyr yn defnyddio amrywiaeth fawr o destunau ffeithiol a ffuglen wrth astudio ystyron lle. Mae'r rhain yn cynnwys ffotograffau, dyddiaduron a chyfweliadau archifol a gafodd eu cadw mewn hen fformatau analog a fformatau digidol mwy newydd

Efallai y bydd rhai o'r astudiaethau achos a'r materion rydych chi wedi'u hastudio o'r blaen mewn Daearyddiaeth yn hynod o berthnasol ar gyfer astudio testunau a chynrychioliadau. E.e., weithiau mae dadleuon am amddiffynfeydd arfordirol yn ymwneud â'r ffaith eu bod nhw'n edrych yn 'hyll' a phryder ynglŷn â sut olwg fydd ar y ffotograffau marchnata i hysbysebu darn o arfordir os bydd y cynllun rheoli'n derbyn cymeradwyaeth. Efallai fod amddiffynfeydd concrit sy'n ymarferol ond annymunol yr olwg yn effeithiol am atal llifogydd ond maen nhw'n niweidiol i fasnach dwristiaeth y dref wyliau arfordirol (gweler Ffigur 2.11). Mae golwg y lle yn bwysig!

Amgodio a dadgodio ystyron a negeseuon

I ymchwilio testunau (geiriau, lluniau neu seiniau) fel cynrychioliadau lle, mae daearyddwyr diwylliannol yn defnyddio'r un dulliau astudio ag ymchwilwyr Cymraeg, Saesneg, Cymdeithaseg ac Astudiaethau'r Cyfryngau (yn yr un ffordd ag y mae methodolegau tebyg yn aml iawn gan ddaearyddwyr ffisegol, biolegwyr a chemegwyr). Mae llawer o syniadau damcaniaethol allweddol wedi helpu i adeiladu 'pecyn cymorth' daearyddiaeth ddiwylliannol ar gyfer trin data ansoddol.

- Ym myd hysbysebion, mae rhywun sy'n hysbysebu yn dibynnu ar allu'r gynulleidfa i 'ddarllen' lluniau'n gywir; e.e., rydyn ni i gyd yn gwybod bod y ddelwedd 'bawd i fyny' yn golygu'r un peth â 'da' neu 'yn hoffi' yn niwylliant Prydain a UDA. Yn yr un modd, mae hysbysebion i dwristiaid yn aml yn cynnwys delweddau cysylltiedig y mae pawb yn eu deall sy'n dangos bod hwn yn 'lle dilys'. Rydyn ni'n defnyddio lluniau o gestyll, tartan a grug fel arwyddion o'r Alban; mae gan luniau o hetiau bowler gysylltiad agos â Llundain er nad oes fawr o neb yn eu gwisgo nhw erbyn hyn (gweler Ffigur 2.12).
- Ym mhob ffurf wahanol o gynhyrchiad diwylliannol (ac nid hysbysebu yn unig), mae awduron yn 'amgodio' ystyron i mewn i'w testun gan ddisgwyl, yn rhesymol, y bydd y rhan fwyaf o'r gynulleidfa'n 'dadgodio'r' neges yn llwyddiannus (gweler Ffigur 2.13).
- Mae cynhyrchwyr y gwahanol destunau yn defnyddio 'iaith arwyddion' o'u celfyddyd berthnasol eu hunain. E.e., mae traciau sain ffilmiau'n cynnwys 'cliwiau' cerddorol: mae rhai mathau o sain neu fynegiant cerddorol yn rhoi gwybod i'r gynulleidfa fod rhywbeth rhamantus neu arswydus ar fin digwydd. Yr unig reswm mae'r math hwn o gyfathrebu'n gweithio yw bod y mwyafrif o bobl wedi dysgu adnabod neu 'ddarllen' y cliwiau cerddorol hyn.
- Pa fath o gliwiau cerddorol cadarnhaol allai gael eu cynnwys mewn ffilm hysbysebu fer am gyrchfan i dwristiaid? Pa fath o negeseuon allech chi eu cyfleu am le drwy gynnwys caneuon, nodau neu seiniau penodol ynddyn nhw? Cofiwch, efallai y bydd angen i chi ddefnyddio amrywiaeth o seiniau a cherddoriaeth i gyfathrebu amrywiaeth o negeseuon i wahanol grwpiau targed o bobl a allai ddewis ymweld. Mae'r model yn Ffigur 2.13 yn dangos yn syml beth sy'n digwydd yn aml. Cofiwch y bydd pobl yn aml iawn yn gweld ystyron mewn testun sy'n wahanol i'r rhai roedd yr awdur wedi bwriadu eu cyfleu.

▲ **Ffigur 2.11** Gwrthdaro ynglŷn â chynlluniau i osod amddiffynfeydd arfordirol 'hyll' oherwydd y ffordd y bydd y lle'n cael ei bortreadu mewn defnyddiau hysbysebu i dwristiaid ac mewn testunau eraill

▲ **Ffigur 2.12** Mae gan lun o het bowler gysylltiadau cryf â'r DU a dinas Llundain yn arbennig

◄ **Ffigur 2.13** Crynodeb o brif gamau'r broses amgodio a dadgodio, wedi eu dangos mewn perthynas â chynhyrchiad y deunydd hysbysebu i dwristiaid a'r defnydd a wneir ohono (nodwch y gallai rhai darllenwyr wrth gwrs weld ystyr neu neges wahanol i'r un a fwriadwyd gan yr awdur!)

Mae'r hysbysebion twristaidd hyn yn cael eu hyrwyddo erbyn hyn mewn marchnad fyd-eang (ar sianelau teledu, mewn papurau newydd ac ar hysbysfyrddau lle gall pobl eu gweld nhw'n glir)

Anfonwyd y neges

Mae 'negeseuon' yn cael eu hamgodio i mewn i hysbysebion, wedi ei llunio'n ofalus i bob marchnad leol.
- Gallai un gyrchfan ei hyrwyddo ei hun fel lle egnïol a 'bywiog' drwy ddangos torfeydd o bobl ifanc mewn bariau.
- Gallai cyrchfan arall ddangos lluniau o deuluoedd yn mwynhau diwrnod mewn canolfan ymwelwyr.
- Mae negeseuon gwahanol iawn wedi eu hamgodio i'r ddwy hysbyseb.

Derbyniwyd y neges

Mae 'negeseuon' yn cael eu dadgodio nawr gan bobl mewn lleoedd eraill sy'n gweld yr hysbysebion.
- Mae pobl ifanc yn ymateb yn gadarnhaol i'r lluniau o dorfeydd a bariau.
- Mae rhieni yn ymateb yn gadarnhaol i'r lluniau o deuluoedd eraill yn mwynhau eu hunain mewn amgylchedd diogel.
- Mae'r ddwy neges wedi eu trosglwyddo'n llwyddiannus a'u deall gan eu cynulleidfa darged arbenigol.

Crëwyd y neges

Mae byrddau croeso'n rhoi deunyddiau hysbysebu at ei gilydd gan ddefnyddio lluniau a geiriau wedi eu dewis yn ofalus sy'n anfon y neges gywir i ymwelwyr posibl. Maen nhw'n amcannu i 'recriwtio' defnyddwyr newydd.

Gweithredwyd ar y neges

Mae'r hysbysebion wedi ennyn diddordeb ymwelwyr posibl erbyn hyn a bydden nhw'n gwario eu harian yn ymweld â chyrchfannau twristaidd. Mae cynrychioliadau lle'r bwrdd croeso wedi trosglwyddo ystyron lle penodol i'w cynulleidfa darged.

Gwahanol ystyron i wahanol bobl

Mae'r busnes o hysbysebu lleoedd yn fwy cymhleth nag y mae'r model amgodio-dadgodio syml yn ei awgrymu weithiau. Heb os, mae'r hen ddywediad 'dwyt ni'n methu plesio pawb' yn wir bob gair am gynrychioliadau lle. Arhoswch am funud i ystyried eich canol tref lleol eich hun neu ganol tref arall sy'n gyfarwydd i chi. Ceisiwch ddychmygu poster hysbysebu ar gyfer y lle hwn sy'n defnyddio un ffotograff a fyddai'n gwneud iddo edrych yn hynod o atyniadol i bawb, waeth beth yw eu hoedran, rhyw, incwm neu ethnigrwydd. Ydy hi'n bosibl gwneud hynny? Efallai y byddai llun lliwgar bywiog o fariau a chlybiau nos yn tynnu llygad pobl iau, ond gallai'r llun yma wneud i genhedlaeth hŷn deimlo bod y lle'n anaddas a phenderfynu nad ydyn nhw eisiau mynd yno. Yn yr un modd, dydy ffotograff o gaffis sy'n cynnig bwydlen addas i bobl hŷn ddim yn debygol o roi sbardun o gyffro i berson ifanc yn ei arddegau a'i ddenu i fynd yno.

"I must send a postcard to the missus, but I haven't got anything exciting to tell her!"

▲ **Ffigur 2.14** Mae rhai pobl yn ystyried cardiau post Donald McGill o ganol yr 1900au yn gynrychioliadau doniol o fywyd mewn trefi arfordirol; mae pobl eraill yn meddwl eu bod nhw'n ddi-chwaeth ac yn rhywiaethol

- Mae rhai dinasoedd, fel Efrog a Canterbury, yn defnyddio lluniau o'u heglwysi cadeiriol mewn deunyddiau gwybodaeth i dwristiaid. Ond, mae pobl yn y byd modern yn amrywio'n fawr iawn o ran eu ffydd a'u barn am grefydd yn gyffredinol. Pa mor llwyddiannus fyddai ymgyrch farchnata i dwristiaid sydd wedi ei seilio'n gyfan gwbl ar ddelweddau o eglwys gadeiriol Gristnogol?

- Gallai'r ystyron a'r cynrychioliadau sydd wedi eu targedu at un grŵp o bobl gael eu herio gan grŵp arall. Yn y gorffennol, roedd llawer o drefi glan môr yn dibynnu ar bosteri a chardiau post o fenywod mewn siwtiau nofio yn rhan o'u hysbysebion pob dydd. Yn ystod yr 1970au, cafwyd adlach ffeministaidd yn erbyn lluniau fel hyn ac, ym meddwl rhai pobl, daeth hyn ag enw drwg i leoedd fel Blackpool.

Gwneud dadansoddiad testunol

Mae'n bosibl gwneud dadansoddiad daearyddol o destunau – a disgwrs (safbwyntiau) y bobl sydd wedi eu creu nhw – gan ddefnyddio'r cwestiynau ymholi hyn:

1 Pwy sydd wedi creu'r testun hwn? A gafodd ei gynhyrchu gan unigolyn (awdur llyfrau neu ffotograffydd ar eu pennau eu hunain) neu grŵp o bobl, fel bwrdd twristiaeth neu gwmni cynhyrchu ffilmiau?

2 Pam gafodd y testun hwn ei gynhyrchu? Ai ei brif ddiben yw hysbysebu a marchnata cyrchfan i dwristiaid? Ydy hi'n bosibl bod y testun wedi ei fwriadu fel math o brotest? Mae delweddau gwleidyddol yn cael eu rhannu'n eang ar Facebook a phlatfformau cyfryngau eraill; mae gan lawer o lyfrau, paentiadau a ffotograffau enwog negeseuon gwleidyddol cryf, fel paentiad 1937 Picasso *Guernica*.

3 A yw'r testun yn rhagfarnllyd neu'n dangos tuedd mewn rhyw ffordd, a sut allwn ni wybod? Bydd geiriau'n adrodd stori mewn ffordd benodol; gall ffotograffau gael eu fframio i adael rhai pobl allan yn fwriadol neu wneud i eraill edrych yn arbennig o bwysig. Yn aml iawn, mae lluniau o drefi hanesyddol sy'n boblogaidd â thwristiaid fel Stratford-upon-Avon a Rhydychen wedi eu cynllunio'n ofalus fel nad ydyn nhw'n cynnwys unrhyw adeiladau modern. Gallai hynny andwyo'r olygfa a difetha'r neges sydd wedi ei hamgodio yn y lluniau i dwristiaid posibl am 'ddilysrwydd' hanesyddol. Er bod rhaid i ni edrych ar y pethau sydd wedi eu cynnwys, mae'n rhan hanfodol o unrhyw ddadansoddiad i geisio canfod *beth sydd heb ei gynnwys hefyd.*

4 Os oes gan y testun neges wleidyddol, ydy'r neges honno'n atgyfnerthu'r anghydraddoldebau sy'n bodoli mewn cymdeithas neu ydy'r neges yn ceisio eu herio nhw? Mae enghreifftiau lawer o raglennni teledu o'r 1970au oedd yn atgyfnerthu barnau hiliol sydd i'w cael mewn cymdeithas Brydeinig. Ond mae hefyd ddigonedd o enghreifftiau o ganeuon poblogaidd o'r un cyfnod, a ysgrifennwyd gan fandiau amlddiwylliannol fel Madness, The Beat a The Specials, a oedd yn codi llais yn erbyn hiliaeth.

5 Weithiau ceir canmoliaeth neu feirniadaeth i destunau cyfoes a thestunau o'r gorffennol sy'n ymdrin â chymdeithas Brydeinig, a hynny oherwydd y negeseuon y maen nhw'n eu cyfleu am amrywiaeth. Yn aml iawn dydy dramâu hanesyddol am y Rhyfel Byd Cyntaf ddim wedi cynnwys milwyr Du neu Asiaidd yn y cast, er bod niferoedd mawr o'r milwyr hyn wedi brwydro dros Brydain. Ar dudalen 164 mae trafodaeth am gamau i ymdrin â'r broblem hon gyda chynrychioliad.

Mae'n bwysig cofio bod y sgiliau rydych chi eu hangen i astudio testunau'n feirniadol yn cael eu datblygu mewn cyrsiau eraill hefyd, nid yn rhan o'ch cwrs Daearyddiaeth Safon Uwch yn unig. Meddyliwch yn ôl at eich gwersi Cymraeg, Saesneg, Celf a phynciau creadigol eraill yn yr ysgol mewn cyfnodau allweddol blaenorol, pa ddulliau a ddefnyddiwyd gennych chi i ddadansoddi testunau?

Dadansoddi delweddau

Gallwch chi wneud dadansoddiad o ddelwedd gan ddefnyddio'r dull pedwar cam digon cyffredin isod:

1 *Dynodiad* – mae hyn yn golygu nodi a diffinio elfennau mwyaf sylfaenol y ddelwedd.
2 *Cynodiad* – mae hyn yn golygu canfod sut mae'r ddelwedd (neu rannau ohoni) yn awgrymu syniadau ac ystyron ychwanegol hefyd (er enghraifft, gallech chi ddefnyddio llun o dân coed i gynrychioli 'cartref').
3 *Mise-en-scène* (yn llythrennol 'gosod ar lwyfan') – mae hyn yn cynnwys edrych yn agosach ar y ffyrdd cynnil y mae'r llun wedi ei drefnu a'i fframio. Mae popeth mewn delwedd yn cyfrannu at ei hystyron a'i neges, o'r olwg ar wynebau pobl i'r dillad y maen nhw'n eu gwisgo.
4 *Trefniadaeth* – pan mae rhywun yn paentio llun neu'n tynnu llun gyda chamera, maen nhw'n penderfynu *beth i'w gynnwys a beth i'w osgoi.* Mae elfennau o'r ddelwedd yn gallu cael effaith bwysig ar y ffordd y mae cynulleidfa'n ymateb, er enghraifft cyfansoddiad y ddelwedd (y ffordd maen nhw wedi gwneud rhai elfennau'n fwy neu wedi rhoi gwell ffocws arnyn nhw), yr amser o'r dydd yn y llun a'r ongl y tynnwyd y llun (mae enghreifftiau ar dudalen 199 hefyd).

Gallwch chi ddefnyddio'r dull uchod i ddadansoddi lluniau sydd ar wefannau'r bwrdd croeso i weld a oes ystyron a negeseuon wedi eu hamgodio o bosib. Chwiliwch am luniau o ardal rydych chi'n gyfarwydd â hi a gwnewch eich dadansoddiad testunol eich hun.

Cynrychioliadau lle ffurfiol ac anffurfiol

Mae'n weddol anodd penderfynu'n union pa rannau o unrhyw system ddynol sy'n ffurfiol ac yn anffurfiol. Mae cyrhaeddiad y cyfryngau cymdeithasol a data torfol wedi gwneud y gwahaniaeth yn fwy cymylog fyth yn ystod y blynyddoedd diwethaf. Dyma ddehongliad bras:

- mae cynrychioliadau lle ffurfiol yn cael eu cynhyrchu gan gyrff gwleidyddol, cymdeithasol a diwylliannol (yn cynnwys llywodraeth leol, sefydliadau addysg, byrddau croeso ac asiantaethau treftadaeth cenedlaethol) ynghyd â busnesau mawr
- mae cynrychioliadau lle anffurfiol yn cael eu cynhyrchu gan unigolion neu grwpiau bach o bobl sy'n gweithio y tu allan i sefydliadau sector ffurfiol. Er enghraifft, mae awdur ffuglen neu artist unigol yn gallu dweud unrhyw beth bron am le, yn gyfreithlon, gan gymylu ffaith a ffuglen. Mae perffaith hawl i unrhyw un ysgrifennu blog yn nodi eu safbwyntiau am y ddinas neu'r gymdogaeth lle maen nhw'n byw (yn wir, gallai darn o ysgrifennu rhagfarnllyd gyda gogwydd cryf blesio darllenwyr sy'n rhannu'r un farn â'r awdur). Mae cynrychioliadau anffurfiol yn aml yn greadigol a dydyn nhw ddim o anghenraid yn ceisio atgynhyrchu realiti'n fanwl gywir.

Cynrychioliadau lle ffurfiol

Mae cynrychioliadau lle ffurfiol neu 'gyfundrefnol' fel arfer yn cael eu datblygu drwy gydweithrediad gan nifer fawr o bobl a gellir dal y bobl yma'n atebol am yr hyn maen nhw'n ei greu. Bydd llyfrynnau twristiaeth swyddogol, er enghraifft, yn gynnyrch gwaith gan lawer o bobl ac maen nhw'n cael eu gwirio'n ofalus i sicrhau bod y ffeithiau i gyd yn gywir. Os bydd busnesau sy'n cyhoeddi atlasau neu lyfrau gwybodaeth am ddinasoedd yn gwneud unrhyw wallau, gall eu rhanddeiliaid neu berchnogion gael eu dal yn gyfrifol am y gwallau hyn. Felly, mae cynrychioliadau lle sy'n cael eu creu gan bobl yn y sector ffurfiol yn gywir a gwrthrychol fel arfer (gyda'r eithriad amlwg bod deunydd gwybodaeth i dwristiaid fel arfer yn dangos y lle mewn tywydd heulog, er nad yw hynny'n wir am y lle bob amser).

Dyma rai enghreifftiau o ddefnyddiau a gynhyrchwyd yn ffurfiol.

- *Llyfrynnau a gwefannau'r bwrdd croeso.* Mae hyn yn cynnwys yr holl ddefnyddiau a gynhyrchwyd o dan ambarél yr asiantaeth VisitBritain, sef asiantaeth dwristiaeth genedlaethol y DU. Mae hwn yn gorff cyhoeddus anadrannol sy'n cael ei ariannu gan yr Adran dros Dechnoleg Ddigidol, Diwylliant, y Cyfryngau a Chwaraeon ac felly mae'n uniongyrchol atebol i Lywodraeth y DU a'r etholaeth.
- *Adroddiadau newyddion y BBC am leoedd.* O dan y Siarter Frenhinol, mae'n rhaid i'r BBC fod yn ddiduedd a heb ragfarn yn ei adroddiadau. Mae disgwyl hefyd i ddarlledwyr mawr eraill fod yn wrthrychol yn eu dadansoddiad o ddigwyddiadau sydd yn y newyddion.
- *Llyfrau a gyhoeddwyd am leoedd.* Mae hyn yn cynnwys eich gwerslyfrau Daearyddiaeth TGAU a Safon Uwch. Mae'r llyfrau hyn yn cael eu cynhyrchu gan gwmnïau cyhoeddi llwyddiannus mawr fel Hodder, sydd eisiau diogelu eu henw da eu hunain. Cyn i'r llyfrau gael eu cyhoeddi, mae'r ffeithiau'n cael eu gwirio'n ofalus er mwyn canfod a chywiro unrhyw wallau neu unrhyw ysgrifennu sydd ddim yn ddigon niwtral ei ogwydd.

Cynrychioliadau lle anffurfiol

Fel arfer mae gan gynrychioliadau anffurfiol gymeriad 'anghyfundrefnol' ac weithiau mae hynny'n wir am eu **dulliau cynhyrchu** nhw hefyd. Maen nhw'n cael eu creu gan unigolion sy'n gweithio tu allan i sefydliadau'r sector cyhoeddus neu breifat ffurfiol, er bod awduron ac artistiaid unigol weithiau'n gweithio mewn partneriaeth â phobl o'r sector ffurfiol (cyhoeddwyr ac orielau) er mwyn sicrhau cynulleidfa. Gallwn ni ystyried cân neu nofel *ffuglen* am le yn gynrychioliad anffurfiol (hyd yn oed pan mae wedi'i gyhoeddi gan fusnes mawr). Enghraifft arall o bartneriaeth efallai fyddai bwrdd croeso sy'n defnyddio paentiadau gan artist lleol fel delwedd yn ei hysbysebion.

- Wedi i'r rhyngrwyd a'r cyfryngau cymdeithasol ddatblygu, mae cynrychioliadau anffurfiol wedi gallu ffynnu fwy nag erioed o'r blaen (yn y gorffennol, doedd pobl gyffredin ddim fel arfer yn gallu cael gafael ar y dulliau cynhyrchu oedd yn angenrheidiol i ddosbarthu ffotograffau, ffilmiau neu gerddoriaeth roedden nhw eu hunain wedi eu creu'n anffurfiol ac yn annibynnol).
- Weithiau mae cynrychioliadau anffurfiol yn lledaenu'n 'firol' ar-lein ac yn cael dylanwad anghymesur. Mae rhai ffotograffau a gynhyrchwyd yn anffurfiol neu fideos am leoedd ar YouTube wedi cael eu gweld gan filiynau o bobl.
- Mae llawer o'r nofelau neu'r caneuon mwyaf poblogaidd am leoedd wedi bod yn llawer iawn mwy llwyddiannus nag y byddai'r bobl â'u crëodd erioed wedi'i ddychmygu. Ymysg y clasuron o'r 1960au a'r 1970au mae *Penny Lane* (cân am stryd yn Lerpwl a gyfansoddwyd gan y Beatles), *Baker Street* (cân Gerry Rafferty am gymdogaeth a gorsaf danddaearol yn Llundain) a *Ghost Town* gan The Specials.

Mae *Ghost Town* (gweler Ffigur 2.15) yn enghraifft arbennig o ddiddorol o gynrychioliad lle anffurfiol. Cafodd ei chyfansoddi yn yr 1970au hwyr, ac mae'n beirniadu'r ffordd yr oedd dad-ddiwydianeiddio wedi cael effaith ddrwg ar ddinas fewnol Coventry. Mae geiriau'r gân yn cyfleu neges ofidus am le cartref y band. *Ghost Town* oedd un o'r caneuon a werthwyd fwyaf yn 1979 ac aeth i frig y siartiau yn y DU. Gwerthodd yn weddol dda yn Seland Newydd ac Awstralia hefyd. Mae hynny'n dangos mor bwysig yw cynrychioliad anffurfiol o ran cysylltu lleoedd lleol gyda lleoedd pell i ffwrdd (gweler tudalen 26).

Mae digonedd o wefannau ar-lein lle gallwch chi ddarllen geiriau'r gân hon. Maen nhw'n disgrifio'r trafferthion a wynebwyd gan Coventry ar ddiwedd yr 1970au. Ynghyd â'r ffatrïoedd, roedd mannau adloniant yn cau hefyd. Mae'r gân yn disgrifio'r ffaith bod gweld pobl yn ymladd yn dod yn beth cyffredin a bod diweithdra'n cynyddu – a llywodraeth y DU ar y pryd oedd yn cael y bai am hyn i gyd.

🔑 **TERM ALLWEDDOL**

Modd cynhyrchu Y mewnbynnau ffisegol, nad ydyn nhw'n rhai dynol, sy'n mynd i mewn i systemau economaidd, er enghraifft adeiladau, peiriannau ac offer. Mae cysylltiad cryf rhwng yr ymadrodd 'modd cynhyrchu' a syniadau a dadleuon Karl Marx.

▲ **Ffigur 2.15** Roedd y gân *Ghost Town* (1979) gan The Specials yn cynrychioli Coventry yn negyddol gan hefyd feio Llywodraeth y DU am beidio gwneud mwy i helpu lleoedd oedd wedi'u dad-ddiwydianeiddio

Testunau anffurfiol a'r ddamcaniaeth is-ddiwylliannau

Mewn damcaniaeth ddiwylliannol, rydyn ni weithiau'n cysylltu testunau a gynhyrchwyd yn anffurfiol – yn arbennig cerddoriaeth boblogaidd – gydag is-ddiwylliannau penodol. Enghreifftiau o is-ddiwylliannau cerddorol y gorffennol yn y DU oedd y 'teddy boys' (1950), mods (1960), pyncs (1970) a'r 'new romantics' (1980). Weithiau pan mae is-ddiwylliant cerddorol yn ffurfio mae ganddo ddimensiwn ethnig neu hiliol: mae jyngl, 'grime' a 'garage' oll yn fathau o gerddoriaeth a ffasiwn a ddatblygodd yn gyntaf yng nghymuned pobl Ddu y DU.

Mae is-ddiwylliannau cerddorol yn hynod o berthnasol i unrhyw astudiaeth a wnawn ni o gynrychioliad lle, am ddau reswm pwysig.

- Yn gyntaf, mae gan is-ddiwylliannau cerddorol ymlyniadau cryf â'r lle cartref yn aml iawn; er enghraifft, Brighton oedd y canolbwynt ar gyfer mods yr 1960au ym Mhrydain, a Birmingham sy'n cael ei ystyried gan lawer o bobl yn fan geni cerddoriaeth 'heavy metal' Prydeinig, ac mae amgueddfa yno erbyn hyn sy'n dathlu hynny. Aeth llawer o is-ddiwylliannau Prydeinig oedd yn seiliedig ar gerddoriaeth – ymlaen i ennill cydnabyddiaeth a llwyddiant byd-eang dros amser. Roedd rhain weithiau wedi cael eu llwyddiant a'u cefnogwyr cyntaf mewn un clwb nos trefol. Gallwn ni ddadlau mai'r 100 Club yn Soho, Llundain, oedd lle gwreiddiol y symudiad pync yng nghanol yr 1970au; yn yr 1980au, Clwb Hacienda Manceinion oedd gwir gartref is-ddiwylliant y rêfs medden nhw.

- Yn ail, mae is-ddiwylliant fel arfer yn adlewyrchu ei amgylchedd lleol o ran y math o gerddoriaeth y mae'n ei gynhyrchu, boed hynny'n ymwybodol neu'n is-ymwybodol. Enw arall am hyn yw creu seinlun (gweler tudalen 11) o'ch lle cartref. Felly gallwn ni edrych ar y seinlun llwm a digalon a grëwyd gan y band o Fanceinion, Joy Division, fel adlewyrchiad o brofiadau personol y cerddorion ifanc hyn o gael eu magu mewn cymdogaethau a gafodd eu rhwygo gan ddad-ddiwydianeiddio ym mlynyddoedd hwyr yr 1970au. Yn UDA, gallwn ni ystyried bod rhai mathau o gerddoriaeth rap a hip hop – gyda'i seiniau staccato, caled a'i geiriau treisgar ar brydiau – yn seinlun sy'n adlewyrchu'r tensiynau cymdeithasol a gwleidyddol cynyddol mewn cymdogaethau wedi'u dad-ddiwydianeiddio yn Efrog Newydd a Los Angeles.

▲ **Ffigur 2.16** Mae is-ddiwylliannau cerddorol wedi ffynnu bob amser mewn lleoedd cartref penodol. Mae'r Cavern Club, Lerpwl yn enwog fel clwb lle byddai'r Beatles yn perfformio'n rheolaidd yn ystod 1961–2

Harneisio grym y cynrychioliadau anffurfiol

Mae cynrychioliadau lle anffurfiol – yn cynnwys gweithiau ffuglen a cherddoriaeth boblogaidd – yn gallu datblygu'n adnoddau diwylliannol pwysig y mae pobl yn y sector ffurfiol, yn enwedig y byrddau croeso, yn eu defnyddio nes ymlaen. Mae llawer o leoedd yn elwa'n economaidd o gerddoriaeth, nofelau neu ffilmiau 'lleol.'

- Mae cefnogwyr cerddoriaeth yn dal i ymweld â Penny Lane yn Lerpwl, hanner canrif ar ôl i'r gân am y lle gael ei hysgrifennu.
- Mae miloedd o bobl yn dal i deithio bob blwyddyn i Haworth yng nghefn gwlad Swydd Efrog i weld â'u llygaid eu hunain y lleoedd hynny a ysbrydolodd nofelau'r chwiorydd Brontë. Dwy ganrif ar ôl eu hysgrifennu, mae llyfrau fel *Jane Eyre* a *Wuthering Heights* (cafodd y ddau eu cyhoeddi'n gyntaf yn 1847) yn parhau i fod yn boblogaidd ac yn helpu i gefnogi economi Howarth (gweler hefyd dudalen 202).

▲ **Ffigur 2.17** Can mlynedd ar ôl i Beatrix Potter ysgrifennu ei llyfrau, mae pobl yn dal i heidio i Hill Top i weld y lleoedd go iawn sydd yn ei lluniau. Mae'n lle mor enwog, mae copi o'r adeilad i'w gael yn Japan

- Mae Ymddiriedolaeth Genedlaethol y DU yn gofalu am dŷ'r awdur llyfrau plant, Beatrix Potter, sef Hill Top yn Ardal y Llynnoedd (gweler Ffigur 2.17). Ysgrifennodd Potter rai o'i llyfrau *Peter Rabbit* yno yn yr 1900au cynnar. O dan reolaeth yr Ymddiriedolaeth, mae degau o filoedd o ymwelwyr yn talu £11.50 yr un (prisiau 2017) i ymweld â Hill Top bob blwyddyn; ac mae hyn o fudd ariannol i'r busnesau lleol sy'n cynnig bwyd a llety. Mae'r safle'n denu nifer anarferol o uchel o ymwelwyr o Japan sydd wedi teithio hanner ffordd o gylch y byd i weld cartref Beatrix Potter. Fyddai Beatrix Potter ei hun erioed wedi rhagweld poblogrwydd enfawr na hirhoedledd ei llyfrau bach, ac yn sicr nid yr heidiau o dwristiaid o wledydd pell a'r cyfalaf sydd wedi rhoi cysylltiadau byd-eang di-ri i Hill Top. Ar ben hynny, mae atgynhyrchiad o Hill Top i'w gael yn un o barciau Tokyo.

Cynrychioliad lle yn oes y cyfryngau cymdeithasol

Yn 2012, roedd nifer y defnyddwyr cofrestredig ar Facebook wedi cyrraedd 1 biliwn; aeth y nifer dros 2 biliwn yn 2017. Mae llawer o ddefnyddwyr Facebook ac Instagram yn postio lluniau o leoedd yn rheolaidd. Mae'r biliwn o bobl sy'n defnyddio YouTube wedi creu 50,000,000 o sianelau, ac mae llawer ohonyn nhw'n cynrychioli lleoedd yn anffurfiol. Mae defnyddwyr YouTube yn cynhyrchu cynnwys sydd yn aml yn rhoi cipolwg i ni ar eu hardal a'u cymdogaethau lleol (dim ond fel cefnlun i ffilm gartref yn aml iawn, ond mae i'w weld).

Os byddwch chi'n gofyn i bobl a ddylai Facebook ac YouTube gael eu disgrifio fel darparwyr cyfryngau ffurfiol ynteu anffurfiol, byddwch chi'n gweld bod gan bobl farn wahanol. Mae hwn yn wahaniaeth pwysig am ei fod yn effeithio ar y ffordd y maen nhw'n cael eu trin gan y gyfraith, er enghraifft mewn perthynas ag enllib a throseddau casineb. Un ateb yw eu disgrifio nhw fel cyfryngau 'hybrid' sydd wedi eu gwneud o elfennau ffurfiol ac anffurfiol fel ei gilydd. Mae

Facebook yn un o gorfforaethau trawswladol mwyaf y byd ac mae ei blatfform cyfryngau cymdeithasol yn cael ei reoli'n ffurfiol i ryw raddau: mae'r cwmni wedi sefydlu gweithdrefnau a phrotocolau ar gyfer ymdrin â chwynion a'i nod yw dileu unrhyw gynnwys a ystyrir yn anghyfreithlon. Ond ar yr un pryd, mae llawer o ddefnyddwyr Facebook yn parhau i feddwl am eu porthiant newyddion eu hunain fel golwg anffurfiol a hollol bersonol ar y byd.

Weithiau, mae grwpiau o ddefnyddwyr Facebook yn gweithio ar y cyd i greu eu cynrychioliadau eu hunain o le, ac mae llond llaw o'r rhain i'w gweld yn Nhabl 2.3. Mae pob un yn gynrychioliad anffurfiol sydd wedi'i gyd-adeiladu gan rwydwaith llac o ddefnyddwyr unigol. Gall unrhyw un sy'n ddefnyddiwr Facebook ymchwilio a oes rhywbeth tebyg yn bodoli ar gyfer eu lle cartref eu hunain.

Lleoliad	Enw'r grŵp Facebook	Nifer yr aelodau/dyfeiswyr (Ionawr 2018)
Lerpwl	'Crosby Past and Present'	4300 o bobl yn rhannu ffotograffau o gymdogaeth Crosby
Llundain	'Balham SW12'	2200 o bobl yn rhannu lluniau o gymdogaeth Balham yr 1990au
Glasgow	'I lived in the old rows in Blairhall'	600 o bobl yn rhannu atgofion o'r gymdogaeth leol
Caerdydd	'Made in Roath'	4000 o bobl yn dathlu cymuned artistig gyfoethog Parc y Rhath, Caerdydd
Abertawe	'Swansea and its History'	1000 o bobl yn rhannu sylwadau a lluniau am bobl a lleoedd yn Abertawe

▲ **Tabl 2.3** Cynrychioliadau lle anffurfiol dethol a grëwyd gan grwpiau o ddefnyddwyr Facebook

Cynrychioliad lle ar Wikipedia

Ymysg y biliynau o bobl sy'n ymweld â Wikipedia yn rheolaidd, mae tua 30 miliwn o ddefnyddwyr cofrestredig sy'n cyfrannu neu'n golygu ei gynnwys. Mae pawb bron iawn sy'n chwilio am wybodaeth ar-lein yn troi at Wikipedia yn naturiol; o ganlyniad, mae ei gynrychioliad o le yn cael dylanwad enfawr yn fyd-eang. Cymerwch amser i ddarllen y nodiadau Wikipedia ar gyfer rhai o'r lleoedd sy'n gyfarwydd i chi. Gallwch chi wneud dadansoddiad cyflym, sylfaenol o'r cynnwys ar gyfer y cynrychioliadau lle hyn drwy geisio ateb y cwestiynau a ganlyn:

- Pa fath o wybodaeth ddaearyddol, hanesyddol, cymdeithasol, economaidd a diwylliannol sy'n cael ei darparu am y lleoedd hyn?
- A oes unrhyw wybodaeth y byddech chi'n ei hystyried yn arbennig o bwysig sydd wedi ei *hepgor* o'r cynrychioliad o'ch lle cartref chi neu leoedd eraill ar Wikipedia ? Beth yw'r rheswm dros beidio cynnwys yr wybodaeth honno gredwch chi?
- Allwch chi ganfod *pwy* ysgrifennodd dudalen Wikipedia eich lle cartref chi, a phryd y cafodd ei diweddaru ddiwethaf?
- Yn gyffredinol, ydych chi'n ystyried bod y nodyn ar gyfer eich lle cartref ar Wikipedia yn gynrychioliad lle ffurfiol neu anffurfiol? Er bod Wikipedia yn gweithredu ar raddfa fawr iawn, mae'n dilyn rheolau a chonfensiynau sy'n wahanol i rai'r busnesau cyhoeddi traddodiadol neu ddarparwyr gwybodaeth y llywodraeth fel Swyddfa Ystadegau Gwladol y DU.

Nid yw pob postiad ar Wikipedia yn cael eu gwirio i sicrhau eu bod nhw'n gywir ac mae ansicrwydd ynglŷn â'u cywirdeb neu am bwy sydd wedi eu hysgrifennu nhw; mae rhai cyfranwyr yn aros yn ddienw.

Cynrychioliad lle ar Google Earth

Mae Google Earth yn rhaglen gyfrifiadurol sydd wedi esblygu ers 2001 i fod rhaglen nad ydy pobl yn gallu gwneud hebddi bellach. Yn ystod yr amser yma, mae Google wedi tyfu i ddod yn un o gorfforaethau trawswladol mwyaf pwerus y byd. Mae pob un o'r mapiau sylfaen sy'n cael eu defnyddio yn Google Earth yn lluniau lloeren wedi eu diogelu gan hawlfraint a'u cynhyrchu'n ffurfiol gan NASA a Landsat. Ond, os byddwch chi'n ymweld â'ch lle cartref chi ar Google Earth, byddwch chi hefyd yn gweld lluniau a lwythwyd yn *anffurfiol* gan ddefnyddwyr unigol.

Cynrychioliadau lle 'ffug' a rhagfarnllyd

Er bod byd tra-chysylltiedig yn rhoi llawer o fanteision i ni, mae hefyd yn galluogi i wybodaeth gamarweiniol neu eiriau sy'n cythruddo pobl eraill (yn fwriadol neu'n anfwriadol) gael eu lledaenu'n gyflym, gan achosi canlyniadau difrifol ar brydiau. Mae llawer o ddefnyddwyr Facebook a Twitter yn rhannu straeon newyddion ffug â'i gilydd yn rheolaidd ac nid oes gair o wirionedd ynddyn nhw. Mae newyddion ffug yn wahanol i duedd wleidyddol yn y cyfryngau.

- Dydy adroddiadau gyda thuedd ddim wedi eu creu'n fwriadol i ddweud celwydd. Yn hytrach, maen nhw'n hepgor ffeithiau neu dystiolaeth 'anghyfleus' yn fwriadol er mwyn cryfhau safbwynt eu cefnogwyr.
- Mae newyddion ffug yn cymryd pethau gam ymhellach; mae'n cynnwys gwybodaeth *gwbl anghywir* neu wybodaeth wedi ei dyfeisio, a gafodd ei hysgrifennu a'i chyflwyno (ar-lein fel arfer) mewn ffordd sy'n gwneud i'r stori ymddangos yn stori newyddion brif ffrwd ddilys (felly byddech chi'n tybio ei bod yn wir). Mae rhai straeon wedi eu cymell gan resymau gwleidyddol tra bo eraill wedi eu hysgrifennu'n unswydd i wneud arian.

Cafodd nifer o gynrychioliadau lle 'ffug' eu rhannu yn eang yn 2016.

- Dechreuodd rhai o ddefnyddwyr Facebook rannu hanesion am bobl enwog iawn yn mynd i drafferthion gyda theiar fflat mewn trefi bach yn America ac yna, yn nes ymlaen, yn canmol cyfeillgarwch y lleoedd hynny lle roedden nhw wedi mynd i drafferth.
- Roedd yr erthyglau'n cynnwys rhestr oedd yn cylchdroi o sêr fel Tom Hanks, Adam Sandler, Harrison Ford a Will Ferrell. Roedd y lleoedd y soniwyd amdanyn nhw'n cynnwys Rochester (New Hampshire), Pflugerville (Texas) a Marion (Ohio).
- Roedd miliynau o bobl wedi hoffi a rhannu'r straeon hyn ond roedd pob o'r straeon wedi eu cynhyrchu gan ddwy wefan. Does neb yn siŵr hyd heddiw beth ysgogodd yr awduron i'w cynhyrchu nhw ond efallai fod rhyw gysylltiad â gwneud arian o hysbysebion.

Adnabod cynrychioliadau lle 'ffug' neu dueddol

Mae'n llawer haws casglu data eilaidd heddiw nag oedd hi yn y gorffennol. Yn yr 1990au, roedd rhaid i'r mwyafrif o fyfyrwyr Daearyddiaeth fynd yn gorfforol i lyfrgelloedd i chwilio am wybodaeth gefndir fyddai'n cefnogi eu hymchwiliadau annibynnol. Gallwn ni wneud ymchwil ar-lein erbyn hyn. Ond, mae'r hanes hwn am y newyddion ffug yn dangos mor bwysig yw cadw cofnod o bwy sydd wedi ysgrifennnu unrhyw wybodaeth a ddefnyddiwch (yr enw am hyn yw nodi ffynhonnell eich data). Efallai fod y gwefannau rydych chi'n eu gweld yn wahanol iawn i'w gilydd o ran pan mor gredadwy ydyn nhw a faint y gallwch chi ymddiried ynddyn nhw.

TERMAU ALLWEDDOL

Tra-chysylltiedig System sydd wedi gweld ei chysylltiadau'n cynyddu i'r pwynt lle mae'r cysyllteddau rhwng elfennau'r system (er enghraifft pobl a lleoedd) wedi mynd yn eithriadol o ddwys.

Nodi ffynhonnell Nodi a chydnabod y person, y sefydliad neu'r cyhoeddiad y cafwyd gwybodaeth ganddynt neu ohonynt.

Mae'n arfer da bob amser i gwestiynu dilysrwydd y wybodaeth sydd i'w chael ar y rhyngrwyd. Wedi'r cwbl, gall unrhyw un sydd â'r sgiliau technegol cywir adeiladu gwefan broffesiynol yr olwg. Mae Ffigur 2.18 yn dangos cwestiynau pwysig y gallwch chi eu gofyn wrth wneud eich ymchwil eich hun. Dyma ddwy reol arbennig o bwysig.

- Peidiwch â thybio bod ffynhonnell yn fwy credadwy am ei bod yn ymddangos yn agosach at y brig yng nghanlyniadau chwilio Google. Yn aml iawn, mae newyddion ffug yn boblogaidd iawn ac felly'n agos at y top.
- Byddwch yn ymwybodol o'ch tueddiadau chi eich hun: rydyn ni'n tueddu i gredu straeon newyddion ffug yn haws pan mae'r stori'n cyfateb â'n barn ni am y byd.

Gwir neu ffug?

Dilysrwydd
- Beth yw enw darparwr y newyddion neu'r wybodaeth, ac a ydych chi wedi clywed amdanyn nhw o'r blaen?
- Allwch chi wirio'r ffeithiau yn rhywle arall? Os bydd stori newyddion ar Facebook yn dweud wrthych fod tŷ yn Llundain yn costio £3.2 miliwn ar gyfartaledd erbyn hyn, ewch i chwilio ar-lein am 'bris tŷ Llundain £3.2 miliwn' a gweld a oes stori debyg gan ddarparydd newyddion sydd ag enw da - fel y BBC (ni fydd!).
- A yw'r ffeithiau'n gwneud synnwyr i chi? Mae synnwyr cyffredin yn dweud wrthym fod y pennawd '14 miliwn o bobl o ddwyrain Ewrop yn byw ym Mhrydain' yn amlwg yn anghywir!

Adborth
- Ydy'r wybodaeth yn rhoi manylion cysylltu ac awdur, fel e-bost neu gyfeiriad busnes? Neu ydy'r safle'n ddienw?
- A oes cysylltiadau at wefannau eraill sydd ag enw da?

Ffurfioldeb
- A yw'r dylunwyr wedi creu teimlad o ddilysrwydd? Neu a yw'r safle braidd yn amaturaidd?
- Ydy'r mapiau, ffotograffau, ffontiau'n cael eu defnyddio mewn ffordd broffesiynol?

Personoliaeth
- A yw emosiynau personol wedi eu cyfleu neu ydy teimlad y wefan yn fwy proffesiynol?
- Allwch chi weld unrhyw dueddiadau yn y ffordd mae'r defnydd wedi ei ysgrifennu a'i gyflwyno?

▶ **Ffigur 2.18** Gwir neu ffug? Ffyrdd o asesu a allwn ni ymddiried mewn data ar-lein a ffynonellau newyddion

③ Sut mae'r ddinas a'r wlad yn cael eu cynrychioli mewn diwylliant poblogaidd

▶ *Ym mha ffyrdd y mae lleoedd trefol a gwledig wedi eu cynrychioli yn y cyfryngau heddiw ac yn y cyfryngau hanesyddol?*

Mae'r ddinas a chefn gwlad wedi cael eu cynrychioli'n artistig mewn nifer o wahanol ffyrdd dros y blynyddoedd, ac mae hyn yn rhoi cipolwg i ni ar y profiad a gafodd cymdeithasau'r gorffennol o leoedd gwledig a threfol. Er enghraifft, gallwn ni rannu clasuron llenyddol Saesneg mawr yr 1800au yn fras yn:

- gynrychioliadau trefol (gan gynnwys gwaith Charles Dickens; a hefyd straeon *Sherlock Holmes* gan Arthur Conan Doyle a gwaith cynnar Arnold Bennett)
- gynrychioliadau gwledig (nofelau Jane Austen, y chwiorydd Brontë a Thomas Hardy).

Ond, ddylen ni ddim trin y cynrychioliadau hyn fel cofnodion hanesyddol cwbl ffeithiol. Roedd rhai o awduron oes Fictoria'n portreadu'r ddinas a chefn gwlad mewn ffyrdd oedd yn adlewyrchu eu profiadau gweddol gul nhw eu hunain o wahanol leoedd a chymdeithasau. Roedd eraill yn ysgrifennu mewn ffyrdd oedd yn adlewyrchu eu credoau gwleidyddol. Er enghraifft, weithiau mae portread Dickens o fywyd trefol yn weddol negyddol, ac mae hyn yn atseinio ei gred bersonol ei hun bod yr awdurdodau heb wneud digon i helpu pobl dlawd Llundain yn oes Fictoria. Ar y llaw arall, mae nofelau Jane Austen wedi derbyn beirniadaeth am gynrychioli cefn gwlad mewn ffordd rhy 'glud' mewn cyfnod pan oedd niferoedd mawr o lafurwyr gwledig yn byw mewn amodau ofnadwy o dlawd a thruenus.

Mae'r adran hon yn edrych yn fanylach ar y negeseuon cyferbyniol am leoedd gwledig a threfol sydd wedi eu hamgodio mewn gwahanol destunau a'r amrywiol ffyrdd y mae'r ddinas a chefn gwlad yn parhau i gael eu cynrychioli gan y diwylliant poblogaidd heddiw.

🔑 **TERM ALLWEDDOL**

Diwylliant poblogaidd
Diwylliant prif ffrwd y cyfryngau adloniant torfol, yn cynnwys ffilmiau, rhaglenni teledu a cherddoriaeth boblogaidd.

Cynrychioliadau trefol mewn diwylliant poblogaidd

Mae gan ddinasoedd ddwy bersonoliaeth os edrychwn ni ar y gwahanol ffyrdd y mae cymdogaethau trefol yn cael eu cynrychioli yn y cyfryngau modern.

- Ar un llaw, mae dinasoedd yn cael eu portreadu'n aml fel safleoedd o gynnydd, moderniaeth a gwyddoniaeth lle mae pobl yn gallu byw bywydau ffyniannus a boddhaus (lleoedd 'iwtopaidd').
- Ar y llaw arall, mae dinasoedd yn cael eu portreadu'n aml fel ardaloedd peryglus a chamweithredol lle mae pobl yn cael eu bygwth gan bethau fel troseddu, salwch, eithrio cymdeithasol, diweithdra a llygredd (lleoedd 'dystopaidd').

Lleoedd trefol iwtopaidd

Yn ôl y damcaniaethwr diwylliannol blaenllaw Raymond Williams, os yw'r dirwedd wledig yn cynrychioli'r gorffennol yna gall y ddinas symboleiddio'r dyfodol. I rai o bobl oes Fictoria, roedd dinasoedd yn lleoedd o'r radd flaenaf lle gallan nhw edmygu rhyfeddodau peirianyddol fel Tower Bridge yn Llundain; roedd y bensaernïaeth drefol yn eu hatgoffa nhw'n barhaol cymaint yr oedd cymdeithas wedi datblygu ers dechrau'r Chwyldro Diwydiannol yn y ganrif flaenorol. Ar y llaw arall, roedd rhanbarthau gwledig annatblygedig Lloegr ar y pryd yn dal heb gael isadeiledd hanfodol fel ffyrdd palmantog, goleuadau stryd, dŵr wedi'i beipio a charthffosydd.

- Felly, roedd cefn gwlad yn cynrychioli gorffennol yr oedd llawer o bobl oes Fictoria'n hapus iawn i ffarwelio ag o.
- Mae'n wir bod problemau iechyd i'w cael yn ardaloedd trefol y bedwaredd ganrif ar bymtheg, ond roedd gwasanaethau newydd yma hefyd, fel meddygaeth fodern, gofal iechyd a pheipiau dŵr i'r bobl a allai eu fforddio nhw.

Mae tirwedd gyfoes y dinasoedd a welwn ni yn Ffigur 2.19 yn cyfleu ysbryd parhaus rhywbeth sydd weithiau'n cael ei alw'n 'drefolaeth arwrol'. Yn debyg i bontydd, plastai ac amgueddfeydd mawr oes Fictoria, mae nendyrau a

▲ **Ffigur 2.19** Mae tirweddau newydd yng Nghaerdydd (chwith) a Dwyrain Llundain (dde) yn croesawu cynlluniau dyfodolaidd a blaengar, sy'n creu'r hyn rydyn ni'n ei alw'n dirwedd dechnolegol, sydd, ym meddwl rhai pobl, yn cynrychioli datblygiad a chynnydd.

Tirwedd ariannol Tirwedd urddasol sy'n cynnwys tyrrau a swyddfeydd corfforaethol fel Canary Wharf yn Llundain, y Taipei 101 yn Taiwan neu ranbarth ariannol Pudong yn Shanghai. Gallech chi ddadlau bod y tirweddau hyn yn cynrychioli nid yn unig cynnydd datblygiadol ond hefyd mor bwysig yw arian yn ddiwylliannol.

Tai cymdeithasol Tai neu fflatiau ar rent y mae'r llywodraeth leol yn ei ddarparu i bobl sydd ar incwm isel e.e. tyrrau fflatiau mewn ardaloedd dinas fewnol yn dyddio o'r cyfnod 1950-70au.

blociau tŵr yr unfed ganrif ar hugain yn defnyddio cynlluniau a defnyddiau a gafodd eu creu'n fwriadol i blesio cynulleidfa (fel buddsoddwyr posibl o dramor neu lywodraethau gwledydd eraill).

- Cafodd gorwel Llundain ei weddnewid eto dros y blynyddoedd diwethaf pan godwyd adeiladau modern, sgleiniog newydd fel y Shard dyfodolaidd, a'r Walkie-Talkie (gweler tudalen 142).
- Mae dinasoedd yn cystadlu ar y llwyfan byd-eang am y bri o fod yn berchen ar adeilad talaf y byd. Mae'r teitl 'adeilad talaf y byd' – sydd wedi perthyn i Dubai ers 2010 – yn codi statws ac enw da'r ddinas drwy brofi bod hwn yn lle arwyddocaol sy'n gysylltiedig â datblygiad a chynnydd.
- Mae rhai damcaniaethwyr wedi disgrifio tirweddau trefol dyfodolaidd newydd fel **tirweddau ariannol** a thirweddau technolegol (gweler tudalennau 47 a 142).

Lleoedd trefol dystopaidd

Nid yw pawb yn croesawu diweddariad a moderneiddiad cyson i dirweddau dinasoedd. Mae pobl wedi dechrau gwawdio rhai o'r adeiladau uchel iawn oedd yn hynod o fodern yn ninasoedd Ewrop y gorffennol, ac yn dweud erbyn hyn eu bod nhw'n hyll ac annymunol yr olwg. Briwtaliaeth, fel y mae tudalen 32 yn ei esbonio, yw'r enw am yr holl bensaernïaeth goncrit ddyfodolaidd a ledaenodd ar draws y byd 'fel ffwng mawr rhwng yr 1950au hwyr a'r 1970au', yn ôl y pensaer Edwin Heathcote.

- Yn aml iawn roedd cynllun briwtalaidd gan y **tai cymdeithasol** a adeiladwyd gan gynghorau i symud pobl allan o'r slymiau Ficotraidd oedd yn dadfeilio. Ymysg enghreifftiau enwog o'r rhain mae Tŵr Trellick (gweler tudalen 46), Red Road Flats yn Glasgow a Thŵr Balfron yn nwyrain Llundain. Mae adeiladau tebyg i'w cael yn rhai o drefi newydd y DU a adeiladwyd yn yr 1950au a'r 1960au a hefyd ar nifer o gampysau prifysgolion, yn cynnwys rhai o golegau Rhydychen fel St Edmund Hall a Somerville.
- Ond, yn ddiweddarach, daeth nifer o'r adeiladau briwtalaidd yn lleoedd annymunol i fyw; cafodd y cynnydd mewn diweithdra effaith anghymesur ar boblogaethau'r tai cymdeithasol yn y dinasoedd mewnol yn ystod yr 1970au a'r 1980, ac roedd llawer o'r adeiladau'n dechrau dangos symptomau o fethiant cymdeithasol, fel

lefelau uchel o drosedd, chwaliad teuluoedd a delio cyffuriau. Roedd y cyfryngau'n dangos bywyd yn y ddinas mewn ffordd oedd yn adlewyrchu ac yn ychwanegu at y panig moesol oedd yn tyfu ymysg pobl fod tyrrau fflatiau mewn dinasoedd yn mynd yn lleoedd digyfraith ac yn lleoedd na fyddech chi'n dewis byw ynddyn nhw; roedd awduron ffuglen wyddonol yn cynrychioli'r amgylcheddau briwtalaidd gan ddefnyddio delweddau oedd yn gynyddol dreisgar ac anarchaidd (gweler Ffigur 2.20).

- Edrychwch yn ôl ar y llun o Dŵr Trellick yn Ffigur 2.7. Byddai pobl sy'n beirniadu pensaernïaeth friwtalaidd yn dweud ei fod yn edrych fel lle llwm, oeraidd ac efallai'n elyniaethus. Beth yw eich barn chi?

Mae rhai o'r tyrrau, fel Red Road Flats yn Glasgow, oedd yn cael eu gwawdio yn y cyfryngau a'u galw'n 'fwystfilod concrit', wedi cael eu chwalu erbyn hyn. Mae rhai eraill yn dal i sefyll ac mae pobl yn dal i anghytuno am y ffordd maen nhw'n edrych. Yn ddiweddar roedd y cwmni datblygu Urban Splash wrthi'n adnewyddu ystad Park Hill (1961) yn Sheffield (gweler tudalen 25) ac roedd hwn yn newid poblogaidd iawn; mae hyd yn oed Tŵr Trellick (a gafodd ei ddylunio'n wreiddiol gan y

▲ **Ffigur 2.20** Cynrychioliad ffuglen wyddonol o 1980, o le trefol dystopaidd

pensaer o Hwngari, Ernõ Goldfinger) wedi cael ei ddiweddaru ar y tu mewn ac mae rhai papurau newydd, yn cynnwys *Evening Standard* Llundain, yn darlunio'r adeilad hwn fel lle ffasiynol i fyw (roedd fflat ddwy ystafell wely nodweddiadol yn costio hanner miliwn o bunnoedd yn 2017). Mae'r ddau adeilad wedi derbyn statws adeilad rhestredig Graddfa II* gan asiantaeth y llywodraeth, Historic England.

Tirweddau arswyd trefol

Mae cynrychioliadau negyddol am leoedd trefol, a syniadau negyddol gan bobl amdanyn nhw, yn mynd yn ôl yn llawer pellach na briwtaliaeth. Mewn cyfnodau hanesyddol olynol, mae pobl wedi deall a chynrychioli lleoedd trefol fel tirweddau arswyd. Ers i ddinasoedd Prydain ddechrau tyfu'n gyflym o ran eu maint ym mlynyddoedd olaf yr 1700au ac yn yr 1800au, mae papurau newydd, awduron ffuglen ac, yn fwy diweddar, ddarlledwyr wedi bwydo panig moesol i'w cynulleidfaoedd yn ddiddiwedd, gan gynnwys pryderon am iechyd a chodi ofn am droseddau treisgar. Er bod y manylion wedi newid dros amser, mae'r llif o ofn a phanig wedi parhau'n gyson.

- Er bod dinasoedd ym mlynyddoedd cynnar oes Fictoria wedi gweld cynnydd cymdeithasol a thechnolegol mawr, roedden nhw'n lleoedd eithriadol o anghyfartal am fod cyfran eang o'u trigolion yn dioddef tlodi a phrinder. Roedd grwpiau o bobl ar incwm isel mewn cymdogaethau gorlawn o fewn y ddinas yn byw mewn amodau budr lle cafwyd achosion mawr o golera. Mae papurau newydd Llundain o flynyddoedd hwyr yr 1800au yn llawn o adroddiadau anllad am droseddau treisgar – gan gynnwys llofruddiaethau adnabyddus Whitechapel – a cham-drin alcohol (gweler Ffigur 1.12, tudalen 22). Does dim rhyfedd felly fod pobl gyfoethog Llundain wedi dewis dianc i Hampstead (gweler tudalen 18) a Norwood, oedd yn faestrefi allanol ar y pryd. Roedd 'ardal arswyd' arall yn Llundain oes Fictoria yn ymestyn rhwng gorllewin a dwyrain y ddinas: prin y byddai'r rhan fwyaf o drigolion cefnog Kensington a Chelsea yn mentro i mewn i Ddwyrain Llundain lle roedd y dosbarth gweithiol yn byw.

 **TERMAU ALLWEDDOL**

Panig moesol Cyfnod o bryder cyhoeddus eang a braw am ymddygiad pobl sydd wedi'i waethygu gan gynrychioliadau yn y cyfryngau sy'n gorliwio'r mater.

Tirwedd arswyd Lle sydd wedi ei gynrychioli, neu y mae pobl wedi cael profiad ohono, mewn ffordd sy'n peri ofn a phryder i bobl.

- Erbyn blynyddoedd cynnar yr 1900au, roedd iechyd a glanweithdra wedi gwella mewn ardaloedd trefol ond roedd gan y papurau newydd rywbeth newydd i ganolbwyntio arno – ofnau newydd am droseddau trefnedig. Mewn blynyddoedd diweddar, mae cyfres deledu'r BBC *Peaky Blinders*, sydd wedi ei gosod yn Small Heath, Birmingham, wedi rhoi cynrychioliad bywiog i ni, gyda myth a dychymyg yn sail iddo, o'r panig moesol arbennig hwn. Efallai eich bod chi'n gyfarwydd hefyd â'r ffordd yr oedd gangsters enwog fel Al Capone yn creu arswyd ar strydoedd dinasoedd yr Unol Daleithiau, yn cynnwys Chicago, yn ystod y cyfnod hwn.

- Hyd yn oed heddiw, yn yr unfed ganrif ar hugain, mae panig moesol am gyflwr dinasoedd Prydain yn parhau'n destun rheolaidd mewn adroddiadau newyddion. Mae'n beth cyffredin i adroddiadau newyddion sy'n gorliwio'r gwir bortreadu Llundain, yn arbennig, fel lle digyfraith lle mae troseddau cyllell ac ymosodiadau asid yn dod yn bethau cynyddol gyffredin.

Wrth astudio tirweddau arswyd rydyn ni'n cael ein hatgoffa o'r ffordd oddrychol y mae agweddau pobl at leoedd yn amrywio yn dibynnu ar eu hoedran, ethnigrwydd, rhyw ac ers faint maen nhw wedi byw yno. Weithiau mae astudiaethau o'r rhywiau mewn daearyddiaeth wedi canolbwyntio ar ffactor o'r enw 'daearyddiaeth ofn menywod'. Mae hwn yn ymdrin yn benodol ag amharodrwydd rhai menywod i gerdded adref ar eu pennau eu hunain yn y nos drwy strydoedd neu gymdogaethau arbennig am fod y goleuadau stryd yn wael neu oherwydd nodweddion eraill y lle sy'n cynyddu'r teimlad eu bod nhw mewn perygl. Allwch chi feddwl am gysylltiadau eraill efallai rhwng hunaniaeth bersonol a thirwedd arswyd?

Cynrychioliadau gwledig mewn diwylliant poblogaidd

Fel y gwelson ni gyda lleoedd trefol, mae diwylliant poblogaidd yn cynrychioli cefn gwlad mewn ffyrdd hollol wahanol i'w gilydd hefyd. Ar un llaw mae'r ddelfryd wledig: gweledigaeth 'llun bocs siocled' rhamantus a sentimental o leoedd gwledig lle mae cymunedau hapus, croesawgar a chynhwysol yn byw. Ar y llaw arall, mae'r cynrychioliad o gefn gwlad lle mae pobl yn byw mewn tlodi neu mae'r dirwedd arswyd yn beryglus a gwyllt, lle mae peryglon naturiol ac anifeiliaid gwyllt a lle mae grymoedd a phobl sy'n anghyfeillgar neu hyd yn oed yn frawychus (gweler Ffigur 2.21).

▲ **Ffigur 2.21** Cynrychioliadau cyferbyniol o leoedd gwledig: y ddelfryd arswyd wledig (chwith) a thirwedd wledig (dde)

Y ddelfryd wledig (cynrychioliadau cadarnhaol o gefn gwlad)

Meddyliwch am funud am gynrychioliadau cadarnhaol o gymunedau a lleoedd cefn gwlad mewn nofelau, paentiadau neu ffilmiau enwog rydych chi'n gwybod amdanyn nhw. Mae Tabl 2.4 yn dangos sut mae'r ddelfryd wledig yn cael ei darlunio'n aml mewn diwylliant a chyfryngau Prydeinig. Mewn cyfnod pan mae diwylliannau cenedlaethol yn newid yn gyflym, yn rhannol oherwydd globaleiddio, mae cefn gwlad hefyd yn gallu symboleiddio teimlad cysurus o fywyd sefydlog sy'n aros yr un fath (gweler Ffigur 2.1, tudalen 40). Mae tirweddau gwledig yn cynrychioli darlun cysurlon o'r gorffennol yn nychymyg llawer o bobl.

Cyfrwng	Enghraifft
Teledu a ffilm	Mewn sioeau a ffilmiau sy'n addas i'r teulu mae'r pentref gwledig yn rhywle lle mae cymdogion yn ffrindiau da sy'n gadael eu drysau heb eu cloi yn y nos. Efallai eich bod chi wedi gwylio *Postman Pat* neu *Balamory* fel plentyn bach. Mae'r ddwy raglen yma'n cynrychioli lleoedd gwledig mewn ffyrdd delfrydol. Mae llawer o oedolion yn mwynhau addasiadau ffilm cysurlon o nofelau cefn gwlad Jane Austen.
Celf	Mae paentiadau o dirweddau gwledig gan Constable a Gainsborough yn portreadu lleoedd prydferth a delfrydol.
Llenyddiaeth	Mor bell yn ôl â Groegiaid yr Henfyd, mae llenyddiaeth Ewropeaidd wedi canmol bywyd gwledig. Cafodd Theocritus a Fersil ddylanwad yn ddiweddarach ar Milton a Tennyson. Mae gwaith Thomas Hardy am fywyd cefn gwlad yn parhau'n boblogaidd hyd heddiw. Mewn cyd-destun Ewropeaidd, mae'r daearyddwr David Harvey wedi dadansoddi pwysigrwydd parhaus y ddelfryd 'ffermdy'r Fforest Ddu' mewn llenyddiaeth Almaenaidd.
Hysbysebu	Mae hysbysebion am wyliau gwledig yn y cylchgrawn *Country Living* yn honni bod perthynas gadarnhaol rhwng symud i fyw mewn lle gwledig a chael bywyd o well ansawdd. Gallai hysbyseb nodweddiadol i dwristiaid addo cyfle i'r darllenwyr 'ddianc i heddwch hyfryd cefn gwlad'.
Diwylliant cenedlaethol	Mae gan rai mythau cenedlaethol pwysig gysylltiad cryf â theimlad gwledig o le, er enghraifft y chwedlau Arthuraidd a'r emyn 'Jerusalem'.

▲ **Tabl 2.4** Mae cefn gwlad yn aml yn cael ei gynrychioli fel delfryd wledig yn niwylliant Prydain

Tirwedd arswydus cefn gwlad (cynrychioliadau negyddol o gefn gwlad)

Mae cefn gwlad yn cael ei gynrychioli mewn ffordd arall yn aml iawn hefyd – lle difreintiedig, peryglus neu wallgof y byddai'n syniad gwell i chi ddianc *oddi yno* na symud i mewn. Am ddegawdau lawer, mae cynrychioliadau ffurfiol gan y llywodraeth a byrddau datblygu rhanbarthol o fywyd gwledig y DU wedi sôn am lefelau uwch na'r cyfartaledd o dlodi, diweithdra a thangyflogi mewn rhai 'rhanbarthau problemus' fel Ucheldir yr Alban. Mae Llywodraeth Cymru wedi nodi tlodi gwledig fel maes blaenoriaeth i ymchwilwyr.

- Yn aml iawn does dim gwasanaethau manwerthu, iechyd ac addysg mewn lleoedd gwledig lle mae nifer y boblogaeth yn is na'r trothwy ar gyfer derbyn y darpariaethau hyn.
- Problem arall yw bod diffyg band eang yn gallu achosi i rai ardaloedd gwledig anghysbell gael eu portreadu fel lleoedd wedi eu hanghofio a'u hymyleiddio.

DADANSODDI A DEHONGLI

Astudiwch Ffigur 2.22, sy'n dangos ffactorau gwthio a thynnu a allai ddylanwadu ar benderfyniad person ifanc i symud o'r wlad i'r ddinas.

Ffactorau tynnu **Ffactorau gwthio**

Rhesymau posibl dros symud i'r ddinas

Goleuadau llachar ac awyrgylch cymuned sydd yn ferw o brysurdeb

Cyfleodd gwaith a gyrfa

Agweddau agored tuag at amrywiaeth ddiwylliannol

Lle da i dderbyn addysg

Golygfeydd deniadol o adeiladau modern, uchel; digonedd o ddewis o ran tai

Prinder pethau i'w gwneud a phrinder cwmni pobl; llawer yn rhy dawel a digyffro

Nifer fach o swyddi ar gael; prinder cyfleodd gyrfa

Cymuned unllygeidiog sy'n heneiddio ac sydd heb lawer o amrywiaeth

Ysgolion bach a dim prifysgolion

Hen dai, hen ffasiwn

Rhesymau posibl dros symud i gefn gwlad

▲ **Ffigur 2.22** Y broses o wneud penderfyniad am fudo i berson ifanc sy'n gadael ardal wledig anghysbell yn y DU

(a) Aseswch i ba raddau y mae'r ffactorau gwthio a welwch yn Ffigur 2.22 yn ffeithiau neu'n farnau.

CYNGOR

Mae'n dangos pum ffactor gwthio. Mae cymysgedd yn y fan yma o nodweddion real a nodweddion sydd ym meddyliau pobl o fywyd gwledig. Allwch chi eu gwahanu nhw oddi wrth ei gilydd? Mae rhai ohonyn nhw'n datgan gwirionedd, mae rhai ohonyn nhw'n datgan barn neu'n cynnwys elfennau cymysg o ffaith a barn. Nodwch y barnau ac esboniwch pam nad ydyn nhw'n ddatganiadau ffeithiol. Cynigiwch asesiad terfynol o bwysigrwydd y barnau a'r ffeithiau ar gyfer y broses benderfynu gyfan a welwch chi yma.

(b) Awgrymwch pam fyddai gan bobl o amrywiol oed farn wahanol efallai am y ffactorau tynnu a welwch yn Ffigur 2.22.

CYNGOR

Mae Ffigur 2.22 yn dangos ystyron lle trefol sy'n gysylltiedig â hunaniaeth pobl iau a'u profiad o fywyd. Ystyriwch pa farnau gwahanol am fywyd trefol fyddai gan riant hŷn sydd â phlant ifanc sydd wedi byw yn y ddinas am nifer o flynyddoedd. Beth allai'r person hŷn hwn feddwl am y canfyddiadau o fywyd trefol a welwch chi yma?

Weithiau, mewn diwylliant poblogaidd, mae rhaglenni teledu a ffilmiau'n cynrychioli cymunedau a lleoedd gwledig mewn ffyrdd hynod o ddilornus, ac annifyr hyd yn oed.

● Ochr yn ochr â'r ddelfryd wledig, mae 'traddodiad gwledig' yn portreadu cefn gwlad fel tirwedd arswyd sy'n llawn o leoedd arswydus, digyfraith, ynysig a bygythiol. Mae ffilmiau arswyd wedi gwneud defnydd da o'r ddelwedd hon ers tro byd: mae llawer o ffilmiau arswyd clasurol, fel

The Blair Witch Project (2000), wedi eu lleoli mewn lleoedd gwyllt. Yn aml iawn mae dramâu trosedd yn defnyddio plotiau sy'n cynnwys seicopathiaid a llofruddwyr mewn cyd-destun gwledig. Yn lle gweld cefn gwlad fel rhywle lle gallwch adael eich drws ffrynt heb ei gloi yn y nos, mae'r gynulleidfa'n dechrau teimlo bod angen baricadu'r drws i rwystro beth bynnag sy'n llechu tu allan rhag dod i mewn.

- Mewn portreadau eraill, dydy cefn gwlad ddim yn lle peryglus, dim ond hynod o ddiflas. Gallai hynny fod yn wir iawn o safbwynt person ifanc am nad oes gan ardaloedd gwledig yr adloniant na'r amwynderau sydd gan y lleoedd trefol oherwydd y gwahaniaeth yn nifer a dwysedd y boblogaeth.

- Mewn rhai cyfresi teledu a ffilmiau comedi, gan gynnwys y sioe hynod boblogaidd o'r 1990au *Father Ted*, mae cymunedau gwledig yn ymddangos yn lleoedd ecsentrig neu 'araf' hyd yn oed o'i gymharu â phobl soffistigedig y ddinas.

Ond mae'n bwysig cofio am y lleoedd gwledig amrywiol iawn sy'n bodoli yn y DU (gweler tudalen 194). Mae'r rhanbarthau gwledig mwy anghysbell yn fwy tebygol o ddioddef y delweddau a'r cynrychioliadau negyddol uchod na'r pentrefi hardd ar gyrion gwledig Rhydychen a Chaergrawnt a'r ardaloedd eraill sy'n boblogaidd gan gymudwyr.

A yw'r cynrychioliadau o ddinasoedd a chefn gwlad yn effeithio ar y mudo rhwng lleoedd gwledig a lleoedd trefol?

Mae nifer o ffactorau gwthio a thynnu sy'n achosi i bobl fudo o un lle i'r llall, ac er bod y lleoedd go iawn eu hunain yn dylanwadu ar y ffactorau hyn, mae'r syniadau sydd gan bobl am y fan lle maen nhw'n byw a'r fan lle maen nhw am symud iddo, yn ogystal â'r ffordd y mae'r lleoedd hyn yn cael eu cynrychioli, yn dylanwadu lawn cymaint arnyn nhw (mae hwn yn syniad sy'n cael ei gydnabod gan Everett Lee yn ei fodel mudo enwog). Felly, mae cynrychioliadau rhagfarnllyd neu unochrog o leoedd gwledig a threfol yn bwysig *iawn*. Gall portreadau sy'n dangos lle mewn golau da neu ddrwg chwarae rôl ganolog iawn yn y penderfyniadau y mae pobl yn eu gwneud am fudo neu fuddsoddi (fel y teulu a symudodd o Lundain i gefn gwlad Cernyw yn bennaf am eu bod nhw'n 'mwynhau gwylio *Poldark* ar y BBC').

- Yn ystod yr 1970au, collwyd cyfran o'r boblogaeth o ganol dinasoedd mawr yn y DU. Gostyngodd poblogaeth Llundain o 8 miliwn i 6.5 miliwn rhwng 1961 a 1991; ar y llaw arall, roedd llawer o ranbarthau gwledig o amgylch y dinasoedd mawr yn gweld nifer y boblogaeth yn codi/ dychwelyd. Mae'r rhesymau dros hyn yn gymhleth ac yn cynnwys dad- ddiwydianeiddio, y ffaith bod mwy o bobl yn prynu ceir a chyflwr gwael y tai mewn dinasoedd yn syth ar ôl y rhyfel. Ond, mae'n sicr bod rhywfaint o'r bobl a 'ddihangodd' o'r ddinas i ardaloedd gwledig wedi mynd oherwydd y canfyddiadau oedd ganddyn nhw am y lle hefyd. Felly, roedd y penderfyniadau hyn i symud yn gyfrifol am y gwrthdrefoli a ddigwyddodd yn ystod y cyfnod hwn, ac mae'n bosibl iawn bod y penderfyniadau hyn wedi eu dylanwadu gan ddau ffactor.

 TERM ALLWEDDOL

Gwrthdrefoli Pobl yn mudo o ardaloedd trefol i ardaloedd gwledig

Un yw'r cynrychioliadau dystopaidd 'gwrth-drefol' o fywyd mewn dinas (wedi eu darlunio yn Ffigur 2.18) a'r llall oedd y delweddau 'bocs siocled' o gefn gwlad (fel y sioe a ddarlledodd am flynyddoedd ar y BBC *Last of the Summer Wine* oedd wedi ei gosod yn Nyffryn Efrog).

- Ers yr 1990au, mae dinasoedd mawr wedi adennill poblogrwydd, yn rhannol oherwydd mudo o ddwyrain Ewrop, ond hefyd am fod nifer gynyddol o oedolion a aned yn y DU yn dewis magu teuluoedd mewn ardaloedd canol dinas yn lle'r maestrefi, y trefi newydd neu yng nghefn gwlad. Ydy hi'n bosibl bod cynrychioliadau lle sydd wedi newid ar y teledu, mewn ffilmiau ac mewn cyfryngau eraill wedi dylanwadu ar y newid hwn yn nhynged llawer o drefi a dinasoedd y DU?

- Mewn gwirionedd, mae'n amhosibl gwybod *yn union* faint o ddylanwad mae cynrychioliadau lle yn y cyfryngau wedi ei gael dros amser ar y llifoedd go iawn o bobl rhwng cymdogaethau dinas a lleoedd yn y wlad, ond mae'n siŵr eu bod nhw wedi chwarae rôl bwysig.

④ Gwerthuso'r mater

▶ *I ba raddau mae ystyron a chynrychioliadau lle yn gallu achosi gwrthdaro?*

Cyd-destunau posibl ar gyfer archwilio gwrthdaro

Mae adran olaf y bennod hon yn canolbwyntio ar ystyron lle, gan gynnwys y ffordd y mae ystyron yn cael eu trosi'n gynrychioliadau (er enghraifft, hysbysebion i dwristiaid, ffilmiau, cerddoriaeth a murluniau). A yw gwrthdaro'n codi'n aml oherwydd ystyron a chynrychioliadau lle sy'n cael eu creu gan wahanol gymdeithasau?

Y peth cyntaf i'w nodi wrth esbonio'r cefndir ar gyfer dadlau'r mater hwn yw bod *sbectrwm o densiwn a gwrthdaro'n bodoli*, fel y gwelwn ni yn Ffigur 2.23.

- Mae anghytundebau bach am ystyron a chynrychioliadau lle yn bethau cyffredin. Mae'n gallu bod yn anodd cael hyd i ymgyrch farchnata ar gyfer dinas, tref neu ardal wledig sy'n plesio pawb ac nad oes *neb* yn feirniadol ohoni! Yn yr un modd, mae'n anodd dychmygu y bydd pob ffilm neu bortread teledu o fywyd mewn lle penodol yn derbyn cymeradwyaeth y gynulleidfa *gyfan*. Y rheswm dros hyn yw bod canfyddiadau pobl o leoedd – a'u barn am y ffordd orau o gyflwyno'r lleoedd hyn i'r byd – yn gallu amrywio yn dibynnu ar eu hoed, ethnigrwydd, rhyw ac ers faint maen nhw wedi byw yno. O ganlyniad, gall tensiwn cymunedol godi unrhyw bryd mewn perthynas ag ystyr a chynrychioliad lle.

| Tensiwn cymdeithasol ac anghytuno dros newid posib i le | Gwrthdaro cyfreithiol rhwng gwahanol grwpiau, e.e. yng nghyd-destun cynlluniau adeiladu newydd | Achosion unigol o fandaliaeth a difrol i eiddo; bygythiadau treisgar gan ddefnyddio cyfryngau cymdeithasol | Protestiadau stryd treisgar; ymosodiad corfforol |

▲ **Ffigur 2.23** Sbectrwm o densiwn a gwrthdaro

Ond, mae gwrthdaro go iawn yn beth gwahanol iawn i densiwn ac anghytuno. Hefyd, mae gwahanol ffyrdd y gall dau barti ddechrau gwrthdaro â'i gilydd. Mae gwrthdaro cyfreithiol yn gallu digwydd: weithiau bydd dinasyddion (a'u cyfreithwyr) yn defnyddio cyfreithiau cynllunio mewn ffordd ymosodol (gweler tudalen 33) er mwyn ceisio cadw neu ddymchwel hen adeiladau sydd, ym marn llawer o bobl efallai, yn elfennau hanfodol o hunaniaeth y gymdogaeth. Ond mae'n rhaid i ni hefyd ystyried gwrthdaro mwy corfforol hefyd, yn amrywio o brotestiadau stryd a gwrthdystio i ymosodiadau treisgar ac anafu. Isod mae enghreifftiau o wrthdrawiadau go iawn a ddigwyddodd mewn cyd-destunau daearyddol penodol oherwydd anghytuno am ystyron a chynrychioliadau lle. Yn aml, roedden nhw'n ymwneud â hunaniaeth gymdeithasol, ethnig neu grefyddol oedd wedi mynd yn hynod o wleidyddol.

Yr ail beth pwysig i'w ystyried – cyn mynd ati'n ofalus i ddewis tystiolaeth ac enghreifftiau i'w dadansoddi – yw'r ffordd y gall *tensiwn a gwrthdaro ymddangos ar wahanol raddfeydd daearyddol*.

- Gallai tensiwn cymunedol lefel isel godi oherwydd mater sy'n lleol iawn: efallai fod ardal god post benodol wedi ei chynrychioli'n negyddol mewn erthygl bapur newydd ranbarthol, er enghraifft (efallai yn ymwneud â'r ysgolion neu safon y stoc tai sydd yno).
- O dro i dro hefyd mae gwrthdaro llawer mwy treisgar yn codi am leoedd mewn cymdogaethau lleol: yn y mwyafrif o ddinasoedd mawr y DU, lle mae 'brwydrau bro' (gwrthdaro agored rhwng gangiau gelyniaethus) yn digwydd rhwng gangiau sy'n brwydro dros diriogaeth leol, mae hyn wedi achosi i bobl golli eu bywydau ar brydiau. Yn Rio a Los Angeles, mae nifer y marwolaethau blynyddol oherwydd y brwydrau bro wedi cyrraedd cannoedd neu hyd yn oed filoedd ar brydiau.
- Ar raddfa dinas, gall cynrychioliadau yn y cyfryngau arwain at wrthdaro, ac un o'r rhesymau mawr am hynny yw bod llwyddiant economaidd y lleoedd byw hyn yn dibynnu'n rhannol ar gadw eu delwedd gadarnhaol. Mae hynny'n helpu i annog buddsoddiad o'r tu allan yn yr ardal (rydyn ni'n archwilio'r mater hwn yn fanylach ym Mhennod 4). Mae cynrychioliadau negyddol o ddinasoedd mewn ffilmiau a llyfrau poblogaidd yn gallu arwain at densiwn rhwng y bobl sy'n byw yn y dinasoedd a'r bobl sy'n creu'r pethau hyn.
- Mae tensiwn a gwrthdaro lefel uchel yn codi weithiau dros broblemau o faint mwy fyth, yn ymwneud ag ystyr, hunaniaeth a chynrychioliad lle, yn enwedig mewn perthynas â phroblemau cenedligrwydd a sofraniaeth. Ymysg yr enghreifftiau o hyn a welwn ni heddiw mae'r ymgyrchoedd parhaus am annibyniaeth Catalonia oddi wrth Sbaen, annibyniaeth yr Alban oddi wrth y DU ac aduniad Gogledd Iwerddon ag Iwerddon. Mae'r problemau mawr hyn gydag ystyr a hunaniaeth wedi achosi tensiwn difrifol ac weithiau wrthdaro treisgar mewn cymdogaethau lleol penodol sy'n rhan o'r rhanbarthau mwy a helbulus hyn.

Gwerthuso'r farn bod ystyron a chynrychioliadau lle *yn* achosi gwrthdaro go iawn

Yn gynharach yn y bennod hon roedden ni'n archwilio ystyr y ddelfryd wledig (golwg ramantus a hen ffasiwn ar fywyd gwledig). Yn y DU, mae rhai pobl yn cysylltu'r ddelfryd wledig yn gryf â'r traddodiad o hela sy'n mynd yn ôl ganrifoedd.

- Mewn rhannau o rai cymdeithasau gwledig, mae hela gyda chŵn yn weithgaredd symbolaidd sy'n gadarnhaol a phwysig ac sydd wedi helpu i siapio hunaniaeth eu cymuned dros amser (gweler Ffigur 2.24). Ac eto, o edrych ar hyn o safbwynt hawliau anifeiliaid, mae hela'n cael ei gynrychioli fel gweithgaredd creulon a barbaraidd. Mae'n anodd cyfryngu rhwng y ddau safbwynt cyferbyniol hyn; am flynyddoedd lawer, y canlyniad oedd anghytundeb llwyr ar y lefel ddeddfwriaethol rhwng y garfan oedd o blaid hela (yn cynnwys sefydliad y Gynghrair Cefn Gwlad) a llywodraethau olynol y DU.

- Pan geisiodd Senedd y DU wahardd hela llwynogod, arweiniodd at wrthdystiadau mawr yn Llundain gan gefnogwyr hela yn 1997 a 2002. Ers 2005, mae hela llwynogod wedi cael ei wahardd ond mae'n parhau i fod yn bwnc sy'n hollti rhai cymunedau gwledig. Mae pobl oedd yn arfer hela llwynogod byw yn dal i ddod at ei gilydd i farchogaeth yn symbolaidd drwy gefn gwlad ar gefn eu ceffylau gyda'u heidiau o gŵn; weithiau maen nhw'n hela cwningod.

- Ar lefel leol, mae cofnodion i'w cael o bobl yn ymddwyn yn dreisgar cyn, ac ers, cyflwyno'r gwaharddiad ar hela llwynogod. Yn 2015, ymosododd sabotwr ar reidiwr gyda bar haearn ym mhentref Everleigh yn Wiltshire.

▲ **Ffigur 2.24** Weithiau mae darluniadau o'r ddelfryd wledig yn cynnwys cynrychioliadau wedi eu rhamantu o hela llwynogod

O ran yr ardaloedd trefol, mae brwydrau bro wedi bod yn bla mewn rhai cymdogaethau lleol o fewn y dinasoedd Prydeinig, yn cynnwys Manceinion (gan olygu bod pobl wedi bathu'r enwau annymunol 'Gunchester' a 'Gangchester'), Birmingham a Llundain. Gall gwrthdaro godi am fod dau gang gwahanol yn honni bod cymdogaeth benodol yn rhan o'u lle cartref nhw (ac efallai eu bod nhw eisiau rheoli economi anffurfiol y gymdogaeth honno, er enghraifft mewn perthynas â masnachu cyffuriau).

- Ym Manceinion rhwng 1985 a 2005, gadawyd o leiaf 40 o bobl yn farw o ganlyniad i wrthdaro hir a dwys rhwng pedwar prif gang y ddinas – y Cheetham Hillbillies, y Doddington, y Gooch a'r Salford Lads – oedd yn brwydro i gael rheolaeth ar wahanol rannau o'r ddinas.

- Yn Llys y Goron Birmingham yn 2017, rhoddwyd y waharddeb gyfreithiol fwyaf erioed ym Mhrydain ar 18 aelod o gangiau adnabyddus Birmingham, y Burger Bar Boys a'r Johnson Crew. Cafodd y gangsters – oedd rhwng 19 a 29 oed – eu rhwystro rhag mynd i mewn i rannau penodol o Birmingham a chawson nhw eu hatal rhag creu a dosbarthu fideos cerddoriaeth rap ar-lein yn cyfleu troseddu yn eu cymdogaethau lleol fel rhywbeth cyffrous. Roedd y llys yn benderfynol o rwystro'r gangiau rhag cynrychioli eu gweithgareddau a'u lleoedd cartref mewn ffyrdd a allai berswadio pobl ifanc eraill i ymuno â nhw.

Yr enghraifft olaf o densiwn a gwrthdaro ar lefel uchel a achoswyd gan ystyron a chynrychioliadau lle sy'n cyferbynu ac yn gwrthdaro, yw'r hyn ddigwyddodd yn Shankhill, Belfast. Roedd 'Yr Helyntion' yn gyfnod o wrthryfela arbennig o dreisgar rhwng y carfanau Cenedlaetholwyr ac Unoliaethwyr yng Ngogledd Iwerddon a barhaodd o 1969 hyd 1998. Bu farw mwy na 3500 o bobl yn ystod y cyfnod hwn.

- Yn Shankhill a rhannau eraill o Belfast, roedd murluniau ar adeiladau'n arddangos symbolau balch o hunaniaeth a digwyddiadau sy'n golygu rhywbeth arbennig i'r ddau grŵp. Yn rhannau Protestanaidd y ddinas – yn cynnwys Shankhill – mae darluniau o Faner yr Undeb yn dathlu statws Gogledd Iwerddon fel rhan o'r Deyrnas Unedig (gweler Ffigur 2.25), ond mewn cymdogaethau Catholig, baneri Gwyddelig sydd i'w gweld.

▲ **Ffigur 2.25** Mae murluniau'n dangos gwrthdaro sydd wedi'u peintio ar adeiladau'n cynrychioli cymdogaethau Belfast, fel Shankhill, naill ai fel lle'r Cenedlaetholwyr neu le'r Unoliaethwyr

- Mae llawer o furluniau'n dangos arwyr unigol a frwydrodd neu a gollodd eu bywydau yn y rhyfel cartref sectyddol. Ymysg y murluniau yn Shankhill mae darluniau o frwydrwyr 'Teyrngarol' mewn mygydau yn dal gynnau. Er bod y trais mwyaf eithafol wedi diflannu i raddau mawr o Ogledd Iwerddon mewn blynyddoedd diweddar, mae'r tensiwn yn parhau'n uchel rhwng y cymunedau Protestanaidd a Chatholig. Wrth geisio creu mwy o gytuno a heddwch, mae rhai cymunedau wedi tynnu'r murluniau mwyaf dadleuol ac mae artistiaid lleol yn peintio 'waliau heddwch' yn eu lle erbyn hyn.

Gwerthuso'r farn *nad* yw ystyron a chynrychioliadau lle'n achosi gwrthdaro go iawn bob amser

Yn yr enghreifftiau uchod, mae problemau gyda hunaniaeth ddaearyddol a chymuned wedi achosi gwrthdaro go iawn. Ond, fel arfer, byddai'r gair 'tensiwn' yn ddisgrifiad gwell o'r teimladau sy'n codi oherwydd anghytuno am ystyron a chynrychioliadau lle.

- Yn gynharach yn y bennod hon, roedden ni'n trafod y gân *Ghost Town* o 1981, oedd wedi cynrychioli Coventry yn negyddol (gweler tudalen 53). Er ei fod yn boblogaidd iawn, roedd llawer o bobl Coventry yn anhapus gyda llwyddiant y record. Mewn cyfweliad, mae cyn reolwr y band, Pete Waterman, yn cofio: 'Creodd *Ghost Town* lawer o ddrwgdeimlad yn Coventry ar y pryd. Roedd llythyrau blin yn y papur lleol yn dweud nad oedd Coventry ddim byd tebyg i hynny – ond mi oedd wrth gwrs.'
- Mae nifer o enghreifftiau eraill o gynrychioliadau lle anffurfiol sy'n amhoblogaidd gyda'r bobl leol. Mae llawer o wylwyr teledu'n mwynhau gwylio'r ddrama ITV, *Happy Valley*. Ond mae rhai pobl yn Hebden Bridge, Swydd Efrog, lle mae'r gyfres wedi ei gosod, yn pryderu'n fawr am ffocws y sioe ar droseddu a chyffuriau am fod hyn yn dangos eu cymuned mewn golau gwael. Yng Nghernyw, lle mae twristiaeth wedi derbyn hwb sylweddol o ganlyniad i gyfres y BBC, *Poldark*, a ffilmiwyd yno, mae rhai trigolion yn ofni y bydd cwmnïau

technoleg go iawn yn penderfynu peidio buddsoddi yn y rhanbarth am fod portread y sioe'n rhoi'r argraff bod y lle'n hen ffasiwn a hynod.

Ond yn yr achos hwn, ac achosion eraill, mae'n bwysig gwahaniaethu rhwng y drwgdeimlad y mae cynrychioliadau lle yn y cyfryngau wedi ei greu i rai pobl a'r mathau llawer mwy treisgar o wrthdaro roedden ni'n ei drafod cynt.

A allwn ni fesur tensiwn a gwrthdaro?

Wrth gwrs, mae tensiwn a gwrthdaro'n bethau anodd i'w mesur a'u cyfrif. Efallai y byddwn ni'n gweld tystiolaeth ansoddol o amhoblogrwydd ymgyrch sy'n marchnata lle drwy ddarllen llythyrau a anfonwyd i bapurau newydd lleol neu negeseuon ar y cyfryngau cymdeithasol. Ond, mae'r mathau hyn o ddata fel arfer yn llythyrau a sylwadau unigol sydd ddim o anghenraid yn cynrychioli barn y mwyafrif o bobl. Sut allwn ni obeithio barnu'n gywir beth yw lefel y tensiwn neu'r gwrthdaro mewn cymuned gyfan o ganlyniad i anghytuno am ystyr a chynrychioliad lle? Cafwyd un cais i wneud hyn yn ddiweddar gan dîm o ymchwilwyr ym Mhrifysgol Lerpwl.

- Roedden nhw eisiau gwybod a yw pobl Lerpwl yn fodlon go iawn gyda'r ffordd y mae canol y ddinas yn cael ei gynrychioli fel 'Prifddinas Diwylliant' a Safle Treftadaeth Byd (STB) oherwydd ei adeiladau glan môr hanesyddol (gweler tudalennau 124 a 144).
- Roedd yr ymchwilwyr eisiau gweld a yw statws Safle Treftadaeth Byd y ddinas yn cynyddu'r teimlad sydd gan bobl o falchder yn eu dinas neu a yw rhai pobl leol efallai'n teimlo atgasedd at yr hyn maen nhw'n ei weld fel 'obsesiwn' gyda threftadaeth a'r gorffennol.
- Mae canlyniadau arolwg o ddinasyddion yn 2016 i'w gweld yn Ffigur 2.26. Nid oedd pawb yn cytuno bod statws Safle Treftadaeth Byd yn arbennig o bwysig; roedd canran nodedig o uchel (41 y cant) yn anghytuno â'r gosodiad. Ond, er nad yw pawb wedi cytuno bod statws Safle Trefadaeth Byd yn bwysig (fel y gwelwn yn un o'r dyfyniadau yn Ffigur 2.26), ychydig iawn o dystiolaeth a welodd yr ymchwilwyr bod pobl yn ei wrthwynebu go iawn.

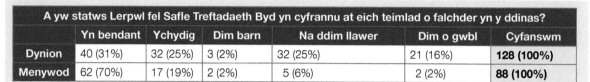

A yw statws Lerpwl fel Safle Treftadaeth Byd yn cyfrannu at eich teimlad o falchder yn y ddinas?						
	Yn bendant	Ychydig	Dim barn	Na ddim llawer	Dim o gwbl	Cyfanswm
Dynion	40 (31%)	32 (25%)	3 (2%)	32 (25%)	21 (16%)	**128 (100%)**
Menywod	62 (70%)	17 (19%)	2 (2%)	5 (6%)	2 (2%)	**88 (100%)**

> Y peth Treftadaeth Byd'ma, does gen i ddim syniad pryd gawson ni hwnnw ac roedden nhw'n rhygnu ymlaen am y peth drwy'r amser. Ond, os byddai rhywun yn tynnu'r dystysgrif oddi arnom ni, byddai pobl yn dal i ddod yma oherwydd mae gan Lerpwl enw da fel lle i fwynhau noson allan.

Ymatebydd 1, canol dinas

> Dw i'n meddwl bod pobl fel yr Heritage Society, y Grŵp Treftadaeth Byd, UNESCO a phethau felly'n bethau da oherwydd, heb eich treftadaeth, dydych chi'n ddim byd.

Ymatebydd 2, canol dinas

▲ **Ffigur 2.26** Canlyniadau meintiol ac ansoddol arolwg o Brifysgol Lerpwl sy'n dangos barn trigolion canol y ddinas am y ffordd y mae Lerpwl yn cael ei gynrychioli'n fyd-eang bellach fel Safle Treftadaeth Byd

Felly, byddai'n rhesymol i ni ddod i'r casgliad bod ymdrechion diweddar i gynrychioli a hyrwyddo canol dinas Lerpwl fel cyrchfan ddiwylliannol wedi helpu i gryfhau cydlyniad y gymuned ar y cyfan. Fel y byddwn ni'n gweld ym Mhennod 4, mae'n ymddangos bod yr un peth yn wir am Hull, 'Dinas Diwylliant' y DU yn 2017 (gweler tudalen 126). Yn y ddwy ddinas, mae ystyron a chynrychioliadau lle sy'n dathlu hanes a diwylliant yn derbyn cymeradwyaeth eang gan gymunedau lleol ac nid yw'n creu tensiwn a gwrthdaro. Yn wir, mae cymryd camau i adfywio a hyrwyddo lle yn gallu bod yn effeithiol am ddatblygu cydlyniad cymunedol y lle drwy ddod â phobl at ei gilydd a phontio gwahaniaethau cymdeithasol.

Dod i gasgliad sy'n seiliedig ar dystiolaeth

A yw ystyron lle *bob amser* yn achosi gwrthdaro go iawn? Mae'r dystiolaeth sydd wedi ei hadolygu uchod yn awgrymu nad ydyw. Hefyd, mae'r ateb i'r cwestiwn hwnnw'n dibynnu'n fawr iawn ar y ffordd rydych hi'n diffinio 'gwrthdaro'.

Mae tensiwn ac anghytundeb ynglŷn â sut i ddefnyddio lle yn beth cyffredin ac yn ymwneud yn anochel â theimladau, profiadau a safbwyntiau gwahanol bobl sy'n rhan o'r penderfyniad. Am fod y cymunedau eu hunain yn amrywiol – efallai o ran ethnigrwydd a chrefydd y bobl neu efallai am fod y bobl yn wahanol o ran oed, rhyw neu o ran faint maen nhw wedi byw yno – mae'n anochel bod gan leoedd ystyron a defnyddiau gwahanol sydd ddim bob amser efallai'n cyfateb yn dda â'i gilydd, yn enwedig os ydyn nhw'n ymwneud â materion sy'n gysylltiedig â'r emosiynau, fel crefydd.

Ond, dydy anghytuno, tensiwn a gwrthdaro ddim yn anochel. Efallai fod pawb sy'n byw mewn lleoliad yn cymeradwyo'r ystyron a chynrychioliadau lle i ryw raddau (er bod y ddadl hon yn codi'r cwestiwn a allwn ni wybod bod hyn yn wir go iawn o ystyried mor anodd fyddai casglu data a thystiolaeth gefnogol).

Yn olaf, o safbwynt daearyddwr, mae'n bwysig cofio bob amser bod tensiynau a gwrthdaro ar raddfa leol yn aml yn rhan o ddarlun llawer mwy. Y rheswm dros hynny yw bod lleoedd lleol yn perthyn i ddinasoedd neu ranbarthau sydd â'u problemau eu hunain. Er enghraifft, mae ystyron a chynrychioliadau sydd wedi gwahanu cymdogaethau yn Belfast yn rhan o fater dadleuol llawer mwy, sef statws Gogledd Iwerddon fel rhan o'r DU.

🔑 **TERMAU ALLWEDDOL**

Cenedlaetholdeb Y gred sydd gan bobl sy'n perthyn i genedl benodol bod eu buddiannau nhw'n bwysicach na buddiannau pobl o genhedloedd eraill.

Sofraniaeth Y gallu sydd gan le a'i bobl i hunan-lywodraethu heb unrhyw ymyrraeth o'r tu allan.

Crynodeb o'r bennod

✔ Mae gan leoedd ystyron penodol i wahanol unigolion a chymdeithasau. Mae'r teimladau a ddatblygwn am leoedd yn gallu deillio o brofiadau go iawn a gawson ni wrth fyw a gweithio yno yn y gorffennol. Neu, efallai fod y teimladau wedi datblygu oherwydd y ffordd mae'r lleoedd hyn wedi eu cynrychioli mewn gwahanol gyfryngau fel llyfrau a ffilmiau.

✔ Mae ystyron lle pob dydd yn gysylltiedig â chymysgedd o ddiwylliannau a hunaniaethau personol gwahanol bobl. Mae ein hagweddau tuag at le yn amrywio yn dibynnu ar ein hoedran, rhyw ac ers faint rydyn ni wedi byw yno;a hefyd ein agweddau diwylliannol sydd wedi cael eu siapio gan ein cenedligrwydd, ein crefydd, ein gwerthoedd ac, yn fwy a mwy, gan ein defnydd o'r rhyngrwyd a'r cyfryngau cymdeithasol.

✔ Mae lleoedd yn cael eu cynrychioli mewn amrywiaeth o wahanol gyfryngau e.e. ffilmiau, llyfrau, ffotograffau a mannau creadigol cyffredin ar-lein. Llywodraethau, asiantaethau a busnesau mawr sy'n creu cynrychioliadau ffurfiol o le. Ond, gall unrhyw un gyda chamera neu lyfr braslunio greu cynrychioliadau anffurfiol. Gall cynrychioliadau anffurfiol ddod yn annisgwyl o bwerus, yn enwedig pan mae pobl yn y sector ffurfiol yn eu mabwysiadu ac yn eu defnyddio nhw.

✔ Gall cynrychioliadau lle fod yn rhagfarnllyd, yn anghywir neu'n ffug, a rhaid bod yn ofalus iawn wrth ddefnyddio a dadgodio ffynonellau gwybodaeth.

✔ Mae lleoedd trefol a lleoedd gwledig hefyd yn cael eu cynrychioli mewn ffyrdd cyferbyniol gan ddefnyddio gwahanol gyfryngau i greu ystyron cadarnhaol a negyddol sydd, yn eu tro, yn gallu dylanwadu ar fudo ac ymddygiadau cymdeithasol eraill. Gall agweddau amrywio tuag at y ddinas a chefn gwlad yn unol ag oed neu ethnigrwydd pobl.

✔ Mae ystyron a chynrychioliadau lle yn bwysig gan eu bod nhw'n gallu achosi tensiwn cymdeithasol rhwng gwahanol unigolion a chymdeithasau. Mae materion, sy'n amrywio o hunaniaeth grefyddol i hela, yn siapio ystyron lle mewn ffyrdd sydd wedi arwain at wrthdaro go iawn.

Cwestiynau adolygu

1 Beth yw ystyr y termau daearyddol canlynol? Ystyr lle; arwyddwr; diwylliant; testun.

2 Gan ddefnyddio enghreifftiau, esboniwch sut mae pobl yn uniaethu gyda lleoedd ar amrywiol raddfeydd (defnyddiwch eich profiadau eich hun neu brofiadau pobl eraill).

3 Esboniwch pam mae ymlyniad rhai pobl gyda lleoedd lleol yn tyfu'n gryfach yn hytrach na gwanach er bod globaleiddio yn cyflymu.

4 Gan ddefnyddio enghreifftiau, amlinellwch sut mae diwylliant cymuned wedi ei greu o wahanol nodweddion diwylliannol (dewiswch gymuned o unrhyw faint daearyddol, o ddiwylliant eich ysgol i ddiwylliant Prydeinig).

5 Esboniwch y gwahaniaeth rhwng cynrychioliadau lle ffurfiol ac anffurfiol.

6 Gan ddefnyddio enghreifftiau, esboniwch pam mae rhai cynrychioliadau lle yn dangos tuedd neu'n ffug ac awgrymwch gamau i ymchwilwyr eu cymryd i adnabod hynny.

7 Beth yw ystyr y termau canlynol? Cynrychioliadau iwtopaidd a dystopaidd; tirweddau ariannol a thirweddau technolegol; y ddelfryd wledig.

8 Gan ddefnyddio enghreifftiau, amlinellwch resymau pam mae tensiwn a gwrthdaro wedi codi mewn rhai lleoliadau oherwydd ystyron a chynrychioliadau lle dadleuol.

Gweithgareddau trafod

1   Mewn parau, trafodwch eich ymlyniadau eich hun â gwahanol leoedd rydych chi'n eu hadnabod yn bersonol am eich bod wedi byw yno neu wedi ymweld â'r lle. Pa ystyron cadarnhaol a negyddol ydych chi'n eu cysylltu gyda'r lleoedd hyn? Sut allai'r teimladau hyn ddylanwadu ar y penderfyniadau a wnewch chi yn y dyfodol ynglŷn â'r lle rydych chi eisiau byw neu weithio ynddo?

2   Lluniwch fap meddwl yn dangos gwahanol gategorïau o destun (cerddoriaeth, ffilmiau etc) ac ychwanegwch enghreifftiau rydych chi'n gyfarwydd â nhw (llyfrau rydych wedi eu darllen er enghraifft). Ychwanegwch anodiadau i ddangos pa argraff a gawsoch chi am y lleoedd sydd i'w cael yn y testunau hyn. A oedd y lleoliad ar gyfer ffilm benodol yn edrych yn atyniadol ac wedi gwneud i chi fod eisiau ymweld, er enghraifft?

3   Mewn grwpiau, trafodwch sut mae lleoedd penodol wedi cael eu cynrychioli'n anffurfiol mewn caneuon a cherddoriaeth. Ydy'r cynrychioliadau hyn yn bwysig? Beth allai ddigwydd yn y byd go iawn os bydd lle'n cael ei gynrychioli'n arbennig o gadarnhaol neu negyddol mewn cân?

4   Trafodwch y rhesymau pam y gallai gwahanol unigolion a grwpiau o bobl weld ystyron gwahanol mewn un cynrychioliad o le, fel ffotograff o gefn gwlad.

5   Mewn parau, lluniwch asesiad o risgiau mewn bywyd go iawn allai gael eu creu gan gynrychioliadau lle ffug. Beth yw effeithiau posibl unrhyw hysbysebion a phostiadau ar Facebook sy'n gwbl anghywir neu ragfarnllyd am ddinasoedd, cymdeithasau neu gymdogaethau penodol?

6   Mewn grwpiau, trafodwch eich agweddau eich hun tuag at y ddinas a thuag at gefn gwlad. A fyddech chi'n disgrifio eich barn bersonol eich hun am leoedd trefol fel rhai 'iwtopaidd' neu 'ddystopaidd'? Ydych chi'n ystyried cefn gwlad yn 'lle delfrydol' neu a yw eich teimladau'n fwy negyddol?

FFOCWS Y GWAITH MAES

Mae'r testun 'ystyron a chynrychioliadau lle' yn rhoi cyfleoedd diddorol i fyfyriwr Safon Uwch wneud ymchwiliad annibynnol. Mae digonedd o ddata eilaidd y gallwch chi ei ddefnyddio: meddyliwch am yr holl nofelau, ffotograffau, ffilmiau, gwefannau a llyfrynnau bwrdd croeso sydd ar gael (a phob mathau o ffynonellau eraill) y gallwch chi eu dadansoddi a'u dadgodio. Fodd bynnag, bydd angen i unrhyw un sydd eisiau gwneud y math hwn o waith feddwl yn gritigol am (i) y ffordd orau o samplu cynrychioliadau lle a (ii) ffyrdd o gynhyrchu data cynradd i'w ddefnyddio yn eu hastudiaeth.

A   *Cymharu gwahanol gynrychioliadau lle er mwyn ymchwilio ystyron dadleuol ac arwyddion o wrthdaro.* Gallwch chi gasglu cyfres o gynrychioliadau lle, yn cynnwys deunydd gwybodaeth ffurfiol y bwrdd croeso a deunydd anffurfiol (fel ffotograffau a sylwadau am le sydd wedi eu postio ar-lein). Gallech chi hefyd ddefnyddio cynrychioliadau dadleuol, fel y llyfr *Crap Towns* (gweler tudalen 12). Gallwch chi ddadansoddi a dadgodio'r data yma i ddatgelu teimladau cyferbyniol yr awduron. Gallwch chi hefyd eu defnyddio nhw i greu holiadur gweledol i'w roi i sampl o'r cyhoedd, er mwyn i chi allu cynhyrchu data cynradd. Gallech chi ofyn i'r ymatebwyr ddweud pa mor gryf y maen nhw'n cytuno neu'n anghytuno gyda gwahanol gynrychioliadau. Does dim angen i'r cyfweliadau fod yn ffurfiol eu strwythur i gyd: efallai y gallech chi ofyn i'r ymatebwyr siarad yn agored am eu teimladau eu hunain tuag at y lle sy'n cael ei ymchwilio (gallwch chi recordio'r cyfweliadau ar ap ffôn clyfar a'u trawsgrifio yn nes ymlaen).

B   *Defnyddio cymysgedd o ddata o holiaduron a ffynonellau eilaidd i ymchwilio sut mae pobl yn profi ac yn deall ffiniau lle*. I wneud yr ymchwiliad gallwch chi ddewis cymdogaeth wedi'i dethol yn ofalus sydd, yn ôl yr hyn y mae eich ymchwil cyntaf yn ei ddangos, heb ffiniau wedi eu diffinio'n glir. Mae hyn yn nodweddiadol mewn tref a dinasoedd mwy lle roedd gorsafoedd trenau'n rhoi rhyw deimlad o hunaniaeth i'r lle, ond mae'n aneglur lle mae un lle'n gorffen ac un arall yn cychwyn (er enghraifft, un farn am Llundain yw ei bod wedi ei chreu o gannoedd o gymdogaethau a adeiladwyd o amgylch gwahanol orsafoedd tanddaearol, fel Wimbledon, Clapham Common a Balham; ond gall y ffiniau rhwng y lleoedd hyn fod yn oddrychol). Ym marn y mwyafrif o bobl, efallai fod y fan lle rydych chi'n byw wedi ei greu o wahanol gymdogaethau; a oes gan wahanol bobl farn wahanol ynglŷn â lle mae'r ffiniau? Yn rhan o'r ymchwil cychwynnol, efallai y gallech chi ofyn i ymatebwyr y cyfweliad anodi map i ddangos lle maen nhw'n teimlo mae ffiniau'r gymdogaeth. Dull arall efallai fyddai gofyn i'r ymatebwyr yng nghanol dinas anodi map i ddangos lle mae ymylon 'canol y dref' neu 'ganolfan siopa' yn eu barn nhw.

C *Dewis pobl benodol i'w cyfweld er mwyn ymchwilio mater penodol sy'n cysylltu hunaniaeth bersonol pobl gyda'u teimladau am gymdogaethau lleol.* Efallai y gallech chi ddefnyddio materion 'daearyddiaeth ofn' sydd wedi eu hamlinellu ar dudalennau 61–63 fel sail ddamcaniaethol ar gyfer ymchwiliad. Gallech chi gyfweld aelodau o'ch dosbarth ysgol eich hun am ardaloedd 'peryglus' lle maen nhw efallai'n teimlo'n nerfus yn cerdded drwyddyn nhw ar eu pennau eu hunain (efallai y byddai'n syniad da i chi haenu eich sampl i gynnwys niferoedd cyfartal o ymatebwyr gwrywaidd a benywaidd); efallai y byddai'n fwy cadarnhaol i fapio ardaloedd diogel neu 'hapus' yn lle rhai peryglus. Beth bynnag yw eich ffocws, mae digonedd o gyfleoedd i chi ddatblygu rhaglen gasglu data heriol a gwobrwyol sy'n gwahodd cyfranogwyr i anodi mapiau lleol i chi eu casglu a'u dadansoddi. Gallech chi ystyried defnyddio mapio digidol a dadansoddi data; gallai'r adnodd 'mappiness' ar-lein roi ysbrydolaeth i chi: www.mappiness.org.uk.

Deunydd darllen pellach

Anderson, B. (1983) *Imagined Communities: Reflections on the Origin and Spread of Nationalism*. Llundain: Verso.

Creswell T. (2014) Place. Yn: P. Cloke, P. Crang a M. Goodwin, gol. *Introducing Human Geographies*. Abingdon: Routledge.

Crang, M. (1998) *Cultural Geography*. Llundain: Routledge.

Crang, M. (2014) Representation-reality. Yn: P. Cloke, P. Crang a M. Goodwin, gol. *Introducing Human Geographies*. Abingdon: Routledge.

Daniels, S. (1993) *Fields of Vision: Landscape and National Identity in England and the United States*. Caergrawnt: Polity Press.

Hann, M. (2017) The fight to save London's live music scene. *FT Magazine*, 11.

Morley, D. (1992) *Television, Audiences and Cultural Studies*. Llundain: Routledge.

Relph, E. (1976) *Place and Placelessness*. Llundain: Sage Publications.

Rose, G. (2006) *Visual Methodologies: An Introduction to the Interpretation of Visual Materials*. Llundain: Sage.

Said, E.O. (1978) *Orientalism*. Efrog Newydd: Random House.

Schama, S. (1995) *Landscape and Memory*. Llundain: HarperCollins.

Tuan, Y. (1977) *Space and Place*. Minneapolis: University of Minnesota Press.

Valentine, G. (1989) The geography of women's fear. *Area*, 21(4), 385–390.

Newidiadau, heriau ac anghydraddoldeb lle

Mewn amser, mae pobman yn newid. Gallai'r prosesau daearyddol a'r cysylltiadau a fu'n helpu'r lle i ffynnu yn wreiddiol stopio gweithredu yn y pen draw. Yn eu tro, mae grymoedd allanol newydd wrthi'n gyson yn ail siapio lleoedd, cymdeithasau a phatrymau anghydraddoldeb. Mae'r bennod hon yn defnyddio amrywiaeth o enghreifftiau o ddiwydiannau, lleoliadau a chymunedau i:

- esbonio sut mae syfliad byd-eang, dad-ddiwydianeiddio a chylch amddifadedd wedi effeithio ar drefi a dinasoedd Prydeinig yn ail hanner yr ugeinfed ganrif
- archwilio'r heriau economaidd, geowleidyddol a thechnolegol newydd i leoedd yn yr unfed ganrif ar hugain
- ddadansoddi achosion a chanlyniadau newidiadau demograffig a diwylliannol sy'n effeithio ar wahanol leoedd
- asesu difrifoldeb yr anghydraddoldeb gofodol, o wahanol feintiau, yn y DU yn ein cyfnod ni.

CYSYNIADAU ALLWEDDOL

Syfliad byd-eang Adleoliad rhyngwladol gwahanol fathau o weithgaredd diwydiannol, yn enwedig diwydiannau gweithgynhyrchu. Ers yr 1960au, mae llawer o ddiwydiannau wedi diflannu bron yn llwyr o Ewrop a Gogledd America. Yn lle hynny, maen nhw'n ffynnu yn Asia, De America ac, yn gynyddol erbyn hyn, yn Affrica.

Anghydraddoldeb Y gwahaniaethau cymdeithasol ac economaidd (incwm a chyfoeth) sy'n bodoli rhwng, ac o fewn, gwahanol leoedd a'u cymdeithasau. Mae anghydraddoldebau, ar raddfa genedlaethol, ranbarthol (dinas) a lleol, yn aml yn achosi mudo.

Amrywiaeth ddiwylliannol I ba raddau mae poblogaeth yn diwylliannol heterogenaidd (amrywiol) neu homogenaidd (yr un fath). Gallwn ni ddefnyddio ethnigrwydd, hil, crefydd, iaith a nodweddion diwylliannol eraill, sy'n rai go iawn (neu yn y dychymyg) i fesur amrywiaeth a gwahaniaeth diwylliannol.

Adborth cadarnhaol Y ffordd y mae newidiadau amgylcheddol neu newidiadau economaidd gymdeithasol yn cyflymu wrth i'r prosesau weithredu mewn system ddynol neu ffisegol.

Dad-ddiwydianeiddio a'r cylch amddifadedd

▶ *Sut effeithiodd dad-ddiwydianeiddio ar drefi a dinasoedd oedd yn dirywio yn y DU ar ddiwedd yr ugeinfed ganrif?*

Syfliad byd-eang

Mae'r term 'syfliad byd-eang' yn disgrifio'r ffordd y mae gwahanol fathau o weithgareddau'n cael eu symud i leoliadau rhyngwladol eraill. Ers yr 1960au, mae amrywiaeth o waith gweithgynhyrchu sy'n cynnwys diwydiant trwm (fel gwaith dur ac adeiladu llongau) a gweithredoedd cydosod (yn enwedig electroneg) wedi diflannu bron yn gyfan gwbl o Ewrop a Gogledd America, ynghyd â rhai diwydiannau cynradd (yn arbennig cloddio am lo yn y DU). Mae'r gweithgareddau hyn yn ffynnu bellach yn Asia, De America ac, yn gynyddol, yng ngwledydd Affrica e.e. Ethiopia.

- Mae syfliad byd-eang yn broses gymhleth sy'n cynnwys strategaethau lleoli tu allan i'r wlad a darparu gan gyflenwyr allanol ynghyd â busnesau newydd yn cychwyn mewn economïau lled-ddatblygedig.
- Achos sylfaenol hyn yw ceisio gwneud elw mewn economi byd cyfalafol. Roedd y syfliad byd-eang yn y degawdau ar ôl y rhyfel yn anochel am fod llafur yn rhad a chostau'r tir yn isel yn hanner deheuol y byd, sef y 'de byd-eang'. Yn y gwledydd hyn roedd twf economaidd wedi dechrau darparu gwell isadeiledd, wedi codi safonau addysg ac wedi dod â strategaethau datblygiad gwleidyddol fel rhanbarthau prosesu allforion.

Er bod y syfliad byd-eang wedi dod â rhai newidiadau economaidd cadarnhaol i lawer o rannau'r byd, dydy effaith y syfliad ar y cenhedloedd datblygedig ddim wedi derbyn croeso bob tro. Yr enw a roddwyd ar y newid economaidd, cymdeithasol ac amgylcheddol a ysgubodd drwy gadarnleoedd diwydiannol y DU yn yr 1970au a'r 1980au oedd dad-ddiwydianeiddio. Mae gan y term ambarél eang hwn nifer o ystyron. Yn ei ystyr ehangaf, mae'n disgrifio sut yr aeth gweithgareddau diwydiannol (yn enwedig gweithgareddau gweithgynhyrchu) yn llai a llai pwysig i le dros gyfnod hir. Yn fwy penodol, gallai'r term gyfeirio at:

- y cwymp ym mhwysigrwydd gweithgynhyrchu, yn absoliwt neu o'i gymharu â gweithgareddau eraill, o ran ei gyfraniad at y Cynnyrch Mewnwladol Crynswth (CMC)
- y cwymp yn y canran (neu'r nifer) cymharol neu absoliwt o boblogaeth y lle sy'n gweithio mewn diwydiannau traddodiadol (gweithgynhyrchu a diwydiannau cynradd fel cynhyrchu glo).

Mae'n bwysig cofio bod gwahanol bobl weithiau yn defnyddio'r term 'dad-ddiwydianeiddio' i olygu pethau gwahanol. Fel y byddwn ni'n gweld, mae rhai lleoedd yn y DU wedi dal ymlaen i weithgynhyrchu ar lefel uchel dros amser ac eto maen nhw'n dibynnu'n gynyddol ar waith cydosod awtomataidd a robotiaid yn hytrach na gweithlu dynol. Gall hyn arwain at sefyllfa lle mae data am yr allbwn gweithgynhyrchu yn iach ond mae cymunedau lleol yn dioddef lefelau uchel o ddiweithdra.

Mae Ffigur 3.1 yn dangos llinell amser byd-eang o'r cyfnod ar ôl 1945 sy'n cynnwys dylanwadau neu 'siociau' economaidd, gwleidyddol a thechnolegol allweddol sydd wedi ail siapio daearyddiaeth economaidd a chymdeithasol y DU yn sylweddol yn y blynyddoedd wedyn. Yn y llinell amser hon mae syfliad byd-eang wedi ei ddangos fel proses barhaus sy'n cychwyn gyda symudiad graddol y diwydiant trwm i Asia yn yr 1960au cynnar, yna mae hyn yn cyflymu oherwydd cyfres o argyfyngau economaidd yn yr 1970au ac mae'n cychwyn pennod newydd pan ddaw India a China i'r amlwg fel chwaraewyr byd-eang mawr tua diwedd y mileniwm. Mae'n bwysig cydnabod bod llywodraethau a sefydliadau neoryddfrydol, yn gweithredu ar raddfa genedlaethol a rhyngwladol, wedi caniatáu i brosesau a grymoedd economaidd weithredu drwy gydol y llinell amser hon.

1944–45 Sefydlu Banc y Byd, y Gronfa Ariannol Ryngwladol (IMF) a gwreiddiau Sefydliad Masnach y Byd (WTO). Mae cynhadledd Bretton Woods ar ôl y rhyfel yn darparu'r glasbrint ar gyfer economi byd anniffynnol marchnad rydd lle mae cymorth, benthyciadau a chymorth arall yn dod ar gael i wledydd sy'n fodlon dilyn cyfres o ganllawiau ariannol byd-eang a ysgrifennwyd gan genhedloedd grymus.

1960au Mae'r diwydiant trwm yn economïau datblygedig Ewrop ac America dan fygythiad cynyddol gan y cynnydd mewn cynhyrchu yn ne-ddwyrain Asia, yn cynnwys Japan ac economïau cynyddol amlwg y Teigrod Asiaidd, yn nodedig De Korea. Mae costau llafur undebol yn cynyddu'r pris cynhyrchu ar gyfer adeiladu llongau, deunydd electronig a thecstilau Gorllewinol. Mae'r mwyafrif o economïau hŷn yn mynd i mewn i gyfnod o ddiffyg proffidioldeb i ddiwydiant.

1970au Mae Argyfwng Olew cyntaf OPEC yn 1973 yn gwthio diwydiant y Gorllewin dros ymyl y dibyn. Mae'r cynnydd mewn costau tanwydd yn sbarduno 'argyfwng cyfalafiaeth' i Ewrop ac America, ac mae eu cwmnïau'n dechrau anfon rhan o'u busnes dramor neu'n prynu i mewn ar gontractau tramor o genhedloedd lle mae'r costau llafur yn isel. Yn y cyfamser, mae'r elw mewn petroddoleri i genhedloedd OPEC y Dwyrain Canol yn saethu i fyny gan ddangos bod yr Emiradau Arabaidd Unedig a Saudi Arabia ar eu ffordd i ddod yn ganolfannau byd-eang newydd. Yn 1978, mae China yn dechrau diwygiadau economaidd ac yn agor ei heconomi.

1980au Mae dadreoleiddio ariannol mewn economïau mawr fel y Deyrnas Unedig a'r Unol Daleithiau yn dod â thon newydd o globaleiddio, ac y tro hwn mae'n cynnwys gwasanaethau ariannol, delio cyfranddaliadau a buddsoddiad portffolio (erbyn 2008, byddai gan farchnadoedd ariannol werth llawer mwy, mwy na dwywaith maint Cynnyrch Mewnwladol Crynswth y byd!). Mae cwymp yr Undeb Sofietaidd yn 1989 yn newid y map geowleidyddol byd-eang yn sylweddol, gan adael yr Unol Daleithiau fel yr unig 'bŵer mawr'.

1990au Mae penderfyniadau pwysig gan India (1991) a China (1978) i agor eu heconomïau yn dod â mwy o newid i'r map gwleidyddol byd-eang. Mae pwerau sydd wedi sefydlu'n barod yn cryfhau eu cysylltiadau masnachu rhanbarthol, yn cynnwys yr Undeb Ewropeaidd (UE 1993) a Chytundeb Masnach Rydd Gogledd America (NAFTA, 1994). Yn yr 1990au hwyr daw argyfwng ariannol Asiaidd sy'n rhybudd cynnar o'r risgiau a ddaw gyda chyfalalafiaeth fyd-eang marchnad rydd sydd heb ei rheoleiddio'n ddigon tynn.

2000au Mae gwendidau mawr yn y sector bancio byd-eang yn dod i'r amlwg yn ystod argyfwng ariannol byd-eang 2008–09. Mae benthyciadau heb eu sicrhau sydd werth cyfanswm o driliynau o ddoleri'n tanseilio'r prif fanciau. Mae hyn yn achosi effaith luosydd negyddol sy'n achosi cwymp yng ngwerth y cynnyrch mewnwladol crynswth byd-eang. Mewn byd rhyng-gysylltiedig, mae'r twf yn arafu am y tro cyntaf mewn dau ddegawd i China ac India, y ddwy genedl fawr ym maes contractau allanol a'r ddau bŵer mawr cynyddol amlwg newydd.

2010au Mae'r twf yn parhau'n araf yn dilyn yr argyfwng ariannol byd-eang, gyda llawer o wledydd yn llithro i mewn ac allan o ddirwasgiad, yn cynnwys Rwsia a Brasil. Mae problemau yng Ngwlad Groeg a Phortiwgal yn cynyddu i greu argyfwng Ardal yr Ewro. Er bod y twf yn arafach, mae China yn pasio'r Unol Daleithiau i ddod yn economi mwyaf y byd yn ôl ei phared gallu i brynu. Mewn llawer o wledydd, mae gwrthwynebiad poblogaidd i'r mudo a'r fasnach rydd yn cynyddu ac mae'r Deyrnas Unedig yn pleidleisio i adael yr Undeb Ewropeaidd. Ond, mae'r defnydd o rwydweithio cymdeithasol a'r rhyngrwyd byd-eang yn cyrraedd lefelau uwch nag erioed o'r blaen. Mae arbenigwyr yn cael trafferth dweud a yw globaleiddio'n cynyddu, wedi oedi neu'n gostwng.

AMSER

▲ **Ffigur 3.1** Llinell amser ar ôl 1945 ar gyfer globaleiddio a syfliad byd-eang diwydiant

Newidiadau economaidd strwythurol yn y DU

Mae Ffigur 3.2 yn dangos trawsffurfiad economaidd strwythurol y DU gyfan ers yr 1950au. Cafodd diwydiannau trwm (yn cynnwys haearn, dur ac adeiladau llongau) a diwydiannau traddodiadol (tecstilau, cemegolion, peirianneg) eu taro galetaf gan y syfliad byd-eang a digwyddiadau'r byd (gweler Ffigur 3.3). Er bod y rhan fwyaf o ddinasoedd mawr y DU wedi tyfu'n wreiddiol yn eu maint a'u statws oherwydd llwyddiant eu diwydiannau traddodiadol, roedd y dinasoedd mawr hyn nawr yn dinistrio'r diwydiannau gwaith llaw (Tabl 3.1). Dros amser, mae sectorau diwydiannol trydyddol a chwaternaidd wedi dod yn llawer mwy arwyddocaol o ran eu cyfraniad i gyflogaeth y DU ac i incwm cenedlaethol y DU. Fodd bynnag, dydy'r syfliad strwythurol eang hwn – rydyn ni weithiau'n ei alw'n 'trydyddu' – ddim wedi digwydd i'r un graddau o un lle i'r llall.

- Mae rhai lleoedd wedi sefyll yn llawer cryfach nag eraill yn erbyn y newidiadau mewn amodau economaidd byd-eang. Ar y cyfan, mae gan y DU heddiw sector eilaidd sy'n dal i gyflogi 2 filiwn o bobl, a chyfrannodd y sector hwn 20 y cant o'r Cynnyrch Mewnwladol Crynswth (CMC) yn 2017 (os ydyn ni'n cynnwys diwydiannau adeiladu): yn amlwg, mae rhai lleoedd wedi cadw eu diwydiannau gweithgynyrchu llwyddiannus sy'n cyflogi niferoedd mawr o bobl. Nes ymlaen yn y bennod hon, byddwch yn darllen am rai o'r busnesau hyn a'u lleoliadau (gweler hefyd tudalen 136).
- Roedd prosesau'r newid yn gyflymach mewn rhai rhanbarthau a lleoedd nag eraill. Er enghraifft, rhwng 1952 a 1979 cwympodd y gyflogaeth mewn gweithgynhyrchu yng ngogledd-orllewin Lloegr o 25 y cant. Roedd y gostyngiad hwn yn llawer mwy serth yma nag mewn rhanbarthau eraill ac yn adlewyrchu'r ffaith bod cymysgedd anffafriol o ddiwydiannau yn y gogledd-orllewin (yng nghyd-destun y syfliad byd-eang), oedd yn cynnwys tecstilau, cemegolion a pheirianneg ysgafn.
- Yn yr 1980au, cyflymodd y dirywiad mewn gweithgynhyrchu yn y rhanbarthau gogleddol, ond roedd de Lloegr yn fwy gwydn yn ei safiad yn erbyn colledion pellach (gweler Ffigur 3.4).

Dinas	Sut y dirywiodd gweithgynhyrchu
Lerpwl	Erbyn yr 1970au, roedd dyddiau Lerpwl fel porthladd fwyaf y DU yn dechrau dod i ben. Roedd newidiadau mewn masnach fyd-eang wedi gwneud Bryste a phorthladdoedd eraill yn y de yn fwy poblogaidd a chododd y diweithdra yn Lerpwl o un rhan o dair yn ystod yr 1970au. Caeodd dwy fil o fusnesau rhwng 1978 a 1982, yn cynnwys cwmnïau tecstilau, peirianneg a thrydanol. Diflannodd cyfanswm o 200,000 o swyddi wrth i Lerpwl ddad-ddiwydianeiddio.
Manceinion	Yn 1959, roedd gweithgynhyrchu'n dal i gyflogi mwy na hanner o weithlu Manceinion Fwyaf; heddiw, mae'n cyfrif am lai nag un ymhob pump swydd. Cafodd y ddinas ei bwrw'n galed gan y dad-ddiwydianeiddio: rhwng 1971 a 1981, collodd Manceinion bron i 50,000 o swyddi llawn amser – yn arbennig mewn tecstilau, peirianneg trwm a chemegolion – a bron i bumed rhan o'i phoblogaeth.
Caerdydd	Yn ystod y bedwaredd ganrif ar bymtheg, Caerdydd oedd y porthladd mwyaf ond un yn y byd am allforio glo. Roedd diwydiannau ysgafn wedi sefydlu wrth ymyl y dociau a daeth Caerdydd hefyd yn ganolbwynt rhanbarthol ar gyfer cyllid ac yswiriant. Ond, o ganlyniad i ddirywiad diwydiannau glo a dur Cymru dechreuodd y porthladd ddioddef yn ystod yr 1950au a'r 1960au.

▲ **Tabl 3.1** Colli diwydiannau gweithgynhyrchu a swyddi traddodiadol am fod syfliad byd-eang wedi dod â chaledi mawr i ddinasoedd mawr y DU. Ni lwyddodd unrhyw anheddiad mawr yn y DU i osgoi effeithiau hyn

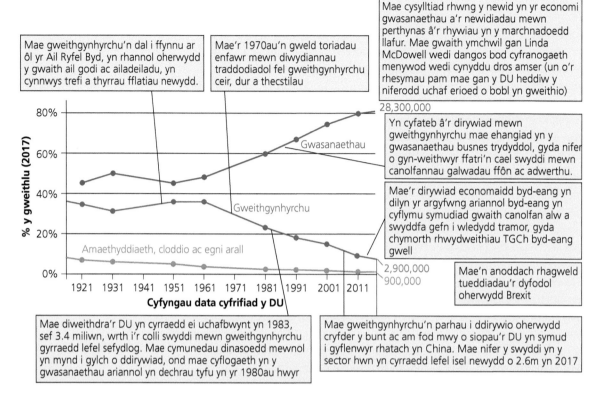

Mae gweithgynhyrchu'n dal i ffynnu ar ôl yr Ail Ryfel Byd, yn rhannol oherwydd y gwaith ail godi ac ailadeiladu, yn cynnwys trefi a thyrrau fflatiau newydd.

Mae'r 1970au'n gweld toriadau enfawr mewn diwydiannau traddodiadol fel gweithgynhyrchu ceir, dur a thecstilau

Mae cysylltiad rhwng y newid yn yr economi gwasanaethau a'r newidiadau mewn perthynas â'r rhywiau yn y marchnadoedd llafur. Mae gwaith ymchwil gan Linda McDowell wedi dangos bod cyfranogaeth menywod wedi cynyddu dros amser (un o'r rhesymau pam mae gan y DU heddiw y niferodd uchaf erioed o bobl yn gweithio)

Yn cyfateb â'r dirywiad mewn gweithgynhyrchu mae ehangiad yn y gwasanaethau busnes trydyddol, gyda nifer o gyn-weithwyr ffatri'n cael swyddi mewn canolfannau galwadau ffôn ac adwerthu.

Mae'r dirywiad economaidd byd-eang yn dilyn yr argyfwng ariannol byd-eang yn cyflymu symudiad gwaith canolfan alw a swyddfa gefn i wledydd tramor, gyda chymorth rhwydweithiau TGCh byd-eang gwell

Mae'n anoddach rhagweld tueddiadau'r dyfodol oherwydd Brexit

Mae diweithdra'r DU yn cyrraedd ei uchafbwynt yn 1983, sef 3.4 miliwn, wrth i'r colli swyddi mewn gweithgynhyrchu gyrraedd lefel sefydlog. Mae cymunedau dinasoedd mewnol yn mynd i gylch o ddiryriad, ond mae cyflogaeth yn y gwasanaethau ariannol yn dechrau tyfu yn yr 1980au hwyr

Mae gweithgynhyrchu'n parhau i ddirywio oherwydd cryfder y bunt ac am fod mwy o siopau'r DU yn symud i gyflenwyr rhatach yn China. Mae nifer y swyddi yn y sector hwn yn cyrraedd lefel isel newydd o 2.6m yn 2017

▲ **Ffigur 3.2** Strwythur cyflogaeth newidiol y DU, 1921– presennol (data ONS)

▲ **Ffigur 3.3** Roedd diwydiannau oedd yn ffynnu ym mlynyddoedd cynnar yr ugeinfed ganrif yn aml yn gweld amodau'n anoddach yn y degawdau ar ôl y rhyfel

 **TERM ALLWEDDOL**

Rhesymoliad Ffyrdd o wneud diwydiant yn fwy effeithlon, er enghraifft drwy ddiswyddo gweithwyr a cheisio gwneud y gweithwyr sy'n weddill yn fwy cynhyrchiol, neu drwy gau gweithredoedd llai proffidiol y cwmni.

Mae'r tueddiadau gweithgynhyrchu a welwn ni yn Ffigur 3.2 yn dangos sut mae cyflogaeth mewn gweithgynhyrchu wedi parhau i ostwng yn raddol mewn degawdau diweddar oherwydd cyfuniad o awtomeiddio, cau ffatrïoedd ac adleoli'n strategol i wledydd tramor.

● Gwrthododd y dyn busnes gwladgarol o'r DU, James Dyson, symud adain weithgynhyrchu ei gwmni i Asia am flynyddoedd lawer. Ond, yn 2003, oherwydd pryderon ynglŷn â phroffidioldeb y cwmni, penderfynodd Corfforaeth Dyson symud ei weithredoedd llawr siop i Malaysia er mwyn gostwng y costau llafur o ddwy ran o dair. Roedd y symudiad yn gwneud synnwyr hefyd am fod gwerthiant y peiriannau glanhau Dyson yn cynyddu mewn marchnadoedd Asiaidd oedd yn gynyddol amlwg.

● Pan ehangodd yr Undeb Ewropeaidd yn 2004 rhoddodd hynny gyfle i weithgynhyrchwyr y DU symud eu gweithredoedd i wledydd lle roedd y cyflogau'n is yn nwyrain Ewrop. Cymerodd rhai cwmnïau fantais o'r ffaith bod y wlad yn aelod o'r Undeb Ewropeaidd i brynu cwmnïau eraill, neu gyfuno gyda chwmnïau eraill, oedd yn cystadlu â nhw ac oedd â'u pencadlys mewn gwlad arall. Ar brydiau, achosodd hynny resymoliad a chaewyd canghennau yn y DU er mwyn gallu ehangu cynhyrchiad mewn safleoedd oedd ganddyn nhw mewn tiriogaethau Ewropeaidd eraill. Er enghraifft, yn 2006 cyhoeddodd Nestlé ei fod yn colli 645 o swyddi yn ei ffatri yn Efrog. Symudodd y cwmni gynhyrchiad *Smarties*® i'r Almaen, *KitKat*® i Fwlgaria ac *Aero*® i Tsiecia lle mae'r cyflogau'n llawer is nag ydyn nhw yn y DU.

DADANSODDI A DEHONGLI

Astudiwch Ffigur 3.4 sy'n dangos sut y gwahaniaethodd y lefel diweithdra mewn gwahanol ranbarthau o'r DU oddi wrth y cyfartaledd cenedlaethol rhwng 1974 a 1991. Mae ffigur differynnau cadarnhaol yn dangos diweithdra uwch na'r cyfartaledd mewn rhanbarth ac mae ffigur differynnau negyddol yn dangos diweithdra is na'r cyfartaledd.

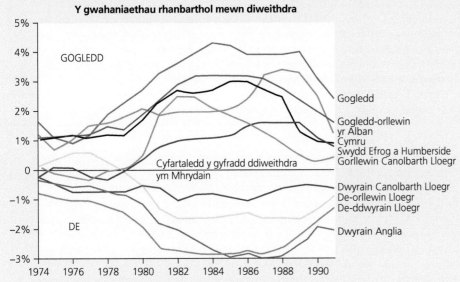

▲ **Ffigur 3.4** Gwahaniaethau rhanbarthol mewn diweithdra i ranbarthau'r DU, 1974–91

(a) Gan ddefnyddio Ffigur 3.4, cyfrifwch y gwahaniaeth rhwng y gyfradd ddiweithdra i Ddwyrain Canolbarth Lloegr a Gorllewin Canolbarth Lloegr yn 1982.

(b) Cymharwch y gwahanol dueddiadau i'r rhanbarthau gogleddol a deheuol rhwng 1974 ac 1984.

CYNGOR

Mae'r gair gorchymyn 'cymharwch' yn gofyn i chi ddefnyddio dull dadansoddol i drin y data sy'n mynd ymhellach na dim ond rhestru ffeithiau neu ddarparu dilyniant syml o ddatganiadau disgrifiadol. Yn hytrach, dylech chi wneud y dadansoddiad gan ddefnyddio iaith gymharol drwyddo draw (yn cynnwys defnydd aml o eiriau cysylltu fel 'fodd bynnag' ac 'ar y llaw arall'). Un ffordd bosibl o wneud y dasg hon fyddai gwneud cymhariaeth i ddechrau rhwng 'stori fawr' y gogledd a 'stori fawr' y de dros amser, cyn gwneud cymhariaeth fwy manwl o ranbarthau unigol. Mae'n syniad tynnu sylw at y ffaith bod tueddiadau rhanbarthol wedi dargyfeirio'n amlwg ar ôl 1978. Byddwch yn ofalus i ddisgrifio'r data'n gywir: mae'r graff yn dangos gwahaniaethau mewn diweithdra *o'i gymharu â'r cyfartaledd cenedlaethol* yn hytrach na chynnydd neu gwymp gwirioneddol yn y gyfradd ddiweithdra gyffredinol. Byddwch yn ofalus hefyd i beidio cymharu'r tueddiadau ar ôl 1984.

(c) Awgrymwch resymau dros y gwahaniaethau hyn.

CYNGOR

Gallwn ni esbonio perfformiad gweddol wael y rhanbarthau gogleddol drwy gyfeirio at ddad-ddiwydianeiddio a methiant neu ail leoliad y diwydiannau gweithgynhyrchu. Gallech chi hefyd sôn ychydig am y newidiadau mewn cyflogaeth ar gyfer diwydiannau traddodiadol eraill fel cloddio am lo. Mae'r ffaith bod rhanbarthau deheuol wedi perfformio ychydig yn llai gwael yn adlewyrchu'r ffaith bod ganddyn nhw economïau mwy amrywiol. Yn gyffredinol, mae Ffigur 3.4 yn dangos bod effeithiau'r syfliad byd-eang yn cael eu teimlo'n wahanol iawn mewn gwahanol ranbarthau yn ystod y cyfnod hwn.

(ch) Awgrymwch resymau pam mae differynnau diweithdra rhanbarthol yn dechrau gostwng yn yr 1980au hwyr.

CYNGOR

Mae angen rhoi ystyriaeth ofalus i'r cwestiwn hwn a defnyddio eich gwybodaeth yn ystyriol. Un rheswm efallai yw bod camau wedi eu cymryd i ddarparu swyddi newydd yn y rhanbarthau a gafodd eu bwrw waethaf erbyn yr 1980au hwyr. Er enghraifft, roedd buddsoddiad newydd o'r tu allan wedi cyrraedd y DU, fel Nissan yn Sunderland; roedd Llywodraeth y DU hefyd wedi cymryd camau bwriadol i ysgogi buddsoddiad o'r tu allan mewn rhanbarthau problemus gan gorfforaethau trawswladol. Rheswm posibl arall efallai fyddai pwysigrwydd cynyddol y diwydiannau gwasanaethu i economi'r DU yn ystod yr 1980au. Roedd cyfleoedd gwaith newydd mewn adwerthu, twristiaeth a hamdden o gymorth i ostwng y diweithdra mewn llawer o ddinasoedd oedd wedi cael eu bwrw'n galed gan ddad-ddiwydianeiddio yn y degawd blaenorol.

(d) Aseswch gryfderau a gwendidau Ffigur 3.4 fel ffordd o gyflwyno tueddiadau diweithdra rhanbarthol.

CYNGOR

Meddyliwch am ffyrdd eraill o gyflwyno data am ddiweithdra rhanbarthol. Opsiwn arall fyddai dangos y lefel o ddiweithdra gwirioneddol ymhob rhanbarth (yn hytrach na lefel y gwyro oddi wrth y cyfartaledd cenedlaethol). O ganlyniad, dydyn ni ddim yn gwybod a oedd diweithdra'n codi neu'n gostwng yn gyffredinol o flwyddyn i flwyddyn: gallan ni ystyried bod hyn yn wendid yn Ffigur 3.4. Cryfder y dechneg gyflwyno hon yw'r ffordd y mae'n tynnu sylw at dynged wahanol y rhanbarthau gogleddol a deheuol (mae gwytnwch cymharol y de i'w weld yn fwy eglur; mae'n amlwg hefyd bod y gogledd wedi cael ei effeithio'n waeth gan y syfliad byd-eang). Efallai y byddwch yn gallu cynnig asesiad o gryfderau a gwendidau eraill, er enghraifft mor hawdd yw'r data i'w ddehongli a'i ddeall.

Newidiadau mewn lleoedd gwneud ceir

Wrth edrych yn ôl ar Ffigur 3.2, mae'n bwysig cofio bod rhai lleoedd sydd wedi eu disgrifio'n gywir fel mannau sydd wedi bod drwy ddad-ddiwydianeiddio o ran *cyflogaeth* pobl, yn dal i gynhyrchu *allbwn* gweithgynhyrchu cryf. Y rheswm dros hyn yw eu bod nhw wedi mabwysiadu technegau cynhyrchu sydd wedi eu mecaneiddio. Mae cynllunio drwy gymorth cyfrifiadur (*CAD: Computer Aided Design*) a gweithgynhyrchu drwy gymorth cyfrifiadur (*CAM: Computer Aided Manufacturing*) wedi cadw'r allbwn yn uchel ond mae pobl wedi colli eu swyddi a chyflogaeth wedi mynd i lawr, yn enwedig yn niwydiant ceir y DU.

- Cafodd cyfanswm o 1.7 miliwn o geir eu hadeiladu yn y DU yn 2017, a chafodd nifer uwch nag unrhyw wlad arall eu hallforio drwy'r byd i gyd (aeth mwy nag un ymhob dau i wledydd eraill yn Ewrop): dyma ganlyniad y buddsoddiadau a wnaed dros y blynyddoedd diwethaf mewn dylunio a thechnoleg o'r radd flaenaf.
- Er bod nifer y ceir a gafodd eu hadeiladu yn y DU yn 1972 yn debyg iawn i'r nifer sy'n cael eu hadeiladu heddiw, mae maint y gweithlu'n llawer llai erbyn hyn. Yn 2016, roedd gan y diwydiant ceir weithlu hynod o fedrus a chynhyrchiol o ddim ond 169,000; yn 1972 , y ffigur oedd 500,000.
- Newid pwysig arall yw'r ffordd y mae'r gwaith cynhyrchu ceir mawr i gyd yn y DU wedi pasio i berchnogaeth dramor o ganlyniad i fuddsoddiad uniongyrchol o dramor i'r DU gan, ymysg eraill, gwmnïau mawr yn yr Almaen, China a Japan. Mae nifer o frandiau Prydeinig eiconig wedi symud dramor dros y blynyddoedd diwethaf (Tabl 3.2).

Efallai mai'r ganolfan weithgynhyrchu ceir fwyaf adnabyddus yn y DU heddiw yw Sunderland, lle mae'r cwmni trawswladol o Japan – Nissan – wedi cynhyrchu ceir ers 1984. Roedd amodau'n gysylltiedig â'r buddsoddiad o'r tu allan gan Nissan – llofnododd Lywodraeth y DU gytundeb yn cynnig tir am bris gostyngol. Am fod gogledd-ddwyrain Lloegr wedi gweld dad-ddiwydianeiddio yn dilyn cau'r iardiau llongau a'r pyllau glo, roedd gweithlu mawr ar gael i Nissan ddewis ohono. Heddiw, ffatri Nissan yn Sunderland yw'r ffatri geir fwyaf yn y DU, sy'n cynhyrchu tua 500,000 o gerbydau bob blwyddyn ac a oedd yn cyflogi 7000 o bobl yn 2017. Efallai fod hyn yn swnio'n uchel ond roedd Ford Motors yn cyflogi mwy na 40,000 o weithwyr yn ei ffatri yn Dagenham yn yr 1950au.

Brand	Lle	Cynhyrchion	Perchenogaeth
Aston Martin	Gaydon	Ceir	DU
Bentley	Crewe	Ceir a pheiriannau	Yr Almaen
Ford	Pen-y-bont ar Ogwr, Dagenham a Southampton	Peiriannau, bysiau a bysiau moethus	UDA
Honda	Swindon	Ceir a pheiriannau	Japan
Jaguar Land Rover	Castle Bromwich, Solihull a Halewood	Ceir	India
Lotus	Norwich	Ceir	Malaysia
Tacsis Llundain (LTI)	Coventry	Ceir	DU/China
McLaren	Woking	Ceir	DU
MG Motor	Longbridge	Ceir	China
Mini	Rhydychen a Birmingham	Ceir a pheiriannau	Yr Almaen
Morgan	Malvern	Ceir	DU
Nissan	Sunderland	Ceir a pheiriannau	Japan
Rolls-Royce	Goodwood	Ceir	Yr Almaen
Tata	Coventry	Ceir	India
Toyota	Burnaston a Glannau Dyfrdwy	Ceir a pheiriannau	Japan
Vauxhall	Ellesmere Port a Luton	Bysiau a bysiau moethus	UDA

▲ **Tabl 3.2** Lleoedd yn y DU lle mae ceir yn dal i gael eu gweithgynhyrchu. Mae patrwm byd-eang o berchnogaeth dramor yn dangos sut mae'r llifoedd buddsoddiad wedi newid dros amser

Mae Tabl 3.2 yn dangos lleoedd yn y DU lle mae nifer fawr o geir yn dal i gael eu cynhyrchu. Mae'r newidiadau yn y diwydiant ceir uchod wedi effeithio ar y lleoedd hyn lle mae cerbydau'n cael eu cynhyrchu mewn nifer o ffyrdd pwysig.

- Yn y mwyafrif o'r lleoedd, mae cyfran is o bobl leol wedi eu cyflogi'n uniongyrchol gan ddiwydiannau ceir nag oedd yn y gorffennol, a hynny oherwydd awtomatiaeth. Mae hyn yn gallu effeithio ar ystyr lle a hunaniaeth gymunedol am fod llai o bobl erbyn hyn yn rhannu'r un profiad personol o adeiladu ceir gyda'i gilydd (gweler Ffigur 3.5). Anaml iawn y mae diwydiannau traddodiadol yn y DU yn gweithredu fel y 'glud' sy'n rhwymo cymunedau cyfan at ei gilydd erbyn hyn (gweler hefyd dudalennau 11-12).
- O ganlyniad i berchnogaeth dramor, gallwn ni ddadlau bod y cysylltiadau gyda mannau pell i ffwrdd wedi ail siapio hunaniaethau'r mannau lle mae ceir yn cael eu cynhyrchu. E.e. er mai Rhydychen yw 'cartref' y Mini o hyd, mae'r elw mwyaf yn mynd i gyfeiriad yr Almaen mewn gwirionedd (lle mae pencadlys perchennog y Mini, BMW).

▲ **Ffigur 3.5** Yn y gorffennol, cyn yr awtomeiddio, roedd niferoedd mawr o bobl ifanc yn gweithio â'i gilydd mewn diwydiannau ceir lleol: roedd y cyd-brofiad hwn o gymorth i greu teimlad cryf o hunaniaeth lle a chymuned

Am fod y DU wedi penderfynu gadael yr Undeb Ewropeaidd, bydd hyn yn effeithio ar y lleoedd yn Nhabl 3.2 yn y dyfodol. Pan benderfynodd cwmnïau yn yr Almaen, Japan, China, India, UDA a Malaysia fuddsoddi mewn cyfleusterau cynhyrchu yn y DU, gwnaethon nhw hynny o dan y dybiaeth y byddai'r DU yn parhau o fewn yr Undeb Ewropeaidd. Ar adeg ysgrifennu hwn, mae ansicrwydd hyd yma ynglŷn â beth fydd telerau unrhyw gytundeb masnach rhwng y DU a'r Undeb Ewropeaidd yn y dyfodol, ond mae'n bosibl y bydd allforion ceir o'r DU yn mynd yn ddrytach i gwsmeriaid yn Ewrop. Er bod Nissan a Toyota wedi addo aros yn y DU beth bynnag sy'n digwydd, mae rhai cwmnïau wedi gofyn am sicrhad gan Lywodraeth y DU y bydden nhw'n cael eu cefnogi'n ariannol os bydd costau allforio'n codi.

Newidiadau mewn lleoedd glofaol

Mae prif feysydd glo'r DU yn cynnwys De Cymru, De Swydd Efrog, Durham a Northumberland (a elwir y Great Northern) a Swydd Ayr. Yn wreiddiol, siapiwyd yr holl ffordd o fyw mewn trefi a phentrefi glofaol gan y diwydiant glo: roedd y profiad ar y cyd o weithio yn ddwfn o dan y ddaear dan amodau peryglus yn creu teimlad cryf o hunaniaeth a chydlyniad cymunedol.

- Roedd cymunedau glofaol Cymru'n adnabyddus am eu corau meibion (gweler tudalen 12).
- Yn yr 1900au cynnar, roedd balchder, ffyniant a swyddi dinasoedd pêl-droed Newcastle a Sunderland wedi eu seilio ar y diwydiant glo: roedd un o'r ffigurau mwyaf yn hanes pêl-droed Lloegr, Bob Paisley, yn fab i löwr o Sir Durham.
- Mae pennod agoriadol llyfr George Orwel o 1937, *The Road to Wigan Pier*, yn ffynhonnell werthfawr o ddata ansoddol i unrhyw un sydd â diddordeb yn nhirwedd ddiwylliannol y lleoedd glofaol.

Heddiw, dim ond llond llaw o byllau glo brig sy'n parhau'n agored ac mae llai na 4000 o bobl yn gweithio yn y diwydiant (gweler tudalen 94 hefyd). I gymharu, roedd 1 miliwn o lowyr yn 1914. Heblaw am y ffaith bod rhai haenau glo wedi dod i ben, beth yw'r esboniad am golli'r diwydiant hwn oedd mor fawr ar un cyfnod?

- Am fod natur y gwaith yn beryglus iawn a bod nifer fawr o bobl yn gweithio yn y pwll, aeth y cymunedau glowyr ati i sefydlu undebau llafur cryf. Dros amser, llwyddodd Undeb Cenedlaethol y Glowyr (*NUM: National Union of Miners*) i gael gwell amodau gwaith a thâl i lowyr gan y perchnogion pyllau glo preifat ac yna gan y Bwrdd Glo Cenedlaethol oedd o dan berchenogaeth y llywodraeth.
- Ond y prif reswm wrth gwrs bod y syfliad byd-eang a'r dad-ddiwydianeiddio wedi digwydd oedd bod cost gwaith llaw wedi codi mewn gwledydd datblygedig. Yn yr 1960au a'r 1970au, ceisiodd llywodraethau olynol y DU gau pyllau glo drud y DU gyda'r bwriad o fewnforio glo rhatach o Asia, De America, Affrica a dwyrain Ewrop.
- Yn dilyn blynyddoedd o wrthsefyll ffyrnig gan yr NUM yn erbyn y bygythiad i gau'r pyllau glo, cafwyd streic genedlaethol yn 1984 gan ei 180,000 o aelodau

(sef tua thri chwarter yr holl lowyr oedd yn weddill bryd hynnny). Parhaodd yr anghytundeb gwleidyddol rhwng llywodraeth Geidwadol Margaret Thatcher ac arweinydd yr NUM Arthur Scargill am flwyddyn (gweler Ffigur 3.6). Ond, yn y diwedd, methodd y streic ac yna caewyd llawer o'r pyllau glo.

- Mae cloddio am lo wedi dirywio ymhellach fyth ers yr 1980au, a'r rheswm dros hyn yn ystod y blyddoedd diwethaf yw'r ymdrech wleidyddol 'werdd' i ddiddymu glo yn gyfan gwbl o gymysgedd egni'r DU er mwyn helpu i ostwng allyriadau nwyon tŷ gwydr.

▲ **Ffigur 3.6** Gall prosesau datblygu economaidd ddod â newidiadau sy'n cael eu gwrthwynebu'n chwerw gan gymunedau: yn aml iawn roedd streic glowyr 1984-85 yn troi'n dreisgar ac yn dangos sut roedd y cyd-brofiad o gloddio am lo wedi creu hunaniaethau lle a chymuned cryf.

Mae llawer o'r ardaloedd oedd gan byllau glo yn y gorffennol yn dal i gael trafferthion economaidd hyd heddiw. Roedd y mwyafrif o'r aneddiadau hyn yn bodoli oherwydd y glo a dim rheswm arall. Weithiau mae'n anodd dod â llif newydd o fuddsoddiad i'r lleoedd hyn ac amrywiaethu eu heconomïau. Roedd Glofa Cortonwood ger Rotherham yn Ne Swydd Efrog yn cyflogi cymuned glos o 1000 o lowyr ar un adeg. Er bod y pwll glo yno wedi cau ar ôl streic 1984, mae wedi gwneud yn well na llawer o leoedd eraill ers hynny. Am ei fod yn agos at yr A1, roedd Cortonwood yn safle addas i barc siopa ac mae archfarchnad yn sefyll bellach lle roedd cawodydd cymunedol y glowyr ar un adeg, ac mae cangen o B&Q ar safle hen siafft y pwll. Mae rhai o'r cyn-lowyr iau wedi cael swyddi yn y siopau hyn.

Mae gwahaniaeth barn am y newidiadau yn Cortonwood a lleoedd eraill.

- Yn aml iawn mae cyn-lowyr yn falch o'u gorffennol – yn ystod y ddau ryfel byd ni chafodd y glowyr eu galw i fynd i frwydro am fod eu gwaith yn hanfodol i gadw pobl y wlad yn fyw. Mae rhai pobl yn difaru bod y gwaith glo wedi dod i ben am ei fod yn creu teimlad cryf o hunaniaeth leol, ac yn rhoi diogelwch economaidd i'w ardal.
- Efallai fod pobl eraill yn teimlo mai'r syfliad byd-eang a'r wleidyddiaeth werdd yw'r hyn a ddylai ddigwydd er mwyn rhoi diwedd ar gloddio am lo yn y DU. Roedd y gwaith glofaol wedi achosi i ddynion gael anableddau; roedd anadlu llwch glo wedi arwain at gyfraddau uchel o emffysema a chanser yr ysgyfaint. Mae chwarter y dynion o oed gweithio mewn cyn-gymunedau glofaol yn derbyn budd-daliadau salwch. Mae menywod wedi elwa'n fawr o'r newidiadau mewn cyflogaeth hefyd (o ystyried y ffaith mai dynion oedd yn gwneud gwaith glo yn hanesyddol). Felly, efallai fod pobl a aned rhwng 1981 ac 1996 (Millennials) mewn lleoedd fel Cortonwood yn methu deall pam mae'r genhedlaeth hŷn mor ddigalon ynglŷn â chau'r pyllau glo.

Heriau'r ddinas fewnol a'r cylch amddifadedd

Mewn rhai lleoedd, roedd y problemau diweithdra a achoswyd gan y newid diwydiannol strwythurol wedi ehangu'n gyflym iawn i greu heriau economaidd-gymdeithasol oedd yn mynd yn fwyfwy difrifol. Mae'r cysyniad daearyddol arbenigol o adborth cadarnhaol yn ein helpu i esbonio pam. Efallai eich bod chi'n gyfarwydd â'r syniad yma'n barod o astudio systemau ffisegol mewn daearyddiaeth. Rydyn ni'n deall mai adborth cadarnhaol mewn system yw'r sefyllfa pan fydd effeithiau cychwynnol yn ehangu gan greu egnïon yn y pen draw sy'n mynd allan o reolaeth. Cafodd effeithiau dad-ddiwydianeiddio mewn gwledydd datblygedig eu chwyddo gan adborth mewn nifer o ffyrdd yn ystod yr 1970au a'r 1980au.

- Pob tro mae gwaith diwydiannol mawr yn cau, fel colli ffatri Tate & Lyle Lerpwl, mae'n creu effeithiau dilynol sy'n gweithio eu ffordd drwy'r cadwynau cyflenwi. Mae'r effeithiau hyn yn achosi i ddiwydiannau

Y ddamcaniaeth ffenestri toredig Mae'r ddamcaniaeth hon am ymgysylltiad pobl â lle yn disgrifio'r ffordd y mae dirywiad amgylcheddol yn cyflymu'n gyflym mewn lleoedd lle mae lefelau isel o ddinasyddiaeth weithredol, a lefelau isel o ymgysylltu â lle, ymysg y gymuned leol.

Cylch amddifadedd Cylch dieflig o newidiadau economaidd, cymdeithasol ac amgylcheddol negyddol sy'n gysylltiedig â'i gilydd mewn unrhyw ardal sy'n dioddef straen, fel y rheini sy'n gysylltiedig â dad-ddiwydianeiddio. Gallai'r cylch gyflymu dros amser oherwydd prosesau adborth cadarnhaol.

mawr a chyflenwyr llai, i fyny ac i lawr y gadwyn, fethu hefyd. Chwalodd clystyrau cyfan o ddiwydiannau. Yn Sheffield roedd 27,000 o swyddi mewn gwaith dur yn 1981. Erbyn 1991, dim ond 7000 oedd ar ôl. Roedd yr effeithiau cysylltiedig ar sectorau eraill o economi'r ddinas yn enfawr. Collwyd un o bob pedair o swyddi'r ddinas, yn y diwydiannau cynhyrchu (gweithgynhyrchu metel a pheirianneg) a hefyd yn y sector adwerthu i gwsmeriaid (roedd incwm y cwsmeriaid hyn wedi disgyn ar ôl iddyn nhw golli eu swyddi).

- Dirywiodd yr amgylchedd ffisegol yn gyflymach o ganlyniad i'r effeithiau adborth. Mae'r ddamcaniaeth ffenestri toredig yn disgrifio'r ffordd y mae gweithredoedd bach o fandaliaeth yn gallu mynd allan o reolaeth i greu problemau mwy difrifol fel llosgi bwriadol. Mae adeiladau adfeiliedig yn denu gweithgareddau troseddol hefyd, yn cynnwys gweithgynhyrchu cyffuriau. Wrth i'r amodau amgylcheddol waethygu, mae unrhyw fusnesau sydd ar ôl yn symud i leoedd eraill (gweler Ffigur 3.7).

- Cyflymodd y problemau cymdeithasol drwy weithrediad cylch amddifadedd. Fel mae ei enw'n awgrymu, mae hon yn ddolen adborth sy'n ei bwydo ei hun (gweler Ffigur 3.8). Yn y cymdogaethau a effeithiwyd fwyaf yn y DU ac UDA, troseddau'n ymwneud â chyffuriau ddaeth yn sail i'r economi anffurfiol mewn rhai cymdogaethau tlawd. Mae'r disgwyliad oes mewn rhai rhanbarthau trefol incwm isel yn UDA bellach 30 mlynedd yn is nag ydyw mewn lleoedd cyfoethog gerllaw. Un o'r rhesymau pennaf am hyn yw trosedd gynnau. Ar dudalen 68 roedden ni'n archwilio sut mae dinasoedd yn y DU, fel Manceinion, yn dioddef o drais gangiau hefyd.

- Mae'r dewis gan drigolion mwy cefnog i symud allan yn broses 'gaseg eira' arall. Symudodd y bobl dosbarth canol allan o ddinasoedd Prydain yn eu miloedd ar ôl yr 1970au (gweler tudalennau 65 a 196 i ddarllen am wrth-drefoli). Yn UDA, yr enw ar y broses hon gan y cyfryngau oedd 'y gwyn ar ffo' (white flight). Yn dilyn hyn Americaniaid Affricanaidd incwm isel oedd yn byw yn yr ardaloedd hyn yn bennaf. Mae Detroit wedi colli 1 miliwn o drigolion ers 1950, a'r mwyafrif o'r rheiny'n bobl wyn.

- Yn eu tro, wrth i bobl broffesiynol allfudo, roedd rhai ysbytai a meddygfeydd yn y dinasoedd mewnol yn brin o staff cymwysedig, a hynny mewn cyfnod pan oedd y pwysau'n cynyddu ar y gwasanaethau iechyd (am fod cynnydd mewn troseddu a cham-drin sylweddau). Cafodd y gwasanaethau addysg eu heffeithio mewn ffordd debyg hefyd wrth i ysgolion yn y dinasoedd mewnol golli staff a chael trafferth denu athrawon o safon i ardaloedd oedd yn cael eu dangos fwy a mwy yn y cyfryngau fel lleoedd problemus (gan ail adrodd y neges bwysig o Bennod 2 bod ystyron a chynrychioliadau lle yn bwysig ac yn dod â gwir ganlyniadau i bobl a lleoedd).

▲ **Ffigur 3.7** Ardal dinas fewnol wedi'i dad-ddiwydianeiddio lle mae amodau cymdeithasol ac amgylcheddol wedi dirywio y tu hwnt i reolaeth: ni fyddai llawer o fusnesau eisiau aros yma, hyd yn oed os byddai'n dal i fod yn broffidiol iddyn nhw wneud hynny

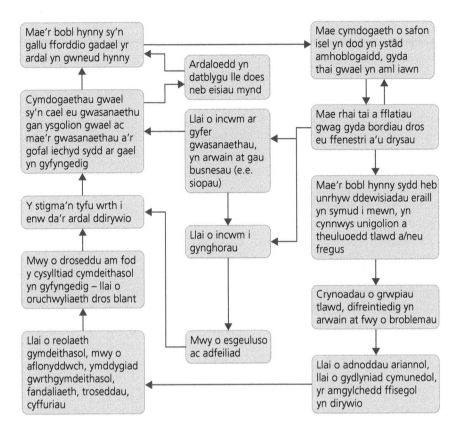

▲ **Ffigur 3.8** Mae'r darluniad hwn o'r cylch amddifadedd yn dangos gweithrediad y cysylltiadau niferus, cyd-gysylltiadau a dolenni adborth

 **TERM ALLWEDDOL**

Trothwy Cyfyngiad neu lefel allweddol mewn system neu amgylchedd a allai, o'i groesi, arwain at newid enfawr a pharhaol.

Croesi'r trothwy

Weithiau gallwn ni adnabod trothwy, neu bwynt di-droi'n-ôl pan fydd rhywle'n dirywio. Mae colli un diwydiant neu wasanaeth sy'n arbennig o hanfodol yn gallu cyflymu newid. Maen nhw'n croesi llinell ac, wedi hynny, does dim posib dod â'r ffyniant economaidd yn ei ôl. Mewn cymdogaeth drefol ddifreintiedig, mae cau banc neu swyddfa bost lleol (am nad oes cymaint o ofyn am y gwasanaethau hyn wrth i'r incwm lleol ddisgyn) yn gallu bod yn bwynt sy'n achosi i res gyfan o siopau fethu, fel dymchwel rhes o ddominos. Mae busnesau lleol eraill oedd yn dibynnu ar gwsmeriaid y'banc yn y wal'i alw i brynu rhywbeth wrth gerdded heibio, yn gweld bod eu gwerthiannau nwyddau cyfleus wedi dod i ben yn sydyn iawn. Yn dilyn yn gyflym wedyn mae nifer o fusnesau'n cau. Ym Mhennod 6 (gweler tudalen 197) rydyn ni'n archwilio sut mae prosesau tebyg yn gallu digwydd mewn cyd-destun gwledig.

Problem

Weithiau byddai dechreuad cyflym y dad-ddiwydianeiddio'n gadael cenhedlaeth gyfan o ymadawyr ysgol mewn twll. Hyd yr 1970au, am genedlaethau lawer, roedd pobl ifanc 15 a 16 oed wedi dilyn llwybr oedd yn eu harwain yn syth o'r ysgol i brentisiaeth ddiwydiannol draddodiadol, er enghraifft yn y diwydiannau dur yn Sheffield. Roedd llawer llai o bobl ifanc yn aros yn yr ysgol i wneud arholiadau Safon Uwch bryd hynny nag sydd heddiw: yn yr 1980au, dim ond un o bob wyth o bobl ifanc oedd yn symud ymlaen i brifysgol (heddiw, mae'n agosach i un o bob tri).

Am fod y diwydiannau traddodiadol wedi diflannu dros nos, roedd llawer o ymadawyr ysgol yn yr 1970au a'r 1980au wedi synnu gweld yn sydyn iawn bod llawer llai o swyddi gweithgynhyrchu neu lofaol ar gael yn lleol. Ond, doedd ganddyn nhw ddim y cymwysterau oedd eu hangen i weithio mewn llawer o'r diwydiannau gwasanaethu neu i ail hyfforddi'n broffesiynol yn y brifysgol.

TERM ALLWEDDOL

Problem annifyr Her sy'n anodd ei goresgyn oherwydd ei maint a/neu ei chymhlethdod. Mae problemau annifyr yn codi pan fydd nifer o wahanol leoedd, pobl, pethau, syniadau a safbwyntiau yn rhyngweithio o fewn systemau cymhleth a chydgysylltiedig.

Yn naturiol, am fod gan y cylch amddifadedd gynifer o gysylltiadau a rhyngweithiadau, mae'r cylch amddifadedd yn her gymhleth – neu'n *broblem annifyr* – i'w datrys. Felly, beth yw'r ffordd orau o dorri'r cylch hwn o dlodi dwfn ac anochel mewn ardaloedd wedi'u dad-ddiwydianeiddio. Beth allwn ni ei wneud i atal y patrwm hwn, sy'n ei fwydo ei hun, o symudiad pobl dosbarth canol allan o'r lleoedd a effeithiwyd waethaf? Mae Penodau 4 a 5 yn archwilio strategaethau i fynd i'r afael â'r materion hyn. Fel y byddwch yn gweld, mae rheolwyr dinasoedd yn aml iawn yn rhoi blaenoriaeth i ddenu grwpiau incwm uwch yn ôl i ardaloedd mewnol y ddinas (gweler tudalennau 168–202). Y rheswm dros hyn yw bod hynny'n gallu helpu i greu adborth cadarnhaol sy'n creu effeithiau *daionus* (yn wahanol i'r cylchoedd dieflig rydyn ni'n eu dadansoddi yn y bennod hon).

② Heriau economaidd, gwleidyddol a thechnolegol yr unfed ganrif ar hugain

▶ *Beth yw'r heriau diweddaraf, sy'n dod o'r tu allan, i leoedd lleol yn y DU?*

Yr heriau economaidd o fod yn dra-gysylltiedig

Dros y blynyddoedd diwethaf mae cyfres o heriau economaidd, geowleidyddol a thechnolegol wedi achosi i ragor o ddiwydiannau gau yn y DU. Mae'r newidiadau diweddaraf hyn wedi cael effaith niweidiol ar leoedd a oedd yn cael eu hystyried yn 'llwyddiannus' cyn hynny, neu'n ddigon gwydn i wrthsefyll unrhyw syfliad byd-eang a dad-ddiwydianeiddio. Mae'r diwydiant sydd wedi goroesi yn y DU dan fygythiad unwaith eto, ond nid dyma'r unig beth; mewn byd tra-chysylltiedig, mae diwydiannau trydyddol a hyd yn oed diwydiannau cwaternaidd mewn perygl hefyd.

Yr argyfwng ariannol byd-eang (*GFC: Global Financial Crisis*)

Effaith yr argyfwng ariannol byd-eang (GFC) a gychwynnodd yn 2007 oedd arafu yn y twf economaidd byd-eang. Cymrodd economi'r byd tua degawd i ddod dros yr arafu hwn. Er bod gwerth cyffredinol masnach fyd-eang wedi ehangu'n enfawr yn y degawdau diwethaf, mae ei chyfradd twf wedi llacio'n amlwg ers y GFC. Doedd gan rai lleoedd ddim y gwytnwch oedd ei angen i ymdopi â'r storm economaidd ddiweddaraf hon.

- Deilliodd y GFC yma o farchnadoedd ariannol UDA a'r Undeb Ewropeaidd, lle gwerthwyd gwasanaethau ariannol a chynhyrchion risg uchel ac achosodd hynny i nifer o fanciau a sefydliadau blaenllaw fethu neu ddod yn agos at gwympo. Crëodd hynny sioc a danseiliodd economi gyfan y byd. Cafodd rhai gwledydd, yn cynnwys Portiwgal, Groeg ac Iwerddon, drafferthion economaidd difrifol yn syth ar ôl hynny.

- Mae llawer o ddangosyddion data allweddol yn dangos bod dirywiad cylchol neu dymor hirach mewn llifoedd byd-eang wedi parhau i effeithio ers y GFC ar economïau datblygedig, economïau lled-ddatblygedig ac economïau sy'n datblygu (gweler Ffigur 3.9).
- Tyfodd y llifoedd rhyngwladol o fasnach, gwasanaethau a chyllid yn raddol rhwng 1990 a 2007 cyn cwympo a llonyddu. Y flwyddyn 2016 oedd y pumed flwyddyn yn olynol pan nad oedd masnach fyd-eang yn tyfu.

GFC a lleoedd newidiol yn y DU

Mae economegwyr yn ystyried mai'r cyfnod o allbwn cenedlaethol is a gychwynnodd yn 2008 yw'r dirywiad economaidd hiraf ar gofnod ar gyfer y DU. Saethodd lefel dyled y Llywodraeth i'r entrychion ar ôl iddi orfod 'achub' dau fanc Prydeinig mawr oedd mewn trafferthion ariannol (Lloyds a Royal Bank of Scotland). I rwystro'r broblem ddyledion rhag gwaethygu, gostyngodd y gwleidyddion y gwariant cyhoeddus o gryn dipyn yn 2010. Dyma oedd rhai o'r 'mesurau llymder' fel roedden nhw'n eu galw:

- torri a rhewi budd-daliadau, yn cynnwys lwfansau tai a thaliadau budd-dal plant
- toriadau yn y sector cyhoeddus, yn cynnwys diswyddo a rhewi cyflogau (rhwng 2010 a 2015, collwyd 400,000 o swyddi sector cyhoeddus)
- gostyngiad mewn grantiau yn y celfyddydau a diwylliant, gan gynnwys colli cyllid i fwy na 200 o gyrff yn y celfyddydau yn dilyn toriad o 30 y cant yn y gyllideb i Arts Council England.

Effeithiodd y mesurau llymder hyn yn fwy ar rai lleoedd nag eraill. Roedd y cynnydd mewn diweithdra ar ei uchaf yn y trefi a'r rhanbarthau hynny lle roedd niferoedd anarferol o uchel o bobl yn gweithio yn y sector cyhoeddus. Yn 2013, cafodd 500 o weithwyr elusen yn Lerpwl eu diswyddo, ynghyd â 600 o weithwyr yn y Gwasanaeth Iechyd Gwladol a 1700 o weithwyr yng ngwasanaethau tân a heddlu Glannau Mersi. Cafodd y colledion swyddi hyn, a cholli swyddi eraill, effaith wael ar leoedd ym mwrdeistref Sefton, yn cynnwys Crosby a Maghull.

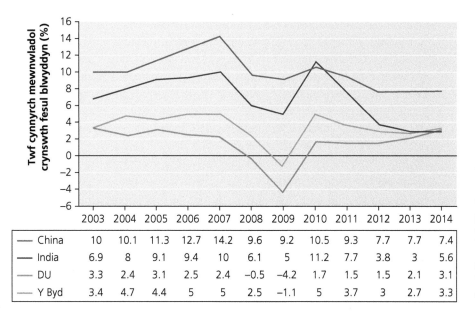

	2003	2004	2005	2006	2007	2008	2009	2010	2011	2012	2013	2014
China	10	10.1	11.3	12.7	14.2	9.6	9.2	10.5	9.3	7.7	7.7	7.4
India	6.9	8	9.1	9.4	10	6.1	5	11.2	7.7	3.8	3	5.6
DU	3.3	2.4	3.1	2.5	2.4	−0.5	−4.2	1.7	1.5	1.5	2.1	3.1
Y Byd	3.4	4.7	4.4	5	5	2.5	−1.1	5	3.7	3	2.7	3.3

◀ **Ffigur 3.9** Twf economaidd blynyddol 2003–14 ar gyfer y DU, China ac India o'i gymharu â chyfartaledd y byd: gydag effaith uniongyrchol yr argyfwng ariannol byd-eang yn amlwg yn weladwy yn 2007–09

▲ **Ffigur 3.10** Mae Blackpool yn cael trafferthion economaidd. Un farn yw bod GFC a mesurau llymder wedi gwthio lleoedd fel hyn i bwynt di-droi'n-ôl o bosib

Os edrychwn ni ar gyflwr amrywiol y strydoedd siopa ar draws y DU, byddwn ni'n gweld gwahaniaeth yng ngwytnwch y gwahanol leoedd yn dilyn y GFC a chyflwyniad y mesurau llymder. Mae rhai lleoedd wedi cael eu bwrw'n ddrwg gan ddiflaniad, neu gau rhannol, cadwynni adwerthu fel Woolworths, Focus DIY, TJ Hughes, Habitat, HMV, Dixons a BHS. Cafodd y busnesau hyn drafferth addasu i amodau masnachu caletach ar ôl 2008. Roedd chwarter yr holl strydoedd siopa yn y DU yn dal i ddioddef dirywiad difrifol yn 2017, gyda nifer o safleoedd gwag heb eu llenwi. Y duedd a welwn ni yw mai'r lleoedd lle caewyd y niferoedd uchaf o fusnesau oedd y rheiny lle mae mesurau llymder wedi cael yr effaith fwyaf negyddol ar bŵer prynu cyfan y gymuned leol, fel Castleford a Blackpool (gweler Ffigur 3.10).

Mae'r dadansoddwr adwerthu Colliers International wedi galw'r lleoedd gyda'r strydoedd siopa sy'n perfformio waethaf yn 'drefi terfynol'. Mae'r trefi terfynol hyn yn cael trafferth canfod cyllid cyhoeddus neu breifat i ysgogi twf y dyfodol. Un farn yw bod rhai trefi yn y DU wedi cyrraedd pwynt di-droi'n-ôl yn barod sydd wedi eu gyrru nhw i droell ddisgynnol na fyddan nhw mae'n debyg yn gallu dod allan ohoni: pan fydd y gwerthiant yn y siopau'n disgyn o flwyddyn i flwyddyn wrth i bobl droi at siopa ar-lein (gweler tudalen 96), mae'n annhebygol y bydd pethau'n gwella ar frys.

Cystadleuaeth gan economïau lled-ddatblygedig

Yn y cyfnod cyn y GFC ac yn syth ar ei ôl, mae'r twf cryf parhaus a welwyd yn llawer o economïau mawr cynyddol amlwg y byd wedi bod yn ffactor pwysig arall sy'n effeithio ar ddiwydiannau Prydain. Daeth y rhan fwyaf o'r pwysau ar weithgynhyrchwyr y DU yn yr 1960au a'r 1970au o don gynharach o ddiwydianeiddio Asiaidd yn Japan, De Korea, Taiwan, Singapore a Hong Kong. Yn fwy diweddar, mae gweithwyr Prydeinig wedi bod yn cystadlu â diwydiannau a gweithwyr yn China, India, Indonesia, Bangladesh ac economïau lled-ddatblygedig eraill. Hefyd, mae India a China wedi dod yn ddarparwyr cynyddol bwysig o wasanaethau trydyddol a chwaternaidd yn ogystal â gweithgynhyrchu. Mae hyn wedi effeithio ar yr holl sectorau diwydiannol yn y DU a lleoedd sy'n dibynnu ar y swyddi hyn, fel mae Tabl 3.3. yn ei ddangos.

Ond, mae'n bwysig cydnabod bod economïau lled-ddatblygedig yn creu cyfleoedd newydd, nid heriau yn unig, i leoedd yn y DU. Mae'r newidiadau yn y llifoedd buddsoddiad yn digwydd yn y *ddau* gyfeiriad. Ni fyddai gwaith dur Port Talbot yn Ne Cymru wedi aros yn agored heb fuddsoddiad o'r tu allan gan India. Mae arian o China o cronfeydd buddsoddi'r wlad wedi cefnogi nifer o brojectau isadeiledd mawr yn ariannol yn y DU, gan ddod â chyflogaeth newydd angenrheidiol iawn i rai cymunedau lleol (gweler tudalen 128), er bod pobl eraill yn barnu bod hyn yn gadael y DU yn ddyledus i bwerau allanol. Yn olaf, mae'n syniad da i feddwl am y ffyrdd y

TERM ALLWEDDOL

Cronfeydd buddsoddi'r wlad (SWFs) Banciau a chronfeydd buddsoddi dan berchnogaeth y llywodraeth, sy'n gysylltiedig fel arfer â China a gwledydd sydd â refeniw mawr o olew, fel Qatar.

mae arloesi a mas-gynhyrchu dyfeisiau electronig mewn economïau lled-ddatblygedig wedi chwarae rôl bwysig o ran darparu ffonau clyfar i bobl drwy'r DU gyfan sydd wedi gweddnewid yn llwyr y ffordd rydyn ni'n rhyngweithio â'n gilydd a gyda'r lleoedd sydd o'n hamgylch.

Sector	Sut mae twf economïau lled-ddatblygedig wedi effeithio ar leoedd yn y DU
Diwydiannau eilaidd	Mae cyflogaeth mewn gweithgynhyrchu yn y DU wedi parhau i ddirywio, gan ostwng o hanner rhwng 1991 a 2011 (gweler Ffigur 3.2). Gallwn ni esbonio hyn yn rhannol gan y ffaith bod China, Indonesia ac, yn fwy diweddar, Bangladesh a Vietnam (ymysg nifer o leoedd eraill) wedi dod yn gyrchfannau atyniadol iawn i fuddsoddi cyfalaf gweithgynhyrchu sy'n rhydd i fynd o un wlad i'r llall. Erbyn hyn, mae llawer o gwmnïau Prydeinig, yn cynnwys Marks and Spencer a Tesco, yn prynu eu cynhyrchiad dillad i mewn drwy gontract allanol â Bangladesh. Mae Hornby – y cwmni sy'n gwneud trenau model a Scalextric – wedi gwneud eu teganau i gyd yn China ers 2002 tra bo brandiau crochenwaith eiconig o Loegr, yn cynnwys Wedgwood a Royal Doulton, wedi symud eu cynhyrchiad i Indonesia a Bangladesh i geisio aros yn broffidiol. Yn y sefyllfaoedd hyn, caewyd y ffatrïoedd oedd wedi eu seilio ym Mhrydain gan ddod â diweithdra i ardaloedd lle roedd teuluoedd wedi gweithio yn y diwydiannau hyn ers cenedlaethau.
Diwydiannau trydyddol	Tua'r flwyddyn 2000, dechreuodd rhai o'r darparwyr gwasanaethau oedd wedi eu seilio yn y DU, yn cynnwys banciau mawr a chwmnïau cyfleustodau, symud eu gwaith canolfan alwadau i India neu Pilipinas. Mae cysylltiadau lle hanesyddol yn helpu i esbonio'r symudiadau hyn, ynghyd â'r ffaith bod y costau llafur yn llawer iawn is: mae pobl yn siarad Saesneg yn eang yn India (o ganlyniad i gyfnod Imperialaeth Prydain), gan olygu bod dinasoedd fel Bangalore yn safle addas i ganolfannau galwadau sy'n rhoi gwasanaethau cymorth i gwsmeriaid Prydeinig.
Diwydiannau cwaternaidd	Dydy hyd yn oed y diwydiannau cwaternaidd ddim yn ddiogel rhag effaith y rownd ddiweddaraf o syfliad byd-eang. Yn 2017, cofrestrodd China fwy na 1,380,000 o batentau newydd. Roedd hyn yn cynrychioli cynnydd o 3000 y cant ers 2000, gan roi China o flaen UDA yn y ras i greu gwybodaeth newydd. Mae'n rhaid i ganolfannau ymchwil y DU, yn cynnwys clystyrau technoleg ym Mryste, Caergrawnt a 'dinasoedd clyfar' eraill, gystadlu fwy a mwy gyda China am fusnes.

▲ **Tabl 3.3** Mae twf economaidd yn China, India ac economïau eraill sy'n gynyddol amlwg wedi achosi mwy o golli swyddi yn y DU mewn nifer o sectorau diwydiannol ers 2000

ASTUDIAETH ACHOS GYFOES: GWAITH DUR INDIA, CHINA A PHORT TALBOT

Ychydig iawn o leoedd sy'n dangos heriau'r cyd-gysylltiad yn well na Phort Talbot yn Ne Cymru. Yma, mae tynged hyd at 15,000 o weithwyr – sy'n dibynnu'n llwyr ar waith dur Port Talbot (yn uniongyrchol neu'n anuniongyrchol) am eu bywoliaeth (gweler Ffigur 3.11) – yn parhau i ddibynnu ar ganlyniad y rhyngweithiadau byd-eang sy'n esblygu rhwng India, China, y DU a'r Undeb Ewropeaidd (gyda'r holl ansicrwydd a ddaw gyda hynny ar hyn o bryd).

Yn ystod y bedwaredd ganrif ar bymtheg, roedd De Cymru wedi elwa'n bennaf o'i gysylltiadau byd-eang. Tyfodd y rhanbarth yn ganolfan fyd-eang bwysig ar gyfer cynhyrchu dur yn ystod 'oes aur' Ymerodraeth Prydain. Ond ni pharhaodd y llwyddiant hwn yn hir. Erbyn yr 1990au, dim ond dau waith dur integredig mawr oedd

▲ **Ffigur 3.11** Gorwel gwaith dur Port Talbot

ar ôl yn Ne Cymru yn dilyn syfliad byd-eang y gweithgynhyrchu dur – i Dde Korea yn gyntaf ac yn ddiweddarach i China. Un o'r ddau a lwyddodd i oroesi oedd gwaith dur Port Talbot a agorodd yn 1954 gyda nifer o fanteision oherwydd ei leoliad, sef y ffaith ei fod yn agos at goridor traffordd yr M4.

Pasiodd perchnogaeth gwaith dur Port Talbot o British Steel i'r grŵp Prydeinig-Iseldireg Corus yn 1999, ac yna i gorfforaeth drawswladol yn India, Tata Steel, yn dilyn trosfeddiant gwerth £7 biliwn yn 2007. Roedd y newid daearyddiaeth ym mherchnogaeth y gwaith dur yn ystod y cyfnod hwn yn rhan o ddarlun hanesyddol llawer mwy. Ymysg elfennau'r darlun hwnnw roedd gwerthiant Llywodraeth y DU o'i hasedau diwydiannol ei hun i ddwylo preifat a dylanwad byd-eang cynyddol busnesau a gwladwriaethau Asiaidd. Ar y pryd, roedd sylwebwyr yn gweld eironi hanesyddol yn y ffaith bod cwmni o India wedi prynu gweddillion British Steel: cyhoeddodd nifer o bapurau newydd y stori o dan bennawd a ysbrydolwyd gan *Star Wars*: 'The Empire Strikes Back'.

Methodd Port Talbot â sicrhau'r elw cychwynnol yr oedd Tata Steel wedi'i ddisgwyl, a hynny am ddau reswm.

■ Roedd y galw byd-eang am ddur wedi gostwng ar ôl GFC 2007–09.

■ Cychwynnodd China gynhyrchu gormodedd o ddur yn fuan ar ôl GFC, a chafodd ei roi am bris isel ar farchnadoedd y byd, yn cynnwys Ewrop. Am eu bod nhw'n gallu elwa o gostau llafur isel a chymorthdaliadau'r llywodraeth, roedd dur a wnaed yn China yn llawer rhatach i'w brynu nag unrhyw beth a gynhyrchwyd ym Mhort Talbot.

Gorchmynnodd nifer o lywodraethau Ewropeaidd, yn cynnwys yr Eidal, bod yr UE yn ymateb i brisiau dur annheg China gyda thollau mewnforio. Ond, roedd nifer o wladwriaethau'r UE yn erbyn cymryd unrhyw gamau. Roedd Llywodraeth y DU o dan David Cameron yn gwrthwynebu'n llwyr unrhyw gynnig i roi tollau ar ddur o China, er gwaethaf yr effeithiau amlwg y byddai peidio â gwneud hynny'n ei gael ar Bort Talbot. Yn anffodus i Dde Cymru, roedd gan Lywodraeth y DU strategaeth geowleidyddol ehangach i gryfhau clymau economaidd a gwleidyddol gyda'r China fodern, oedd yn golygu nad oedd eisiau cymryd rhan mewn unrhyw ryfel fasnach bosibl. Doedd gan wleidyddion Prydain ddim dymuniad i amharu ar rôl China fel ariannwr cynyddol bwysig i brojectau isadeiledd mawr yn y DU – rhai oedd yn bodoli'n barod a rhai oedd ar y gweill – fel gwaith niwclear Hinkley Point yng Ngwlad yr Haf a'r rheilffordd High Speed 2.

Roedd mewnforion heb eu rheoli o China yn golygu bod Port Talbot yn colli £1 miliwn y diwrnod yn ôl yr adroddiadau erbyn 2016. Ymhen hir a hwyr,

cyhoeddodd Tata Steel y byddai'n torri 1000 o swyddi cyn i'r gwaith dur gael ei werthu neu ei gau yn gyfan gwbl. Roedd y bygythiad eu bod nhw'n mynd i gau'n rhoi 4000 o swyddi mewn perygl uniongyrchol ynghyd â thua 11,000 o swyddi eraill oedd yn gysylltiedig â chadwynau cyflenwi a diwydiannau cefnogi lleol. Mewn datganiad i'r wasg, roedd Tata Steel yn beio'r penderfyniad ar y llif o fewnforion oedd wedi eu 'masnachu'n annheg', 'yn enwedig o China', ac yn beirniadu'r Undeb Ewropeaidd am beidio cymryd camau i amddiffyn dyfodol Port Talbot a lleoedd eraill oedd yn cynhyrchu dur.

Yn ystod y rhan fwyaf o 2017, parhaodd dyfodol Port Talbot i fod mewn perygl nes cytunodd Tata Steel a Llywodraeth y DU ar becyn achub o'r diwedd.

■ Gwnaeth Tata Steel ymrwymiad newydd o bum mlynedd i gadw dwy ffwrnais chwyth Port Talbot yn agored tan 2021.

■ Yn eu tro, caniataodd Llywodraeth y DU i'r cwmni gau cynllun pensiwn drud a hael i'r gweithwyr lleol. Roedd y boblogaeth oedd yn heneiddio yn y DU wedi troi'r gronfa bensiynau'n rhwymedigaeth ariannol enfawr i Tata Steel. Yn y dyfodol, bydd gweithwyr newydd yn cael buddion pensiwn llai hael.

■ Ochr yn ochr â phenderfyniad Tata Steel i barhau i weithredu ym Mhort Talbot, cafwyd adferiad rhannol yng ngwerthiannau dur Prydeinig oherwydd y cwymp yng ngwerth y bunt yn dilyn refferendwm Brexit: diolch i ddigwyddiadau allanol, roedd dur Port Talbot wedi dod yn rhatach i'w brynu.

Ond, mae ansicrwydd ynglŷn â'r hyn fydd yn digwydd y tu hwnt i 2021, yn enwedig o gofio'r cyhoeddiad gan Tata Steel a Thyssenkrupp yr Almaen am gytundeb i gyfuno eu gweithredoedd Ewropeaidd mewn menter ar y cyd. Gallai hyn achosi rhesymoliad a rhagor o golli swyddi ym Mhort Talbot ar ôl 2021. Mae ofnau hefyd ynglŷn â beth arall allai ddigwydd i werth pensiynau pobl leol.

Y casgliad felly yw mai 'stori fawr' yr astudiaeth achos hon yw'r ymrafael rhwng dau o berchnogion sy'n bwerau mawr ar gynnydd, India a China, gyda gwaith dur Port Talbot wedi'i ddal yn y canol. Mae dyfodol y lle hwn yn parhau'n hynod o ansicr am fod grymoedd gwleidyddol ac economaidd cymhleth yn rhyngweithio ar raddfa leol, genedlaethol, rhyngwladol a byd-eang (gweler Ffigur 3.12).

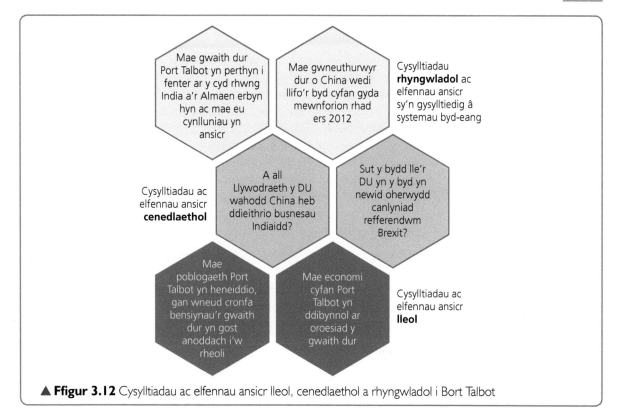

▲ **Ffigur 3.12** Cysylltiadau ac elfennau ansicr lleol, cenedlaethol a rhyngwladol i Bort Talbot

Newidiadau a heriau gwleidyddol i leoedd

Mae ffactorau gwleidyddol yn helpu i benderfynu beth yw ffyniant (neu ddiffyg ffyniant) gwahanol leoedd. Mae nifer fawr o enghreifftiau o'r gorffennol yn dangos sut mae tynged cymunedau a strydoedd siopa lleol yn gallu dibynnu'n gyfan gwbl ar reolau cynllunio, deddfwriaeth y llywodraeth ac aelodaeth genedlaethol mewn sefydliadau rhyngwladol. Ystyriwch yn fyr, er enghraifft, sut y cafodd tynged gwahanol drefi a dinasoedd eu heffeithio gan:

- y penderfyniad gwleidyddol i adeiladu traffyrdd a threfi newydd yn yr 1950au
- cyflwyniad masnachu ar y Sul yn 1994 a newidiadau yn y cyfreithiau trwyddedu sy'n gadael i fariau aros yn agored yn hwyrach
- niferoedd mawr o fudwyr yn cyrraedd y DU wedi i Wlad Pwyl a gwledydd eraill yn nwyrain Ewrop ymuno â'r Undeb Ewropeaidd yn 2004.

Nesaf, rydyn ni am archwilio dwy enghraifft gyfoes o effeithiau lleol a achoswyd gan benderfyniadau gwleidyddol. Sef: (i) y cynlluniau i'r DU ymadael â'r UE a'r (ii) ymdrech i sicrhau economi carbon isel (neu wedi'i'ddigarboneiddio').

Y goblygiadau i leoedd yn dilyn Brexit.

Dangosodd tua 52 y cant o'r bobl hynny a bleidleisiodd yn refferendwm 2016 eu bod eisiau i'r DU adael yr Undeb Ewropeaidd. Mae trefnu 'ysgariad' oddi wrth yr UE mor ofnadwy o gymhleth ni fydd llawer o'r manylion yn glir mewn gwirionedd am flynyddoedd. Mae'n rhesymol i ni ddisgwyl gweld newidiadau mawr ym maint a chyfeiriad y llifoedd hynny o nwyddau, buddsoddiadau a phobl sy'n cysylltu lleoedd yn y DU ar hyn o bryd gydag Ewrop a'r byd ehangach. Roedd dau fater allweddol:

- *Y DU i barhau'n rhan o'r farchnad sengl Ewropeaidd sy'n gadael i nwyddau, gwasanaethau, arian a phobl symud yn rhydd o fewn yr Undeb Ewropeaidd?* Roedd cefnogwyr y farchnad sengl yn ystyried mai dyma lwyddiant mwyaf yr UE a dyma un o'r prif resymau pam yr ymunodd y DU yn y lle cyntaf. Mae llawer o ddiwydiannau gwasanaethu'r DU (yn cynnwys cwmnïau yswiriant a banciau) wedi elwa o drefniadau marchnad sengl esmwyth'. Ond daeth nifer o ddinasyddion y DU yn gynyddol anfodlon ynglŷn â symudiad pobl yn rhydd a heb reolaeth i mewn i'r DU.
- *Y DU i barhau'n rhan o undeb tollau Ewrop?* Roedd hwn yn fater gwahanol i'r farchnad sengl; mae aros yn yr undeb tollau'n cyfyngu ar allu'r DU i daro ei bargeinion masnach eu hun gyda gwledydd sydd ddim yn yr UE.

Mae datglymu 43 mlynedd o gyfreithiau, cytundebau a threfniadau, yn ymwneud â miloedd o bynciau, yn dasg hynod o gymhleth. Dros y blynyddoedd byddwn ni'n gweld yn glir beth yw goblygiadau llawn Brexit i wahanol leoedd o amgylch y DU. Mae Tabl 3.4 yn rhoi crynodeb o rai o'r materion a allai fod yn bwysig.

Maes sy'n achosi pryder	Y prif broblemau
Tollau a masnach	Gallai busnesau sy'n dibynnu bron yn llwyr ar allforion nwyddau a gwasanaethau i'r UE weld gostyngiad mewn gwerthiannau. Yn y sefyllfa waethaf un, gallai hynny arwain at hyd yn oed mwy o ddad-ddiwydianeiddio mewn rhai lleoedd. Ond, gallai costau masnach uwch gael eu gwrthbwyso gan effeithiau eraill fel newid yng ngwerth y bunt. O ganlyniad, mae rhai pobl yn disgwyl y bydd busnesau Prydeinig – a'r lleoedd y maen nhw'n eu cefnogi – yn wydn.
Cadwynau cyflenwi	Mae nifer o ddiwydiannau, fel gwneuthurwyr ceir y DU, yn dibynnu ar fewnforio nifer o wahanol gydrannau ceir. Gallai prisiau'r darnau y maen nhw eu hangen newid, a gallai hynny olygu bod rhai cwmnïau'n mynd allan o fusnes neu y gallai hyn eu gorfodi nhw i adleoli i wlad arall o'r UE. Ond, mae optimistiaid yn dweud y gallai Brexit annog mwy o bobl fusnes yn y DU i gychwyn busnesau newydd yn cyflenwi darnau i'r cwmnïau sydd eu hangen nhw: gallai hyn greu effeithiau lluosydd cadarnhaol a chyflogaeth newydd mewn lleoedd lle mae angen gwaith.
Y gweithlu	Mae llawer o ffermydd, safleoedd adeiladu a chwmnïau prosesu bwyd yn dibynnu ar y cyflenwad rhad a digonol o weithwyr sy'n mudo o ddwyrain Ewrop i ddod i weithio iddyn nhw. Gallai hynny newid am na fydd pobl yn rhydd i symud o wlad i wlad fel yr oedden nhw. Ar y llaw arall mae llawer o bobl yn barnu y bydd mwy o swyddi ar gael i ddinasyddion y DU yn y dyfodol, ac y gallai'r DU gyflwyno trwydded 'gweithiwr ymweld' i ymfudwyr dros dro os byddai'r angen yn codi.
Buddsoddi uniongyrchol tramor (FDI)	Mae'n parhau'n aneglur a fydd corfforaethau trawswladol sydd wedi eu seilio yn UDA, China, India, Japan a gwledydd eraill sydd ddim yn yr UE yn dal i ystyried y DU yn lle ffafriol i wneud buddsoddiad uniongyrchol o dramor ynddo. Mae rhai gwneuthurwyr ceir tramor fel Nissan yn Sunderland, wedi dweud y bydden nhw'n aros yn y DU yn dilyn Brexit. Mae'n debyg bod corfforaethau trawswladol eraill yn aros i weld beth fydd yn digwydd. Mae'n bosibl y bydd rhai corfforaethau trawswladol yn penderfynu peidio sefydlu yma o ganlyniad i'r DU yn gadael y farchnad sengl oherwydd gallai hynny gynyddu costau masnachu. Ond, mae digonedd o resymau da pam y byddai corfforaethau trawswladol eisiau cadw presenoldeb yn y DU efallai, yn cynnwys maint y farchnad Brydeinig a gwerth y buddsoddiadau sydd ganddi'n barod.
Newidiadau rheoleiddiol	Bydd ymadael â'r Undeb Ewropeaidd yn golygu y gallai'r DU ddewis mabwysiadu gwahanol reolau amgylcheddol yn y dyfodol: mae gan hynny bob math o oblygiadau i leoedd a thirweddau.

▲ **Tabl 3.4** Rhai o effeithiau posibl Brexit ar leoedd, pobl, busnesau a thirweddau yn y DU

Y goblygiadau i leoedd sydd ag economi carbon isel

Cychwynnodd yr ymdrech i ddatgarboneiddio economi Prydain go iawn tua chyfnod Adolygiad Stern (2006), oedd yn argymell bod rhaid i gynhyrchiad egni byd-eang gael ei ddatgarboneiddio'n sylweddol erbyn 2050 er mwyn sefydlogi'r crynodiadau atmosfferig ar, neu islaw, y lefel trothwy critigol o tua 550 ppm o CO_2. Gosododd Deddf Newid yn yr Hinsawdd 2008 darged 'rhwymedig mewn cyfraith' i ostwng allyriadau cenedlaethol o 80 y cant erbyn 2050 (wedi ei fesur yn erbyn gwaelodlin 1990).

Mae'r gwaith dilynol i hyrwyddo ffynonellau egni glanach wedi gadael ei farc yn barod ar nifer o dirweddau a chymunedau, fel sydd wedi'i amlinellu isod.

▲ **Ffigur 3.13** Yn 2016, dewisiodd mwyafrif bach o bleidleiswyr y DU i adael yr UE

- Mae'r galw am lo yn parhau i ddirywio; ym mis Ebrill 2017, syrthiodd y gyfran o drydan oedd yn dod o weithfeydd pŵer glo'r wlad, oedd yn gostwng yn eu nifer, i sero am y tro cyntaf mewn 130 o flynyddoedd. Yn y cyfnod cyn 2015 pan fabwysiadwyd cytundeb newid hinsawdd Paris, dywedodd Llywodraeth y DU ei bod eisiau mynd ati'n raddol i ddiddymu pŵer glo, a hynny'n gyfan gwbl erbyn 2025.
- Mae tyrbinau gwynt wedi newid golwg y tirweddau drwy'r DU gyfan, ac wedi dod yn ffocws ar gyfer protestiadau lleol yn aml iawn. Mae penderfyniad Cyngor Bradford i gymeradwyo project pŵer gwynt i Haworth yn Swydd Efrog – sef lleoliad nofel enwog Emily Brontë o 1848, *Wuthering Heights* – yn derbyn sylw ar dudalen 202.
- Mae Llywodraeth y DU yn gefnogol ar y cyfan o'r broses o ffracio am nwy am fod ôl troed carbon nwy yn is na glo, a hefyd am fod y cyflenwadau nwy domestig newydd yn gallu cyfrannu at ddiogeledd ynni'r wlad. Y broses o ffracio yw chwistrellu dŵr i mewn i'r ddaear i hollti'r graig a rhyddhau'r nwy. Yn 2014, cafwyd protest gan bobl ym mhentref Balcombe yn Sussex lle roedd cwmni ynni o'r enw Cuadrilla wedi dechrau chwilio am nwy. Gludodd rhai pobl eu hunain gyda Superglue i ffenestr y swyddfeydd yn Llundain a ddefnyddiwyd gan Cuadrilla.
- Er bod pryderon am ynni niwclear yn dilyn trychineb gorsaf bŵer Fukushima yn Japan yn 2011, cymeradwyodd Llywodraeth y DU y cynlluniau i adeiladu gorsaf niwclear newydd yn Hinkley Point yng Ngwlad yr Haf. Mae EDF Energy yn honni y bydd hyn yn creu 25,000 o swyddi newydd; mae posteri a luniwyd gan drigolion yn dangos eu pryderon am orsaf bŵer newydd Hinkley Point C (gallwch chi weld y posteri hyn ar eu gwefan, stophinkley.org).
- Yn wreiddiol, rhoddwyd caniatâd cynllunio yn 2015 i broject pŵer llanw 320 megawat yn Abertawe oedd werth £1.5 biliwn, er bod gwrthwynebiad am resymau amgylcheddol, ond mae amheuon am gost-effeithiolrwydd y project wedi ei rwystro rhag mynd yn ei flaen.

DADANSODDI A DEHONGLI

Astudiwch Ffigur 3.14 sy'n dangos y defnydd o lo yn y DU ers 1860.

(a) Gan ddefnyddio Ffigur 3.14, dadansoddwch y newidiadau dros amser o ran faint o lo sy'n cael ei ddefnyddio yn y DU.

CYNGOR

Mae'r gair gorchymyn 'dadansoddwch' yn gofyn am ateb wedi'i strwythuro'n dda sy'n gwneud defnydd o elfennau mwyaf hanfodol graff neu dabl. Mae'n arfer da i ddechrau drwy benderfynu beth yw'r 'darlun mawr' neu'r 'pennawd' – yn yr achos hwn, mae'n stori 'cynnydd a chwymp' (er bod y cynnydd cychwynnol yn llawer mwy esmwyth na'r hyn a ddilynodd). Wrth gwrs, mae amrywiadau tymor byr pwysig i'w nodi a'u cynnwys yn y dadansoddiad: mae pob un o'r tri gostyngiad tymor byr mwyaf nodedig yn y defnydd o lo yn gysylltiedig â streiciau. Efallai mai'r her fwyaf gyda dadansoddiad o'r math hwn o adnodd gweledol yw gwybod beth i'w adael allan. Efallai na fydd rhai amrywiadau werth sôn amdanyn nhw mewn gwirionedd wrth edrych ar y darlun tymor hirach, ac efallai fod rhai o'r anodiadau ar y graff yn haeddu cael eu crybwyll yn fwy nag eraill. Os byddech chi'n cyfyngu eich ateb i ddim ond 100 o eiriau, beth fyddai'r pwyntiau pwysicaf i'w cynnwys yn eich dadansoddiad?

(b) Awgrymwch sut mae lleoedd glofaol a'u cymunedau wedi cael eu heffeithio o bosib gan y newidiadau a welwch yn Ffigur 3.14.

CYNGOR

Mae hwn yn gwestiwn gweddol benagored gydag ychydig iawn o gyfyngiadau ar yr hyn y gallwch neu na allwch chi ysgrifennu amdano. O ganlyniad, mae'n syniad da i gynhyrchu cynllun cyn dechrau ymateb. Gallech chi strwythuro ateb drwy ddarparu cyfres o baragraffau sy'n ymdrin yn olynol â hyn:

- yr effaith amgylcheddol ar ranbarthau glofaol pan gynyddwyd y cynhyrchiad hyd yr 1960au a'r gostyngiad mewn allbwn a ddilynodd hynny
- twf y boblogaeth a'r tueddiadau mudo i leoedd glofaol yn ystod y camau o dwf a dirywiad a welwch chi yn Ffigur 3.14
- twf y synnwyr o gymuned yn ystod y blynyddoedd llwyddiannus a'r ffyrdd y gallai hynny gael ei gynrychioli i'r byd (ym mywyd cerddorol neu chwaraeon y cymunedau glofaol), ac yna golli cydlyniad y gymdeithas a chwalu'r hunaniaeth lle yn y blynyddoedd yn dilyn streic y glowyr yn 1984.

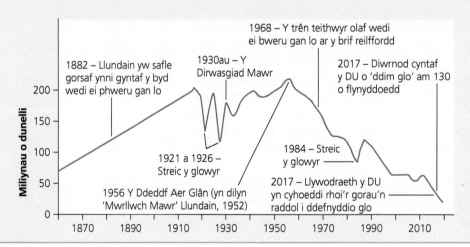

◀ **Ffigur 3.14**
Mae ffactorau technolegol, economaidd a gwleidyddol yn helpu i esbonio newidiadau hanesyddol yn y defnydd o lo ym Mhrydain

Newidiadau a heriau technolegol i leoedd

Mae technoleg newydd yn creu ac yn dinistrio swyddi: yn anochel, mae rhai pobl a lleoedd ar eu hennill ac eraill ar eu colled. Wrth i'r Chwyldro Diwydiannol symud yn ei flaen, gwelwyd nifer cynyddol o hen swyddi'n diflannu wrth i beiriannau awtomatig, soffistigedig ymddangos. Roedd y gystadleuaeth ffyrnig yn y farchnad wedi creu'r amodau perffaith i annog arloesi parhaus wrth i gwmnïau gystadlu â'i gilydd i ostwng costau cynhyrchu a sicrhau'r gwerthiant uchaf bosib. Ond, crëwyd swyddi newydd hefyd o ganlyniad i'r arloesi: rhaid cael pobl i adeiladu, marchnata a gwerthu'r cynhyrchion newydd. Mae yr un grymoedd yn berthnasol heddiw, ond mae'r dechnoleg yn wahanol. Mae Tabl 3.5 yn rhoi cipolwg i ni ar y bygythiadau i leoedd sy'n dod i'r amlwg oherwydd adwerthu ar-lein, deallusrwydd artiffisial, roboteg lefel uwch ac argraffu 3D.

Yn hwyr yn 2017, 18 mis ar ôl refferendwm Brexit, roedd data'n dangos bod niferoedd mawr o weithwyr oedd wedi ymfudo o Ewrop yn dechrau canfod swyddi mewn marchnadoedd y tu allan i'r DU. Mae'r gwleidyddion oedd o blaid Brexit wedi dadlau y bydd hyn yn cynyddu'r swyddi sydd ar gael i weithwyr Prydeinig; ond, allwn ni ddim cymryd unrhyw beth yn ganiataol o ystyried mor gyflym y mae deallusrwydd artiffisial a roboteg yn datblygu erbyn hyn. Mae rhai arbenigwyr yn meddwl y bydd colli gweithwyr Ewropeaidd rhad yn gatalydd posibl i fwy o gyflogwyr Prydeinig fuddsoddi mewn mwy o awtomatiaeth.

Technoleg	Bygythiadau i leoedd
Adwerthu ar-lein	■ Mewn rhai trefi marchnad bach sydd heb economi amrywiol, rydyn ni'n disgwyl i gynnydd yn y gystadleuaeth gan adwerthu ar-lein arwain at gau mwy o siopau ac efallai greu effeithiau 'pwyntiau di-droi'n-ôl' mewn blynyddoedd i ddod. ■ Gallai rhai o'r canolfannau siopa mwyaf gwydn hyd yn oed ddioddef cynnydd mewn diweithdra: agorodd Amazon ei archfarchnad gyntaf heb ddesgiau talu yn Ionawr 2018 yn Seattle yn yr Unol Daleithiau. Mae'r cwsmeriaid yn sganio eu ap Amazon Go ac mae pris y nwyddau'n cael eu talu o'u cyfrif wrth iddyn nhw gael eu tynnu oddi ar y silffoedd.
Deallusrwydd Artiffisial (AI) a roboteg	■ Yn 2017, dywedodd Banc Lloegr bod miliynau lawer o swyddi Prydeinig dan fygythiad oherwydd Ddeallusrwydd Artiffisial. Gallai 'robo-gynghorwyr' arwain at golli siopau gwerthu gwyliau traddodiadol ar y stryd fawr; gallai ceir heb yrrwr achosi i yrwyr tacsi golli eu bywoliaeth; mae llawer o sectorau eraill ym myd diwydiant yn paratoi ar gyfer newid. ■ Y swyddi sydd o dan y bygythiad mwyaf gan y don nesaf o awtomatiaeth yw'r swyddi sgiliau isel. Ar hyn o bryd mae lefelau cyflogaeth uchel mewn gwaith prosesu bwyd yn rhai o'r trefi yn ardal Fenland ger Caergrawnt. Ond mae'r swyddi hyn yn debygol o gael eu disodli gan beiriannau. ■ Yn ôl adroddiad Centre for Cities yn 2018, y swyddi sy'n gofyn gwneud tasgau pob dydd sydd dan y risg mwyaf o ddirywio, ond mae'r galwedigaethau hynny sy'n gofyn sgiliau rhyngbersonol a gwybyddol yn mynd i dyfu. Ar hyn o bryd yn Mansfield, Sunderland, Wakefield a Stoke, mae bron i 30 y cant o'r gweithlu mewn galwedigaeth sy'n debygol iawn o leihau erbyn 2030. Mae hyn yn cyferbynnu â dinasoedd fel Caergrawnt a Rhydychen, lle mae llai na 15 y cant o swyddi mewn perygl mae'n debyg.
Argraffu 3D	■ Pan fyddwn ni'n peintio ar bapur, gallwn ni greu haenau trwchus, un haen am ben y llall, drwy ysgubo'r brwsh paent dro ar ôl tro. Mae argraffu 3D yn defnyddio'r un dull drwy 'beintio' haenau o resin neu bolymer, nes bydd wedi creu gwrthrychau tri dimensiwn cyfan. Dyma sut mae rhai eitemau arbenigol yn cael eu cynhyrchu erbyn hyn: cafodd ffroenellau tanwydd eu hargraffu i awyrennau Boeing ac Airbus, er enghraifft. ■ Er na fydd hyn yn amharu ar y ffatrïoedd mas-gynhyrchu nwyddau fel tegellau a thostwyr am amser hir iawn, mae'n amlwg bod posibilrwydd yn y dyfodol y gallai eitemau pob dydd gael eu gweithgynhyrchu yn unrhyw le. Mae hynny'n golygu y bydd y cwsmer ei hun yn gallu argraffu llawer o'r pethau y mae eu hangen yn hytrach na'u prynu gan fusnesau. Sut allai hyn effeithio ar rai o'r diwydiannau, a'r lleoedd hynny sy'n dibynu arnyn nhw i gyflogi eu trigolion?

▲ **Tabl 3.5** Mae technoleg newydd yn bygwth swyddi penodol ac, yn ei thro, mae'n bygwth y lleoedd hynny sy'n dibynnu fwyaf ar y mathau hyn o swyddi

Mae cynnydd Amazon yn thema ddiddorol i'w harchwilio ymhellach yn rhan o'ch astudiaethau Lleoedd Newidiol.

- Mae e-fasnach wedi newid profiad llawer o bobl o fyw mewn ardaloedd gwledig anghysbell: yn y gorffennol, efallai fod cymunedau wedi teimlo'n llawer mwy ynysig am nad oedd gwasanaethau adwerthu digonol ar gael iddyn nhw. Ond heddiw, gallwn ni archebu nwyddau ar-lein drwy glicio botwm a bydden nhw'n cyrraedd y diwrnod wedyn.

- Mae danfoniadau Amazon yn dechrau effeithio ar brofiadau pobl drefol o fyw mewn ardaloedd dwysedd uchel oherwydd mae danfoniadau e-fasnach yn cynhyrchu tagfeydd traffig ychwanegol ar y ffyrdd. Ymateb Amazon i hyn yw dechrau edrych ar ddanfon nwyddau gyda cherbydau awyrol heb yrrwr, neu dronau. Yn y dyfodol, gallai nwyddau'n cael eu danfon gan dronau ddod yn rhan o fywyd pob dydd yn y fan lle rydych chi'n byw.

ASTUDIAETH ACHOS GYFOES: COLLI SIOPAU ADRANNOL BHS O STRYDOEDD MAWR Y DU

Cwympodd y siop gadwyn BHS (British Home Stores) yn 2016. O ganlyniad, agorodd bwlch mawr mewn 164 o ganol trefi a dinasoedd ar draws y DU lle roedd BHS wedi cau siopau. Am fod siopau adrannol BHS mor fawr, mae colli'r siopau hyn wedi cael effaith fawr ac uniongyrchol ar gyflogaeth yn yr ardaloedd lle roedd y siopa wedi'u sefydlu. Mae hefyd wedi gostwng nifer y siopwyr sy'n ymweld â'r ardaloedd hyn. Mae'n debyg i'r hyn a ddigwyddodd pan fethodd y siop gadwyn Woolworths yn 2009. Mewn rhai strydoedd siopa rhanbarthol, dillad a nwyddau cartref BHS oedd eu hatyniad mwyaf.

▲ **Ffigur 3.15** Caeodd siopau mawr BHS eu drysau yn 2016

- Os ydych chi'n gwneud dadansoddiad o siopau'n cau, mae'n bwysig eich bod chi'n cydnabod bod colli siop adrannol fawr yn cael effaith lawer mwy niweidiol na cholli siop sglodion.

- Mae tynnu siop adrannol fawr o ardal yn gallu bod yn debyg i dynnu bric hollbwysig o waelod tŵr 'Jenga': dyma'r pwynt di-droi'n-ôl sy'n arwain at gwymp y strwythur cyfan.

Teimlwyd colled BHS yn fawr gan adwerthwyr cyfagos oedd yn dibynnu ar y siop honno i ddod â chwsmeriaid i mewn i'w siopau nhw hefyd. Dyma ddywedodd un dadansoddwr adwerthu: 'mae strydoedd siopa mawr yn ecosystemau bregus sy'n gallu aflonyddu pan fydd busnes sydd wedi bod yno ers tro byd yn cwympo'. Er enghraifft, mae mwy na hanner siopau Ann Summers y DU o fewn 200m i hen safle BHS, gan olygu bod y cwmni dillad isaf yn llawer mwy agored na llawer o fusnesau eraill i deimlo effeithiau methiant BHS.

Blwyddyn ar ôl i BHS gau ei ddrysau, ychydig iawn o'r safleoedd sydd wedi eu llenwi gan weithredwr siop adrannol arall. Y rheswm dros hynny oedd maint enfawr llawer o'r siopau. Cymerodd y siop ddillad rhad Primark dri ar ddeg o'r adeiladau o Gaerliwelydd i Landudno. Mae eraill wedi dod yn archfarchnadoedd disgownt. Mewn rhai o'r safleoedd, mae cwmni adwerthu wedi cymryd y llawr gwaelod ac mae'r lloriau uwch wedi eu troi'n swyddfeydd.

Un rheswm pwysig am fethiant BHS yw'r cynnydd mewn adwerthu ar-lein ac Amazon yn arbennig, sydd erbyn hyn yn cyfrif am tua 20 y cant o'r holl werthiannau yn y DU.

Heriau neu gyfleoedd?

Mae newidiadau'n gallu difrodi lleoedd ond maen nhw hefyd yn creu cyfle i adfywio; mae'r prosesau technolegol, economaidd a gwleidyddol uchod wedi dod â heriau newydd yn sicr, ond maen nhw hefyd wedi dod â chyfleoedd newydd i ymateb drwy ddatblygu ac arloesi. O edrych yn ôl, roedd trawsffurfiad eang y DU i fod yn economi a chymdeithas ôl-ddiwydiannol (rhywbeth a ddigwyddodd yn anochel oherwydd y dad-ddiwydianeiddio a'r syfliad byd-eang) yn newid i'w groesawu a ddaeth â gwelliant amgylcheddol ac a estynnodd ddisgwyliad oes y bobl. Mae Ffigur 3.16 yn rhoi un golwg i ni ar y gweddnewid hwn.

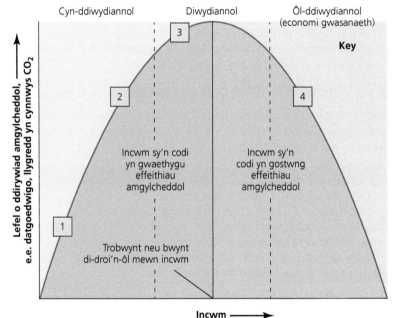

◀ **Ffigur 3.16** Mae'r gromlin Kuznets amgylcheddol yn portreadu dad-ddiwydianeiddio'r DU mewn golau cadarnhaol (gan ddangos hefyd sut mae syfliad byd-eang wedi cael effaith niweidiol ar amgylcheddau gwledydd eraill sydd â chysylltiadau byd-eang fel Bangladesh a China)

Allwedd
1. Ewrop cyn-ddiwydiannol, Amazonas heddiw, Bangladesh cyn y 1970au
2. Bangladesh heddiw, China yn yr ugeinfed ganrif
3. China heddiw
4. Gwledydd datblygedig heddiw

Mae Ffigur 3.17 yn dangos sut mae siociau allanol yn gallu ein hybu i fod yn wydn ac ail-greu lle a sut mae hyn, yn y pen draw, yn gallu arwain at fod mewn gwell sefyllfa na chynt. Gall lleoedd gwydn fabwysiadu technolegau newydd a manteisio ar gyfleoedd i addasu ac arloesi'n economaidd mewn ffyrdd sydd, yn y pen draw, yn dod â gwell economi a gwell ansawdd bywyd i'r gymuned leol. Mae penodau pedwar a phump yn archwilio ffyrdd o wneud hyn.

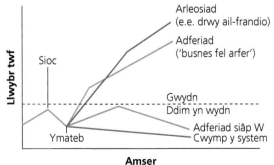

◀ **Ffigur 3.17** Mae gwydnwch yn golygu bod â'r gallu i neidio yn ôl neu adlamu yn dilyn aflonyddwch neu drychineb; mae'r darluniad hwn yn dangos sut mae'r syniad o wydnwch yn cael ei ddefnyddio ar gyfer ymateb economi i argyfwng ariannol

3 Newid yn nodweddion demograffig a diwylliannol lleoedd

▶ *Pa newidiadau a heriau sydd wedi cynyddu'r amrywiaeth ddiwylliannol a demograffig a ddaw i wahanol leoedd?*

Mae daearyddiaeth ddiwylliannol a demograffig y DU wedi cael ei drawsffurfio mewn degawdau diweddar ochr yn ochr â'r datblygiadau economaidd a amlinellwyd uchod. Er bod tirweddau diwydiannol yn cael eu hailffurfio gan y buddsoddi byd-eang oedd yn llifo i mewn ac allan, roedd nodweddion demograffig a diwylliannol lleoedd yn newid hefyd oherwydd y llifoedd o bobl a syniadau oedd hefyd yn symud i mewn ac allan.

Prosesau demograffig a newidiadau mewn lle

Mae'n debyg eich bod chi'n gyfarwydd â'r prif ffyrdd y mae ffrwythlondeb, marwoldeb, disgwyliad oes a strwythur y boblogaeth wedi newid dros amser yn y DU. Yn Nhabl 3.6 mae crynodeb o'r prif bwyntiau i'w cofio.

Newidyn	Newidiadau dros amser
Maint y boblogaeth	■ Mae cyfanswm y boblogaeth yn y DU wedi codi'n raddol o 58.8 miliwn yn 2001 i 66 miliwn yn 2016. Y rheswm dros y cynnydd yw'r mewnfudo i'r DU a hefyd y ffaith fod pobl yn byw'n hirach. ■ Ond, dydy'r twf mewn niferoedd ddim wedi digwydd ymhob man. Cafwyd twf cyflym yn Llundain a'r de-ddwyrain. Mae poblogaeth Llundain wedi tyfu o lai na 7 miliwn yn yr 1980au i fod yn agos at 9 miliwn heddiw. Rydyn ni'n gweld twf arafach mewn ardaloedd wedi'u diboblogi yng nghanolbarth Cymru a gorllewin yr Alban, ac mae'r twf wedi bod yn araf hefyd mewn rhannau mawr o ogledd Lloegr.
Cyfraddau bywydol	■ Y gyfradd ffrwythlondeb yw'r nifer cyfartalog o blant mae menyw'n rhoi genedigaeth iddyn nhw yn ystod ei bywyd. Mae'r gyfradd hon wedi disgyn yn is na 2.0 yn y DU dros amser oherwydd rhyddfreinio a phroffesiynoli menywod. Mae'r stori hon yn cynnwys y mudiad i roi'r bleidlais i fenywod yn yr 1910au, yr hawl i ddewis (daeth erthyliad yn gyfreithlon yn 1967) a'r ddeddfwriaeth cyflog cyfartal yn 1970. ■ Yn gyffredinol, mae'r cyfraddau marwoldeb yn y DU wedi disgyn am fod pobl yn fwy ymwybodol o amrywiaeth o bethau sy'n achosi risg i'w hiechyd (diolch i ganllawiau am fwyta'n iach, yn cynnwys faint o galorïau, braster dirlawn, alcohol a halen sy'n ddoeth i'w cymryd). Ond, mae cymunedau yn amrywio o ran cyfoeth pobl a dewisiadau pobl o ran eu ffordd o fyw, felly mae marwoldeb yn gallu amrywio'n fawr rhwng gwahanol leoedd a chodau post.
Strwythur y boblogaeth	■ Mae gan y DU boblogaeth sy'n heneiddio. Am fod gofal iechyd yn gwella drwy'r amser, mae nifer uwch nag erioed o bobl 85 oed a hŷn i'w cael yn y DU. Y ffigur yn 2017 oedd 1.4 miliwn. Mae hynny'n gyfatebol ag un ymhob 50 o bobl. ■ Tyfodd y boblogaeth o bobl dros 85 oed o 1.1m yn 2001 i 1.4m yng Nghyfrifiad 2011 (dyma'r gyfradd twf cyflymaf i unrhyw grŵp oedran yn y DU). Erbyn 2066, rhagwelir y bydd dros hanner miliwn o bobl 100 oed neu'n hŷn yn y DU. Mae mwy na 10 miliwn o bobl dros 65 oed erbyn hyn.

▲ **Tabl 3.6** Newidiadau demograffig yn y DU

At ddibenion y llyfr hwn, mae'n bwysig meddwl yn feirniadol, yn gyntaf am effeithiau'r datblygiadau a welwn yn Nhabl 3.6 ar wahanol leoedd yn y DU ac, yn ail, am y rôl y mae'r llif o syniadau a phobl wedi'i chwarae i achosi'r newidiadau demograffig hyn.

Amrywiadau gofodol yn y newidiadau demograffig

Mae effeithiau'r newidiadau yn y boblogaeth yn amrywio'n enfawr o le i le yn y DU. Mae Ffigur 3.18 yn dangos y gwahaniaeth enfawr mewn disgwyliad oes sy'n bodoli rhwng gwahanol ardaloedd awdurdod lleol. Mae hirhoedledd yn amrywio'n fawr rhwng lleoedd ac o fewn lleoedd: tu ôl i'r ffigurau cyfartalog yn y DU o 77 mlynedd i ddynion a 82 mlynedd i fenywod mae amrywiaeth mawr o ddata lleol am ddisgwyliad oes. Yn Ne Swydd Caergrawnt, gall dynion ddisgwyl byw tua 10 mlynedd yn hirach na'r dynion yn Glasgow. Mae incwm, swyddi ac addysg yn ffactorau allweddol i esbonio'r gwahaniaethau hyn, ynghyd â dewisiadau ffordd o fyw fel deiet ac ysmygu.

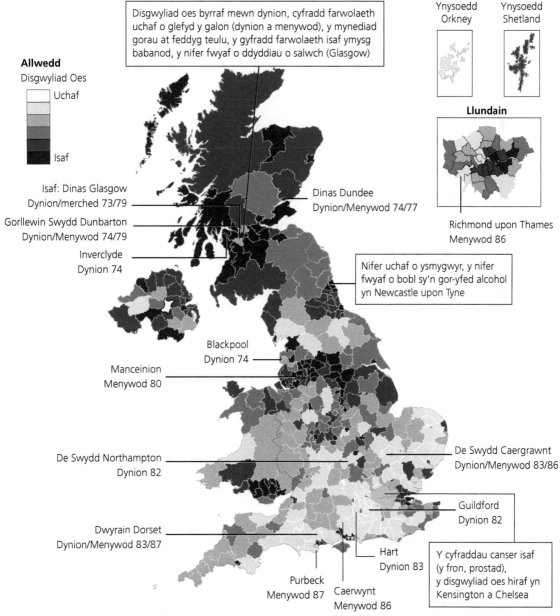

Ffigur 3.18 Sut mae disgwyliad oes yn amrywio o le o le yn y DU, 2011

Mae gwahaniaethau mawr i'w cael hefyd yn y gyfran o bobl hŷn sy'n byw mewn gwahanol rannau o'r DU. Gallwn ni weld amrywiadau ar wahanol raddfeydd: mae rhai siroedd ac awdurdodau lleol yn llawer mwy 'llwyd' nag eraill; gall cymdogaethau lleol o fewn yr un anheddiad hefyd ddangos gwahaniaethau amlwg yn y gyfran o bobl 65 oed neu'n hŷn sy'n byw yno. Mae nifer o resymau dros hyn sy'n ymwneud â'r gwahaniaeth yn y ffordd mae pobl o wahanol grwpiau oedran sy'n gweithio a ddim yn gweithio yn dewis byw. Mae Ffigur 3.19 yn dangos amrywiadau rhanbarthol yn y gyfran o'r boblogaeth sy'n 65 oed ac yn hŷn. Gallwn ni esbonio'r gwahaniaethau yn rhannol drwy edrych ar yr amrywiadau yn y disgwyliad oes, ond mae gwahaniaethau wedi codi hefyd oherwydd y prosesau mudo sy'n nodweddiadol o oedran arbennig (mae niferoedd mawr o bobl hŷn yn symud i ardaloedd glan môr i ymddeol, ond mae grymoedd mewngyrchol yn helpu i ddenu pobl iau i ardaloedd metropolitanaidd lle mae prifysgolion a swyddi). Mae gan lawer o ardaloedd arfordirol fel Worthing a Southport gyfrannau uchel o bobl hŷn yn byw yno oherwydd mudo detholus o ran oedran.

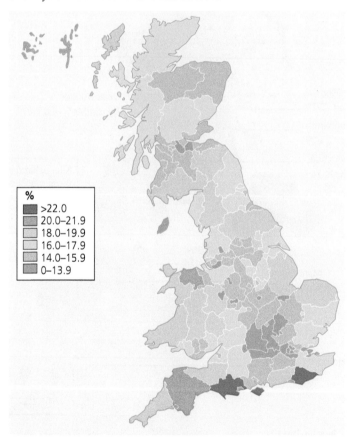

▲ **Ffigur 3.19** Amrywiadau rhanbarthol yn y gyfran o'r boblogaeth sy'n 65 oed a hŷn, 2011

Mae amrywiadau yn strwythur y boblogaeth yn effeithio ar nodweddion lleoedd lleol mewn llawer o ffyrdd, ac maen nhw hefyd yn helpu i benderfynu sut mae pobl o'r tu allan yn eu gweld nhw.

- Yn aml iawn gallwch chi farnu a yw poblogaeth ardal yn hŷn neu'n iau drwy edrych ar y mathau o siopau sydd ar y stryd fawr (ystyriwch pa fathau o wahaniaethau y gallech chi ddisgwyl eu gweld).

- Gall y lefelau o ymgysylltiad â'r gymuned wahaniaethu hefyd, er enghraifft mewn lleoedd gyda chyfran uchel o bobl wedi ymddeol yn hytrach na chyfran uwch o fyfyrwyr (mae pobl wedi ymddeol yn fwy tebygol o fod yn aelodau gweithgar o gymdeithasau lleol ac elusennau, er enghraifft).

- Mae rhai lleoedd sydd â phoblogaeth yn heneiddio yn cael eu haddasu'n ffisegol i adlewyrchu'r newid yn eu nodweddion demograffig. Mae rhai archfarchnadoedd lleol yn gwneud addasiadau ar gyfer siopwyr hŷn drwy osod goleuadau mwy llachar, lloriau gwrth-lithr ac eiliau arbennig o lydan sy'n addas ar gyfer sgwteri symudedd. Y tu allan i'r DU, gallwch chi weld rhagor o enghreifftiau o leoedd sydd wedi eu haddasu'n benodol ar gyfer poblogaethau hŷn. Er enghraifft, yn nhref Weesp yn yr Iseldiroedd, mae cymdogaeth sydd wedi'i hadeiladu'n arbennig o'r enw Hogeweyk. Mae'n lle nodedig am ei fod wedi ei lunio'n benodol fel cyfleuster gofalu arloesol i bobl hŷn gyda dementia.

Newidiadau lle demograffig mewn cyd-destun byd-eang

Wrth gwrs, mae'r newidiadau demograffig sy'n effeithio ar gymunedau ac aneddiadau drwy'r DU gyfan wedi eu siapio gan ddatblygiadau cenedlaethol a byd-eang parhaus mewn gofal iechyd. Mae hon yn enghraifft arall o'r ffordd y mae ffactorau alldarddol (gweler tudalen 21) yn dylanwadu'n barhaus ar y lleoedd lleol rydyn ni'n eu hastudio. Mae nifer o resymau 'global' sy'n helpu i esbonio pam mae niferoedd mawr o bobl yn byw nes cyrraedd eu hwythdegau a'u nawdegau erbyn hyn.

- Mae maeth wedi gwella, diolch yn rhannol i'r rhwydweithiau cynhyrchu bwyd byd-eang sydd gan yr archfarchnadoedd mawr hynny sy'n cyflenwi ffrwythau a llysiau ffres drwy'r flwyddyn i siopau ymhob tref a dinas ym Mhrydain.

- Mae'r dulliau o atal a thrin clefydau wedi gwella drwy'r byd i gyd diolch i'r cydweithio byd-eang sy'n digwydd rhwng ymchwilwyr a gwyddonwyr, yn aml o dan nawdd asiantaethau rhyngwladol fel Sefydliad Iechyd y Byd (WHO). Er enghraifft, cafwyd yr achos diwethaf o'r frech wen yn 1978 (yn fuan cyn iddo gael ei ddiddymu'n gyfan gwbl yn 1980 yn dilyn ymgyrch imiwneiddio byd-eang dan arweiniad WHO). Ni chafwyd un achos o polio yn y DU ers yr 1990au a'r rheswm dros hynny i raddau mawr yw ymdrech estynedig Ewropeaidd i imiwneiddio a goruchwylio'r clefyd.

- Mae'r cymunedau ymchwilwyr gwyddonol sy'n gysylltiedig â'i gilydd drwy'r byd i gyd wedi gweithio mewn ffyrdd eraill hefyd i gynhyrchu gwybodaeth a dealltwriaeth, dros amser, sydd wedi helpu cymunedau lleol ym mhob man i leihau risgiau sy'n peryglu bywydau. Mae'r ffaith ein bod ni'n gwybod cymaint mwy erbyn hyn am beryglon ysmygu yn rheswm pwysig iawn pam mae pobl Prydain yn byw'n hirach heddiw nag oedden nhw yn y gorffennol (os byddech chi mewn tafarn mewn unrhyw ardal o'r DU mor ddiweddar â'r 1990au, mae'n debyg y byddech chi mewn cwmwl trwchus o fwg sigarét).

DADANSODDI A DEHONGLI

Mae Ffigur 3.20 yn dangos proffil economaidd-gymdeithasol o Blackpool, tref wyliau glan môr sy'n dirywio yng ngogledd-orllewin Lloegr. Yn y proffil hwn, mae cymhariaeth rhwng y disgwyliad oes yn Blackpool ac mewn awdurdodau lleol eraill yn y DU. Mae hefyd yn dangos y mewnlifoedd a'r all-lifoedd net o bobl bob blwyddyn yn Blackpool.

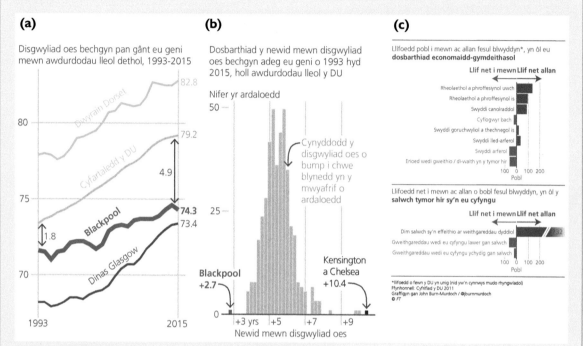

▲ **Ffigur 3.20** Proffil economaidd-gymdeithasol Blackpool 2015

(a) Gan ddefnyddio Ffigur 3.20a, cyfrifwch y cynnydd yn nisgwyliad oes cyfartalog y DU rhwng 1993 a 2015.

(b) Gan ddefnyddio Ffigurau 3.20a a 3.20b, cymharwch y newidiadau yn y disgwyliad oes yn Blackpool gydag ardaloedd eraill o'r DU.

CYNGOR

Mae dau ffigur i chi eu defnyddio yn eich ateb. Mae Ffigur 3.20b yn ddefnyddiol am ei fod yn dangos anghydraddoldeb yn y DU gyfan ac yn datgelu mai Blackpool sy'n perfformio waethaf o'r holl awdurdodau lleol. Nid oes gan unrhyw ardal arall gynnydd o lai na 3 mlynedd fel sydd gan Blackpool; mae gan yr ardal sy'n perfformio orau, Kensington a Chelsea, gynnydd sydd bron bedair gwaith yn uwch na chynnydd Blackpool. Mae dau o amlderau moddol i'w nodi ac mae'r gwerth i Blackpool yn llawer is na'r rhain. Mae Ffigur 3.20a yn rhoi cipolwg manylach i ni ar y ffordd y mae Blackpool yn cymharu'n ddaearyddol gydag un o'r ardaloedd trefol tlotach eraill yn y gogledd (Dinas Glasgow) a hefyd ardal wledig gefnog yn y de (Dwyrain Dorset). Mae Ffigur 3.20a yn darparu data cyfartalog y DU hefyd. Mae hwn yn dangos disgwyliad oes Blackpool yn gwaethygu dros amser o'i gymharu â'r DU gyfan. Y 'stori fawr' gyffredinol yma yw bod disgwyliad oes wedi cynyddu yn Blackpool dros amser, ond bod y cynnydd yn isel o'i gymharu â mannau eraill.

(c) Esboniwch pam y gallai dirywiad Blackpool ddechau cyflymu oherwydd y llifoedd o bobl a welwch yn Ffigur 3.20c.

CYNGOR

Mae Ffigur 3.20c yn dangos bod yr allfudo'n digwydd o blith y bobl fwy medrus a bod y bobl sy'n dod i mewn yn bobl ddi-waith heb sgiliau. Hefyd, ar y cyfan, mae mwy o bobl yn gadael nag yn cyrraedd. Canlyniad tebygol hyn yw gostyngiad yn y boblogaeth a hefyd ym mhŵer prynu cyfartalog y boblogaeth sy'n weddill. Gallai hyn, yn ei dro, arwain at fethiant rhai o'r busnesau a'r siopau lleol oherwydd byddan nhw'n gwerthu llai a llai o gynnyrch cyn dechrau colli arian yn y pen draw. Mae'n bwysig nodi bod y cwestiwn yn gofyn pam y gallai gostyngiad *gyflymu* oherwydd llifoedd pobl. Mae hyn yn gofyn i ni feddwl am resymau pam y gallai effaith 'caseg eira' ddigwydd sy'n golygu bod y dirywiad yn cyflymu dros amser. Beth yw'r rhesymau dros hyn? Efallai y gallai colli pobl gefnog a methiant busnesau penodol o ganlyniad i hynny ddechrau cael effeithiau pellach neu effeithiau 'domino' sy'n arwain at ddirywiad troellog (mae hyn yn enghraifft o effaith adborth cadarnhaol mewn daearyddiaeth ddynol).

(ch) Aseswch gryfderau a gwendidau'r proffil economaidd-gymdeithasol hwn o Blackpool.

CYNGOR

Mae'r cwestiwn hwn yn weddol benagored ac yn caniatáu i chi ysgrifennu am amrywiaeth o ddehongliadau o gryfderau a gwendidau. Yn gyntaf, gallech chi wneud asesiad o werth y data a ddewiswyd o'i gymharu â dangosyddion posibl eraill o iechyd economaidd-gymdeithasol y gallan nhw fod wedi eu defnyddio yn eu lle. Er enghraifft, mae Ffigur 3.20 yn canolbwyntio'n drwm ar ddisgwyliad oes ar draul dangosyddion economaidd-gymdeithasol eraill. Efallai y byddai wedi bod yn fwy defnyddiol i amnewid naill ai Ffigur 3.20a neu Ffigur 3.20b gyda data sy'n dangos siopau gwag, er enghraifft. Yn ail, gallech chi wneud asesiad o gryfderau a gwendidau'r dulliau cyflwyno a ddefnyddiwyd. A yw'r holl graffiau'n glir ac yn hawdd eu deall? A yw 'chwyddo' data echel-y yn Ffigur 3.20a yn ddefnyddiol neu'n gamarweiniol o ran y ffordd mae'n gwneud i wahaniaethau bach ymddangos yn llawer mwy? A yw'r labeli ar Ffigur 3.20c yn ddigon o gymorth neu a fyddai'n well cynnwys ffigurau incwm go iawn ar gyfer gwahanol grwpiau?

Y nodweddion diwylliannol newidiol sydd gan le

Roedd Cyfrifiad 2011 yn dangos bod diwylliannau mwy amrywiol yn y DU heddiw nag erioed o'r blaen (Tabl 3.7). Roedd llai nag 80 y cant o'r boblogaeth yn eu hystyried eu hunain yn 'Brydeinig Gwyn'. Dywedodd tua un rhan o bump – tua 13 miliwn o bobl – eu bod nhw'n Asiaidd/Brydeinig Asiaidd, Du/Prydeinig Du neu'n Wyn ond heb eu geni yn y DU – categori yn 2011 oedd yn cynnwys miliynau o ddinasyddion yr UE oedd yn byw yn y DU.

Grwpiau lleiafrifoedd ethnig yn y DU	Canran y cyfanswm	
	Cyfrifiad 2001	Cyfrifiad 2011
Du neu Ddu Brydeinig	2.2	3.4
Asiaidd neu Asiaidd Brydeinig	4.8	7.5
Gwyn ond heb gael eu geni yn y DU	3.8	5.3
Hunaniaeth niferus	1.4	2.2

▲ **Tabl 3.7** Prif grwpiau ethnig lleiafrifol y DU ar adeg Cyfrifiad y DU yn 2011

Mae hyn yn cynrychioli newid sylweddol dros amser, yn enwedig pan ystyriwn ni'r amcangyfrif bod maint cyfan y boblogaeth o leiafrifoedd ethnig yn y DU yn 1951 yn ddim ond chwarter miliwn o bobl. Mae'r newidiadau wedi bod yn fwy amlwg fyth ar y lefel leol: mae poblogaethau mewn rhannau o gefn gwlad Cymru'n dal i fod 99.9 y cant yn wyn; mae 60 y cant o boblogaethau rhai o fwrdeistrefi Llundain yn bobl Brydeinig sydd ddim yn wyn (a chafodd traean o bobl Llundain eu geni dramor).

Er bod lleoedd trefol yn tueddu bod yn ddiwylliannol amrywiol fel arfer, mae mudo rhyngwladol i mewn i ardaloedd gwledig wedi dod â newid demograffig a diwylliannol i'r ardaloedd hyn hefyd.

- Mae ardaloedd ffermio gwledig o amgylch Peterborough wedi denu gweithwyr gwrywaidd ifanc sydd wedi mudo o Wlad Pwyl. Yn yr 1980au, symudodd llawer o weithwyr o Bortiwgal i ardaloedd ffermio yn Swydd Gaerhirfryn.
- Mae'r gwestai ar ynys wledig Arran yn yr Alban yn dibynnu'n gynyddol ar staff benywaidd ifanc o ddwyrain Ewrop.

O ganlyniad i hynny, mae poblogaethau nifer o ardaloedd gwledig wedi dechrau cynnwys diwylliannau mwy amrywiol (er bod yr ardaloedd hyn yn dal i gael eu hystyried yn ardaloedd 'gwyn' yn bennaf, gan dynnu sylw at y gwahaniaeth rhwng ethnigrwydd a hil fel nodwyr gwahaniaeth diwylliannol).

Gall mwy o amrywiaeth newid tirwedd ddiwylliannol lle mewn nifer o ffyrdd. Ym Mhennod 2, cyflwynwyd y syniad o nodweddion diwylliannol, fel iaith, bwyd, crefydd, dillad a cherddoriaeth y gymuned. Trowch yn ôl i dudalen 42-44 a meddyliwch am y gwahanol ffyrdd y gallai tirwedd lle newid os yw'r amrywiaeth ethnig yn cynyddu. Mae'n bwysig cofio, fodd bynnag, bod prosesau newid yn gallu digwydd mewn dwy ffordd gyferbyniol, gan greu cymdogaethau diwylliannol newydd sydd naill ai'n homogenaidd neu'n heterogenaidd.

Lleoedd homogenaidd

Gall lle neu gymdogaeth penodol fynd drwy newid diwylliannol pan mae nifer o bobl o un grŵp ethnig newydd yn symud i mewn. Canlyniad hynny yw lle sydd wedi newid ond un sy'n parhau'n homogenaidd yn ei hanfod (mae'r cymeriad ethnig yn unffurf). Yn yr 1930au gwyliodd y daearyddwr Americanaiadd, Burgess, hyn yn digwydd yn Chicago: roedd ei fodel 'ecolegol' o ddefnydd tir trefol wedi ei seilio ar ddamcaniaeth o 'olyniaeth' lle byddai niferoedd mawr o un grŵp ethnig newydd yn cyrraedd a byddai hynny'n arwain at y bobl oedd yno'n barod yn symud allan o gymdogaeth y ddinas fewnol mewn proses o 'olyniaeth'. Ar ôl cenhedlaeth neu ddwy, byddai'r newydd-ddyfodiaid eu hunain yn dod yn fwy cyfoethog ac yn mudo i gymdogaeth well, gan ryddhau'r lleoliad o fewn y ddinas i gymuned newydd arall o fudwyr. Pan luniodd Burgess ei fodel gwreiddiol, defnyddiodd gymdogaeth o'r enw 'Little Sicily' fel enghraifft (cafodd yr enw yma am fod ganddi gymeriad Eidalaidd-Americanaidd ar y pryd).

Weithiau mae cymdogaethau ethnig homogenaidd yn cael eu disgrifio'n gadarnhaol fel tirweddau ethnig ac weithiau'n ddifrïol fel 'getos'. Beth bynnag yw'r label, mae lleoedd i'w cael lle mae arwahaniad yn amlwg: mae grŵp gyda hunaniaeth nodedig wedi dewis byw gyda'i gilydd. Gall y rhesymau gynnwys y canlynol:

TERMAU ALLWEDDOL

Grŵp ethnig Adran o'r boblogaeth sy'n wahanol i'r mwyafrif o edrych arni yn ôl meini prawf fel crefydd, iaith, cenedligrwydd neu hil. Os oes grŵp ethnig lleiafrifol mewn ardal, efallai ei fod wedi cyrraedd o lif mudo o'r gorffennol neu o lif mudo sy'n parhau. Yn aml iawn mae grwpiau ethnig yn dangos rhywfaint o arwahaniad (yn cadw ar wahân).

Tirwedd ethnig Tirwedd ddiwylliannol wedi ei hadeiladu gan grŵp ethnig lleiafrifol, fel poblogaeth o fudwyr. Mae eu diwylliant wedi'i adlewyrchu'n glir yn y ffordd maen nhw wedi ail-greu'r fan lle maen nhw'n byw.

- maen nhw'n ymgeisio'n fwriadol i gadw treftadaeth ddiwylliannol a synnwyr o hunaniaeth
- oherwydd anghenion ymarferol: mae gwasanaethau bwyd arbenigol (halal, kosher) a lleoedd addoli (mosgiau, synagogau) yn gweithredu fel unrhyw wasanaeth arall sydd angen ei gynulleidfa darged yn byw gerllaw.

Mae arwahaniad yn gallu digwydd hefyd o ganlyniad i gyfyngiadau (yr enw ar hyn yw 'geto-eiddio'). Er enghraifft:

- gwahaniaethu yn y farchnad dai (mae gwahaniaethu agored yn anghyfreithlon ond mae rhai pobl yn dal i 'warchod y giât' yn y farchnad eiddo ar rent)
- gwahaniaethu yn y farchnad lafur (os bydd grŵp yn methu dod o hyd i swydd gyda chyflog uchel, mae hyn yn cyfyngu ar yr ardaloedd byw y gallan nhw eu fforddio).

Lleoedd heterogenaidd

Ar y llaw arall, mae rhai lleoedd yn gallu datblygu'n gymdogaethau heterogenaidd sy'n cynnwys nifer o grwpiau ethnig gwahanol (gweler Ffigur 3.21). Mae rhai cymdogaethau yn Llundain yn gartref i gymunedau sy'n dod o bob gwlad yn y byd bron, o Albania i Zimbabwe; mae eglwysi, synagogau a mosgiau i'w gweld gyda'i gilydd. Mae'r gyfres gartŵn o UDA *The Simpsons* yn gynrychioliad o gymuned heterogenaidd: yn ei dref ffuglen, Springfield, mae cast amrywiol o gymeriadau sydd â nifer o wahanol hunaniaethau ethnig.

Ond, mae hanes yn dangos bod lefelau o amrywiaeth ar y lefel leol yn gallu lleihau wrth i amser basio. Er enghraifft, roedd tua 70 y cant o'r bobl yn Llundain yn eu galw eu hunain yn Brydeinig Gwyn yng Nghyfrifiad 2011. Eto, roedd y gymuned hon, yn wreiddiol, yn bell o fod yn ddiwylliannol homogenaidd. Ar wahanol adegau yn y gorffennol, mae cymunedau ethnig gwyn amrywiol oedd yn hanu o'r Llychlynwyr, Anglo-Sacsoniaid, Celtiaid, Rhufeiniaid a'r Normaniaid i gyd wedi byw yn Llundain. Dros amser, cyfunodd y grŵp yma o fudwyr mewn pair diwylliannol a esgorodd ar y diwylliant Seisnig a'r iaith Saesneg fel y mae'n cael ei siarad heddiw. Mae'n ddigon posibl y bydd amrywiaeth ddiwylliannol yn dechrau lleihau yn y dyfodol mewn dinasoedd byd fel Llundain, Toronto a Pharis sy'n rhyfeddol o amrywiol ar hyn o bryd. Y rheswm y bydd hynny'n digwydd yw y bydd pobl yn cymysgu eu gwahanol ddiwylliannau ac y bydd pobl o wahanol gymunedau mudo'n priodi ei gilydd.

Roedd erthygl ddiddorol dan y teitl 'Changing Faces' yn y *National Geographic* (2013) yn awgrymu bod nifer gynyddol o bobl mewn cymdogaethau o ethnigau cymysg yn yr Unol Daleithiau'n eu disgrifio eu hunain fel pobl o dreftadaeth gymysg. Mae hynny'n awgrymu y gallai'r cymdeithasau hyn, dros amser, beidio bod yn gwbl amrywiol mwyach. Posibilrwydd arall yw y bydd y gwahanol grwpiau'n cadw eu treftadaeth; efallai y bydd llai na'r disgwyl o gymysgu a phriodi rhwng gwahanol ddiwylliannau. O ganlyniad, gallai dinasoedd y byd weld tra-amrywiaeth (wrth i fewnfudo parhaus ddod â nifer uwch o wahanol genhedloedd ac ethnigedd i'r lleoedd hyn).

▲ **Ffigur 3.21** Efallai y gallai cerdyn ffôn siop neu ei harddangosfa deithiau roi tystiolaeth maes i chi eich bod mewn lle heterogenaidd o ran ethnigedd: gallai hwn awgrymu fod pobl o nifer o wahanol genhedloedd yn byw yn y gymdogaeth hon (yn yr achos hwn, El Raval amlddiwylliannol, yng nghanol Barcelona)

 TERMAU ALLWEDDOL

Pair diwylliannau Proses ddiwylliannol lle mae gwahanol gymunedau'n cyfuno dros amser (yn yr ysgol, yn y gweithle neu drwy briodas) i ffurfio diwylliant mwy unffurf sy'n cyfuno nodweddion o draddodiadau pob un o'r cymunedau gwreiddiol.

Tra-amrywiaeth Lefel uchel newydd o amrywiaeth yn y boblogaeth a chymhlethdod strwythurol sy'n fwy nag unrhyw beth a brofwyd yn y gorffennol.

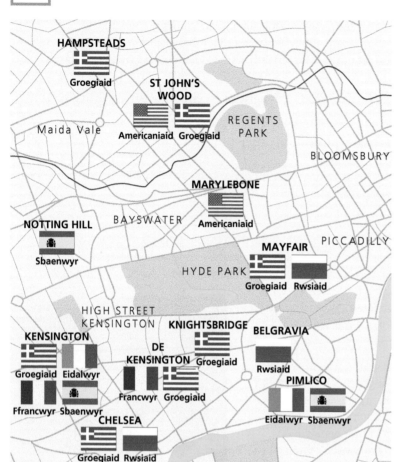

HAMPSTEADS
Groegiaid

ST JOHN'S WOOD
Americaniaid Groegiaid

Maida Vale

REGENTS PARK

BLOOMSBURY

MARYLEBONE
Americaniaid

NOTTING HILL
Sbaenwyr

BAYSWATER

PICCADILLY

MAYFAIR
HYDE PARK
Groegiaid Rwsiaid

HIGH STREET KENSINGTON

KENSINGTON
Groegiaid Eidalwyr

DE KENSINGTON
Groegiaid

KNIGHTSBRIDGE

BELGRAVIA
Rwsiaid

Ffrancwyr Sbaenwyr
Francwyr Groegiaid

PIMLICO
Eidalwyr Sbaenwyr

CHELSEA
Groegiaid Rwsiaid

▲ **Ffigur 3.22** Mae rhai lleoedd yn Llundain yn gartref i gymysgedd heterogenaidd o wahanol grwpiau ethnig; ond a fydd gwahaniaethau'n lleihau dros amser oherwydd effaith y pair diwylliannau?

🔑⟦ **TERM ALLWEDDOL**

Mudo ar ôl ymuno Y llif o fudwyr economaidd ar ôl i wlad ymuno â'r UE.

Cysylltiadau a llifoedd

Gallwn ni ystyried y newidiadau diwylliannol sy'n digwydd mewn lleoedd yn y DU yn ganlyniad i'r llifoedd newidiol o bobl sy'n symud mewn ymateb i ddatblygiad byd-eang anghyfartal a llywodraethu byd-eang sy'n esblygu.

● Yn aml iawn gall y mudo rhyngwladol ymddangos i ddechrau fel rhywbeth sydd wedi digwydd oherwydd achos economaidd syml, sef datblygiad anghytbwys.

● Ond, mae llifoedd o bobl yn gallu digwydd hefyd o ganlyniad i fframweithiau gwleidyddol rhyngwladol sy'n caniatáu i bobl symud yn rhydd.

Mewn lleoliadau yn y DU sydd wedi bod drwy newidiadau diwylliannol oherwydd mudo rhyngwladol, mae'n bwysig deall bod y lleoedd hyn wedi eu gwreiddio mewn cyd-destunau cenedlaethol a rhyngwladol penodol sydd, yn ystod cyfnodau hanesyddol arbennig, wedi caniatáu ac wedi mynd ati'n fwriadol i annog llifoedd newidiol o bobl.

Yn y degawdau yn syth ar ôl y rhyfel, cyrhaeddodd niferoedd mawr o fudwyr ôl-drefedigaethol i Brydain o wledydd yr Ymherodraeth Brydeinig (sef y Gymanwlad yn ddiweddarach) fel India, Bangladesh ac Uganda. Daeth niferoedd llai o Nigeria, Kenya a thiriogaethau Affricanaidd eraill oedd yn arfer bod o dan reolaeth Prydain (gweler Ffigur 3.23). Yn fwy diweddar, cafwyd mudo ar ôl ymuno, sef y mudo o wledydd dwyrain Ewrop wedi i'r gwledydd hynny ymuno â'r Undeb Ewropeaidd. Mae hyn wedi dod ag amrywiaeth grefyddol, ieithyddol ac ethnig i'r DU, mewn ardaloedd trefol a gwledig fel ei gilydd.

● Daeth y don gyntaf o fudwyr i lenwi bylchau yn y gweithlu oedd wedi agor ar ôl yr Ail Ryfel Byd. Weithiau, cafodd mudwyr eu recriwtio'n uniongyrchol (cynhaliodd London Underground gyfweliadau i ganfod gyrrwyr bysiau yn Kingston, Jamaica).

- Roedd angen mawr o hyd am weithwyr mewn diwydiant trwm ac ysgafn, yn enwedig ym melinau tecstilau Canolbarth Lloegr, Swydd Gaerhirfryn a Swydd Efrog. Weithiau byddai gofynion y gwaith yn gofyn i'r gweithiwr fod o ryw penodol – dim ond menywod o wreiddiau De Asia oedd yn cael eu penodi gan ffatri brosesu ffilmiau Grunwick yng ngogledd-orllewin Llundain (arweiniodd yr amodau gwaith hynod o wael yr oedd y menywod yn eu dioddef at brotest yn 1976 gan 20,000 o bobl).

- Roedd bylchau yn y farchnad llafur medrus hefyd, yn arbennig yn y Gwasanaeth Iechyd Gwladol newydd (doedd dim digon o feddygon wedi eu hyfforddi yn y DU yn ystod yr 1930au a'r 1940au i staffio'r GIG uchelgeisiol newydd yn llawn). Teithiodd nifer o feddygon i'r DU o India, Pacistan a rhannau o Affrica. Un rheswm pam ei bod hi mor hawdd i'r DU wneud hyn oedd ei hiaith, ei harferion a'i thraddodiadau. Cafodd y rhain eu cyflwyno i diriogaethau Prydeinig o dan y rheolaeth drefedigaethol yn yr 1800au. Roedd ysgolion meddygol yn India yn defnyddio yr un gwerslyfrau â'r ysbytai addysgu ym Mhrydain. Roedd y bobl oedd yn byw yn y cyn-drefedigaethau'n siarad Saesneg yn rhugl ac yn dangos cysylltiad â'r ffordd Brydeinig o fyw. Felly, gallai'r DU fanteisio ar y dylanwad yr oedd wedi'i gael dros y gwledydd hyn yn y gorffennol drwy hysbysebu cyfleoedd gwaith i bobl Asiaidd ac Affricanaidd oedd yn edrych ymlaen at symud i'r DU, wedi iddynt gael addysg yn yr ysgol a fyddai wedi hyrwyddo.

- Wedi i'r UE gael ei ehangu yn 2004, cafwyd ton arall o fudo economaidd i'r DU. Cyrhaeddodd niferoedd mawr o weithwyr lled-fedrus a medrus o Wlad Pwyl i wneud swyddi oedd yn amrywio o adeiladu i ddeintyddiaeth. Rhaid i ni aros i weld faint y bydd y llifoedd hyn yn gwyrdroi nawr o ganlyniad i Brexit (gweler tudalen 92).

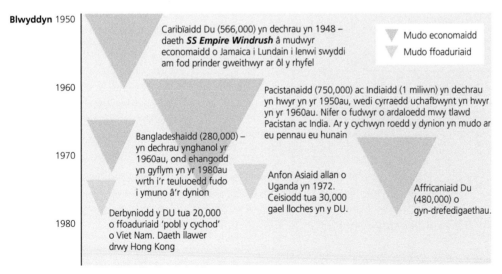

▲ **Ffigur 3.23** Llinell amser o'r mudo ôl-drefedigaethol i'r DU

Barnau cyferbyniol am newid diwylliannol

Mae'r farn sydd gan bobl ynglŷn â mudo a newid diwylliannol, ac a ydyn nhw'n fodlon ei weld yn digwydd, yn amrywio o le i le fwy nag y mae llawer o bobl yn sylweddoli. Pan gafwyd refferendwm y DU ynglŷn â'i haelodaeth o'r Undeb Ewropeaidd, datgelwyd rhwygiadau dwfn mewn cymdeithas Brydeinig. Doedd y wlad ddim yn unedig yn ei dymuniad i adael. Roedd y gefnogaeth i Brexit yn uchel ymysg pensiynwyr, cymunedau gwledig ac ardaloedd trefol yng ngogledd Lloegr, ond roedd pleidleiswyr iau, pobl yr Alban a dinasoedd Llundain a Chaerdydd o blaid aros.

Un rheswm pam mae gan gymunedau mewn gwahanol leoedd farnau amrywiol am y mudo sydd wedi digwydd o ganlyniad i ymuno â'r UE, yw eu profiad personol eu hunain – neu eu diffyg profiad. Mae Ffigur 3.24 yn rhoi cipolwg diddorol iawn i ni ar y rhesymau pam a sut mae agweddau'n amrywio yn y DU.

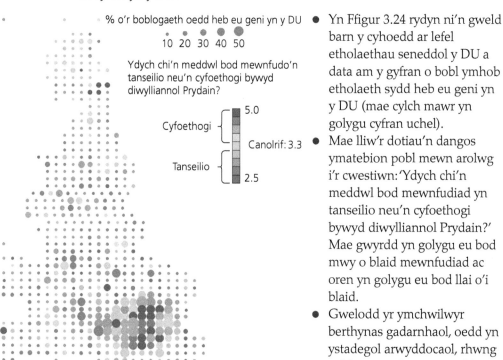

- Yn Ffigur 3.24 rydyn ni'n gweld barn y cyhoedd ar lefel etholaethau seneddol y DU a data am y gyfran o bobl ymhob etholaeth sydd heb eu geni yn y DU (mae cylch mawr yn golygu cyfran uchel).
- Mae lliw'r dotiau'n dangos ymatebion pobl mewn arolwg i'r cwestiwn: 'Ydych chi'n meddwl bod mewnfudiad yn tanseilio neu'n cyfoethogi bywyd diwylliannol Prydain?' Mae gwyrdd yn golygu eu bod mwy o blaid mewnfudiad ac oren yn golygu eu bod llai o'i blaid.
- Gwelodd yr ymchwilwyr berthynas gadarnhaol, oedd yn ystadegol arwyddocaol, rhwng y ddau newidyn: mae pobl a aned ym Mhrydain sy'n byw mewn dinasoedd gyda phoblogaeth fawr o fudwyr, fel Llundain a Chaerdydd yn tueddu i fod â theimladau mwy cadarnhaol (ac roedden nhw'n fwy tebygol o fod wedi pleidleisio i aros yn yr UE yn 2016). Mae pobl a aned ym Mhrydain mewn lleoedd gyda llai o fudwyr yn tueddu i fod â theimladau mwy negyddol.
- Mae eithriadau wrth gwrs: mae gan Peterborough, Boston a Skegness boblogaethau mawr o fudwyr ac mae'n ymddangos bod ychydig yn llai o bobl yn y lleoedd hyn yn credu bod mudo'n cyfoethogi bywyd diwylliannol Prydain.

▲ **Ffigur 3.24** Sut mae agweddau tuag at fewnfudo'n amrywio mewn perthynas â maint y poblogaethau mudwyr lleol (2011)

Gwerthuso'r mater

▶ *Asesu difrifoldeb anghydraddoldebau gofodol yn y DU*

Nodi cyd-destunau posibl, ffynonellau data a meini prawf posibl ar gyfer yr asesiad

Gallwn ni archwilio anghydraddoldebau gofodol gan ddefnyddio data a gasglwyd ar wahanol raddfeydd daearyddol; ffordd dda o gychwyn yr ymchwiliad hwn yw defnyddio llyfrau ac erthyglau gan Danny Dorling, fel *Inequality and the 1% (2014).* Gallwn ni wneud asesiad beirniadol o ddifrifoldeb yr anghydraddoldebau gofodol amrywiol yn y DU mewn nifer o gamau rhesymegol drwy edrych ar:

1 anghydraddoldeb graddfa fawr rhwng gwahanol ranbarthau a gwledydd yn y DU, yn cynnwys gwahanol rannau o Loegr, Yr Alban a Chymru. Am ddegawdau lawer, mae daearyddwyr wedi bod yn edrych ar fodolaeth rhywbeth o'r enw 'y rhaniad gogledd-de' (gweler tudalen 79).

2 anghydraddoldebau rhwng gwahanol drefi a dinasoedd, yn cynnwys cymdogaethau agos fel Stockport a Manceinion

3 anghydraddoldebau graddfa fach o fewn lleoedd, yn cynnwys gwahaniaethau rhwng gwahanol fwrdeistrefi o'r un ddinas a gwahaniaethau graddfa lai rhwng gwahanol ardaloedd allbwn y cyfrifiad neu godau post sydd nesaf at ei gilydd.

Mae anghydraddoldebau i'w gweld mewn nifer o wahanol ffyrdd. Er enghraifft, gallai asesiad o anghydraddoldeb archwilio:

- gwahaniaethau cyfoeth y pen, er enghraifft gwerth tai pobl neu asedau eraill sydd ganddyn nhw
- mesurau incwm y pen (naill ai amcangyfrif o'r enillion cyfartalog neu'r Cynnyrch Mewnwladol Crynswth y pen ymhob rhanbarth)
- diweithdra (tymor hir neu dymhorol)

- mesurau economaidd eraill fel siopau stryd fawr yn cau neu faint mae pob gweithiwr yn ei gynhyrchu mewn gwahanol leoedd
- mesurau cymdeithasol yn cynnwys cyfartaledd o'r cyrhaeddiad addysgol, disgwyliad oes a dangosyddion iechyd eraill.

Yn ogystal â hynny, gall yr anghydraddoldebau gofodol weithiau ymddangos yn fwy neu'n llai difrifol nag ydyn nhw mewn gwirionedd oherwydd y ffordd ddetholus y mae pobl weithiau'n defnyddio data ansoddol a meintiol. Er enghraifft, efallai fod un mesur economaidd yn dangos bod lle'n perfformio'n wael ond mae mesur arall yn rhoi darlun gwahanol. Mae adrodd tueddol (dyfynnu'r data 'da' ond yn osgoi crybwyll y data 'drwg', neu fel arall) yn nodwedd lawer rhy gyffredin o blatfformau cyfryngau cymdeithasol a rhai papurau newydd poblogaidd. Pan fydd lleoedd yn cael eu cynrychioli'n ansoddol mewn sioeau teledu a ffilmiau maen nhw'n aml yn weddol dueddol yn y ffordd y maen nhw'n gorliwio tlodi neu gyfoeth lleoedd gwahanol. Gall hyn wneud i anghydraddoldebau ymddangos yn fwy difrifol nag ydyn nhw mewn gwirionedd.

Asesu anghydraddoldebau *rhwng* rhanbarthau

Yr ymholiad cyntaf, ar y raddfa fwyaf, yw'r anghydraddoldeb rhwng de ddwyrain Lloegr a rhanbarthau eraill y DU. Mae'r rhaniad economaidd rhwng y de-ddwyrain a gweddill y wlad heddiw yn fwy nag ydoedd unrhyw bryd yn y gorffennol. Yn hanesyddol, mae pobl wedi ystyried gwerth tai fel mesuriad o anghydraddoldeb economaidd. Mae'r gwahaniaeth rhwng ardaloedd yn y gost, ar gyfartaledd, o brynu tŷ, ynghyd â gwerth cyfan y stoc tai ymhob rhanbarth o'r DU, yn rhoi dangosydd bras ond defnyddiol i ni o gyfoeth ac iechyd economaidd pob rhanbarth.

- Yn ystod yr ugeinfed ganrif, nid oedd cost cartref yn Llundain yn fwy na 25 y cant yn uwch na'r cyfartaledd yn y DU. Ers 2000, fodd bynnag, mae'r gwahaniaeth wedi tyfu'n llawer mwy. Yn 2017, roedd cost cartref yn Llundain, ar gyfartaledd, fwy na dwbl y cyfartaledd yn y DU.

- Yn 2016, gwerth cyfan y stoc tai yn Llundain a'r de-ddwyrain oedd £3 triliwn. Roedd hyn yn gyfatebol bron iawn â hanner gwerth yr eiddo i gyd yng ngweddill y DU.Yn wir, mae'r anghydraddoldeb wedi cynyddu'n enfawr yn y blynyddoedd diwethaf: os edrychwn ni ar gyfanswm gwerth cartrefi Llundain, byddwn yn gweld ei bod wedi dyblu rhwng 2012 a 2017, ond roedd cartrefi mewn llawer o ddinasoedd yng ngogledd Lloegr, yn cynnwys Burnley a Hartlepool wedi gostwng yn eu gwerth. Mae niferoedd mawr o bobl Llundain yn berchen ar asedau tai werth £1 miliwn neu fwy: elw gwych am wneud dim byd ond byw yno am flynyddoedd lawer!
- Mae llawer o dystiolaeth bellach o'r rhaniad gogledd-de. Ers yr 1970au hwyr, mae'r de-ddwyrain wedi perfformio'n well na'r rhanbarthau eraill yn gyson, nid yn unig o ran enillion cyfartalog (£35,000 yn y de ddwyrain yn 2017 o'i gymharu â'r cyfartaledd cenedlaethol o £27,000; mae mwy na hanner yr holl bobl sy'n ennill £150,000 neu fwy yn byw yn Llundain a'r de-ddwyrain) ond hefyd iechyd (y disgwyliad oes yn y de-ddwyrain yw 79; cyfartaledd y DU yn 2017 oedd 77).Yn rhannol, mae'r rhaniad parhaol hwn yn adlewyrchu'r ffaith bod y de-ddwyrain (heb gynnwys Llundain fewnol) heb ei effeithio mor ddifrifol gan ddad-ddiwydianeiddio ar ôl yr 1970au am fod ei economi'n fwy amrywiol a gwydn. Mae diwydiannau trydyddol a chwaternaidd wedi helpu i gadw'r colledion cyflogaeth yn is na'r cyfartaledd cenedlaethol. Ar y llaw arall, roedd y rhanbarthau hynny lle roedd gweithgynhyrchu a mwyngloddio wedi dominyddu'r strwythur cyflogaeth yn draddodiadol wedi dioddef yn anghymesur drwy golli llawer iawn mwy o swyddi oherwydd y syfliad byd-eang. Mae'r rhanbarthau hyn yn dal i sgorio'n is yn ôl ystod o fesurau economaidd-gymdeithasol.

Wrth asesu difrifoldeb yr anghydraddoldebau rhanbarthol graddfa fawr yn y DU, y pethau pwysig i'w cydnabod yw (i) parhad y rhaniad gogledd-de a'r (ii) ffordd y mae wedi cryfhau'n fawr mewn blynyddoedd diweddar.

Asesu anghydraddoldebau *rhwng* gwahanol drefi a dinasoedd

Ar hyd a lled y DU, gallwn ni weld amodau eithriadol o wahanol mewn aneddiadau sydd ddim ond cilometrau ar wahân, fel Whitstable a Margate yn nwyrain Lloegr.Yn y cyntaf, dim ond 2 % o'r adeiladau yn y stryd fawr sy'n wag ac mae hyn yn gyfradd lawer is na'r cyfartaledd cenedlaethol. Mae'r dref hanesyddol hon yn denu twristiaid ac mae'n gartref i lawer o bobl incwm uchel sydd wedi ymddeol ('llwydion cefnog') sy'n darparu chwarter yr holl wariant. Mae gan rai pobl gefnog yn Llundain ail gartref yn Whitstable. Ar y llaw arall, roedd cyfradd yr adeiladau gwag yn Margate ddeg gwaith yn uwch na Whitstable yn 2016. Mae rhannau o'r dref yn yr 1% gwaelod o ardaloedd mwyaf difreintiedig Lloegr ac mae'r gyfradd ddiweithdra yno dair gwaith yn uwch na Whitstable gerllaw.

Mae'r polareiddiad ariannol amlwg hwn rhwng dau gymydog anghyfartal yn nodwedd sy'n dod yn fwy amlwg o hyd o'r anghydraddoldeb economaidd a welwn heddiw yn y DU. Beth yw'r rhesymau dros hyn? Isod mae esboniad o un ddamcaniaeth.

- Mae'r argyfwng ariannol byd-eang a'r mesurau llymder gwleidyddol a ddilynodd (gweler tudalen 86) wedi cadw twf enillion yn isel ac wedi creu 'llusgiad' economaidd eang drwy'r DU i gyd.
- Ond, mae rhai trefi a dinasoedd wedi dangos llawer mwy o wytnwch yn erbyn yr her hon nag eraill am amrywiaeth o resymau lleol.
- Canlyniad hynny yw patrymau twf amrywiol a chynnydd mewn anghydraddoldeb rhwng yr aneddiadau gwydn a'r rhai llai gwydn. Mae Tabl 3.8 yn dangos ffactorau posibl a allai helpu hyn.

Asesu anghydraddoldeb *o fewn* ardaloedd a chymdogaethau lleol

Mae anghydraddoldebau amlwg o fewn trefi a dinasoedd hefyd, nid rhyngddyn nhw yn unig.Ym mwrdeistref Kensington a Chelsea, un o farchnadoedd tai gorau Llundain, mae cost fflat un

Ffactor	Enghreifftiau
Enw da	Mae rhai safleoedd 'pot mêl' i dwristiaid, fel Brighton, Harrogate a Stratford-upon-Avon, yn parhau'n boblogaidd â thwristiaid, ac mae hyn yn helpu i sicrhau bod yr incwm sy'n dod i mewn yn parhau.
Demograffeg	Mae mewnfudiad detholus gan y 'llwydion cefnog' neu'r cymudwyr sydd ar gyflogau uchel wedi'i ganolbwyntio yn aml iawn ar aneddiadau allweddol penodol, fel Hebden Bridge yn Swydd Efrog.
Gweithgareddau sector cyhoeddus	Pan ddechreuodd Llywodraeth y DU gyflwyno mesurau llymder tua 2010, dechreuodd yr aneddiadau oedd â chyfran uchel o weithwyr sector cyhoeddus, fel Sunderland, Birkenhead ac Abertawe, ddioddef colledion swyddi uwch na'r cyfartaledd.
Gweithgareddau sector preifat	Mae'r dinasoedd mwyaf llwyddiannus, fel Milton Keynes, Reading, Aberdeen a Bryste, yn dal i fwynhau digonedd o gyflogaeth sector preifat ac maen nhw'n llai agored i golli swyddi sector cyhoeddus. Mewn rhai achosion, y cyfrinach ar gyfer llwyddo yn ddiweddar yw clystyrau lleol o ddiwydiannau technoleg uchel (gweler tudalen 138).
Hygyrchedd	Mae aneddiadau hynod o hygyrch sydd wedi eu lleoli'n agos at briffyrdd yn dal i dderbyn buddsoddiad o'r tu allan gan gwmnïau tramor. Er enghraifft, mae gan Fryste a Reading gyfraddau cyflogaeth uwch na'r cyfartaledd.

▲ **Tabl 3.8** Rhesymau posibl pam roedd rhai aneddiadau yn fwy gwydn nag eraill yn dilyn yr argyfwng ariannol byd-eang

ystafell wely mewn rhai lleoedd ddeg gwaith yn fwy nag ym maestrefi Llundain. Yn ogystal â hynny, yn 2017, roedd y gost gyfartalog am dŷ yn Kensington, oedd yn cynyddu drwy'r amser, wedi cyrraedd lefel oedd 20 gwaith yn uwch na chyflog cyfartalog rhywun yn byw yn y DU (cafodd y prisiau eithriadol o uchel hyn eu gwthio i fyny oherwydd y galw mawr gan fuddsoddwyr oedd wedi eu seilio dramor oedd eisiau prynu asedau diogel a chadarn).

O dan y microsgop, fodd bynnag, rydyn ni'n gweld tystiolaeth o anghydraddoldeb yn Llundain *ar raddfa fwy lleol na hynny hyd yn oed*. Mae'r rhaniad cymdeithasol sy'n bodoli mewn rhai o ardaloedd mewnol y brifddinas wedi tyfu'n fwlch mawr. Roedd tân Tŵr Grenfell ym Mehefin 2017 – a arweiniodd at farwolaeth 71 o bobl – wedi tynnu sylw at y gwahaniaeth hwn.

- Adeiladwyd Tŵr Grenfell yn 1974 ac roedd yn gartref i rai o'r unigolion a'r teuluoedd incwm isel oedd ar ôl o gymdogaethau Notting Hill a Ladbroke Grove Llundain. Mae'r rhain yn lleoedd lle roedd tŷ preifat pum ystafell wely yn costio rhwng £2 filiwn ac £20 miliwn yn 2018. Doedd trigolion Tŵr Grenfell ddim yn gallu fforddio'r prisiau hyn; dyma'r union reswm pam y cafodd y bobl hyn eu rhoi mewn fflatiau yn Nhŵr Grenfell gan Gyngor Kensington a Chelsea.

- Ond, roedd cynllun peryglus Tŵr Grenfell a'r ffordd wael y cafodd ei reoli wedi arwain at drychineb pan gychwynnodd tân yno oherwydd oergell diffygiol ar un o'r lloriau isaf. Doedd y rheolwyr ddim wedi gwneud digon i leihau peryglon tân. Dim ond un gyfres o risiau cymunedol oedd ar gael i bobl eu defnyddio i ddianc a doedd dim taenellwyr dŵr wedi eu gosod. Doedd yr henoed bregus oedd yn byw ar y lloriau uwch ddim yn gallu dianc rhag y tân.

- Roedd Cyngor Kensington a Chelsea wedi anwybyddu rhybuddion gan drigolion yn y blynyddoedd cyn y tân; mae beirniaid yn gweld hyn fel symptom o reolaeth *lac* ehangach ar leoedd yn Llundain fewnol gan lywodraeth leol sydd wedi caniatáu i'r lefelau anghydraddoldeb fynd y tu hwnt o uchel. Roedd trychineb Tŵr Grenfell yn dangos yn amlwg iawn sut mae Notting Hill yn un o'r lleoedd mwyaf anghyfartal yn Ewrop, os nad y byd.

Mewn mannau eraill yn y DU, mae llawer o aneddiadau'n dioddef anghydraddoldeb mewnol. Mewn rhai dinasoedd, yn enwedig Manceinion a Lerpwl, mae canol busnes y dref (CBD) yn weddol ffyniannus ac yn cynnig llawer o gyfleoedd i gael gwaith. Ond, rydyn ni'n dal i weld cymdogaethau difreintiedig gerllaw canol cyfoethog y ddinas. Y rheswm dros hynny yw bod y cymunedau yn y lleoedd difreintiedig hyn yn aml yn brin o'r sgiliau sydd eu hangen i fanteisio ar gyfleoedd gwaith newydd yng nghanol busnes y dref. Efallai hefyd nad oes ganddyn nhw gar neu maen nhw'n methu fforddio cludiant cyhoeddus. Mae hyn yn golygu ei bod hi'n anoddach iddyn nhw gymryd rhan yn economi'r ddinas.

Ffordd arall y mae anghydraddoldeb yn ei ddangos ei hun mewn ardaloedd trefol yw drwy'r newidiadau sydd wedi effeithio ar strydoedd siopa mewn blynyddoedd diweddar. Yn Middlesborough a Merthyr Tudful, mae niferoedd mawr o siopau canol tref wedi cau; mae'r galw wedi disgyn mor serth nes bod rhenti wedi gostwng o oddeutu hanner ers 2010. Mae nifer o resymau dros hynny, yn cynnwys twf yr adwerthu ar-lein a'r duedd sydd gan siopwyr o hyd i ddewis parciau siopa 'cyrchfan' tu allan i'r dref fel y Trafford Centre gerllaw Manceinion. Mae rhai canol trefi wedi dioddef yn ddrwg oherwydd methiant Woolworths a BHS (gweler tudalen 96) ac maen nhw wedi dioddef effaith ddomino y methiant hwn am nad oes cymaint o bobl yn cerdded heibio wedi i'r siopau 'angor' mawr hyn gau.

Asesu pan mor *ddibynadwy* yw'r dystiolaeth o anghydraddoldeb

Roedd Pennod 2 yn archwilio tueddiad mewn perthynas â chynrychioliadau lle ac mae'n bwysig dychwelyd at y thema honno yma. Wrth asesu difrifoldeb yr anghydraddoldeb ar wahanol raddfeydd, mae'n rhaid i ddaearyddwyr benderfynu a yw eu data'n ddilys ac yn ddibynadwy. Mae'r cynrychioliadau o leoedd cyfoethog a thlotach yn y cyfryngau'n ehangu ac yn gorliwio yn aml iawn; os ydych chi erioed wedi gweld y sioe deledu realiti *Made in Chelsea* byddwch yn gwybod nad ydy bywydau pobl sy'n byw mewn lleoedd fel Tŵr Grenfell ddim yn rhan o'r naratif. Mae'r naratif yn ymwneud dim ond â bywydau pobl gefnog yn y rhan hon o Lundain (mae Tŵr Grenfell lai na hanner milltir o'r fan lle cafodd penodau o *Made in Chelsea* eu ffilmio). Ar y llaw arall, mae'r portread o rai o drefi a dinasoedd y DU fel lleoedd problemus wedi gorliwio eu tlodi nhw ar brydiau.

Mae cynrychioliadau o Lerpwl yn arbennig o ddiddorol. Mae nifer o naratifau tra gwahanol yn rhoi negeseuon cymysg am ddifrifoldeb yr anghydraddoldeb rhwng Lerpwl a de Lloegr. Yn 2012, cafodd rhanbarth dinas fewnol Lerpwl, Bootle, ei alw'n lle 'terfynol' gan y dadansoddwr adwerthu Colliers International. Roedd adroddiad diweddar Centre for Cities yn awgrymu bod Lerpwl gyfan yn ddinas 'agored i niwed' am ei bod yn dibynnu'n ormodol ar gyflogaeth sector cyhoeddus. Fodd bynnag, mae arolwg cystadleuol gan HSBC Commercial Banking yn darlunio Lerpwl fel lle sydd â'r potensial i fod yn 'uwch-ddinas' ac sydd ar fin dod yn ganolbwynt byd-eang oherwydd nifer o glystyrau twf diwydiannol pwysig sy'n canolbwyntio ar gyllid ac egni gwyrdd (gweler tudalen 145).

Wrth gwrs, mae'n anodd asesu pa mor ddifrifol yw anghydraddoldebau pan mae honiadau a chyfresi data'n gwrthddweud ei gilydd ac yn cyfleu negeseuon cymysg am faint y ffyniant economaidd neu'r anhawster sy'n bodoli mewn gwahanol aneddiadau a chymdogaethau.

Dod i gasgliad sy'n seiliedig ar dystiolaeth

I gasglu felly, mae anghydraddoldeb gofodol yn nodwedd barhaol mewn daearyddiaeth gymdeithasol ac economaidd Brydeinig ar wahanol raddfeydd. Mae'r anghydraddoldebau parhaus hyn wedi dyfnhau mewn blynyddoedd diweddar. Dyma'r canlyniad am fod yr argyfwng ariannol byd-eang wedi atal twf mewn rhai lleoedd, yn enwedig mewn nifer o drefi a dinasoedd gogleddol o faint canolig, tra bo llifoedd buddsoddiad byd-eang wedi parhau ar yr un pryd i chwyddo prisiau tai yn anghymesur mewn lleoedd hynod o gyfoethog yn ne Lloegr, fel Kensington a Chelsea yn Llundain.

Mae'n anodd gwybod yn sicr pa mor ddifrifol yw anghydraddoldebau gofodol yn aml iawn am fod tystiolaeth a honiadau'n gwrthddweud ei gilydd, yn enwedig pan fydd rhan o hyn yn ddata ansoddol. Ond, un peth sy'n hollol sicr yw bod yr anghydraddoldebau mwyaf mewn cyfoeth, incwm ac iechyd i'w cael yn gynyddol *o fewn* dinasoedd mawr ac nid *rhyngddyn* nhw. Yn 2017, pris cyfartalog tŷ ym Manceinion oedd £180,000 ond y ffigur yn Llundain oedd £470,000. Fodd bynnag, mae'r gwahaniaeth rhwng prisiau cyfartalog Manceinion a Llundain yn fach iawn o'i gymharu â'r anghydraddoldeb prisiau tai o fewn Llundain ei hun. Roedd y pris cyfartalog yn ardaloedd cefnog Kensington a Chelsea bron â bod yn £2 miliwn (yn ardaloedd y codau post mwyaf dymunol, mae'r ffigur nifer o weithiau'n uwch), ond dim ond ffracsiwn o'r gwerth hwn a welwyd ym maestref Barking sydd ar waelod y rhestr (gweler Tabl 3.9). Yn olaf, roedd trychineb Tŵr Grenfell yn ddarluniad damniol o'r polareiddiad cyfoeth a'r anghydraddoldeb rhemp rhwng gwahanol godau post yn Llundain ac mewn llawer o ddinasoedd mawr eraill y DU hefyd.

Safle	Bwrdeistref Llundain	Pris tŷ cyfartalog yn 2017
1	Kensington a Chelsea	£1.99 m
2	Dinas Westminster	£1.77 m
3	Camden	£1.07 m
31	Newham	£366,000
32	Bexley	£353,000
33	Barking a Dagenham	£298,000
	Y cyfartaledd ar gyfer y 33 bwrdeistref i gyd	£470,000

▲ **Tabl 3.9** Prisiau tai cyfartalog yn 2017 ar gyfer y tair fwyaf drud a'r tair leiaf drud o 33 bwrdeistref Llundain (data Your Move, Mawrth 2017)

 TERM ALLWEDDOL

Canol busnes y dref Canolbwynt masnachol anheddiad lle mae llawer o siopau a swyddfeydd.

Crynodeb o'r bennod

✔ Mewn degawdau diweddar, mae cysylltiadau byd-eang a globaleddio wedi gyrru newid strwythurol mewn dinasoedd a chymdogaethau llai drwy'r DU i gyd a thrwy wledydd datblygedig eraill.

✔ Mae cyflogaeth mewn gweithgynhyrchu wedi dirywio yn y DU (er bod yr allbwn wedi aros yn gryf weithiau oherwydd awtomeiddio); mae cloddio am lo wedi diflannu bron yn gyfan gwbl; mae cyflogaeth yn y sector gwasanaethau wedi tyfu ond dydy hwn chwaith ddim yn imiwn i syfliad byd-eang ac awtomeiddio.

✔ Mae llifoedd newidiol o fuddsoddiad, adnoddau a phobl wedi achosi dad-ddiwydianeiddio. Gyda hwn daw cylch amddifadedd a allai gyflymu oherwydd adborth cadarnhaol, ac mae hynny wedi dod â heriau cymdeithasol ac amgylcheddol difrifol i lawer o gymdogaethau dinas fewnol.

✔ Mae'r argyfwng ariannol byd-eang (GFC) wedi ei gyfuno â datblygiadau technolegol a gwleidyddol sydd wedi codi'n ddiweddar, Brexit yn fwy na dim, wedi dod â heriau newydd i leoedd llai gwydn yn y DU. Mae'r lleoedd mwy gwydn yn cynnwys rhanbarthau ffasiynol Llundain ac mewn dinasoedd mawr eraill lle mae prisiau tai wedi dyblu mewn rhai achosion yn dilyn y GFC.

✔ Mae newidiadau diwylliannol a demograffig wedi dod â heriau a chyfleoedd i leoedd gwahanol; mae patrymau o amrywiaeth ddiwylliannol a'r costau cynyddol a ddaw gyda phoblogaeth sy'n heneiddio yn faterion o bwysigrwydd arbennig, i'r llywodraeth genedlaethol ac i'r llywodraeth leol.

✔ Mae gan y DU lefel uchel iawn o anghydraddoldeb cymdeithasol sy'n ei ddangos ei hun ar amrywiol raddfeydd, yn amrywio o'r rhaniad gogledd-de eang i'r gwahaniaethau amlwg rhwng y codau post sy'n gysylltiedig â Thŵr Grenfell.

Cwestiynau adolygu

1 Beth yw ystyr y termau daearyddol canlynol? Syfliad byd-eang; dad-ddiwydianeiddio; awtomeiddio.

2 Gan ddefnyddio enghreifftiau, amlinellwch y newidiadau dros amser mewn cyflogaeth ac allbwn i ddiwydiannau gweithgynhyrchu a mwyngloddio'r DU.

3 Gan ddefnyddio enghreifftiau, amlinellwch y cyfraniad a wnaed yn wreiddiol gan ddiwydiannau arbennig i gyflogaeth ym maes gweithgynhyrchu mewn dinasoedd mawr yn y DU.

4 Esboniwch sut mae'r cylch amddifadedd yn gweithredu mewn lleoedd wedi eu dad-ddiwydianeiddio.

5 Amlinellwch achosion yr argyfwng ariannol byd-eang (GFC) a'i ganlyniadau mewn un neu fwy o leoedd wedi'u henwi.

6 Esboniwch pam mae gwaith dur Port Talbot yn Ne Cymru yn dal i wynebu dyfodol ansicr.

7 Gan ddefnyddio enghreifftiau, esboniwch sut mae technoleg newydd yn creu heriau a chyfleoedd i wahanol leoedd a'u cymdeithasau.

8 Amlinellwch sut mae amrywiaeth ddiwylliannol wedi newid yn y DU mewn degawdau diweddar ar lefel genedlaethol ac ar lefel leol.

9 Gan ddefnyddio enghreifftiau, esboniwch pam mae'r her o gael poblogaeth sy'n heneiddio yn fwy i rai lleoedd yn y DU nag i leoedd eraill.

10 Gan ddefnyddio enghreifftiau, dadansoddwch y graddau o anghydraddoldeb o fewn a rhwng gwahanol leoedd yn y DU.

Gweithgareddau trafod

Efallai fod eich cwrs yn gofyn i chi ddefnyddio'r ardal lle rydych chi'n byw fel un o'ch astudiaethau achos cwrs. Mewn parau neu grwpiau, cyfunwch wybodaeth o'r bennod hon gyda'ch gwybodaeth leol neu'ch ymchwil eich hun i drafod a gwneud nodiadau am y themâu canlynol.

1 Pa newidiadau economaidd sydd wedi digwydd yn lleol ers canol yr 1900au? Gallech chi dynnu ac anodi llinell amser i ddangos y newidiadau yng ngweithgareddau economaidd a chyflogaeth pobl.

2 Beth sydd wedi achosi'r newidiadau economaidd hyn? Pa effaith mae globaleiddio a'r argyfwng ariannol byd-eang (GFC) wedi'i chael ar (i) eich lle cartref a'r (ii) ddinas neu'r rhanbarth ehangach y mae'n rhan ohoni/ohono?

3 Sut a pham mae amrywiaeth ddiwylliannol a strwythur oed poblogaeth eich lle cartref wedi newid dros amser?

4 Sut mae eich lle cartref yn cymharu'n economaidd ac yn gymdeithasol â lleoedd eraill, yn (i) lleol ac yn (ii) genedlaethol? Ymhle fyddech chi'n rhoi eich lle cartref ar y sbectrwm o anghydraddoldeb sydd i'w gael yn y DU heddiw?

5 Ydych chi'n ymwybodol o unrhyw symudiad buddsoddiad sylweddol i mewn neu allan o'ch ardal, ac o bobl yn cysylltu'r fan lle rydych chi'n byw gyda lleoedd eraill naill ai'n genedlaethol neu'n fyd-eang? A yw pobl ifanc yn symud i ffwrdd ar ôl gadael yr ysgol, neu a yw'r fan lle rydych yn byw yn ardal y mae pobl yn aml yn symud i mewn iddi?

FFOCWS Y GWAITH MAES

Mae newidiadau, heriau ac anghydraddoldebau lle yn dopig poblogaidd ar gyfer ymchwiliadau annibynnol. Mae'r pynciau hyn yn rhai da ar gyfer casglu data eilaidd fel proffiliau cyfrifiad yr ardal a gwybodaeth a gewch chi gan y gwasanaeth Nomis. Mae nifer o gyfleoedd i gasglu data cynradd hefyd, yn dibynnu ar ffocws y topig. Gallwch chi ddefnyddio data ansoddol cynradd, fel ffotograffau sy'n dangos dirywiad amgylcheddol, i gefnogi dadansoddiad o ddad-ddiwydianeiddio a'r cylch amddifadedd. Mae cyfweliadau gyda phobl hŷn (adroddiadau llafar) yn gallu rhoi cyfrifon ychwanegol i chi sy'n angenrheidiol i greu proffil o'r newid yn y lle dan sylw.

A *Ymchwilio newidiadau economaidd a chymdeithasol dros amser yn eich cymdogaeth leol.* Man cychwyn da yw www.nomisweb. co.uk/reports/lmp/ward2011/contents.aspx. Teipiwch eich cod post i mewn ac i ffwrdd a chi! Os oes gennych chi ddiddordeb mewn ymchwilio newidiadau ymhellach yn ôl mewn amser, mae'n bosibl gweld data o Gyfrifiadau cyn-1921 ar lefel yr annedd a'r stryd. Gallwch chi weld pwy oedd yn byw yn ein tŷ neu'ch stryd chi'ch hun (os ydych chi'n byw mewn hen dŷ) fwy na chanrif yn ôl. Y rheswm dros hyn yw bod y cyfrifiad cenedlaethol, sy'n cael ei wneud bob deg mlynedd, yn rhoi gorfodaeth ar bob annedd yn y DU i ddarparu manylion am oedran a galwedigaeth pawb sy'n byw yno. Mae'r data crai'n cael ei droi'n ystadegau cyfanredol – a gallwch chi weld y rhain ar wefan Nomis. Ar ôl 100 mlynedd, fodd bynnag, mae holiaduron yr anheddau eu hunain ar gael i'r cyhoedd. Mae Ffigur 3.25 a Thabl 3.10 yn dangos data a dynnwyd o Gyfrifiad 1901 ar gyfer un cartref ym mhentref Stanley yn Swydd Efrog. Gallech chi ddefnyddio hwn fel man cychwyn ar gyfer astudiaeth sy'n cymharu pobl sy'n byw mewn mathau arbennig o dai heddiw â theuluoedd oedd yn byw yno 100 mlynedd yn ôl. Gallech chi gyferbynnu gwybodaeth a gymerwyd o gyfweliadau gyda'r bobl sy'n byw yn y cyfeiriadau hynny ar hyn o bryd gyda chofnodion hanesyddol o Gyfrifon 1901 neu 1911, sydd ar gael ar www.freecen.org.uk and www.findmypast.co.uk.

▲ **Ffigur 3.25** Darn o gofnod Cyfrifiad 1901 ar gyfer pentref yn Swydd Efrog

Enw	Perthynas i bennaeth y teulu	Oed	Swydd	Man geni
Elijah Brook	Pen	50	Glöwr	Stanley
Hannah Brook	Gwraig	49	-	Stanley
Fred Brook	Mab	24	Saer maen	Stanley
Jesse Brook	Mab	17	Saer maen	Stanley
Laura Brook	Merch	12	-	Stanley
Charles Brook	Mab	8	-	Stanley
James Brook	Mab	5	-	Stanley

▲ **Tabl 3.10** Y teulu Brook yn 1901, fel y cawsent eu cofnodi ar holiadur y cyfrifiad a welwch chi yn Ffigur 3.25

B *Patrymau ac achosion anghydraddoldeb mewn lle y mae gennych chi ddiddordeb ei astudio.* Yn hytrach nag archwilio newidiadau amserol, efallai y byddwch chi'n penderfynu canolbwyntio ar anghydraddoldebau gofodol y presennol. Y cwestiwn cyntaf i'w ofyn i chi'ch hun yw a fyddech chi'n hoffi ymchwilio patrymau hynod o leol (cymharu gwahanol strydoedd yn yr un gymdogaeth) neu a fyddai'n well gennych chi gyferbynnu dwy ran neu fwy o'r un dref neu ddinas. Bydd data'r cyfrifiad yn rhan bwysig o'ch ymchwil eilaidd. Dyma rai posibiliadau o ran casglu data cynradd: cyfweliadau gyda gwerthwyr eiddo; dadansoddiad o ddata am brisiau tai (efallai y byddwch chi'n penderfynu haenu eich sampl er mwyn cymharu prisiau ar gyfer gwahanol gategorïau tai, fel fflatiau dwy ystafell wely neu dai pedair ystafell wely); ffotograffau rydych chi wedi eu tynnu sy'n dangos sut mae ansawdd yr amgylchedd wedi newid. Mae Zoopla yn ffynhonnell ddata bosibl arall.

Deunydd darllen pellach

Brassed Off (1996) [ffilm] Barnsley: Mark Herman.

Castells, M. (1996) *The Rise of the Network Society*. Rhydychen: Blackwell.

Centre for Cities (2018) *Cities Outlook 2018*. Ar gael yn: www.centreforcities.org/wp-content/uploads/2018/01/18-01-12-Final-Full-Cities-Outlook-2018.pdf [Cyrchwyd 21 Chwefror 2018].

Coe, N. a Jones, A. (2010) *The Economic Geography of the UK*. Sage: Llundain.

Dorling, D. (2005) *Human Geography of the UK*. Llundain: Sage.

The Full Monty (1997) [ffilm] Sheffield: Peter Cattaneo.

Funderburg, L. (2013) The changing face of America. *National Geographic*.

Harvey, D. (1989) *The Condition of Postmodernity*. Rhydychen: Blackwell.

HSBC Business (2011) *The Future of Business 2011*. Ar gael yn: www.business.hsbc.co.uk/1/PA_esf-ca-app-content/content/pdfs/en/future_of_business_2011.pdf [Cyrchwyd 21 Chwefror 2018].

Massey, D (1984) *Spatial Divisions of Labour*. Llundain: Macmillan.

Orwell, G. (1937, 2001) *The Road to Wigan Pier*. Harmondsworth: Penguin.

Y broses o ail-greu lle

Mae 'ail-greu lle' yn derm ambarél am y gwahanol strategaethau sy'n cael eu defnyddio i gywiro'r newidiadau economaidd negyddol a'r anghydraddoldeb cymdeithasol sy'n effeithio ar leoedd. Mae'r bennod hon yn defnyddio tystiolaeth a dadleuon o nifer o gyd-destunau, yn cynnwys canol dinasoedd Lerpwl, Manceinion a Hull, ac yn:

- cymharu a chyferbynnu gwahanol ddulliau o ail-greu lle, gan gynnwys adfywio, ailfrandio a newid delwedd lle
- ymchwilio sut mae pobl yn defnyddio etifeddiaeth o'r gorffennol i gefnogi cynlluniau'r presennol ar gyfer canol dinasoedd a lleoedd eraill
- dadansoddi'r gwahanol weledigaethau y tu ôl i'r gwaith sy'n digwydd heddiw i ail-greu lleoedd, yn cynnwys 'lleoedd clyfar' a 'lleoedd y cyfryngau'
- asesu pwysigrwydd y rôl sydd gan wahanol randdeiliaid yn y broses o ail-greu lle.

CYSYNIADAU ALLWEDDOL

Ail-greu lle (neu greu lle) Mae'r term hwn yn disgrifio'r newidiadau ffisegol, economaidd, cymdeithasol a diwylliannol i gyd sy'n gallu digwydd mewn lle – gan gynnwys ail ailddatblygu, newid delwedd ac ail-frandio.

Rhwydwaith o actorion (neu rwydwaith o chwaraewyr) Cydweithrediad rhwng gwahanol randdeiliaid (yn cynnwys chwaraewyr lleol ac asiantaethau allanol) sy'n gweithio â'i gilydd i geisio dod â newid, neu rwystro newid, mewn lle neu amgylchedd.

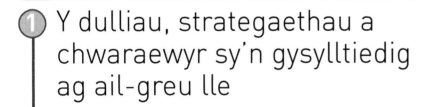

① Y dulliau, strategaethau a chwaraewyr sy'n gysylltiedig ag ail-greu lle

▶ *Pa ddulliau a strategaethau ail-greu lle allai llywodraethau a rhanddeiliaid eraill eu mabwysiadu?*

Yr achos o blaid ail-greu lle

A oes unrhyw le o gwbl heb ei effeithio gan y newidiadau a'r heriau economaidd a thechnolegol mawr byd-eang sydd wedi digwydd dros y degawdau diwethaf? Mae'n edrych yn annhebygol. Drwy gydol yr 1970au a'r 1980au roedd y papurau newydd dyddiol yn adrodd am un achos ar ôl y llall o ddiwydiannau'n cau (gweler Ffigur 4.1). Mae effeithiau'r newidiadau hyn yn glir: o iardiau llongau Clyde a melinau cotwm Manceinion, i feysydd glo De Cymru a Dociau Llundain, mae'r rhan fwyaf o'r swyddi traddodiadol oedd i'w cael ar un cyfnod yn y dinasoedd a'r rhanbarthau hyn wedi hen ddiflannu.

▲ **Ffigur 4.1** Roedd yr 1970au yn adnabyddus fel cyfnod o gau ffatrïoedd, streiciau a mesurau argyfwng fel yr 'wythnos waith tri diwrnod'

Yn ogystal, nid yw rhai o'r mathau mwy newydd o swyddi sydd wedi 'cymryd lle' swyddi traddodiadol – fel gwaith mewn canolfannau galwadau data a pharciau siopa mawr – bob amser yn rhoi dyfodol diogel i gymunedau lleol. Gall y galwadau ffôn gael eu hateb yn y Pilipinas neu India yr un mor effeithiol ac am lai o arian nag yn y DU. Mae llwyddiant Amazon ac adwerthwyr ar-lein eraill wedi achosi i lawer o ganolfannau siopa yn y DU ddiswyddo gweithwyr (a gofyn i'r nifer cynyddol o bobl sy'n cadw eu swyddi weithio ar gontractau 'dim oriau').

Cafwyd newidiadau yn y strwythur economaidd hefyd o ganlyniad i'r prosesau mawr dros amser o newid mewn technoleg, datblygiad dynol a globaleiddio. Mae hyn wedi arwain at golli swyddi yn y sector eilaidd a rhywfaint yn y sector trydyddol yn y DU. O edrych ar y darlun hwn, mae'n ymddangos bod tonnau hŷn a mwy diweddar o ddad-ddiwydianeiddio yn anochel i raddau mawr. Ond os byddwn ni'n derbyn nad yw'n bosibl osgoi newid, ydy hynny'n golygu y dylai gwleidyddion gamu i un ochr a gadael i bethau ddigwydd yn naturiol? Neu a ddylen nhw wneud mwy i helpu cymunedau sydd wedi dioddef oherwydd dad-ddiwydianeiddio?

Gwneud dim byd neu wneud *rhywbeth*?

Un farn yw y dylai gwleidyddion wneud dim byd neu wneud cyn lleied ag sy'n bosibl. Y rheswm dros gredu bod angen cymryd agwedd *laissez-faire* yw'r gred y bydd newid economaidd, yn y pen draw, yn gadael cymdeithas mewn sefyllfa well *hyd yn oed os bydd yn dod â chaledi yn y tymor byr*. Yn ôl y ddadl hon, bydd cyflogwyr newydd a mathau newydd o gyflogaeth yn siŵr o symud yn y pen draw i ranbarthau lle mae gormodedd o weithwyr di-waith (a fydd yn barod i weithio am gyflogau is na phobl mewn ardaloedd mwy ffyniannus), a bydd hyn yn adfer y twf economaidd yn y lleoedd hynny yn y tymor hirach. Neu, gall y bobl ddi-waith bob amser 'fynd ar eu beic' (sef ymadrodd amhoblogaidd gan un gweinidog blaenllaw yn llywodraeth yr 1980au) a mynd i chwilio am waith yn rhywle arall.

Er bod y dadleuon hyn yn gwneud synnwyr, does dim tystiolaeth i brofi eu bod nhw'n wir bob tro.

● Mae llawer o astudiaethau'n dangos bod ardaloedd dirwasgedig yn aros yn ddirwasgedig. Mewn adroddiad yn 2014 gan Brifysgol Hallam Sheffield, gwelwyd bod llawer o'r cymunedau glofaol yn dal i ddioddef y cyfraddau cyflogaeth isaf yn y DU, 30 mlynedd ar ôl i'r pyllau gau.
● Mae ardaloedd sydd wedi eu dad-ddiwydianeiddio wedi dioddef niwed i'r amgylchedd yn aml iawn o ganlyniad i'r diwydiannau llygredig oedd yno yn y gorffennol. Yn anffodus, bydd hen adeiladau warws gwag a dyfrffyrdd wedi eu llygru'n gwneud i bobl deimlo'n gryf nad ydyn nhw eisiau buddsoddi yn y lle.

- Mae'n bosib gweld prinder sgiliau flwyddyn ar ôl blwyddyn mewn ardaloedd wedi eu dad-ddiwydianeiddio. Fel rydyn ni wedi'i weld eisoes (gweler tudalen 85), mae'r cylch amddifadedd yn gallu achosi i safonau ostwng mewn ysgolion. Efallai y byddai cyflogwyr newydd yn y sectorau trydyddol a chwaternaidd yn troi eu golygon i rywle arall i chwilio am weithwyr heblaw os nad yw'r llywodraeth yn ymyrryd rhywfaint.

- Nid yw pobl yn rhydd bob amser i 'fynd ar eu beiciau' a chwilio am waith yn rhywle arall. Mae llawer o bobl ddi-waith mewn lleoedd sydd wedi dioddef yn fawr o ddad-ddiwydianeiddio yn gofalu am rieni sydd wedi heneiddio hefyd. Efallai fod y rhieni hyn yn dioddef o anhwylderau tymor hir, yn cynnwys dementia. Dydyn nhw ddim yn rhydd i ddilyn patrwm y farchnad a mynd i chwilio am waith yn rhywle arall. Yn hytrach, maen nhw'n aros yn eu cartrefi lle mae pobl eraill yn dibynnu'n drwm iawn arnyn nhw. Ers 2010, mae polisïau llymder a gostyngiadau mewn budd-daliadau gan Lywodraeth y DU wedi golygu bod llawer o bobl ddi-waith sy'n chwilio am swydd yn wynebu mwy o faich gartref yn gofalu am aelodau o'u teuluoedd.

- Waeth pa ddamcaniaethau a modelau economaidd mae'r gwleidyddion yn credu ynddynt, mae'r gwleidyddion doeth yn gwybod bod pleidleiswyr di-waith sy'n teimlo bod y wlad wedi eu hesgeuluso yn gallu cael dylanwad cryf ar wleidyddiaeth. Cafodd Llywodraeth Thatcher brofiad o wrthdrawiadau treisgar yn aml iawn gyda glowyr oedd ar streic yn 1984-85 (gweler tudalen 82). Un o'r rhesymau pam y cafodd Donald Trump fuddugoliaeth annisgwyl yn yr etholiadau i ddod yn Arlywydd yr Unol Daleithiau yn 2016, yw bod, pleidleiswyr di-waith siomedig yn y dinasoedd a'r taleithiau 'rhanbarthau rhwd' (gweler Ffigur 4.2) wedi gwneud penderfyniadau gwleidyddol pendant.

Dyma sy'n digwydd mewn bywyd i'r lleoedd sy'n cael eu heffeithio'n wael gan newidiadau economaidd a thechnegol alldarddol. Fel y byddech chi'n disgwyl, mae'r rhan fwyaf o wleidyddion – heblaw'r rhai sydd yn hollol argyhoeddedig am ideoleg neo-ryddfrydol (tudalen 75) – yn dilyn y

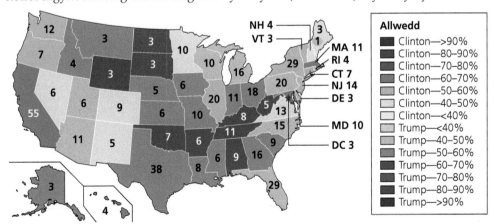

▲ **Ffigur 4.2** Cafodd Donald Trump fuddugoliaeth dros Hillary Clinton yn etholiad arlywyddol UDA yn 2016 oherwydd y lefelau uchel o gefnogaeth oedd ganddo yn y taleithiau wedi'u dad-ddiwydianeiddio yn y 'rhanbarth rhwd' lle'r oedd y pleidleiswyr yn teimlo bod gwleidyddion y prif bleidiau wedi eu hesgeuluso

consensws cyffredinol bod yn rhaid i ni 'wneud rhywbeth' i helpu i reoli lleoedd newidiol mewn ffordd gadarnhaol. Ond beth? Mae gweddill y bennod hon yn edrych ar agweddau ac enghreifftiau amrywiol o'r broses o ail-greu lle, gan eich helpu chi i ffurfio eich barn eich hun am gryfderau a gwendidau gwahanol benderfyniadau rheoli.

Y broses o ail-greu lle

Mae'r ymdrech barhaus i ail-greu trefi a dinasoedd Prydeinig wedi ail siapio'r dirwedd a'r economi'n gyfan gwbl mewn rhai lleoedd. Yn aml iawn mae hyn wedi arwain at newid llwyr yn hunaniaeth y lle. Byddwn yn gweld bod yr elfennau 'treftadaeth' sydd yn rhan o hunaniaeth lle o'r gorffennol i'w weld yn amlwg iawn yn y delweddau y maen nhw'n eu defnyddio i hysbysebu a hyrwyddo atyniadau yn y presennol.

Weithiau mae'r broses o ail-greu lle yn gymhleth ac yn cynnwys nifer o elfennau nodedig (gweler Ffigur 4.3). Gallwn ni ddiffinio'r broses yn gyffredinol fel ailadeiladu cymdogaeth neu ardal drefol ar raddfa fwy yn *ffisegol* ac yn *seicolegol*.

● Mae elfennau ffisegol yr ail-greu yn cynnwys gwaith adfywio sy'n gofyn llawer o arian cyfalaf, yn arbennig y gwaith o adeiladu datblygiadau tirnod ac isadeiledd newydd.

Ail-greu Term ambarél sy'n dod â'r holl weithredoedd a'r ymyriadau a welwch chi yn y diagram hwn at ei gilydd. Mae'n cynnwys ceisiadau i adfywio ac ailddatblygu lle drwy wario llawer o gyfalaf, yn ogystal â'r prosesau o newid delwedd ac ail-frandio lle – sy'n golygu bod y lle'n cael ei 'deimlo' a'i farchnata fel lle gwahanol neu newydd (gan gadw a diogelu nodweddion ac ystyron 'treftadaeth' pwysig yn aml iawn).

Adfywio ac ailddatblygu Gyda'i gilydd, mae'r rhain yn cynnwys y ffordd y mae gwladwriaethau'n ymyrryd ar raddfa fawr, ac y mae'r sector preifat yn gwneud buddsoddiadau mewnol, i geisio gweddnewid gwneuthuriad lle, ar raddfa fawr iawn yn aml. Y nod yw denu buddsoddiad i mewn i ardal gan weithgareddau newydd a hefyd geisio ysgogi busnes yn lleol. Yn aml iawn, bydd elfen sylweddol o newid ffisegol i le, fel chwalu, diheintio a newid defnydd y tir (dod â chyfleusterau adwerthu a hamdden tirnod newydd, yn ogystal â systemau cludiant cyhoeddus a thai). Mae cynlluniau uchelgeisiol yn ceisio dod â newid cymdeithasol hefyd, drwy ddarparu ysgolion, prifysgolion neu leoedd hamdden newydd. *Y nod strategol yw creu gweddnewidiad amgylcheddol.*

Ail-frandio Fel arfer mae chwaraewyr yn y sector ffurfiol yn defnyddio strategaeth fwriadol i geisio ail ddyfeisio lleoedd am y rheswm economaidd o'u marchnata nhw (fel cyrchfannau i dwristiaid, mannau preswyl neu safleoedd ar gyfer buddsoddiad busnes). Gallai hyn gynnwys ymdrech bwriadol i gael gwared â hen enw drwg neu annymunol. Weithiau mae cynghorau a byrddau croeso lleol yn clustnodi symiau sylweddol o arian i greu sloganau neu ddelweddau hysbysebu newydd, gyda chymorth taledig gan gwmni cysylltiadau cyhoeddus neu hysbysebu proffesiynol. Yn aml iawn mae ail frandio'n cael ei wneud gan bartneriaeth o fuddsoddiad sector cyhoeddus a sector preifat, yn cynnwys corfforaethau mawr. *Y nod strategol yw cynyddu 'gwerthiannau'.*

Ail ddelweddu gweledol newydd o leoedd mewn deunyddiau hyrwyddo. Mae hefyd yn cynnwys nifer o wahanol ffyrdd o gynrychioli lleoedd yn anffurfiol o ganlyniad i weithgareddau artistiaid, ffotograffwyr, awduron, cerddorion a chyfarwyddwyr ffilm. Yn unigol neu ar y cyd, maen nhw'n dechrau newid delwedd lle yn y testunau a gwaith y maen nhw'n eu cynhyrchu. Yn ei dro, mae hyn yn effeithio'n gadarnhaol ar y ffordd y mae grwpiau allanol yn meddwl am y lle. Mae ail ddelweddu anffurfiol wrth galon y broses foneddigeiddio: mewn blynyddoedd diweddar, mae pobl sy'n symud i mewn i fyw wedi cael eu denu gan y cymdogaethau dinas fewnol hynny y mae'r cyfryngau'n eu cynrychioli fel rhai ffasiynol. *Y nod strategol – os oes un – yw rhoi rhywbeth fel 'gweddnewidiad' i'r lle.*

▲ **Ffigur 4.3** Prif elfennau ail-greu lle (wedi ei addasu o destun gan Alastair Owens).

- Mae'r elfennau seicolegol yn cynnwys ceisiadau i newid y ffordd y mae pobl yn *ystyried* lle a'r *teimladau* a'r *ystyron* y maen nhw'n eu cysylltu â'r lle (gweler Pennod 2). Ond, mae'n gallu bod yn her anodd i geisio newid y rhagfarnau sydd gan bobl yn erbyn lle. Dyna pam mae strategaethau newid delwedd ac ailfrandio mor hanfodol o bwysig: drwy hysbysebu a chynrychioli lleoedd yn y cyfryngau mewn ffyrdd atyniadol newydd, mae'r bobl hynny sy'n gyfrifol am wneud y gwaith yma'n gobeithio 'apelio at galonnau a meddyliau' ymwelwyr a buddsoddwyr posibl.

Strategaethau adfywio ac ailddatblygu

Mae gwaith estynedig i ail-greu lle wedi digwydd yn ardaloedd trefol mwyaf y DU, fel Dociau Llundain (gweler Pennod 5, tudalen 160) a chanol dinas Manceinion. Ym Manceinion, nid y syfliad byd-eang oedd yr unig beth a achosodd yr angen am ailddatblygu. Cafodd y ddinas ei bomio gan yr IRA yn 1996. Rhoddwyd bom 1600 kg enfawr mewn fan a'i ffrwydro tu allan i ganolfan siopa Arndale, gan rwygo drwy'r ganolfan gyda grym daeargryn (am fod yr IRA wedi rhoi rhybudd, symudwyd pawb allan o ganol y ddinas a chafodd neb eu lladd, er bod adroddiadau'r BBC yn sôn bod 200 o bobl wedi eu hanafu). Ond, gadawodd y bom fylchau enfawr oedd yn barod i'w hailddatblygu ar raddfa fyddai'n amhosibl fel arfer yn y DU.

- Am ei bod hi'n ddrud iawn prynu eiddo yng nghanol dinas, mae'r plotiau adwerthu'n fach fel arfer ac mae'n anodd cael cydsyniad niferoedd mawr o berchnogion eiddo i wneud gwaith ailddatblygu. Ond, ym Manceinion, roedd erwau lawer o dir ar gael yn sydyn iawn i'w hailddatblygu yn dilyn y bomio.
- Roedd cynllun newydd i adfywio canol y ddinas wedi ceisio adfer rhywfaint o'r adeiladau oedd yno'n barod a hefyd gyflwyno pensaernïaeth gyffrous i'r ardal, yn cynnwys pont newydd dros Corporation Street. I'r gogledd o ganol y ddinas, ail ddatblygwyd Spinningfields fel rhywbeth tebyg i 'Canary Wharf y gogledd'.

▲ **Ffigur 4.4** Roedd pont newydd Corporation Street (ar y chwith) yn ddatblygiad tirnod pwysig ar ddechrau'r broses o ail-greu Manceinion, ac yn dilyn hynny'n fwy diweddar, ddatblygiad ardal Spinnigfields (ar y dde)

- Cymerodd cam cyntaf yr adfywiad fwy na chwe blynedd i'w gwblhau ac, yn 2002, agorwyd y lle cyhoeddus agored olaf i gael ei gwblhau – Gerddi Piccadilly ar eu newydd wedd.

Cyrraedd cynulleidfa

Yn gyflym iawn, dechreuodd Manceinion elwa o'i delwedd newydd ffres a'r enw da oedd ganddi. Roedd y portreadau cadarnhaol o ganol newydd y ddinas ar y cyfryngau mewn sioeau teledu poblogaidd y 1990au fel *Cold Feet yn sicr o gymorth*. Diolch i gais llwyddiannus Manceinion i gynnal Gemau'r Gymanwlad yn 2002, gwelwyd y ddinas ar ei newydd wedd ar y teledu drwy'r byd i gyd, gan gyrraedd cynulleidfa o filiynau o wylwyr, gan gynnwys myfyrwyr tramor. Cyn hir, roedd niferoedd mawr o fyfyrwyr a phobl broffesiynol ifanc wedi dechrau symud i fyw yno. Esboniodd is-ganghellor Prifysgol Metropolitan Manceinion mewn cyfweliad yn 2016: 'Roedd canol y ddinas yn farw yn yr 1990au. Nawr mae'n ddinas 24/7. Mae'n teimlo'n lle cyffrous ac yn lle sy'n blodeuo.'

Datblygiadau tirnod

Yn y ddau ddegawd diwethaf, mae mwy o ganol dinasoedd y DU wedi cael eu hailddatblygu'n eang gan randdeiliaid sector preifat a sector cyhoeddus sy'n gweithio mewn partneriaeth. Mae cynlluniau ailddatblygu mawr wedi cyflwyno cymysgedd o ddefnyddiau newydd i'r tir, yn cynnwys mannau gwerthu a swyddfeydd, blociau o fflatiau, stadiymau chwaraeon ac adloniant, orielau celf a lleoedd hamdden. Mae datganiadau pensaernïol dewr ac 'arwrol' (gweler yr wybodaeth ar dudalen 60, ym Mhennod 2, am gynrychioliadau trefol 'iwtopaidd') wedi dod yn rhan anochel bron o'r newid cyfan.

▼ **Ffigur 4.5** Mae'r adeilad Selfridges dyfodolaidd yn dirnod blaenllaw yng nghanolfan siopa'r Bullring a ailddatblygwyd yn Birmingham. Cafodd ei ddylunio gan y cwmni pensaernïol Future Systems a'i gwblhau yn 2003 am gost o £60 miliwn

- Un o'r datblygiadau tirnod newydd mwyaf trawiadol yw gorsaf Grand Central yn Birmingham. Cafodd hon ei chwblhau yn 2015 yn dilyn ailddatblygiad canolfan siopa'r Bullring (gweler Ffigur 4.5).
- Ers 2004, mae datblygiad £106 miliwn Canolfan Mileniwm Cymru yng Nghaerdydd wedi dathlu diwylliant Cymru mewn amgylchiadau modern, ac mae hefyd wedi bod yn ganolbwynt pwysig i ailddatblygiad ac adfywiad ehangach Bae Caerdydd.
- Cafodd y gwaith £70 miliwn ar Ganolfan Gateshead yn Newcastle ei gwblhau yn 2004 gydag arian gan y Loteri Genedlaethol.
  - Mae'r safleoedd a adeiladwyd ar gyfer Gemau Olympaidd Llundain yn 2012 wedi chwarae rhan ganolog yn ailddatblygiad dwyrain Llundain.

Mae gan yr adeiladau tirnod a ddisgrifiwyd uchod ac a welwch chi yn Ffigurau 4.4 a 4.5 gynlluniau eiconig sy'n gwneud defnydd effeithiol iawn o bensaernïaeth a deunyddiau modern. Er bod siapiau onglog, llyfn rhai adeiladau'n debyg mewn rhai ffyrdd i gynlluniau briwtalaidd cynharach (gweler tudalen 32), mae'r genhedlaeth fwy newydd hon o adeiladau modern yn edrych yn llawer mwy ffres ac atyniadol (ac mae rhai ohonyn nhw'n grwm yn hytrach nag onglog). Ond, mae gwaith ailddatblygu mawr fel hyn yn dod gyda chostau cymdeithasol yn aml iawn. Maen nhw'n chwalu'r nodweddion oedd yn y dirwedd gynt oedd efallai'n agos at galon y gymuned leol. Weithiau mae pobl yn cael eu dadleoli pan fydd cartrefi'n cael eu chwalu ond nid yw'r awdurdodau yn gwneud digon i ganfod cartrefi newydd i niferoedd digon mawr ohonyn nhw mewn unedau byw fforddiadwy. Mae'r rhain yn themâu sy'n cael eu harchwilio ymhellach ym Mhennod 5.

Wedi iddyn nhw gael eu cwblhau, mae datblygiadau tirnod sydd wedi defnyddio cyfalaf mawr, yn dod yn lleoedd i brynu nwyddau, gwasanaethau neu adloniant. Yn eu tro, maen nhw'n cyfleu neges bwerus yn genedlaethol ac yn rhyngwladol am adfywiad ffyniannus yr ardaloedd canol dinas y maen nhw'n perthyn iddynt.

- Yn aml iawn, mae'r dinasoedd yn cael eu cynrychioli yn y cyfryngau cenedlaethol a rhyngwladol gan luniau o'r adeiladau hyn sy'n rhan o'u tirwedd: er enghraifft, gallai llun o Ganolfan Mileniwm Cymru mewn papur newydd cenedlaethol gael ei ddisgrifio fel 'golygfa o Gaerdydd' (gweler tudalen 135).
- Y lleoedd canolog yw'r lleoedd mwyaf gweladwy yn unrhyw ddinas, a'r mannau sydd i'w gweld amlaf mewn ffotograffau. Felly, mae'n hanfodol bod canol dinasoedd yn cael eu hailddatblygu mewn ffyrdd sy'n anfon y 'neges ôl-ddiwydiannol' gywir i'r bobl hynny sy'n chwilio am rywle i ymweld neu i fuddsoddi ynddo.

Ymgyrchoedd ail-frandio

Mewn busnes, mae ailfrandio'n gofyn defnyddio'r wasg a'r cyfryngau i wneud pobl yn ymwybodol o'u cynnyrch drwy ymgyrchoedd hysbysebu a deunydd gwybodaeth. Fel arfer, ochr yn ochr â hyn, mae'r cynnyrch yn cael delwedd newydd, hynny yw, mae'n cael logo neu slogan newydd ac efallai enw newydd hyd yn oed. Y dyddiau hyn, mae lleoedd yn cael eu trin fwy a mwy fel cynhyrchion gan asiantaethau sector cyhoeddus (cynghorau lleol a byrddau twristiaeth) a gan fusnesau sy'n awyddus i weld masnach yn tyfu. Mae un rheol syml wrth farchnata cynhyrchion yn gweithio yr un mor dda wrth farchnata lleoedd hefyd: os ydych chi'n poeni am y ffigurau gwerthu, ceisiwch ailfrandio.

Mae ailfrandio'n adlewyrchu'r entrepreneuriaeth drefol sydd wrth wraidd y broses o ail-greu lle mewn cymdeithasau cyfalafol cyfoes.

- Mae'r holl gymdeithasau sy'n cystadlu â'i gilydd yn ceisio cipio rhan o'r cyfalaf byd-eang rhydd i'w fuddsoddi yn eu hardal leol nhw er mwyn ei hadfywio (gweler Ffigur 4.6).
- Felly, mae ailfrandio wedi dod yn ffactor hanfodol i wneud lle'n weledol yn yr economi byd-eang lle mae nifer mawr o leoedd amrywiol yn brwydro am sylw. Mae rhai pobl yn ystyried y gystadleuaeth hon yn gêm 'swm-sero' (sy'n golygu, os yw un lle'n denu cyfran fwy o'r llif buddsoddiad gan dwristiaid, bydd lleoedd eraill yn cael llai ohono).
- Os yw lle'n gallu defnyddio ailfrandio'n llwyddiannus i'w wneud ei hun yn fwy adnabyddus i randdeiliaid a chleientiaid allanol, mae'n dod yn ardal fwy pwerus sy'n gallu 'gweithredu o bell' mewn fframwaith o systemau byd-eang.

TERM ALLWEDDOL

Entrepreneuriaeth drefol
Mae'r term hwn yn gysylltiedig â gwaith ysgrifennu David Harvey ac mae'n disgrifio model o lywodraethiad trefol sy'n hyrwyddo twf economaidd drwy annog y sector preifat i ariannu datblygiadau diwydiannol neu dai trefol newydd er mwyn gwneud elw (yn hytrach na disgwyl i ariannu sector cyhoeddus dalu am bopeth).

Ailfrandio Lerpwl fel 'Prifddinas Diwylliant' Ewropeaidd.

Roedd ailfrandio'n elfen hanfodol o'r cynlluniau ar gyfer adfywiad economaidd canol dinas Lerpwl. Roedd ailddatblygiad Albert Dock i dwristiaeth yng nghanol yr 1980au wedi rhoi cyfle i bobl y ddinas gael cipolwg ar economi dinesig ôl-ddiwydiannol am y tro cyntaf. Erbyn yr 1990au, roedd nifer cynyddol o randdeiliaid lleol yn dechrau cefnogi gweledigaeth ehangach o Lerpwl wedi'i hailfrandio fel dinas diwylliant.Yn ôl y weledigaeth hon, roedd ailfrandio'r ddinas yn *seicolegol* fel canolfan ddiwylliannol – yn hytrach na chanolfan ddiwydiannol draddodiadol – yn mynd i fod yr un mor bwysig ag ailddatblygiad *ffisegol* canol y ddinas.

Llwyddwyd i ailfrandio canol dinas Lerpwl mewn dau gam.

1 Cafodd Lerpwl ei henwebu gan gyngor y ddinas am ddwy wobr bwysig, ac enillodd y ddwy. Cafodd canol y ddinas statws Safle Treftadaeth Byd UNESCO yn 2004 (gweler tudalen 69). Hefyd, rhoddwyd y teitl clodfawr 'Prifddinas Diwylliant Ewropeaidd' i Lerpwl gan yr Undeb Ewropeaidd ar gyfer y flwyddyn 2008. Yn y ddau achos, mae'n bwysig nodi sut mae cymeriad rhyngwladol y teitlau hyn wedi gwella enw da Lerpwl yn fyd-eang ac wedi denu ymwelwyr rhyngwladol.

2 Crewyd sefydliad o'r enw Liverpool Culture Company gan Gyngor Dinas Lerpwl a chafodd hwn y cyfrifoldeb o ddatblygu digwyddiadau diwylliannol yn y cyfnod yn arwain at 2008. Llwyddwyd i gyflawni cylch gwaith y Liverpool Culture Company, sef 'darparu'r rhaglen ddiwylliant hyd at 2008

▲ **Ffigur 4.6** Ciplun o sloganau brandio cystadleuol a ddefnyddiwyd ar wahanol adegau ers 2010 gan wahanol ddinasoedd a rhanbarthau'r DU mewn cystadleuaeth swm sero ymddangosiadol am fuddsoddiad ac ymwelwyr a thu hwnt' drwy gynhyrchu cyfres o hysbysebion a fyddai'n newid a herio'r ffordd yr oedd pobl yn meddwl am Lerpwl, yn y DU a thrwy'r byd i gyd (gweler Ffigur 4.7). Meddai un datganiad i'r wasg: 'Bydd y cyfle hwn i Lerpwl yn 2008 yn adeiladu ar ein henw da drwy'r byd i gyd ac yn creu brand o'r radd flaenaf sydd wedi'i seilio ar greadigedd dynamig.' Sicrhaodd y Liverpool Culture Company bod y nodweddion 'Prifddinas Diwylliant' yn ymddangos mewn cyfres o gyhoeddiadau proffil uchel yn y cyfryngau o amgylch y byd i gyd, yn cynnwys *India Weekly*, *Le Temps*, y *Washington Post* a *Time*.

▲ **Ffigur 4.7** Y fenter Prifddinas Diwylliant sy'n cael y clod am roi teimlad newydd o le i ganol dinas Lerpwl — teimlad sydd wedi ei seilio ar dreftadaeth ddiwylliannol y ddinas, fel y gorwel 'The Three Graces' a welwch chi yma

Y broses o newid delwedd

Fel y gwelwn ni yn yr enghraifft o Fanceinion ar dudalennau 121-122, mae ail-greu lle yn gofyn mwy na gwaith adeiladu. Cafodd yr ail-greu llwyddiannus ym Manceinion, fel y gwelson ni, ei helpu hefyd gan y ffordd y cafodd canol y ddinas ei bortreadu yn y cyfryngau yn ystod Gemau'r Gymanwlad ac fel cefnlun i sioeau teledu poblogaidd. Roedd y rôl barhaus sydd gan y ddinas hefyd fel cartref i is-ddiwylliannau cerddorol yn ddefnyddiol yn y sefyllfa hon hefyd. Llwyddodd y Clwb Hacienda (gweler tudalen 54) i barhau'n boblogaidd ymhell i mewn i'r 1990au; cafodd Manceinion ei phortreadu hefyd ym myd adloniant fel cartref Britpop, mudiad cerddorol yn yr 1990au, diolch i boblogrwydd cenedlaethol y band lleol Oasis i raddau helaeth. Codwyd proffil Manceinion yn uwch fyth yn y cyfryngau gan lwyddiant mawr dau glwb pêl-droed rhagorol.

Yn wir, o edrych ar rai agweddau o'i thwf economaidd, Manceinion oedd dinas fwyaf ffyniannus y DU ar ôl Llundain yn y blynyddoedd diwethaf. Mae ei heconomi wedi tyfu'n gyflymach na'r DU gyfan ac wedi dyblu bron dros yr 20 mlynedd diwethaf; mae poblogaeth y ddinas wedi tyfu o chwarter hefyd.

Gallwn ni ddadlau, fodd bynnag, bod y ddelwedd o Fanceinion fel dinas egnïol a llwyddiannus yn yr 1990au hwyr a'r 2000au cynnar wedi dibynnu cymaint ar ailddelweddu anffurfiol (a gyflawnwyd drwy boblogrwydd Oasis a phêl-droedwyr Manchester United) ag y gwnaeth ar y prosesau ffurfiol o adfywio ac ailddatblygu oedd wedi dechrau ar ôl bom yr IRA — ac mae'n bwysig cydnabod hynny. Ond, nid yw newid delwedd lle yn broses y gallwn ni ei rheoli a'i thywys yn ffurfiol. Yn wir, roedd y rhai yn y sector ffurfiol yn cael trafferth weithiau i reoli'r delweddau roedden nhw'n anfodlon â nhw — doedd y cysylltiadau rhwng Britpop a Manceinion ddim yn rhai cadarnhaol i gyd, er enghraifft, ac roedd pobl yn beirniadu'r mudiad hwn am ei ddiwylliant ladistaidd (*laddish*).

Er gwaethaf hynny, mae'n amlwg bod y newid delwedd ym Manceinion wedi llwyddo ar y cyfan os edrychwn ni ar y ffaith bod mwy na hanner myfyrwyr prifysgol y ddinas yn dod o ardaloedd eraill yn y DU neu o dramor. Maen nhw'n cael eu denu, nid oherwydd safon yr addysgu ond hefyd — fel sy'n gyffredin ymysg myfyrwyr — y canfyddiadau cadarnhaol o'r ddinas a gafodd eu gwthio yn y cyfryngau a disgwyliadau uchel o'r ffordd y byddai bywyd ym Manceinion yn teimlo. Yn fwy na hynny, mae saith ymhob deg o fyfyrwyr prifysgol yn aros ym Manceinion Fwyaf ar ôl graddio. Dyma un rheswm pam lwyddodd Manceinion i gynhyrchu £31,000 o dwf economaidd y pen yn 2017, sef dwbl hwnnw a gafwyd yn Rochdale ac Oldham gerllaw. Yn ôl y ffeithiau hyn a mesuriadau eraill, mae prosesau ail-greu lle wedi dod â chanlyniadau cadarnhaol iawn i ganol Manceinion.

ASTUDIAETH ACHOS GYFOES: GWOBR DINAS DIWYLLIANT Y DU

Mae 'Dinas Diwylliant y DU' yn deitl swyddogol sy'n cael ei roi unwaith ymhob pedair blynedd i ddinas yn y DU am gyfnod o flwyddyn. Yn 2017, rhoddwyd y teitl i Hull. Dydy'r teitl hwn ddim yn dod ag unrhyw gyllid yn uniongyrchol gan y llywodraeth (er bod Hull wedi derbyn grant o £3 miliwn gan y Loteri Treftadaeth) ond mae pobl yn ei ystyried yn ffordd ragorol o wella delwedd unrhyw ddinas. Yn ei dro, mae hyn yn annog buddsoddiad sector preifat newydd gan randdeiliaid ac o ffynonellau lleol, cenedlaethol a rhyngwladol. Yn debyg i'r wobr Prifddinas Diwylliant Ewropeaidd sy'n fodel i'r dyfarniad Prydeinig, ac a enillwyd gan Lerpwl (gweler tudalen 124), mae'r teitl Dinas Diwylliant y DU yn sbardun yn fwy na dim arall i adfywio dinasoedd sydd wedi'u dad-ddiwydianeiddio drwy'r celfyddydau a diwylliant.

Blwyddyn dinas Hull fel Dinas Diwylliant y DU

Yn y cyfnod yn arwain at 2017, lluniodd Cyngor Dinas Hull gynllun adfywio oedd â diwylliant wrth ei wraidd, gan olygu bod diwylliant yn hanfodol yn eu hymdrechion i weddnewid y ddinas.

▲ **Ffigur 4.8** Cafodd digwyddiadau artistig neu ddiwylliannol dyddiol eu llwyfannu yn Hull drwy gydol 2017, sef y flwyddyn pan oedd y ddinas yn dal y teitl 'Dinas Diwylliant'

- Mewn cyfweliad ag un papur newydd cenedlaethol, dywedodd arweinydd Cyngor Dinas Hull: 'Aethom ati fel dinas i ddweud wrth ymwelwyr "dewch i gael golwg well arnom ni, credwch neu beidio mae hwn yn lle braf iawn i ddod iddo" – a llwyddon ni i newid barn pobl.' Mae hyn yn dangos yn glir mor bwysig yw canfyddiadau pobl o'r lle fel ffocws ar gyfer gweithredu ymysg y prif chwaraewyr hynny sy'n gyfrifol am ail-greu lle.

- Yn ôl un amcangyfrif, llwyddodd rhaglen ddiwylliannol Hull – sef 365 diwrnod o gelfyddyd, theatr a cherddoriaeth yn 2017 – i roi hwb o £60 miliwn i'w heconomi (gweler Ffigur 4.8); mae amcangyfrif arall yn awgrymu bod y ddinas wedi derbyn £1 biliwn o fuddsoddiad newydd yn y cyfnod yn arwain at 2017 (cyhoeddwyd dyfarniad y teitl bedair blynedd o flaen llaw, yn 2013).

Cystadlu am wobr Dinas Diwylliant y DU 2021

Y cystadleuwyr yn y rownd derfynol am deitl 2021 oedd Stoke-on-Trent, Abertawe, Sunderland, Coventry a Paisley. Roedd pob un yn gobeithio ennill y teitl er mwyn denu buddsoddiad ac ysgogi gweithgareddau entrepreneuraidd ymysg grwpiau cymunedol lleol. Roedd pob un o'r dinasoedd hyn yn ddinasoedd wedi'u dad-ddiwydianeiddio ac roedd gan bob un ohonyn nhw reswm i fod eisiau'r wobr yn fawr.

- Fel y dywedodd un erthygl bapur newydd: 'Os oes unrhyw dref erioed wedi dioddef problemau gyda'i delwedd, Paisley yw honno. Dyma'r ddinas tu allan i Glasgow oedd unwaith yn enwog iawn am ei thecstilau ond sydd, ers degawdau, wedi bod yn symbol o amddifadedd, cyffuriau a throseddau stryd fawr. Hyd yn ddiweddar, roedd llawer o gyn-fyfyrwyr mwyaf dawnus y theatr ieuenctid glodfawr yn anfodlon cyfaddef bod ganddynt gysylltiad â Paisley. Ar un adeg, y dref hon oedd un o drefi mwyaf cyfoethog yr Alban ond cafodd ei dinistrio pan gaewyd y melinau tecstilau yn ail hanner yr 1900au.'

- Fel mae'n digwydd, Coventry gafodd ei henwi'n Ddinas Diwylliant y DU yn 2021. Coventry yw man geni'r bardd Philip Larkin a The Specials, y buon ni'n trafod eu portread cerddorol negyddol o Coventry – *Ghost Town* – ar dudalen 53. Bydd hi'n ddiddorol gweld pa mor fuddiol i'r ddinas fydd y portread newydd – a llawer mwy cadarnhaol – hwn yn y cyfryngau.

Y rhanddeiliaid yn y broses o ail-greu lle

Un rhan bwysig o astudiaethau ail-greu lle yw dadansoddi a gwerthuso mewnbwn gwahanol randdeiliaid i'r broses. Gallwn ni ddiffinio rhanddeiliaid – neu 'chwaraewyr' neu 'actorion' – fel yr holl unigolion, grwpiau a sefydliadau sydd â chyfraniad neu ddiddordeb mewn lle neu fater arbennig. Mae ail-greu lle yn fater drud yn aml iawn sy'n gofyn bod amrywiaeth eang o randdeiliaid yn gweithio ar y cyd.

Mae rhai chwaraewyr yn darparu cyfalaf; efallai fod eraill yn cyfrannu sgiliau marchnata neu fathau eraill o arbenigedd proffesiynol. Fel arfer, bydd menter fawr i ail-greu lle yn bartneriaeth rhwng y sector cyhoeddus a'r sector preifat. Mae hyn yn golygu bod chwaraewyr sector cyhoeddus (llywodraeth) a hefyd fusnesau preifat sydd eisiau gwneud elw, yn cyfrannu cyfalaf ac arbenigedd i'r fenter. Mae cyfranogaeth y sector cyhoeddus yn y projectau adfywio mwyaf eu maint yn digwydd ar raddfeydd niferus yn aml iawn (gweler Ffigur 4.9).

🔑 **TERM ALLWEDDOL**

Graddfeydd niferus Wrth gyfeirio at lywodraethiad, mae hyn yn golygu bod amrywiaeth o actorion / chwaraewyr ac asiantaethau llywodraeth leol, ranbarthol, genedlaethol a hyd yn oed ryngwladol (Undeb Ewropeaidd neu Genhedloedd Unedig) yn chwarae rhan.

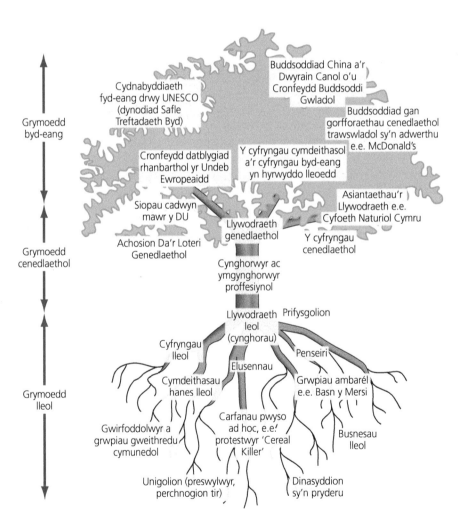

▲ **Ffigur 4.9** Mae'r enghreifftiau mwyaf uchelgeisiol o ail-greu lle yn cynnwys cyd-gysylltiadau rhwng nifer o chwaraewyr gwahanol ar amrywiol raddfeydd o weithredu

Mae diddordeb y llywodraeth mewn ail-greu lle yn tueddu i ymestyn ymhell y tu hwnt i faterion ariannol ac yn ymwneud â thargedau cymdeithasol ac amgylcheddol hefyd. Yn ogystal â'r nod o ddod â swyddi newydd i ardal, mae gan y llywodraeth amcanion cyfochrog eraill hefyd fel arfer, gan gynnwys:

- cynyddu'r cyflenwad o dai fforddiadwy a gwella'r ddarpariaeth addysg neu sgiliau i bobl leol
- targedau amgylcheddol fel gwella ansawdd y dŵr mewn lleoedd oedd yn ardaloedd diwydiannol yn y gorffennol.

Rhanddeiliaid byd-eang a rhyngwladol

Wrth wneud gwaith ail-greu mawr, mae agweddau rhyngwladol i'r broses fel arfer: mae corfforaethau trawswladol, cronfeydd buddsoddi'r wlad a chymunedau ar wasgar yn gallu bod yn rhanddeiliaid byd-eang bwysig yn y broses o ail-greu lle (gweler Tabl 4.1). Mae eu cyfranogaeth nhw'n dangos unwaith eto sut mae lleoedd lleol yn cael eu heffeithio gan gysylltiadau newidiol â grymoedd allanol ar draws pellteroedd sy'n gallu bod yn sylweddol yn aml iawn.

Rhanddeiliad	Rôl mewn ail-greu lle
Corfforaethau amlwladol a datblygiadau adwerthu	■ Mae mwy o frandiau byd-eang nag adwerthwyr y DU ar Regent Street yn Llundain erbyn hyn. Mae brandiau byd-eang mawr fel Apple, Gap, Superdry, Adidas a Levi's yn enwau pwysig mewn datblygiadau adwerthu newydd fel Westfield (Llundain) a Dewi Sant (Caerdydd). ■ Mae'r cwmnïau hyn yn dibynnu ar siopwyr yn cerdded heibio a bydden nhw'n talu premiwm am safle sy'n hynod o weladwy; felly mae siopau cadwyn corfforaethau trawswladol yn chwarae rôl hanfodol yn ffyniant ariannol y canolfannau siopa newydd. ■ Mae'r Westfield Corporation ei hun yn fuddsoddwr tramor yn y DU (a gwledydd eraill); mae ei bencadlys yn Awstralia (er bod cytundeb wedi'i gyhoeddi yn 2017 i werthu Westfield i Unibail-Rodamco yn Ffrainc).
Buddsoddiad cronfa fuddsoddi'r wlad (SWF) mewn ail-greu lle	■ Mae rhai llywodraethau gwladol yn prynu asedau tramor gan ddefnyddio cronfeydd buddsoddi eu gwlad. Mae'r rhain yn 'gronfeydd cadw-mi-gei' ar raddfa fyd-eang ac mae'r gwledydd hyn yn eu defnyddio i ddatblygu eu dylanwad byd-eang ac i amrywiaethu eu ffynonellau incwm. Dim ond lleiafswm o wledydd sy'n gweithredu cronfeydd buddsoddi'r wlad ac, yn aml iawn, maen nhw'n wledydd gydag incymau olew a nwy, fel Norwy a Qatar. ■ Mae cronfeydd buddsoddi gwledydd yn berchen ar amrywiaeth o asedau mewn dinasoedd Prydeinig sydd wedi'u hadfywio, yn cynnwys isadeiledd, eiddo yn y mannau gorau a thimau pêl-droed (Gweler Ffigur 4.10); mae cronfa fuddsoddi gwlad Qatar yn berchen ar ddarn mawr o Canary Wharf; mae cyfran o 25 y cant yn Regent Street yn eiddo i gronfa fuddsoddi gwlad Norwy; Y disgwyl yw y bydd China yn gefnogwr ariannol pwysig i'r rheilffordd High Speed 2 (gweler tudalen 53).
Cyfranogaeth pobl ar wasgar mewn ail-greu lle	■ Dimensiwn rhyngwladol arall ar brydiau wrth ail-greu lle yw'r rôl sydd gan bobl ar wasgar sy'n hanu o'r wlad ei hun (poblogaeth o wlad benodol sydd wedi lledaenu neu wasgaru ar draws y byd, a'u disgynyddion). ■ Mae 'cyrion Celtaidd' y DU (Yr Alban, Cymru a Gogledd Iwerddon) wedi cynhyrchu nifer sylweddol o bobl ar wasgar yn fyd-eang er bod ganddyn nhw boblogaethau gweddol fach. Felly, gallai'r broses o ail-greu lle mewn dinasoedd fel Dulyn, Caerdydd a Glasgow gynnwys estyn allan ar draws y byd at bobl o dras Wyddelig, Cymreig ac Albanaidd yn y drefn honno (i ganfod buddsoddwyr a hyrwyddwyr posibl).

▲ **Tabl 4.1** Mae grymoedd rhyngwladol yn gallu chwarae rhan bwysig yn y broses o ail-greu lle

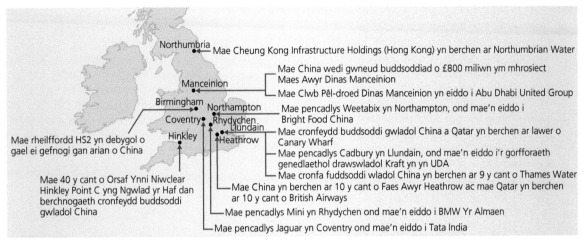

▲ **Ffigur 4.10** Mae cronfeydd buddsoddi gwladol yn sefydliadau byd-eang sy'n chwarae rôl gynyddol bwysig yn y broses o ail wneud lleoedd drwy'r DU gyfan

ASTUDIAETH ACHOS GYFOES: PWYSIGRWYDD YR ALBANWYR AR WASGAR AR GYFER AIL-GREU LLE YN YR ALBAN

Dim ond 4.5 miliwn o bobl sy'n byw yn yr Alban, ond mae hyd at 40 miliwn o unigolion ar draws y byd yn honni eu bod o dras Albanaidd, yn cynnwys pobl yn UDA, Canada, Seland Newydd, yr Ariannin a Brasil.

Mae gwasgariad byd-eang pobl yr Albanwyr yn dyddio'n ôl i'r ddeunawfed ganrif hwyr a'r bedwaredd ganrif ar bymtheg pan gafwyd Cliriadau'r Ucheldiroedd. Dyma'r enw ar ddigwyddiad a achosodd i'r bobl dlawd yng nghefn gwlad yr Alban ddioddef dadleoliad mewnol, ac yn dilyn hynny ddadleoliad rhyngwladol.

- Am fod newidiadau ym mherchnogaeth y tir (neu rywbeth y bydden ni'n disgrifio heddiw fel 'cipio tir'), cafodd 150,000 o Albanwyr eu taflu allan o'u cartrefi crofft a'u gadael heb unrhyw dir rhwng 1780 ac 1880. Aeth llawer ohonyn nhw dramor i chwilio am fywyd gwell.

- Ar y pryd, roedd Llywodraeth y DU yn cynnig taith am ddim i ddinasyddion Prydeinig i'r Byd Newydd – Canada, Awstralia a Seland Newydd – yn rhannol i

ysgafnhau pwysau'r boblogaeth gartref ac yn rhannol i lenwi tiriogaethau Prydain dros y byd.

- Hefyd, mudodd rhai o'r teuluoedd Albanaidd mwy cyfoethog i wledydd tramor yn ystod y cyfnod diwydiannol cynnar – roedd gan lawer o'r planhigfeydd caethweision mawr yn Jamaica berchnogion Albanaidd.

Mae'r symudiadau hyn yn y gorffennol yn esbonio'r ffaith bod nifer eang o Albanwyr ar wasgar yn ein cyfnod ni ac mae hyn yn gallu bod yn eithriadol o fuddiol i leoedd yn yr Alban. Mae gwefannau ar-lein i ganfod llinach yn rhoi'r cyfle i bobl sy'n byw ledled y byd i gyd olrhain eu gwreiddiau yn ôl i'r Alban; mae llawer ohonyn nhw'n dechrau dyheu am ymweld. Mae hyn yn fantais enfawr i ddiwydiant twristiaeth yr Alban: gwariodd 2.75 miliwn o ymwelwyr rhyngwladol £1.9 biliwn yn 2016.

- Yn aml iawn, mae strategaethau ail-greu lle yn yr Alban, sy'n canolbwyntio ar dwristiaeth yn rhan o'r broses, yn rhoi'r profiad 'tartan a bagbibau' i'r ymwelwyr o dras Albanaidd sydd eisiau, ac sy'n disgwyl, gweld y pethau hyn. Ond, mae rhai pobl ifanc sy'n byw yn yr Alban yn gwrthwynebu'r hyn maen nhw'n ei alw'n 'greu ffetish' fel hyn o'r gorffennol; maen nhw'n ofni bod eu cenedl mewn perygl o ddod yn ddiwylliant hen ffasiwn a byddai'n well ganddyn nhw gael eu gweld fel cenedl Ewropeaidd annibynnol sy'n edrych tuag at y dyfodol. Ffigur 4.11 yn rhoi cipolwg i ni ar y cynrychioliadau lle dadleuol hyn.

- Mae GlobalScot yn wefan sy'n cael ei rhedeg gan Scottish Enterprise sy'n cael ei ariannu gan y Llywodraeth. Mae hwn yn ddull gwahanol o rwydweithio'n fyd-eang sydd ddim yn dibynnu cymaint ar ailadeiladu treftadaeth yn ddiwylliannol. Yn lle hynny, mae'r Albanwyr ar wasgar yn cael eu hannog i fasnachu, gwneud cytundebau, buddsoddi a chreu partneriaethau busnes â'i gilydd. Mae gwefan GlobalScot yn tueddu i osgoi'r 'delweddau Tartanaidd' a chanolbwyntio ar ddelweddau ariannol a thechnolegol cyfoes.

▲ **Ffigur 4.11** Arddangos 'Tartan-iaeth' – cynhyrchion treftadaeth sydd ag Albanwyr ar wasgar drwy'r byd i gyd yn rhan o'u marchnad darged.

DADANSODDI A DEHONGLI

Astudiwch Ffigur 4.12, sy'n dangos y mudo mewnol cyfan gan bobl 30-39 oed rhwng dinasoedd y DU yn 2015.

(a) Amcangyfrifwch faint o bobl gyrhaeddodd Birmingham yn 2015.

CYNGOR

Gallwch ddefnyddio'r data ar gyfer Manceinion a Llundain i'ch helpu i amcangyfrif gwerth bras.

(b) Gan ddefnyddio tystiolaeth o Ffigur 4.12, aseswch y farn bod Llundain yn elwa o fudo mewnol yn fwy nag y mae dinasoedd eraill y DU.

CYNGOR

Mae'r cyfarwyddyd 'Gan ddefnyddio tystiolaeth o Ffigur 4.12' yn dangos i chi y dylech chi ddefnyddio sgiliau dadansoddol am yr adnodd wrth ateb y cwestiwn hwn, yn hytrach na defnyddio gwybodaeth a gofiwch chi o'r astudiaeth achos. Gallwch chi ddadansoddi'r data hwn mewn ffyrdd sy'n gadael i chi gyflwyno dadl o blaid y farn mai Llundain sydd wedi elwa fwyaf. Yn bwysicaf oll, mae Llundain wedi derbyn mwy o fudwyr nag unrhyw ddinas arall. Ond, gallwch chi drin y data mewn ffyrdd eraill sy'n ein helpu ni i wrthod y gosodiad hwn. Yn gyntaf, gallwn ni wneud amcangyfrifon am yr enillion neu'r colledion net a gafodd pob dinas. Mewn gwirionedd, mae Llundain wedi gwneud colled net bach iawn ac mae Birmingham a Manceinion wedi gwneud enillion net. Mae Birmingham yn arbennig wedi gwneud yn dda iawn. Yn ail, mae Llundain saith gwaith yn fwy nag unrhyw un o'r dinasoedd eraill a welwch chi a gallech chi gymryd hyn i ystyriaeth wrth feirniadu'r llwyddiant.

(c) Awgrymwch sut mae strategaethau ailfrandio diweddar wedi cyfrannu efallai at symudiad pobl i'r dinasoedd gogleddol a welwch yn Ffigur 4.12.

CYNGOR

Un ffordd o fynd ati i ateb y cwestiwn hwn yw dechrau drwy esbonio beth mae'r strategaethau ailfrandio'n gobeithio ei gyflawni. Y nod yw newid y syniad sydd gan bobl o'r tu allan am le lleol neu ddinas fwy. Yn arbennig, mae cyflwyno rhywle fel cyrchfan arbennig o fywiog sydd wedi cael egni newydd yn gallu bod yn ddeniadol i fudwyr mewn lleoedd eraill. Pwynt da i'w awgrymu fyddai'r posibilrwydd bod cynghorau dinas a rhanddeiliaid eraill mewn rhai dinasoedd gogleddol wedi hysbysebu a marchnata'r cyrchfannau hyn mewn ffyrdd cadarnhaol, sydd wedi effeithio ar syniadau pobl Llundain am y dinasoedd hyn ac wedi achosi iddyn nhw symud i fyw yno. Hefyd, mae carfan oedran y mudwyr yn Ffigur 4.12, sef 30–39 oed, yn bwysig i'w ystyried yn rhan o'ch ateb. Mae'r rhain yn bobl sydd ar gam yn eu cylch bywyd pan maen nhw'n ystyried dechrau teulu efallai, neu sydd â phlant ifanc yn barod. Efallai fod y strategaethau ail-frandio wedi eu targedu at y grŵp demograffig arbennig hwn. Pa fath o ddelweddau neu negeseuon cadarnhaol yn y cyfryngau allai helpu i ddarbwyllo criw o bobl 30-39 oed o Lundain i symud i'r gogledd?

Pobl yn eu tridegau yn mudo'n fewnol

Cyfanswm symudiadau pobl 30-39 oed rhwng dinasoedd (y flwyddyn yn gorffen Mehefin 2015)

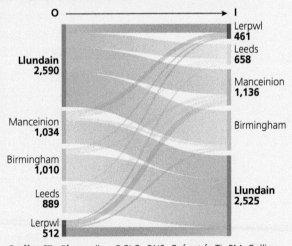

Graffeg FT   Ffynonellau: DCLG, ONS, Cofrestrfa Tir EM, Colliers

▲ **Ffigur 4.12** Llifoedd mudo detholus o ran oedran (30–39) yn cysylltu dinasoedd mawr y DU, 2015

② Treftadaeth ddiwylliannol a phrosesau ail-greu lle

▶ *Sut fyddai hi'n bosibl cefnogi twf y presennol gan ddefnyddio hanes lleol a phethau a etifeddwyd o ddatblygiad economaidd y gorffennol?*

Ail-greu lle sy'n manteisio ar y gorffennol

Yn aml iawn, bydd gwahanol chwaraewyr lleol ac asiantaethau allanol – yn amrywio o asiantaethau llywodraethol a busnesau i grwpiau cymunedol lleol – yn defnyddio ystyron lle 'treftadaeth' sydd wedi hen sefydlu wrth wneud gwaith ailddatblygu ac ailfrandio. Dyma'r pethau pwysig a etifeddwyd o brosesau datblygu'r gorffennol sydd wedi creu ystyron lle i bobl sy'n parhau'n gryf hyd heddiw. Roedd Pennod 1 yn archwilio sut mae timau pêl-droed sy'n rhan eiconig o dirweddau diwylliannol dinasoedd mawr heddiw yn aml yn etifeddiaeth o ddatblygiad diwydiannol y gorffennol. Gallwn ni weld hanes gwaith dur a metelau Sheffield yn glir hyd heddiw ym mathodyn un o dimau'r ddinas (gweler Ffigur 1.6, tudalen 12); mae gan y llun o aderyn Lerpwl sydd ar fathodyn tîm Clwb Pêl-droed Lerpwl gysylltiadau traddodiadol cryf gyda hanes masnachu morol y ddinas.

Yn y ffyrdd hyn, ac mewn nifer mawr o ffyrdd eraill, mae'r gorffennol yn chwarae rôl hanfodol o ran (ail)adeiladu hunaniaethau cyfoes y lle. Mae gan lawer o leoedd lleol sydd â hanes hir a chyfoethog – yn debyg i'r rhanbarthau a'r cenhedloedd mwy y maen nhw'n rhan ohonyn nhw – eu treftadaeth a'u 'hanesion traddodiadol' eu hunain. Maen nhw'n dathlu'r rhain mewn ffyrdd sy'n rhoi hunaniaeth gymdeithasol i'r lle ac yn clymu'r gymuned ynghyd, yn debyg i'r hyn roedd Benedict Anderson yn ei ddadlau (gweler tudalen 45). Mae mentrau treftadaeth yn cyfrannu at y broses o ail-greu lle mewn gwahanol leoliadau gan ddefnyddio strategaethau sydd, fel rydyn ni wedi'i weld mewn penodau blaenorol, yn rhychwantu'r pethau hyn:

- treftadaeth ddiwydiannol (sy'n cynnwys llwyddiannau peirianegol, peiriannau, camlesi a rheilffyrdd)
- celfyddydau creadigol (cysylltiadau lleol gydag awduron, beirdd a pheintwyr enwog)
- pensaernïaeth (ac adeiladau hanesyddol eiconig)
- traddodiadau bwyd a diod rhanbarthol (fel alcohol a bwyd sydd wedi eu storio mewn mwg mawr, sy'n helpu i gefnogi'r diwydiant twristiaeth yn Ynysoedd Gorllewinol yr Alban – roedd amlinelliad ar dudalen 44).

Profiad yr ymwelydd

Mae ailfrandio cwbl effeithiol sy'n defnyddio treftadaeth yn gwneud mwy na dim ond defnyddio teimladau cynnes pobl at orffennol eu hardal. Os byddwch chi'n gwneud cais llwyddiannus i ddefnyddio hanes lleol byddwch yn defnyddio traddodiadau a phobl adnabyddus y lle o'r gorffennol ac, ar yr un pryd, yn adnewyddu profiad yr ymwelwyr drwy gyfuno technolegau, tueddiadau a ffasiynau heddiw yn y cymysgedd cyfan. Er enghraifft, mae llwyddiant y fasnachfraint *Horrible Histories* gan Terry Deary wedi annog rheolwyr nifer o amgueddfeydd ac atyniadau treftadaeth i adolygu eu hanesion, archifau ac adnoddau eu hunain er mwyn canfod eitemau a straeon arbennig o 'afiach' (hynny yw, annifyr neu waedlyd) i'w defnyddio fel penawdau hysbysebu yn eu deunyddiau marchnata.

- Daeth arddangosfa *London Dungeon* yn boblogaidd iawn yn yr 1990au drwy fanteisio ar gysylltiadau erchyll yr ardal leol gyda Jack the Ripper a Sweeney Todd.
- Ceisiodd yr *Imperial War Museum (North)* ym Manceinion ddod â hanes y ddinas adeg y rhyfel yn fyw drwy lwyfannu arddangosfa 'Horrible Histories: Blizted Brits' yn 2015, ac mae gan y *National Slavery Museum* yn Greenwich nifer o eitemau yn eu harddangosfeydd sy'n gysylltiedig â marwolaeth a thrais adeg rhyfel, fel fflangellau a llifiau llawfeddygol.
- Mae arddangosfeydd parhaol yn yr *International Slavery Museum* yn Lerpwl ac amgueddfa M Shed ym Mryste'n dangos 'hanesion erchyll' o fath gwahanol iawn. Tyfodd y ddwy ddinas yn gyfoethog o ganlyniad i'r fasnach gaethwasiaeth drawsiwerydd. Mae ymgyrchoedd yn digwydd ym Mryste i newid enwau llawer o fannau adnabyddus fel Colston Hall, sydd wedi ei enwi ar ôl masnachwr caethweision (gweler Ffigur 4.13). Mae'r ymgyrchwyr yn dweud bod pobl wedi twtio a thacluso treftadaeth ddiwydiannol yn llawer rhy aml yn y gorffennol ac, hyd yn oed heddiw, nad oes digon o sylw i'r ffynonellau anfoesol a dalodd am 'oes aur ffyniannus' Prydain yn ystod yr 1700au a'r 1800au.

▲ **Ffigur 4.13** Cafodd Colston Hall ym Mryste ei enwi ar ôl Edward Colston, masnachwr caethweision. Mae llawer o bobl yn credu y dylai'r enw gael ei newid; mae eraill yn dweud y byddai'n anghywir ceisio anwybyddu cysylltiadau lle hanesyddol, hyd yn oed os yw'r gwirionedd yn brifo

Mae rhai o'r datblygiadau tirnod yn y dinasoedd mawr, yn cynnwys y rhai sydd wedi eu disgrifio ar dudalen 122, yn bwysig fel safleoedd ar gyfer cynnal digwyddiadau treftadaeth. Er eu bod nhw'n edrych yn fodern iawn ar y tu allan, mae llawer o'r pethau sy'n digwydd tu mewn i'r lleoedd hyn yn ddathliad o'r gorffennol mewn gwirionedd, gan gynnwys cerddoriaeth a theatr. Y weledigaeth am Ganolfan Mileniwm Cymru yng Nghaerdydd yn arbennig oedd y byddai'n ganolfan ddiwylliannol lle byddai modd dathlu hunaniaeth genedlaethol Cymru (Ffigur 4.15). Mae Tabl 4.2 yn rhoi rhagor o enghreifftiau o ailddatblygu ac adfywio cyfoes sydd wedi gwneud defnydd llawn o dreftadaeth leol ac etifeddiaeth hanesyddol sy'n ymwneud â lleoedd o wahanol faint.

Lleoliad	Ymdrechion ailddatblygu/adfywio
Canol Llundain	■ Roedd Pennod 2 (gweler tudalen 30) yn archwilio rhai o'r problemau sy'n gysylltiedig ag ailddatblygu canol Llundain sydd wedi dod yn ofynnol oherwydd adeiladu Crossrail. Mae buddsoddiad newydd wedi dod â gwelliannau o'r radd flaenaf i orsafoedd trenau ar hyd y daith. Un enghraifft arbennig yw gorsaf Tottenham Court Road sydd wedi sbarduno ailddatblygiad y gymdogaeth gyfan a newidiadau i roi delwedd fodern iddi. ■ Ond mae adeiladu Crossrail wedi creu cyfle hefyd i ddathlu prosesau datblygu'r *gorffennol* yn ninas Llundain. Cafodd llawer o arteffactau archeolegol eu hadfer yn ystod y saith mlynedd o waith cloddio; cafodd miloedd o wrthrychau yn rhychwantu 8000 o flynyddoedd eu casglu yn un o atyniadau mwy newydd Llundain i ymwelwyr, Amgueddfa Dociau Llundain. Mae'r arddangosfeydd yn cynnwys sgerbydau heb benglogau o'r oes Rufeinig a thystiolaeth o 'hanesion erchyll' eraill.
Hastings	■ Dyfarnodd Sefydliad Brenhinol Penseiri Prydain ei wobr flynyddol yn 2016 i'r pier glan môr sydd wedi ei ailddatblygu yn Hastings. Mae'r dref hon sydd ar arfordir deheuol Lloegr wedi dioddef enw gwael a lefelau uchel o dlodi plant am flynyddoedd lawer. Y gobaith yw y bydd ailadeiladu'r pier, a rhoi delwedd newydd iddo, yn helpu i newid barn pobl o'r tu allan am Hastings. ■ Cafodd pier Fictoraidd Hastings ei adeiladu'n wreiddiol yn 1872 ac mae'n nodwedd bwysig o hanes yr ardal a gafodd ei ddiweddaru'n drwyadl gan ddefnyddio'r deunyddiau adeiladu diweddaraf (mae'r pier newydd wedi ei adeiladu o bren a gwydr ac mae ganddo gynllun onglog arloesol). Felly mae parhad a newid hefyd yn nelwedd twristiaeth newydd Hastings.
Plymouth	■ Chwaraeodd Plymouth rôl allweddol yn hanes llyngesol Prydain, yn enwedig yn ystod y rhyfel Elisabethaidd yn erbyn Sbaen ganrifoedd maith yn ôl. Does dim rhyfedd bod hanes morol wedi parhau'n bwysig yn economi'r ddinas. Er enghraifft, cafodd Royal William Yard yn Plymouth ei ailddatblygu fel safle preswyl a hamdden gan sefydliad o'r enw Urban Spash (gweler Ffigur 4.14). Mae bariau a fflatiau newydd o fewn y safle lle byddai cyflenwadau'r Llynges Brydeinig yn cael eu storio ar un cyfnod. ■ Defnyddiwyd ymgyrch ailfrandio o'r enw 'Positively Plymouth' am gyfnod byr gan obeithio denu mwy o ymwelwyr i Royal William Yard a lleoedd eraill yn Plymouth. ■ Ond, mewn cyfres ar BBC Radio 4 am leoedd newidiol, dywedodd yr awdur Will Self nad oedd y newid delwedd yn Plymouth wedi bod o fudd bob amser i drigolion gwreiddiol y ddinas. Cafodd bobl eu 'tywallt allan' i ardaloedd eraill pan oedd ardaloedd fel Devonport a Royal William Yard yn cael eu hailddatblygu ac ni ddaeth pob un ohonyn nhw yn ôl wedyn.
Dwyrain Dyfnaint ac Arfordir Dorset	■ Mae gwerth i chi astudio'r enghraifft hon o ail-frandio ar sail treftadaeth oherwydd mae'n enghraifft fwy o ran maint ac amser. Cafodd darn 200 km o dde-orllewin Lloegr ei ailfrandio yn 'Arfordir Jwrasig' yn 2001 ar ôl ennill statws Safle Treftadaeth Byd UNESCO oherwydd ei ddaeareg a'i ffosilau. ■ Yn yr enghraifft hon, mae cynlluniau datblygu'r presennol yn defnyddio hanes daearyddol sy'n rhychwantu cannoedd o filiynau o flynyddoedd.

▲ **Tabl 4.2** Enghreifftiau o'r ffordd y mae'r gorffennol yn ddylanwad pwysig ar ail-greu lle yn y byd presennol

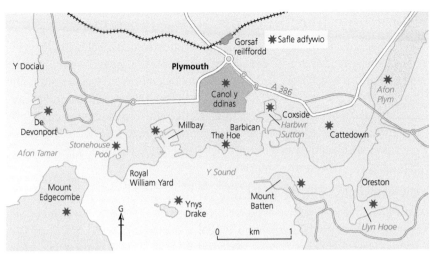

▲ **Ffigur 4.14** Hanes llyngesol Plymouth a ddarparodd y 'deunydd crai' ar gyfer ymgyrch uchelgeisiol i ail-frandio a newid delwedd ar draws y traeth cyfan

▲ **Ffigur 4.16** Adeiladwyd Eglwys Bresbyteraidd Broad Street, Birmingham yn 1848, a chaeodd ei drysau i eglwyswyr yn yr ugeinfed ganrif cyn eu hail agor nhw i glybwyr nos Ministry of Sound ac yna droi'n safle Popworld mewn blynyddoedd diweddarach.

Peidiwch â barnu llyfr wrth ei glawr

Nid yw cynlluniau ailddatblygu bob amser yn achosi i hen adeiladu gael eu newid am rai newydd. Yn hytrach, mae'n bosibl cadw adeiladau hanesyddol a newid defnydd eu tir. Yn wir, efallai fod wynebau allanol yr hen eiddo hwn yn werthfawr am yr union reswm eu bod nhw'n gwneud i'r lle deimlo'n ddilys pan mae treftadaeth a diwylliant y lle yn bwyntiau gwerthu pwysig. Mae'n bosibl bod hen adeiladau wedi eu gwarchod dan y gyfraith gynllunio os ydyn nhw ar y Rhestr Statudol o Ddiddordeb Hanesyddol neu Bensaernïol Eithriadol (gweler tudalen 33).

▲ **Ffigur 4.15** Canolfan Mileniwm Cymru a Bae Caerdydd

Ond gall yr eiddo hwn gael swyddogaeth newydd sbon weithiau, heb newid fawr ddim ar eu golwg allanol. Mae llawer o hen ffatrïoedd a warysau – fel y rheini yn Royal William Yard yn Plymouth – wedi cael bywyd newydd fel siopau, bwytai neu fflatiau. Cafodd Eglwys Bresbyteraidd Broad Street yn Birmingham ei throi'n glwb nos er gwaethaf y ffaith ei bod yn adeilad rhestredig Graddfa II (gweler Ffigur 4.16). Yn aml iawn, mae dwy elfen – parhad a newid – yn y ffordd y mae lleoedd yn cael eu hail-greu.

Gweithgynhyrchu eitemau traddodiadol

Nid yw ail-greu lle yn dibynnu'n gyfan gwbl ar hyrwyddo gweithgareddau hamdden trydydd sector. Er gwaethaf y ffaith fod y DU, yn gyffredinol, yn cael ei hystyried yn wlad wedi'i dad-ddiwydianeiddio, mae'n dal i gadw sector gweithgynhyrchu bach ffyniannus, fel yr oedd Pennod 3 yn ei esbonio (gweler tudalen 81). Yn debyg i dwristiaeth treftadaeth, gallwn ni weld cyfuniad o brosesau economaidd y *gorffennol a'r presennol* yn y ffordd y mae rhai diwydiannau gweithgynhyrchu yn y DU wedi addasu i amodau masnachu byd-eang yr unfed ganrif ar hugain.

Gweithgynhyrchu Ôl-Fordaidd

Yn y DU, mae syfliad byd-eang wedi golygu bod llinellau cydosod neu weithgareddau gweithgynhyrchu 'Fordaidd' – enw a gafwyd o ffatrïoedd gwneud ceir Henry Ford yn gynnar yn yr ugeinfed ganrif (gweler Tabl 4.3) – wedi diflannu bron yn gyfan gwbl. Fodd bynnag, mae gwaith gweithgynhyrchu wedi parhau'n llwyddiannus, ac yn mynd o nerth i nerth mewn rhai lleoedd, am ei fod wedi mabwysiadu dull gwahanol o gynhyrchu o'r enw gweithgaredd ôl-Fordaidd (gweler tudalen 25).

Fordaidd (llinell gydosod sefydlog)	Ôl-Fordaidd (cynhyrchu hyblyg)
Masgynhyrchu un cynnyrch sengl	Cynhyrchu mewn swm bychan
Nid yw cynllun y cynnyrch bron byth yn newid	Newidiadau aml i'r cynllun
Stociau mawr a chadw mewn warysau	Cynhyrchu darnau a nwyddau mewn union bryd (*JIT- just in time*)
Un dasg unigol wedi'i pherfformio gan y gweithiwr	Gall y gweithwyr wneud mwy nag un dasg ar yr un pryd

▲ **Tabl 4.3** Gweithgareddau Fordaidd ac ôl-Fordaidd

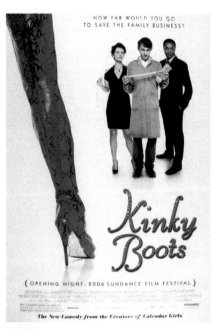

Yn ei hanfod, mae cwmnïau gweithgynhyrchu ôl-Fordaidd yn cynhyrchu niferoedd bach o gynhyrchion amrywiol neu unigryw. Mae'r enghreifftiau'n cynnwys dillad ac esgidiau arbenigol a moethus, fel siacedi awyr agored ac esgidiau dringo. Mae tua 100,000 o bobl yn gweithio yn niwydiannau ffasiwn a thecstilau blaenllaw'r DU. Yn ôl un amcangyfrif, mae'r dillad, dodrefn, rygiau a charpedi moethus y maen nhw'n eu cynhyrchu'n cyfrannu £7 biliwn i economi'r DU bob blwyddyn. Mae Tabl 4.4 yn dangos llond llaw o enghreifftiau. Mewn nifer o achosion, mae cysylltiad amlwg rhwng y gweithgareddau a wnân nhw heddiw a'r gwaith a wnaethon nhw yn y lleoedd hyn mewn canrifoedd cynharach.

Gallwn ni hefyd ddisgrifio rhai o'r gweithgareddau yn Nhabl 4.4 fel gwaith crefftwyr. Yn hanesyddol, y crefftwr oedd y gweithiwr medrus oedd yn creu pethau â'r dwylo, yn aml i safon uchel iawn. Roedd y gofaint, gweithwyr metel,

◀ **Ffigur 4.17** Mae stori 'Kinky Boots' yn dathlu ail-greu economi tref Swydd Northampton mewn ffordd grefftus ddigon annisgwyl

Lle	Gweithgareddau Ôl-Fordaidd
Guiseley, Swydd Efrog	Mae brethyn o'r safon orau'n cael ei wehyddu â llaw yn hen felin Abraham Moon ym mhentref Guiseley ger Leeds. Mae'r ddwy gorfforaeth trawswladol, Hugo Boss a Prada, wedi defnyddio'r brethyn hwn yn eu cynhyrchion moethus.
Earls Barton, Swydd Northampton	Roedd WJ Brookes Ltd yn Earls Barton yn masgynhyrchu esgidiau dynion am 110 o flynyddoedd. Yn ddiweddar, rhoddodd y cwmni'r gorau i'w gynhyrchion ar y llinell gydosod. Cafodd gweithwyr eu hail hyfforddi i wneud esgidiau sodlau uchel drud â llaw i ddynion. Mae'r ffilm a'r sioe lwyfan *Kinky Boots* yn dathlu'r hanes hwn (gweler Ffigur 4.17).
Wickhamford, Swydd Gaerwrangon	Mae Douk yn gwmni bach yn Wickhamford, Swydd Gaerwrangon sydd wedi adeiladu eirafyrddau â llaw ers 2009. Mae'r bwrdd rhataf yn costio tua £400 – mae'n amlwg bod hwn yn fodel busnes gweithgynhyrchu gwahanol iawn i, dywedwch, sglefrfyrddau wedi eu masgynhyrchu yn China ac sy'n cael eu gwerthu ar Amazon am £15. Mae arddulliau unigryw eirafyrddio, ynghyd â phŵer prynu gweddol uchel ei gynulleidfa darged, yn ei wneud yn addas iawn ar gyfer 'rhesymeg' cyfalafiaeth ôl-Fordaidd.

▲ **Tabl 4.4** Lleoedd lle mae diwydiannau gweithgynhyrchu 'treftadaeth' ôl-Fordaidd wedi ffynnu er gwaethaf her y syfliad byd-eang

gwneuthurwyr gemwaith a'r gwehyddwyr mwyaf medrus, oll yn grefftwyr. Yn ystod yr 1800au ac yn fuan yn yr 1900au, daeth diwydiannu, masgynhyrchu a llinellau cydosod yn flaenllaw yn niwydiant Prydain a daeth cynhyrchiad y crefftwyr i ben yn aml iawn.

- Mae'n ddiddorol ystyried y ffordd y mae pethau wedi troi mewn cylch cyfan i ryw raddau: cafodd prosesau datblygu'r gorffennol eu hailddyfeisio at ddibenion y cyfnod modern.
- Mae crefftwyr medrus, sydd weithiau'n cynhyrchu eitemau â llaw, yn ffynnu eto heddiw drwy Brydain gyfan. Nes ymlaen yn y llyfr hwn, mae Pennod 6 yn archwilio enghreifftiau o ddiwydiannau gwledig cyfoes sydd wedi adfywio crefftau traddodiadol a dulliau traddodiadol o wneud bwyd.

 # Ail-greu lleoedd cyfoes

▶ *Pa rôl allai cynllun a thechnoleg cyfoes ei chwarae mewn ail-greu lle?*

Cael gwared â'r hen a chroesawu'r newydd

Dydy ail-greu lle ddim bob amser yn ymwneud â'r gorffennol. Mae digonedd o achosion diddorol lle mae ymdrechion i ailddatblygu a newid delwedd yn canolbwyntio lawer mwy ar arloesi a chynllun cyfoes.

- Does gan rai lleoedd ddim llawer o hanes i'w ddathlu p'run bynnag: meddyliwch am y trefi a adeiladwyd o'r newydd yn y DU mewn degawdau blaenorol – dim ond yn 1967 y daeth Milton Keynes i fodolaeth (gweler Ffigur 1.4, tudalen 9).
- Cofiwch hefyd bod gwledydd, yn achlysurol, wedi creu prifddinasoedd cwbl newydd allan o ddim byd, yn cynnwys Brasília (Brasil) ac Abuja (Nigeria), gan eu helpu nhw i greu delwedd fodern, 'agored i fusnes'.

- Yn yr aneddiadau newydd hyn, a'r mannau lleol llai eu maint (fel ystadau newydd o dai neu barciau busnes), mae eu synnwyr o hunaniaeth yn deillio o'r ffaith eu bod nhw'n newydd ac *nad* oes ganddyn nhw 'faich' hanesyddol. Mae lleoedd sydd wedi eu cynllunio'n dda a'u dylunio'n ofalus yn gallu cynnwys y technolegau newydd diweddaraf yn amlwg yn eu gwneuthuriad.
- Ym Mhennod 2, daethom ar draws y teimlad o 'drefoli iwtopaidd' sy'n edrych tua'r dyfodol ac sy'n croesawu cynlluniau cryf sy'n 'mynegi' moderniaeth y lle (gweler tudalen 59).

Ond, nid y lleoedd newydd yn unig sy'n gallu elwa o gynllun, dyluniad a thechnoleg arloesol. Gall y nodweddion hyn gael eu cynnwys mewn aneddiadau hŷn hefyd drwy'r broses o **ôl-osod lle** sydd yno eisoes – ymadrodd sy'n disgrifio gwneud addasiadau i adeiladau ac isadeiledd ar raddfa ddigon mawr i dechnolegau newydd ddod yn nodwedd bwysig o gymdogaeth gyfan.

Mae nifer o wahanol ffyrdd y gall ymchwil, technoleg a dyluniad cyfoes gyfrannu at y broses o adeiladu lleoedd newydd neu ôl-osod lleoedd hŷn. Mae'r adran hon yn archwilio adeiladwaith tair enghraifft o ddylunio a chynllunio cyfoes:

- *lleoedd clyfar* – lle mae band eang cyflym yn cael ei ddefnyddio i ddarparu gwasanaethau dinesig wedi eu llunio'n ddeallus a 'rhyngrwyd pethau', sy'n gallu caniatáu i leoedd ddod yn ganolfannau diwydiant cwaternaidd neu hybiau economi gwybodaeth
- *eco-ddinasoedd ac eco-ranbarthau* – lle mae technoleg yn cael ei defnyddio i leihau'r 'ôl troed' amgylcheddol, er enghraifft drwy ddefnyddio egni yn y ffordd fwyaf effeithlon neu wella'r ailgylchu
- *lleoedd yn y cyfryngau* – lle mae tirweddau sydd wedi ymddangos mewn ffilmiau a sioeau teledu diweddar neu glasurol yn dod yn lleoedd y mae'r gwylwyr yn dyheu i ymweld â nhw.

Lleoedd clyfar

Mae rhai dinasoedd yn eu hyrwyddo eu hunain erbyn hyn yn 'ganolfannau technoleg' lle gall diwydiannau digidol neu greadigol ddod at ei gilydd fel clwstwr. Mewn rhai achosion mae hyn yn cynnwys ailfrandio'r lle fel 'dinas glyfar' lle mae'r trigolion yn defnyddio'r dechnoleg ddiweddaraf i redeg gwasanaethau'r ddinas yn fwy deallus.

- Mae enghreifftiau rhagorol yn y DU o glystyrau sydd wedi eu ffurfio o ddiwydiannau gwyddorau bywyd, yn cynnwys ardaloedd o Gaergrawnt, Caeredin a Leeds. Yng nghlwstwr Caergrawnt yn unig mae mwy na 400 o gwmnïau gwyddorau bywyd. Y rheswm dros eu twf yw cyfuniad *ad hoc* o gynllunio a chefnogaeth prifysgol leol a rhagoriaeth wyddonol. Mae Llywodraeth y DU wedi chwarae rôl bwysig o ran cefnogi'r diwydiannau hyn hefyd, a hynny'n fwyaf diweddar gyda'i Strategaeth Ddiwydiannol Gwyddorau Bywyd.
- Mae partneriaeth ddiweddar sydd werth £75 miliwn rhwng Prifysgol Bryste a chyngor y ddinas wedi dod â band eang eithriadol o gyflym i Fryste. Mae clwstwr o gwmnïau digidol yn Temple Quarter Enterprise Zone yn defnyddio'r isadeiledd digidol hwn i ymdrin â llygredd aer a thagfeydd traffig, a hefyd i dreialu ceir heb yrrwr.

🗝️ **TERMAU ALLWEDDOL**

Ôl-osod lle Ychwanegu isadeiledd a nodweddion dylunio newydd pwysig i leoedd hŷn yn rhan o'r broses o ail-greu lle.

Economi gwybodaeth Dull o gynhyrchu lle rhoddir gwerth economaidd uwch i'r gwaith o greu syniadau newydd, arloesi, patentau a data na'r gwerth a roddir i fasnachu nwyddau'n ffisegol.

- Mae project 'Dinasoedd y Dyfodol' Glasgow yn tynnu arian o gronfa arloesi Llywodraeth y DU. Mae'r ddinas yn rhoi cynnig ar ddefnyddio teledu cylch cyfyng o'r radd flaenaf, araeau synwyryddion yng nghartrefi hen bobl a goleuadau stryd clyfar sy'n gostwng a chryfhau mewn ymateb i symudiadau.
- Dinas fechan Hull, yn llewyrch ei llwyddiant fel Dinas Diwylliant y DU 2017 (gweler tudalen 126), fydd y ddinas gyntaf yn y DU i roi'r gorau'n llwyr i'w hen rwydwaith gwifren ffôn gopr a defnyddio rhwydwaith band eang ffibr cyflym iawn.

Mae dau bwynt i'w cofio am glystyrau technoleg:

- Maen nhw nid yn unig yn creu swyddi newydd ond hefyd yn newid y ffordd y mae'r cyfryngau a phobl mewn ardaloedd eraill yn meddwl am y lle, gan greu cylch rhinweddol o fuddsoddiad newydd.
- Er bod rhai lleoedd wedi elwa o glystyrau technoleg sy'n ffynnu, fel Temple Meads ym Mryste, ychydig iawn y mae cymdogaethau trefol gerllaw yn elwa o fod mor agos.

ASTUDIAETH ACHOS GYFOES: Y GYLCHFAN SILICON

Pan newidiwyd delwedd yr ardal o amgylch Old Street yn Llundain i greu lle clyfar, roedd y newid mor estynedig nes bod rhai pobl wedi rhoi'r enw 'Y Gylchfan Silicon' (*Silicon Roundabout*) iddo. Yr enw mwy ffurfiol arno yw Dinas Dechnoleg Dwyrain Llundain / *East London Tech City* (gweler Ffigur 4.18). Mae llawer o randdeiliaid byd-eang mawr, yn cynnwys Google, Facebook, Intel a McKinsey, wedi sicrhau presenoldeb yma, ac felly maen nhw'n cyfrannu at y broses o ail-greu'r lle. Mae presenoldeb y corfforaethau trawswladol hyn yn dangos sut mae'r Gylchfan Silicon wedi dod yn lle pwerus yng nghyd-destun y rhwydweithiau a'r systemau byd-eang: mae unrhyw le sy'n gallu denu Facebook a Google wedi llwyddo i'w ailfrandio ei hun yn gywir fel lle i fuddsoddi cyfalaf rhydd y byd.

Y Silicon Roundabout yw un o glystyrau technoleg cyfryngau mwyaf y byd o'i fesur yn nhermau'r busnesau newydd sy'n cychwyn yno bob blwyddyn. Yn ddiddorol, fodd bynnag, sicrhawyd y llwyddiant hwn heb gymorth y wlad gan fwyaf. Yn hytrach, cafodd ei arwain gan chwaraewyr o'r sectorau preifat ac anffurfiol. Ddeng mlynedd yn gynharach, roedd

prisiau'r tir yn Old Street yn weddol isel a hynny'n llwyr am fod y lle wedi ei anwybyddu gan gynlluniau adfywio'r llywodraeth oedd yn gyrru costau i fyny mewn rhannau eraill o Lundain. O ganlyniad, roedd entrepreneuriaid ifanc yn y cyfryngau a thechnoleg yn chwilio am leoedd rhad i'w rhentu wrth geisio adeiladu eu busnesau a chawsent eu denu i Old Street.

▲ **Ffigur 4.18** Cynrychiolaeth a grewyd gan gwmni dylunio i hyrwyddo lleoedd fel Dinas Dechnoleg Dwyrain Llundain

Lleoedd clyfar yng ngefn gwlad

Mae technoleg wedi chwarae rôl bwysig o ran ail-greu rhanbarthau a lleoedd gwledig hefyd, yn enwedig ers i'r band eang cyflymach gyrraedd pob man ond y lleoedd mwyaf anghysbell. Mae argaeledd band eang cyflym iawn yn ne-orllewin Lloegr wedi denu cwmnïau technoleg a phobl broffesiynol hunangyflogedig i Newquay yng Nghernyw. Magicseaweed, yn

▲ **Ffigur 4.19** Mewn ardaloedd gwledig yn y DU gyfan, cafwyd ymdrechion i agor ffosydd i osod ceblau band eang cyflymder uchel er mwyn creu lleoedd 'gwyllt ond gwifrog'

Ôl troed ecolegol Faint o dir sy'n ofynnol i gefnogi lle a'i bobl (o ran ateb yr anghenion am adnoddau a hefyd gael gwared â gwastraff).

Niwtraliaeth carbon Llwyddo i gyrraedd sefyllfa o ddim allyriadau carbon net, gan ddefnyddio amrywiol fesurau lliniaru sy'n cynnwys strategaethau cadwraeth egni, cynllunio adeiladau 'gwyrdd' a ffynonellau adnewyddadwy; neu drwy storio neu gael gwared â maint sy'n gyfatebol â'r maint a gynhyrchir.

Kingsbridge yn Nyfnaint, yw platfform rhagolygon syrffio ar-lein mwyaf y byd. Roedd 2 filiwn o bobl yn ei ddefnyddio bob mis yn 2016.

Mae'r cymunedau ar ynysoedd Hebrides Mewnol ac Allanol yr Alban wedi bod yn defnyddio band eang ers yr 1990au cynnar i'w helpu i adfywio'r economi a'r gymdeithas mewn nifer o ffyrdd. Diolch i'w defnydd o'r band eang, mae gwasanaethau addysg gynradd a thrydyddol (prifysgol) y rhanbarth wedi gwella'n arw. Mae 'teleweithiwyr' mudol wedi dewis symud yno am fod y lleoedd lleol wedi eu cysylltu erbyn hyn.

Mewn lleoliad gwledig sydd wedi'i gysylltu'n ddigidol, mae'n bosibl cael teimlad cymysg o le sy'n ddiamser ac yn fodern ar yr un pryd. Gall tirwedd draddodiadol o doeau gwellt guddio'r busnesau a'r dechnoleg ddiweddaraf sydd ar gael. I lawer o bobl, mae hyn yn gyfuniad deniadol iawn (gweler Ffigur 4.19).

Eco-ddinasoedd ac eco-ranbarthau

Pan fydd lle yn cael ei ail-greu bydd yn creu teimlad o fod mewn cystadleuaeth ag aneddiadau neu gymdogaethau eraill yn aml iawn. Bydd y rhanddeiliaid yn ceisio creu enw da i'w lle cartref eu hunain fel y gyrchfan orau i ymwelwyr neu fuddsoddwyr allanol. Un ffordd o gyflawni'r nod hwn yw creu delwedd sy'n gynaliadwy – yn amgylcheddol ac yn entrepreneuraidd.

● Mae **ôl-troed ecolegol** amlwg o isel – wedi'i gyfuno ag ymrwymiad i **niwtraliaeth garbon** – yn gallu edrych yn rhagorol i bobl o'r tu allan, a dod yn rhan werthfawr o waith rheolwyr y lle.

● Gall 'credydau gwyrdd' fod yn rhan bwysig o'r 'gyfundrefn gynrychioliadol' sy'n denu talent ac arian newydd i mewn i le (gweler Ffigur 4.20).

Mae'n bosibl cyflwyno strategaethau sy'n garedig i'r amgylchedd yn unrhyw le, ond mae'n anoddach yn aml iawn i ôl-osod technoleg werdd mewn adeiladau hŷn nag ydy hi i feddwl yn greadigol am ddulliau o'r fath ar gam cynllunio adeiladau newydd sbon. Mae Tabl 4.5 yn rhoi manylion amrywiaeth o fentrau byd-eang diddorol y gallech chi ymchwilio iddyn nhw ymhellach.

▶ **Ffigur 4.20** Mae Angel Square Manchester One wedi bod yn bencadlys i'r grŵp Co-operative ers 2013 ac mae'n adnabyddus am fod yn un o adeiladau mawr mwyaf gwyrdd Ewrop (diolch i'w gyfuniad o bŵer solar, ailgylchu dŵr llwyd ac awyru naturiol)

Rhanbarth y byd	Mesurau a gymerwyd
Tokyo, Japan	Tokyo yw dinas fwyaf y byd yn ôl maint y boblogaeth ac mae wedi dioddef effaith 'ynys wres ddinesig' eithriadol o fawr. O ganlyniad, mae llawer o ddatblygiadau adeiladu newydd wedi eu gorchuddio â llwyni neu laswellt (mae'r llystyfiant yn rhwystro gwres rhag mynd i mewn i'r ffabrig trefol, felly mae'n gostwng tymheredd yr aer yn y ddinas) Mae canolfan sinemâu sgriniau niferus Roppongi Hills wedi ei gorchuddio â 1300 metr sgwâr o laswellt, coed a llwyni.
Mumbai, India	Mae cynllun rhai o'r nendyrau newydd yn ystyried agenda cynaliadwyedd. Mae cynllun un tŵr 320 metr werth $200 miliwn o ddoleri UDA yn storio digon o ddŵr glaw i wasanaethu'r adeilad i gyd am 12 diwrnod, mae'n prosesu ei wastraff ei hun ac mae'n cynnwys atriwm 215 metr sy'n darparu awyriad naturiol ar gyfer yr adeilad.
Malmö, Sweden	Mae rhanbarth Augustenborg yn enwog am ei erddi ar y to sy'n gwella ynysiad ac yn gostwng y dŵr ffo sy'n disgyn ar ôl stormydd.
Dinas Masdar, Abu Dhabi	Mae Masdar yn eco-ddinas wedi ei hadeiladu'n bwrpasol sydd ag adeiladau wedi eu llunio'n ddeallus, amwynderau, systemau trafnidiaeth gyhoeddus, ffyrdd beiciau, gwasanaethau dŵr a chyfleusterau ailgylchu sy'n cyfrannu at nodau cynaliadwyedd e.e. byw'n garbon-niwtral heb unrhyw wastraff. Un enghraifft yw cael cynllun strydoedd sy'n fwriadol gul er mwyn creu amodau mwy cysgodol ac annog seiclo ar lawr gwlad.

▲ **Tabl 4.5** Mentrau 'eco-ddinas' ar hyd a lled y byd

Lleoedd carbon-niwtral

Mae nifer gynyddol o ddinasoedd wedi rhoi cynlluniau gostwng carbon ar waith ers i Gytundeb Hinsawdd Paris 2015 orchymyn bod dinasoedd yn gostwng eu hallyriadau o 20 y cant erbyn 2020 o'i gymharu â lefelau 1990. Yn y DU, cafodd targedau rhagorol eu mabwysiadu gan Fanceinion sef eu Strategaeth Newid Hinsawdd Manceinion Fwyaf, (*GMCCS: Greater Manchester Climate Change Strategy*) a hefyd Southampton (mae eu polisi yn cynnwys ymrwymiad i ostwng allyriadau carbon deuocsid o 80 y cant erbyn 2050).

Mae'n bosibl i le ostwng ei ôl troed carbon hefyd drwy gynhyrchu mwy o fwyd yn lleol, gan ostwng allyriadau sy'n gysylltiedig â chludiant dros bellteroedd maith. Fwy a mwy, mae amaethyddiaeth drefol raddfa fach yn dychwelyd i leoedd trefol yn y DU drwy gymryd safleoedd gwag mewn dinasoedd. Mae mwy o bobl yn dechrau ymddiddori mewn tyfu bwyd ar randiroedd hefyd, er bod llawer llai o bobl yn defnyddio eu gerddi i dyfu llysiau nag oedd yn y gorffennol (e.e, yn ystod y cyfnod o ddogni bwyd a ddaeth i ben yn 1954, ac yn ystod yr 1970au pan oedd chwyddiant prisiau bwyd yn uchel).

Ar raddfa fwy uchelgeisiol, mae diddordeb cynyddol mewn defnyddio technolegau newydd i wella cynhyrchiad bwyd mewn trefi a dinasoedd, gan gynnwys hydroponeg (tyfu planhigion heb bridd) ac aeroponeg (tyfu planhigion mewn amgylchedd aer neu darth). Yn y DU, gallwn ni weld y dull hwn o ail-greu lle yng nghymdogaeth Clapham Common yn Llundain, lle mae lifft tebyg i gawell yn eich cymryd 30 m islaw'r ddaear i 'Growing Underground' – sef fferm drefol mewn rhwydwaith o dwneli tywyll a llwydaidd a adeiladwyd yn wreiddiol fel llochesau cyrch awyr yn ystod yr Ail Ryfel Byd. Mae 'GrowUp Box' yn Nwyrain Llundain yn fferm acwaponeg drefol (yn magu pysgod a thyfu planhigion gyda'i gilydd mewn system gyfun) a gafodd ei hariannu i ddechrau drwy'r wefan cyllido torfol 'Kickstarter'.

▲ **Ffigur 4.21** Gall ffermio trefol helpu i (i) ostwng ôl troed carbon lle a (ii) newid delwedd rhywle drwy roi 'cymwysterau gwyrdd' iddo

ASTUDIAETH ACHOS GYFOES: RHOI DELWEDD ECO-RANBARTH I DDINAS LLUNDAIN

Mae'r 'Ddinas' neu'r 'Filltir Sgwâr (*Square Mile*)' yn rhanbarth bychan sy'n rhan o ganol Llundain. Dros amser, mae nifer y trigolion sy'n byw o fewn rhanbarth y Ddinas wedi gostwng i ddim ond 7000, ond mae tua 300,000 o bobl yn cymudo yno i weithio bob dydd. Yr ardal hon yw cartref traddodiadol y diwydiant gwasanaethau ariannol, yn cynnwys banciau, cwmnïau yswiriant ac amrywiaeth o fusnesau ariannol, cyfreithiol a chynghori. Yn draddodiadol, roedd angen i'r cwmnïau hyn gael cyfeiriad mawreddog yng nghanol Lundain oedd yn hawdd ei gyrraedd i gleientiaid cenedlaethol a rhyngwladol oedd yn teithio i Lundain. Mae lleoliad canolog hefyd yn fanteisiol i'r banciau sydd eisiau gallu dewis gweithwyr medrus iawn o blith y gweithwyr ym maestrefi cymudo Llundain i gyd a'r rhanbarth ehangach yn y de ddwyrain.

Aeth y Ddinas drwy ail ddatblygiad sylweddol yn dilyn y bomio trwm gan y Luftwaffe Almaenaidd yn ystod yr Ail Ryfel Byd. Nawr, mae'r lle yma'n newid eto: mae llu o ychwanegiadau pensaernïol newydd yn helpu i gryfhau enw da'r Filltir Sgwâr fel eco-ranbarth.

Yn ôl deunyddiau hysbysebu Bloomberg, pencadlys newydd y cwmni hwn yw'r adeilad o swyddfeydd mwyaf cynaliadwy yn y byd (gweler Ffigur 4.22).

■ Mae'r adroddiadau'n sôn am gostau o £1 biliwn i ostwng faint o ddŵr mae'n ei ddefnyddio o 75 y cant, a faint o egni mae'n ddefnyddio o 35 y cant o'i gymharu ag adeilad swyddfeydd arferol. Mae'n defnyddio system awyru naturiol – mae'r penseiri'n galw'r rhain yn 'dagellau' – i dynnu'r gwres mae pobl a chyfrifiaduron yn ei gynhyrchu yn yr haf heb fod angen system aerdymheru sy'n allyrru carbon.

■ Y bwriad gyda chynllun pencadlys Bloomberg yw ei fod yn ystyrlon ac yn ddilys hefyd. Mae'r gorchudd sydd ar y tu allan wedi ei wneud o dywodfaen ac efydd, ac mae hynny'n ei helpu i gyfateb yn dda â'r adeiladau o'i amgylch yng nghanol Llundain (lle mae tywodfaen yn ddeunydd adeiladu traddodiadol). Yn ôl y penseiri, y rheswm dros hyn oedd sicrhau na fyddai unrhyw un yn beirniadu'r adeilad am beidio edrych fel 'un o adeiladau Llundain' er ei fod yn sefyll allan yn dechnolegol. Mewn blynyddoedd diweddar, cafwyd adlach yn erbyn rhai o'r tirweddau technolegol 'bocs gwydr' sy'n gwneud dim ymdrech o gwbl i anrhydeddu treftadaeth a hanes lleol.

■ Cafodd yr adeilad ei gynllunio a'i ddylunio gan y cwmni penseiri o Lundain, Foster and Partners, a oedd yn gyfrifol hefyd am bencadlys Apple yn California a gostiodd 5 biliwn o ddoleri UDA. Mae'r cwmni hwn

wedi dod yn chwaraewr byd-eang allweddol mewn ail-greu lle.

Yn y *Filltir Sgwâr* hefyd mae'r adeilad Walkie-Talkie, fel mae pobl yn ei alw, sydd â mesurau yn ei gynllun i ostwng carbon, gan gynnwys system gell danwydd ar ei lawr isaf sy'n gweithio fel gorsaf bŵer fechan. Mae gan yr adeilad 37 llawr gynllun nodedig – sy'n lledu wrth iddo gyrraedd y top – a hyn roddodd ei lys-enw iddo. Ond, yn fuan ar ôl ei gwblhau yn 2011, roedd y siâp ceugrwm yn sianelu pelydrau'r haul fel un pelydryn cryf i'r stryd isod ac yn toddi drychau ceir. Enw'r papurau newydd ar hwn oedd 'death ray'. I'r perchnogion a'r pensaer, roedd hyn yn gynrychioliad annerbyniol iawn o'r adeilad yn y cyfryngau (cafodd yr adeilad ei lunio gan bensaer byd-eang pwysig arall, Rafael Viñoly).

▲ **Ffigur 4.22** Mae'r adeiladau Bloomberg a Walkie-Talkie yn un o'r enghreifftiau mwyaf blaenllaw o bensaernïaeth sydd wedi gwella enw da Milltir Sgwâr Llundain fel eco-ranbarth yn ogystal â bod yn ganolfan ariannol o'r radd flaenaf yn y byd

Lleoedd yn y cyfryngau

Ystyr lle sydd yn y cyfryngau yw rhywle rydyn ni wedi cael profiad ohono'n barod drwy lenyddiaeth, ar y sgrin neu drwy gelfyddyd, cyn mynd yno mewn bywyd go iawn. Gallwn ni ddrysu ein gwybodaeth am dirwedd mewn ffuglen gyda'r pethau rydyn ni'n ei ddeall am ddaearyddiaeth go iawn y lleoedd sy'n cael eu defnyddio mewn sioe deledu neu ffilm.

- Yn aml iawn, mae lleoliadau ffilmiau'n gallu denu llu o dwristiaid chwilfrydig ('lle gafodd hon ei ffilmio?') (gweler Tabl 4.6). Diolch i'r sylw a gawson nhw yn y cyfryngau gan fasnachfraint deledu HBO *Game of Thrones*, mae llawer o leoedd yng ngogledd a de Belfast yn Swydd Antrim wedi gweld niferoedd mawr o gefnogwyr y sioe yn ymweld ers i'r ffilmio ddechrau yn gyntaf yn 2010–11 (gweler Ffigur 4.23).
- Mewn rhai lleoedd, cafwyd gwaith adeiladu go iawn i ail greu'r setiau ffilm y mae ymwelwyr yn gobeithio eu gweld. Agorodd Set Ffilmiau Hobbiton (o *The Lord of the Rings*) yn Matamata, Seland Newydd yn gyntaf yn 2002 ac, ar un adeg, roedd yn cael 350,000 o ymwelwyr y flwyddyn.
- Ond, dydy hyn ddim bob amser yn ffordd gadarn iawn o ail-greu lle: mae poblogrwydd rhai sioeau a ffilmiau'n tyfu ond wedyn yn diflannu; gallai nifer yr ymwelwyr wneud yr un peth.

Ffilm/sioe deledu	
	Y DU
Cyfres ffilmiau Harry Potter (2001–11)	Alnwick, Northumberland
Cyfres deledu Peaky Blinders (2013–18)	Small Heath a Deritend, Birmingham
Ffilm The Wicker Man (1973)	Creetown, Dumfries a Galloway
	Rhyngwladol
Cyfres ffilmiau The Lord of the Rings a The Hobbit (2001–14)	Parc Rhanbarth Kaitoke, Seland Newydd
Ffilm The Beach (2000)	Ynysoedd Phi Phi, Gwlad Thai
Ffilm Star Wars (1977)	Chott el Djerid, Tunisia

▲ **Tabl 4.6** Cymylu'r ffin: masnachfreintiau enwog a'r lleoedd go iawn le cawson nhw eu ffilmio

▲ **Ffigur 4.23** Mae'r gyfres deledu *Game of Thrones* wedi arwain at ail-greu rhannau o Ogledd Iwerddon fel 'lleoedd yn y cyfryngau'. Ffynhonnell: www.fangirlquest.com.

Gwerthuso'r mater

Nodi'r cyd-destunau posibl, y ffynonellau data, a'r meini prawf ar gyfer yr asesiad

Ffocws y ddadl yn y bennod hon yw rôl y gwahanol bobl – sydd hefyd yn cael eu galw'n rhanddeiliaid neu'n actorion – yn y broses o ail-greu lle. Pwy sy'n cael y dylanwad mwyaf? Sut allwn ni fesur eu pwysigrwydd?

Cyn dechrau gwneud asesiad, mae'n bwysig nodi bod projectau ail-greu lle yn cael eu gweithredu *ar amrywiaeth o wahanol raddfeydd* – o lefel y stryd i'r ddinas, neu hyd yn oed ar lefel ranbarthol.

- Roedd Ffigur 4.6 ar dudalen 124 yn dangos bod gan ddinasoedd a rhanbarthau cyfan yn y DU eu sloganau brandio eu hunain; pwy fyddai wedi bod yn gyfrifol am greu'r negeseuon rhanbarthol pwysig hyn?
- Cafodd cynlluniau ar gyfer creu **Pwerdy Gogledd Lloegr** eu cychwyn gan Lywodraeth y DU yn 2012; mae hon yn weledigaeth uchelgeisiol, dan arweiniad y wlad, i ail-greu lle sy'n cynnwys nifer o ddinasoedd.
- Ar y llaw arall, gall cymdogaethau lleol neu adeiladau unigol gael eu hadnewyddu neu eu hailfrandio gan gymunedau lleol sy'n gweithredu'n annibynnol i'r llywodraeth neu fusnes mawr.

Mae'r asesiad hefyd yn gofyn ein bod ni'n ystyried yr hyn a olygwn â'r gair 'pwysigrwydd'.

- Mae'r broses o ail-greu lle, fel rydyn ni wedi'i weld, yn gymhleth ac yn cynnwys adfywio, ailddatblygu, newid delwedd ac ailfrandio. Yn ogystal, mae gan bob un o'r camau gweithredu hyn gam cynllunio cyn i unrhyw waith gael ei wneud go iawn. *Gallai gwahanol chwaraewyr wneud rolau pwysig ar wahanol adegau.* Efallai fod gan un rhanddeiliad – fel cynlluniwr neu bensaer – y sgiliau technegol a'r weledigaeth sy'n angenrheidiol i ddatblygu cynllun gweithredu, ond efallai fod rhanddeiliad arall yn gyfrifol am dalu'r bil.
- Mae'r enghreifftiau a welwch chi isod yn dangos pwysigrwydd *cydweithredu* rhwng gwahanol chwaraewyr drwy gydol y broses o ail-greu lle. Mae pob trawsffurfiad uchelgeisiol iawn – fel ail-greu ardaloedd mawr o ganol Manceinion a Lerpwl – yn cynrychioli tua 30 mlynedd o waith caled gan gasgliad o randdeiliad mawr.

Asesu pwysigrwydd llywodraethau a sefydliadau

Ni fyddai llawer o'r ailddatblygiadau canol dinas mwy sydd i'w gweld yn y llyfr hwn wedi digwydd heb i lywodraeth ganolog dywys y broses. Esboniodd Pennod 3 bod dad-ddiwydianeiddio'n creu heriau enfawr i economi a chymdeithas Prydain. Dros gyfnod o ddegawdau, mae mentrau olynol gan Lywodraeth San Steffan wedi ceisio meithrin twf yr economïau ôl-ddiwydiannol yn ninasoedd a threfi'r DU, yn cynnwys Lerpwl (gweler tudalennau 124 a 145), Manceinion (gweler tudalennau 121 a 125), Birmingham (gweler tudalen 162) ac, wrth gwrs, Llundain (gweler tudalennau 142 a 160). Mae rhai o'r gweithiau ailddatblygu mwyaf uchelgeisiol – fel Canary Wharf yn Llundain, ac ail-greu canol Birmingham – wedi costio cannoedd o filiynau o bunnoedd.

Mae'n bwysig peidio anwybyddu rôl yr Undeb Ewropeaidd yn y gorffennol o ran darparu cyfalaf angenrheidiol iawn i ail-greu lle. Er enghraifft, yn ystod rhaglen y Cronfeydd Strwythurol Ewropeaidd, derbyniodd Manceinion £136 miliwn i gefnogi busnesau newydd a chyfredol ynghyd â sgiliau a hyfforddiant: ymysg y cynlluniau hynny a gafodd arian gan yr Undeb Ewropeaidd roedd y National Graphene Institute ym Mhrifysgol Manceinion (oedd o gymorth i wneud y rhan honno o'r ddinas yn 'lle clyfar' o'r radd flaenaf) a'r National Football Museum (a dderbyniodd £3.7m).

Mae llywodraethau lleol a chynghorau dinas yn chwarae rôl strategol bwysig o ran penderfynu beth yw'r ffordd orau o ddefnyddio'r arian sydd ar gael iddyn nhw. Er enghraifft, mae Cyngor Dinas Lerpwl yn dal i ddylanwadu'n gryf ar esblygiad ac economi'r ddinas.

- Roedd tudalen 124 yn edrych ar y ffordd yr aeth Cyngor Dinas Lerpwl ati i enwebu Lerpwl am ddau ddyfarniad byd-eang, sef Safle Treftadaeth y Byd (STB) a Phrifddinas Diwylliant Ewrop.
- Yn fwyaf diweddar, mae Cyngor Dinas Lerpwl, dan arweiniad y Maer Joe Anderson, wedi dechrau llywio'r ddinas i gyfeiriad arall eto. Yn 2011, rhoddwyd caniatâd i ddatblygu tirwedd dechnoleg ddyfodolaidd gwerth £5.5 biliwn ar hyd arfordir y ddinas. Canolbwynt y weledigaeth hon o ddatblygiad 'Liverpool Waters' newydd fydd Tŵr Shanghai 55 llawr. Y nod yw cynyddu'r buddsoddiad gan fusnesau Asiaidd a fydd, yn ôl y gobaith, yn dechrau ystyried Lerpwl yn lle dymunol i'w swyddfeydd Ewropeaidd (er y gallai ymadawiad y DU â'r Undeb Ewropeaidd effeithio ar y graddau y bydd y gwledydd allanol mawr hyn yn parhau i feddwl am Lerpwl fel 'dinas byd' go iawn).
- Mae cyngor y ddinas wedi chwarae rôl flaenllaw ers 2010 hefyd wrth farchnata Lerpwl i fusnesau o China yn ffair fasnach flynyddol Shanghai Expo yn China.

Ond, mae'n bwysig nodi nad yw cyngor y ddinas yn gallu gweithredu ei weledigaeth ddiweddaraf i Lerpwl heb gydweithrediad chwaraewyr eraill. Bydd cwmnïau sector preifat fel Peel Holdings yn talu costau enfawr y gwaith ailddatblygu. Mae gan y sefydliad byd-eang UNESCO ran i'w chwarae hefyd yn y ddrama hon: mae wedi bygwth tynnu'r statws Safle Treftadaeth y Byd oddi ar Lerpwl os bydd y datblygiadau glannau newydd sydd wedi eu cynnig yn andwyo gorwel hanesyddol y ddinas. Mae'n rhaid i Gyngor Dinas Lerpwl fod yn ofalus iawn os nad yw eisiau i'r ddinas gael ei thynnu oddi ar y rhestr o Safleoedd Treftadaeth y Byd.

Ffordd arall y gall cynghorau dinas a sir ddylanwadu ar ail-greu lle yw drwy ymgyrchu am wobrau clodfawr. Enillodd Hull deitl Dinas Diwylliant y DU

(*UK City of Culture*) yn 2017 yn dilyn ymgyrch lwyddiannus gan Gyngor Dinas Hull (gweler tudalen 126). Ond, wrth i Gyngor Dinas Hull gynllunio rhaglen o ddigwyddiadau ar gyfer 2017, sefydlodd gwmni annibynnol ac ymddiriedolaeth elusennol o'r enw Hull UK City of Culture 2017. I staffio'r sefydliad annibynnol hwn defnyddiodd bobl oedd ag arbenigedd yn y sector diwylliannol: roedd y swyddogion sector cyhoeddus oedd wedi arwain yr ymgyrch i ennill teitl Dinas Diwylliant y DU yn fodlon trosglwyddo'r awennau unwaith y cafodd ei ennill. Aethant ati i drefnu bod pobl eraill, oedd â mwy o arbenigedd artistig ac arbenigedd mewn rheoli'r celfyddydau, yn darparu'r digwyddiadau eu hunain. Felly, gallwn ni gynnig yr asesiad hwn: er mai rôl y llywodraeth yw'r rôl *bwysicaf efallai yn y camau cynllunio cynnar* wrth ail-greu lle, y sector preifat sydd fwyaf pwysig yn ystod y camau darparu hwyrach.

Asesu pwysigrwydd y chwaraewyr sector preifat

Fel y mae'r bennod hon wedi'i ddangos, mae arian y sector preifat yn hanfodol i ddarparu'r gwaith o ail-greu lle graddfa fawr. Yn yr enghraifft o ganol dinas Birmingham, chwaraeodd John Lewis ran hanfodol yn y broses o wireddu'r weledigaeth o agor canolfan siopa newydd uchelgeisiol.

Mae'r sector preifat cyfan yn amrywiol ac mae ganddo lawer o rolau i'w chwarae mewn ail-greu lle. Dyma rai o'r chwaraewyr sector preifat (o amrywiol feintiau):

- Busnesau Prydeinig fel Marks and Spencer, Tesco a Sainsbury's (yn gweithredu'n aml fel siopau angor)
- corfforaethau trawswladol (mae presenoldeb y rhain yn rhan bwysig o lwyddiant 'tirweddau adwerthu' newydd)
- buddsoddwyr cenedlaethol a byd-eang mewn eiddo ac isadeiledd (yn cynnwys cronfeydd buddsoddi'r wlad y soniwyd amdanyn nhw ar dudalen 128 a pherchnogion Canolfannau Westfield amrywiol y DU, yn cynnwys Stratford, Llundain, lle mae tua 10,000 o bobl wedi eu cyflogi yn ôl yr amcangyfrifon).

Mae cwmnïau gwasanaethau'r DU yn chwarae rôl bwysig hefyd. Yn y gorffennol, byddai'r gwasanaethau trydan, nwy, dŵr a ffôn yn cael eu darparu i'r cyhoedd gan lywodraeth y wlad a'r llywodraethau lleol. Yna daeth cwmnïau sector preifat yn berchen arnyn nhw yn ystod yr 1980au a'r 1990au (heddiw, mae rhai cwmnïau gwasanaethau'r DU yn gwmnïau tramor, yn cynnwys EDF Energy, sy'n is-gwmni i Électricité de France). Mae gan y busnesau hyn rôl hanfodol i'w chwarae mewn gwaith ailddatblygu ac adfywio graddfa fawr. Er enghraifft, yn ôl yr amcangyfrifon, buddsoddodd y cwmni dŵr United Utilities tua £8 biliwn yn y gwaith o wella safon y dŵr yn Afon Mersi a Chamlas Llongau Manceinion yn ystod yr 1990au a blynyddoedd cynnar y 2000au. Yn yr 1980au, roedd y dyfrffyrdd hyn mewn cyflwr brwnt ofnadwy ac yn un o'r prif resymau pam nad oedd buddsoddwyr eisiau buddsoddi mewn gwaith i ailddatblygu'r glannau yng nghanol Lerpwl a Manceinion: roedd buddsoddiad United Utilities yn hanfodol er mwyn dechrau'r adfywio (gweler hefyd tudalen 146).

Asesu pwysigrwydd cymunedau lleol

Heb gyfranogaeth y cymunedau lleol, byddai rhai ceisiadau i ail-greu lleoedd yn siŵr o fethu. Roedd strategaethau oedd â'u gwreiddiau mewn treftadaeth, celf a diwylliant yn dibynnu ar gyfranogaeth artistiaid lleol. Roedd y flwyddyn o ddigwyddiadau yn Hull pan oedd Hull yn Ddinas Diwylliant y DU yn dibynnu ar gyfranogaeth gan lawer iawn o gerddorion, awduron ac artistiaid lleol, yn cynnwys y bandiau The Housemartins ac Everything But The Girl a'r actores Maureen Lipman. Gallwn ni weld stori debyg yn Lerpwl yn 2008: perfformiodd Ringo Starr o'r Beatles yn y seremoni agoriadol a rhoddodd Paul McCartney, a aned yn Lerpwl, gyngerdd yn y ddinas yn ddiweddarach y flwyddyn honno, a daeth llawer o sêr lleol i wylio, gan gynnwys y pêl-droediwr Wayne Rooney.

Pan fydd gwaith yn digwydd i ail-greu lle ar raddfa lai, gall hyn gael ei yrru'n gyfan gwbl gan gymunedau lleol. Yr hyn a welwn yn amlach o hyd yw grwpiau o drigolion lleol yn cydweithio ar y cyfryngau cymdeithasol i drefnu gweithredoedd yn y byd go iawn.

- Mae rhwydweithiau cymdeithasol yn dechrau chwarae rôl fwy mewn adeiladu cymunedau, gan helpu i gyflymu cydweithredu a gweithredu cymdeithasol yn y gymdogaeth.
- Yn 2011, yn dilyn terfysgoedd mewn rhannau o Lundain, cafwyd ymgyrch ar Twitter yn gofyn i bobl dacluso. Roedd hyn yn enghraifft o'r ffordd y mae modd defnyddio'r cyfryngau cymdeithasol i ysbrydoli pobl i helpu i wella delwedd eu lle cartref. Yn Clapham a Hackney, daeth cannoedd o bobl gyda brwshys i sgubo'r strydoedd.

Ar y llaw arall, fodd bynnag, mae rhai projectau ailddatblygu mawr yn digwydd *er gwaethaf* gwrthwynebiad gan grwpiau cymuned lleol. Gallwch chi weld enghreifftiau o bobl yn gwrthwynebu boneddigeiddio mewn penodau cynharach, ac yn hwyrach ymlaen ym Mhennod 5 (gweler tudalennau 170-171). Fel arfer mae cynlluniau ailddatblygu graddfa fawr – fel Canary Wharf yn Llundain yn yr 1980au – yn gofyn gwneud pryniannau gorfodol a chwalu cartrefi sydd yn y ffordd. Mae achosion fel hyn yn gallu hollti cymunedau lleol. Er bod rhai unigolion neu grwpiau'n cefnogi newid, mae eraill yn gwrthwynebu ac yn ceisio gohirio'r gwaith. Gorymdeithiodd dwsinau o brotestwyr yn erbyn cynlluniau i adeiladu McDonald's yn Nwyrain Didsbury yn 2017. Soniodd aelodau o'r grŵp Facebook 'East Didsury Not Lovin' It' am ordewdra ymysg plant, sbwriel, ymddygiad gwrthgymdeithasol a thagfeydd traffig fel rhai o'r prif resymau dros wrthwynebu'r cais (gweler Ffigur 4.24).

▲ **Ffigur 4.24** Mae gan gymunedau lleol rôl bwysig i'w chwarae o ran cefnogi'r gwaith o ail-greu lle, ond gallan nhw ei wrthwynebu hefyd

Asesu pwysigrwydd chwaraewyr sy'n gweithio mewn partneriaeth

Mae'r enghreifftiau a ddefnyddiwyd hyd yn hyn yn helpu i ddangos y pwynt pwysig iawn nad yw unrhyw chwaraewr unigol yn gallu adfywio neu newid delwedd lle drwy weithio ar ei ben ei hun. Mae angen amrywiaeth eang o arbenigedd, yn amrywio o sgiliau technegol i ddealltwriaeth am farchnata. O ran y cynlluniau adfywio mawr, gall y costau fod mor uchel nes ei bod yn amhosibl i un rhanddeiliad sengl gymryd y pwysau ariannol i gyd. Ond, unwaith mae amrywiaeth eang o chwaraewyr yn cymryd rhan strategol yn y cynllun i ail-greu lle, mae'n bosibl y bydd anghytuno ac oedi'n digwydd am nad ydyn nhw'n gallu cytuno beth i'w wneud a beth yw'r ffordd orau o wneud rhywbeth. Efallai eich bod chi'n gyfarwydd â'r hen ddywediad: 'Gwell un a ofala na deg a ddyfala'.

Felly mae'n gwneud synnwyr bod unrhyw asesiad o bwysigrwydd gwahanol chwaraewyr yn edrych hefyd ar y ffordd mae rhanddeiliaid yn *rhyngweithio â'i gilydd*. Mae corff mawr o waith academaidd (yn cynnwys gwaith ysgrifenedig gan Michel Callon a Bruno Latour) wedi archwilio'r ffordd y mae gwahanol chwaraewyr yn dod yn rhan o 'rwydweithiau actorion' lleol dros amser. Mae gwaith damcaniaethol Callon a Latour yn cynnig fframwaith i'n helpu ni i ddeall sut mae'r rhyngweithio rhwng gwahanol chwaraewyr yn gallu (neu'n methu) achosi i un weledigaeth gyffredin dyfu am ail-greu lle. Er mwyn i unrhyw gynllun lwyddo, mae angen i bobl sydd â barn wahanol i'w gilydd fod yn barod i gyfaddawdu a chanfod achos sy'n gyffredin i'r ddwy ochr. Efallai y bydd rhaid i un chwaraewr gymryd y rôl arweiniol – yn debyg i rôl capten tîm neu gadeirydd – i ddod â'r chwaraewyr eraill at ei gilydd ac i'w helpu i weld un nod cyffredin a chyflawni'r nod yn y pen draw.

Un enghraifft berffaith o'r dull hwn o adeiladu tîm yw'r ymgyrch i lanhau Afon Mersi y soniwyd amdano ar dudalen 145. Mae'r Mersi a Chamlas Llongau Manceinion (sef darn o'r Mersi lle mae camlesi) yn llifo drwy ganol Lerpwl a Manceinion, yn y drefn honno. Heb y rhain, ni fyddai yr un o'r ddwy ddinas wedi datblygu'n wreiddiol. Ond, yn ddiweddarach, y dŵr oedd yr un rhwystr sengl mwyaf i unrhyw obaith o adfywio a newid delwedd y ddau ganol dinas. Roedd y diwydiannau gweithgynhyrchu, cemegol a pheirianneg oedd yn ffynnu ar un cyfnod yn Lerpwl a Manceinion wedi gadael hanes gwenwynig o ddŵr oedd wedi'i lygru'n ddrwg. Roedd potensial i adfywio ochrau'r dociau yn y ddwy ddinas oedd werth biliwn o bunnoedd, yn ôl yr amcangyfrifon, ac oedd heb gael ei weithredu am flynyddoedd lawer am fod ansawdd y dŵr wedi parhau'n ddrwg cyhyd.

- Un o'r ardaloedd a effeithiwyd waethaf oedd y Basn Troi oedd yn arogleuo'n ofnadwy yn Salford Quays ym Manceinion Fwyaf (gweler hefyd dudalen 177). O dan y dŵr roedd gwaddodion oedd yn drwchus â hen fraster o'r gwaith gweithgynhyrchu olew ac roedd carthion yn gollwng o hen isadeiledd gwael oes Fictoria ym Manceinion. Roedd tomennydd o waddodion oedd yn deillio o'r carthion pydredig wedi darwagio'r lefelau ocsigen yn y dŵr ac weithiau byddai swigod i'w gweld yn y dŵr oherwydd y methan oedd yn dianc.

- Roedd yr her yn amlwg iawn i'w weld (a'i arogli) i bawb. Ond, roedd yn llai amlwg o le y byddai'r cymorth ariannol a thechnegol yn dod i ymdrin â hi: roedd y dasg mor fawr nes ei bod hi'n anodd gwybod ymhle i ddechrau.

Doedd gan yr un sefydliad unigol yr arian na'r arbenigedd oedd eu hangen i wneud y gwaith ar eu pennau eu hunain er mwyn adfer holl afonydd a chamlesi Glannau Mersi i'w cyflwr blaenorol. Yn y pendraw, rhannwyd yr ymdrech rhwng nifer mawr o sefydliadau preifat a chyhoeddus (gweler Ffigur 4.25). Roedd y gronfa hon o arbenigedd yn gwneud y broblem yn haws i'w datrys a'r broses o wneud penderfyniadau'n haws. Roedd y rôl arbennig a chwaraewyd gan y staff mewn sefydliad bach oedd wedi'i ariannu gan y llywodraeth – Ymgyrch Basn Mersi

(*MBC: the Mersey Basin Campaign*) – yn arbennig o bwysig. Rôl MBC oedd gweithredu fel hyfforddwr sy'n dod â thîm o chwaraewyr at ei gilydd. Roedd ei gynllun gweithredu'n rhoi ansawdd dŵr wrth wraidd y broses o ail-greu lle. Dyma oedd y ddau brif nod:

1 gwella ansawdd y dŵr ar draws afonydd a chamlesi Basn Afon Mersi
2 annog ac ysgogi adfywiad trefol cynaliadwy drwy dynnu'r adfeilion ar hyd y glannau ac annog datblygiadau atyniadol newydd ger y dŵr i gyflymu adfywiad economaidd ehangach y ddwy ddinas.

Yn y pendraw, cyflawnwyd y nodau hyn dros gyfnod o 25 mlynedd; mae'r Afon Mersi'n lanach heddiw nag y bu ar unrhyw adeg ers dechrau'r Chwyldro Diwydiannol ac mae llawer o'i physgod brodorol wedi dychwelyd. Dyma rai o'r cynlluniau ailddatblygu mawr a nodedig a fyddai wedi methu heb y gwaith glanhau hwn: Castlefield (gweler Ffigur 4.26) a Salford Quays ym Manceinion, Albert Docks yn Lerpwl a'r Mersey Waterfront Regional Park.

- Roedd gan MBC rôl hanfodol i'w chwarae ymhob un o'r llwyddiannau hyn, oedd yn dibynnu yn y pendraw ar gael yr afon yn lanach.
- Am chwarter canrif, dylanwadodd MBC ar farn y chwaraewyr eraill, gan wneud yn siŵr bod projectau'n cael eu gweithredu gan grwpiau o randdeiliaid. Roedd MBC hefyd yn cyfryngu rhwng anghenion a diddordebau chwaraewyr eraill, oedd weithiau'n gwrthdaro â'i gilydd, er mwyn dod i gonsensws.

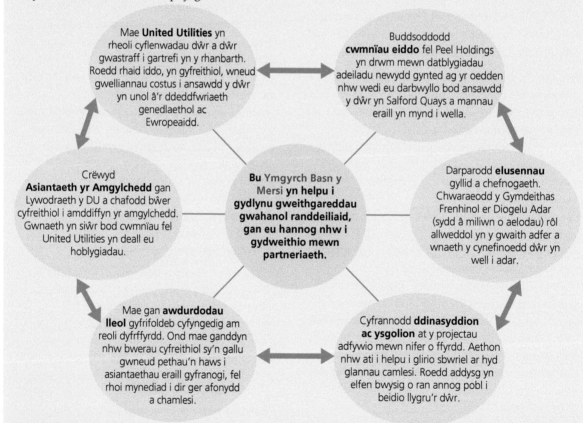

▲ **Ffigur 4.25** Roedd nifer o chwaraewyr pwysig yn gweithio mewn partneriaeth dros 25 mlynedd i helpu i wella ansawdd dŵr yr Afon Mersi ac i newid delwedd mannau ar lannau'r dŵr yn Lerpwl a Manceinion. Gweithredodd Ymgyrch Basn y Mersi fel 'capten tîm' y rhwydwaith hwn o weithredwyr

▲ **Ffigur 4.26** Byddai'r gwaith adfywio ar y glannau yn Castlefield, Manceinion, wedi bod yn amhosibl heb lanhau'r gamlas yn gyntaf, a llwyddwyd i wneud hynny am fod nifer o chwaraewyr wedi cydweithio mewn partneriaeth

Dod i gasgliad sy'n seiliedig ar dystiolaeth

Am ein bod ni wedi archwilio'r broses o ail-greu lle o safbwynt llywodraeth, busnesau a chymunedau, mae'n amlwg bod eu pwysigrwydd cymharol nhw'n amrywio yn ôl (i) y cyd-destun lleol, (ii) maint yr ail-greu neu'r newid delwedd sy'n cael ei wneud a (iii) pha gam o'r broses ail-greu sy'n digwydd (yn amrywio o gynllunio ac ariannu i weithrediad a marchnata). O ran ail-greu lle yn Lerpwl a Manceinion, mae achos cryf gennym ni dros ddadlau na fyddai llawer wedi cael ei gyflawni heb y cymorth ariannol enfawr a roddwyd gan United Utilities, y chwaraewr sector preifat. I'r un graddau, roedd yr arweiniad gan y llywodraeth leol, oedd wedi gwthio Lerpwl a Hull i ddod yn ddinasoedd diwylliant, o'r pwysigrwydd mwyaf yn yr achosion hynny.

Unwaith mae pobl wedi cytuno bod angen gwneud gwaith ail-greu lle, gall y cynghorwyr proffesiynol, yr arbenigwyr a'r ymgynghorwyr gael rôl arweiniol dros dro yn y broses o wneud

penderfyniadau a dadansoddi cost-budd sy'n angenrheidiol i benderfynu ar y ffordd orau o symud ymlaen. Os edrychwn ni ar y digwyddiadau diwylliannol a gafwyd yn Lerpwl a Hull, mae'n bendant bod sgiliau proffesiynol y cynllunwyr sain, gweithwyr goleuadau a dylunwyr llwyfan yn hanfodol ar gyfer darparu'r cynnyrch terfynol.

Mae'r broses o ail-greu lle yn cynnwys nifer o gamau lle bydd gan chwaraewyr gwahanol y rôl arweiniol ar wahanol adegau (gweler Ffigur 4.27). Ond, yn y pen draw, gallem ni feddwl am y chwaraewr sy'n cyfrannu fwyaf at adeiladu'r tîm fel yr un pwysicaf yn y broses gyfan o ail-greu lle. Dydy hi ddim yn dasg hawdd i ddarbwyllo nifer o leisiau i ddechrau siarad yr un iaith. Fel rydyn ni wedi'i weld, roedd Ymgyrch Basn Mersi (*MBC: The Mersey Basin Campaign*) yn arbennig o effeithiol am wneud hyn, a bu'n helpu i adeiladu consensws ymysg y rhanddeiliaid i gyd oedd yn golygu bod y gwaith o lanhau'r afon – ac yna'r gwaith o newid delwedd ac adfywio dwy ddinas fawr yng ngogledd Lloegr – yn hynod o lwyddiannus.

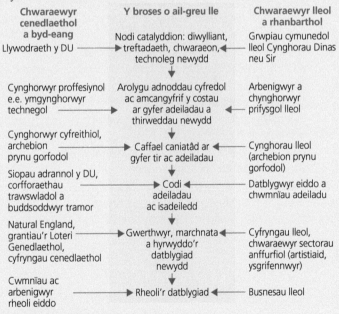

▲ **Ffigur 4.27** Mae gan wahanol chwaraewyr rôl arweiniol ar wahanol adegau yn ystod y broses o ail-greu lle

 **TERM ALLWEDDOL**

Northern Powerhouse Cynllun i gynyddu'r cysylltiadau ariannol a ffisegol (trafnidiaeth) rhwng dinasoedd gogleddol Manceinion, Lerpwl, Leeds, Sheffield, Hull a Newcastle.

Crynodeb o'r bennod

- Mae dad-ddiwydianeiddio a'r cylch amddifadedd wedi creu angen yn aml iawn am ail-greu ac adfywio lle, yn enwedig yn ninasoedd mewnol ardaloedd trefol mwyaf y DU, gan gynnwys Llundain, Birmingham, Manceinion a Lerpwl.

- Mae llawer o linynau yn y broses ail-greu lle, gan gynnwys ailgynhyrchu ac ailddatblygu sy'n drwm ar gyfalaf, ynghyd â'r ailfrandio lle, y newid delwedd a'r gwaith marchnata sydd fel arfer yn fwy cysylltiedig â byrddau twristiaeth ond hefyd â gweithgareddau sector anffurfiol (gwneuthurwyr ffilmiau, artistiaid ac awduron).

- Mae ail-greu lle yn gofyn bod amrywiaeth mawr o chwaraewyr a rhanddeiliaid o wahanol faint yn cydweithio â'i gilydd, yn amrywio o grwpiau cymuned lleol i gronfa fuddsoddiad ryngwladol a chorfforaethau trawswladol. Mae'r cyd-chwarae rhwng llywodraeth leol, llywodraeth genedlaethol a'r Undeb Ewropeaidd wedi bod yn agwedd bwysig arall o ail-greu lle.

- Fwy a mwy y dyddiau hyn, mae pobl yn ystyried ailfrandio a newid delwedd yn gyfryngau hanfodol ar gyfer rheolaeth drefol lwyddiannus am fod twristiaeth, hamdden a diwydiannau'r defnyddiwr mor bwysig yn economi ôl-ddiwydiannol y DU: mae ardaloedd canol dinas sydd â delwedd wael yn llai tebygol o gael eu hystyried yn lleoedd atyniadol i lifoedd newidiol o bobl a buddsoddiad.

- Mae diwydiannau treftadaeth a hanes yn chwarae rhan gynyddol bwysig yn yr economi Brydeinig ac maen nhw wedi bod yn hanfodol i achub nifer o leoedd oedd wedi'u dad-ddiwydianeiddio. Mae treftadaeth yn bwysig i dwristiaeth a hamdden ond mae'n allweddol hefyd yn aml iawn er mwyn i weithgynhyrchu lwyddo a goroesi: mae rhai diwydiannau ôl-Fordaidd wedi adnewyddu technegau cynhyrchu traddodiadol a chynhyrchion treftadaeth.

- Yn lle hynny, efallai fod y broses o ail-greu ac adfywio lle'n canolbwyntio ar gynllun a thechnoleg gyfoes yn hytrach nag edrych yn ôl i'r gorffennol. Cafodd rhai lleoedd trefol a gwledig eu datblygu fel hybiau technoleg (lleoedd clyfar) ac mae eraill wedi dod yn eco-ranbarthau.

- Mae lleoedd yn y cyfryngau'n cymylu'r llinell rhwng bywyd go iawn a bywyd ffuglen: pan fydd lleoliadau'n cael eu defnyddio ar gyfer sioeau teledu a ffilmiau poblogaidd, mae'n gyfle iddyn nhw eu hailfrandio eu hunain yn benodol i'r diwydiant twristiaeth a hamdden i ddenu pobl sy'n mwynhau ffuglen.

- Mae'r broses o ail-greu lle yn gymhleth ac mae gofyn i bobl wneud dewisiadau anodd wrth benderfynu beth yw'r ffordd orau o symud ymlaen i'r lle ac i'w pobl. Y rhyngweithio rhwng y gwahanol chwaraewyr a rhanddeiliaid sy'n bwysig er mwyn cael y canlyniadau gorau; mae gan rai chwaraewyr rôl arbennig o bwysig i'w chwarae o ran annog pobl i gydweithredu a siapio gweledigaeth am ail-greu'r lle sy'n gyffredin i bawb.

Cwestiynau adolygu

1 Beth yw ystyr y termau daearyddol hyn? Ail-greu lle; adfywio; newid delwedd; ailfrandio; ailddatblygiad tirnod.

2 Amlinellwch enghreifftiau o brojectau datblygu tirnod yn y DU yn ddiweddar.

3 Gan ddefnyddio enghreifftiau, esboniwch pam mae newid delwedd ac ailfrandio'n bwysig er mwyn ail-greu lle yn llwyddiannus.

4 Awgrymwch pam mae cystadleuaeth ffyrnig rhwng aneddiadau sy'n cystadlu am ddyfarniad Dinas Diwylliant y DU.

5 Gan ddefnyddio enghreifftiau, amlinellwch ffyrdd y mae pobl wedi defnyddio treftadaeth ddiwylliannol i gefnogi gweithgareddau economaidd newydd mewn gwahanol leoedd rydych chi wedi eu hastudio.

6 Gan ddefnyddio enghreifftiau, cymharwch nodweddion gweithgynhyrchu Fordaidd ac ôl-Fordaidd.

7 Gan ddefnyddio enghreifftiau, amlinellwch nodweddion: lleoedd clyfar trefol a gwledig; eco-ddinasoedd ac eco-ranbarthau.

8 Esboniwch pam mae rhai chwaraewyr wedi chwarae rhan arbennig o bwysig mewn un neu fwy o enghreifftiau o ail-greu lle rydych wedi eu hastudio.

Gweithgareddau trafod

1 Mewn parau, trafodwch eich profiadau wrth ymweld â lleoedd lle cafwyd gwaith ail-greu ac adfywio lle ar raddfa fawr. Pa fath o ddelwedd mae'r lleoedd hyn yn ei chyfleu a pha mor llwyddiannus fu unrhyw ailddatblygu dilynol yn eich barn chi?

2 Defnyddiwch Ffigur 4.3 i wahanu gwahanol elfennau o strategaeth ail-greu lle rydych wedi ei hastudio. Pa chwaraewyr ffurfiol ac anffurfiol oedd yn gyfrifol am adfywio, ailddelweddu ac ailfrandio?

3 Mewn parau, ewch ati i greu map meddwl i ddangos sut roedd chwaraewyr lleol, cenedlaethol a byd-eang yn cymryd rhan mewn un neu fwy o'r enghreifftiau o ail-greu lle rydych wedi eu hastudio.

4 Mewn grwpiau bach, trafodwch eich profiadau personol o dwristiaeth treftadaeth mewn gwahanol rannau o'r DU neu mewn gwledydd eraill rydych wedi ymweld â nhw. A oes unrhyw amgueddfeydd neu brofiadau ymwelwyr wedi ymddangos yn arbennig o lwyddiannus a beth fyddai'n esbonio hyn?

5 Mewn parau, gwnewch ymchwil ar-lein am le sydd yn y cyfryngau y mae gan y ddau/ddwy ohonoch chi ddiddordeb ynddo. Gallech ddewis rhywle lle mae ffilm neu gyfres deledu y mae'r ddau/ddwy ohonoch yn ei mwynhau yn cael ei ffilmio. Chwiliwch am dystiolaeth o deithiau o amgylch y lle ac atyniadau i ymwelwyr. Hefyd, gallwch ddarllen y sylwadau mae pobl leol wedi eu postio ar flogiau neu wefannau am y costau a'r manteision o ddod yn rhywle sydd yn y cyfryngau (efallai y gallech chi hyd yn oed roi eich cwestiynau eich hun i weld a fydd unrhyw un yn eu hateb nhw). Unwaith y bydd pob pâr o fyfyrwyr wedi cwblhau eu hymchwil, gallan nhw drafod y canfyddiadau gyda gweddill y dosbarth.

6 Trafodwch bwysigrwydd y gwahanol chwaraewyr sy'n helpu i reoli eich ysgol chi; bydd hyn yn eich helpu i ganolbwyntio ar y ffordd y mae gwahanol bobl – gan gynnwys yr uwch reolwyr, llywodraethwyr, athrawon a myfyrwyr – oll yn gallu gwneud cyfraniad i'r cynlluniau ar gyfer newid lleoedd. Dychmygwch fod angen gwneud penderfyniad mawr am rywbeth, er enghraifft: newidiadau ym maint y dosbarthiadau mewn ysgol neu yn yr oedran ymadael; diddymu neu newid y wisg ysgol; newid oriau'r diwrnod ysgol. Pwy fyddech chi angen ymgynghori â nhw? Gan bwy fyddai'r arbenigedd i roi cyngor ynglŷn â beth fyddai canlyniadau posibl y penderfyniad hwnnw? Gan bwy mae'r grym mwyaf a'r gair olaf am yr hyn ddylai ddigwydd?

FFOCWS Y GWAITH MAES

Mae strategaethau adfywio, ailddatblygu ac ailfrandio lle yn gweithio'n dda mewn gwaith maes Daearyddiaeth Safon Uwch a theitlau ymchwilio annibynnol. Mae digonedd o gyfle i gynhyrchu astudiaeth sy'n adlewyrchu i ryw raddau un o'r teitlau traethawd mwy rhagweladwy sy'n ymdrin â'r testun hwn, fel: gwerthusiad o lwyddiant strategaeth; asesiad o'r rheswm pam roedd angen y strategaeth; neu ddadansoddiad o ba chwaraewyr oedd yn cyfranogi.

A *Proffilio strategaeth adfywio neu ailfrandio ac ymchwilio ei lefel o lwyddiant.* Gallech chi ddefnyddio amrywiaeth o ddata eilaidd a chynradd i ddogfennu'r hyn mae strategaeth arbennig wedi'i gyflawni (drwy ei fesur yn nhermau codi adeiladau newydd, tirlunio, cyfri'r cerddwyr, proffiliau siopau stryd fawr, etc). Ond, i werthuso a yw'r strategaeth wedi cyflawni ei nodau mae angen methodoleg gweddol drwyadl. Mae angen i ymchwil eilaidd neu gyfweliadau cynradd gyda chwaraewyr allweddol ganfod pa nodau a gafodd eu gosod yn y lle cyntaf, os cafodd rhai eu gosod o gwbl. Os mai diben yr ymchwiliad yw cymharu'r 'cynt' a'r 'wedyn', mae hyn yn creu her o ran sut i gynhyrchu data cynradd sy'n dangos sut le oedd yno yn y gorffennol, cyn yr adfywio (a dydy Tardis Dr Who ddim ar gael i ni). Un ateb yw proffilio ardal gerllaw sydd angen ei hadfywio a chymharu hon â'r lle sydd wedi'i adfywio. Mae hyn yn gadael i ni gasglu samplau o ddata cynradd yn y ddau le (gallwch chi wneud arolygon mynegai ansawdd amgylcheddol, ynghyd â chyfweliadau a holiaduron). Gallwn ni gymharu a chyferbynnu'r ddau sampl er mwyn gweld faint o wahaniaeth mae'r adfywio wedi'i wneud.

B *Cyfweld chwaraewyr allweddol er mwyn ymchwilio pam roedd angen strategaeth adfywio ac ailfrandio.* Gallai hyn fod yn anodd ei gyflawni gyda chynllun tirnod eithriadol o fawr oherwydd efallai nad ydy rheolwyr uwch y ddinas ar gael i chi siarad â nhw. Efallai y byddai enghraifft graddfa lai o ailfrandio – fel amgueddfa dreftadaeth wledig neu ganolfan gelfyddydau drefol leol – yn fwy priodol fel astudiaeth achos os bydd hyn yn golygu eich bod chi'n gallu cysylltu â'r bobl hynny a gychwynnodd y datblygiad. Gallwch chi hefyd broffilio ardaloedd difreintiedig gerllaw sydd angen eu hadfywio ac y gallech eu defnyddio i gynrychioli'r lle sydd dan sylw yn eich astudiaeth achos chi fel yr oedd cyn iddo gael ei ailddatblygu.

C *Proffilio gwahanol sefydliadau, mudiadau ac unigolion sy'n cymryd rhan mewn cynllun ail-greu lle er mwyn asesu eu pwysigrwydd cymharol yn y broses o wneud penderfyniadau.* Bydd angen i chi fod yn hynod o drefnus a pharod i ddyfalbarhau os ydych yn mynd i lwyddo i drefnu cyfweliadau gyda nifer arwyddocaol o 'bobl ddylanwadol' – mae'n debyg y dylech ddisgwyl anfon nifer mawr o e-byst neu wneud llawer iawn o alwadau ffôn! Eto, mae'n bwysig sylweddoli o flaen llaw nad ydy mentrau graddfa fawr (fel llwyddiant Hull yn ei gais i ddod yn Ddinas Diwylliant y DU) yn addas iawn oherwydd gallai fod yn eithriadol o anodd cysylltu â chwaraewyr allweddol. Efallai y byddai ymchwiliad manwl o strategaeth ail-greu lle llai sydd wedi ei seilio yn y gymuned yn rhoi gwell canlyniadau i chi.

Deunydd darllen pellach

Brown, I. (2017) Coventry named UK city of culture 2021. *The Guardian* [ar-lein]. Ar gael yn: www.theguardian.com/culture/2017/dec/07/coventry-named-uk-city-of-culture-2021 [Cyrchwyd 23 Mawrth 2018].

Coe, N. a Jones, A. (2010) *The Economic Geography of the UK* Sage: Llundain.

Devine, T. (2011) *To the Ends of the Earth: Scotland's Global Diaspora 1750–2010.* Llundain: Penguin. GlobalScot.com. Ar gael yn: http://www.globalscot.com.

Hall, T. a Barrett, H. (2017) *Urban Geography*. Abingdon: Routledge.

Hartford, T. (2016) Tata Steel, Port Talbot and how to manage industrial decline. *Financial Times* 22 Ebrill.

Harrison, R. (2008) *What is Heritage?* (cwrs ar-lein) y Brifysgol Agored. Ar gael yn: www.open.edu/openlearn/history-the-arts/history/heritage/what-heritage/content-section-0?intro=1 [Cyrchwyd 21 Chwefror 2018].

Perraudin, F. (2017) Liverpool faces up to world heritage removal threat with taskforce. *The Guardian* [ar-lein]. Ar gael yn: www.theguardian.com/uk-news/2017/oct/03/liverpool-world-heritage-site-threat-taskforce [Cyrchwyd 21 Chwefror 2018].

Ward, S. (1998) *Selling Places: The Marketing and Promotion of Towns and Cities.* Llundain: Routledge.

Will Self's Great British Bus Journey (2018) [Rhaglen radio]. Radio 4 92–95 FM: BBC.

Creu lleoedd cynaliadwy

Mae targedau ail-greu lle yn dargedau economaidd yn bennaf, ond mae materion eraill sydd angen sylw hefyd – cydlyniad cymunedol, straen amgylcheddol ac a yw'r lle'n 'anheddadwy'. Mae'r bennod hon yn:

- ymchwilio am ba hyd mae strategaethau economaidd i le, o dan arweiniad y llywodraeth, yn para
- archwilio ffyrdd o ddatblygu cydlyniad cymunedol ar y lefel leol ac ar lefel genedlaethol
- dadansoddi symptomau o straen amgylcheddol trefol ac atebion posibl
- gwerthuso strategaethau i greu lleoedd mwy cynaliadwy.

CYSYNIADAU ALLWEDDOL

Datblygiad cynaliadwy Cafodd y term hwn ei fabwysiadu ar ôl Cynhadledd y Cenhedloedd Unedig ar yr Amgylchedd a Datblygiad yn 1992 yn Rio, ac mae'n golygu: 'Ateb anghenion y presennol heb beryglu gallu cenedlaethau'r dyfodol i gwrdd â'u hanghenion nhw eu hunain.'

Achosiaeth gronnus Twf economaidd 'caseg eira' hunangynhaliol mewn lle (yn cynnwys twf y system drwy adborth cadarnhaol). Mae cyfres ddynamig a hynod integredig o ddiwydiannau yn dechrau trefnu o amgylch buddsoddiad gwthiol cyntaf.

A yw lle'n anheddadwy Asesiad o'r cydbwysedd bywyd-gwaith cyffredinol sydd i'w gael yn y lle hwn, gan ystyried yr amodau amgylcheddol, cymunedol, economaidd, tai a thrafnidiaeth/cymudo.

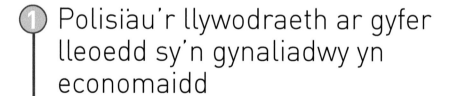

1 Polisïau'r llywodraeth ar gyfer lleoedd sy'n gynaliadwy yn economaidd

▶ *Pa mor hir mae'r buddion yn parhau o unrhyw ymdrechion gan y llywodraeth i ysgogi twf economaidd lleol?*

Y cais am dwf economaidd hunangynhaliol

Ym Mhennod 4 roedden ni'n archwilio ail-greu lle mewn amrywiaeth o gyd-destunau lleol ond, ymhob achos, allwn ni ddim gwybod am faint o amser y bydd unrhyw effeithiau cadarnhaol yn para. Mae ffasiynau'n newid, mae technolegau oedd yn ddyfodolaidd ar un adeg yn mynd yn hen ffasiwn, ac mae sioeau teledu'n mynd yn angof mewn amser. A fydd y gweledigaethau pensaernïol mwyaf ffasiynol heddiw'n cael eu gwrthod un diwrnod yn yr un ffordd ag y mae briwtaliaeth yn cael ei wrthod heddiw? A fydd pobl yn dal i fod eisiau gweld lle cafodd *Peaky Blinders* neu *The Hobbit* eu ffilmio erbyn 2025? Neu erbyn 2075?

- Mae'r rhain yn fathau hanfodol bwysig o gwestiynau i'w gofyn wrth asesu pa mor debygol yw rhywbeth o lwyddo. Mewn geiriau eraill, ym mhob astudiaeth achos a welwch chi, mae llwyddiant yr ail-greu lle yn rhywbeth dros dro yn unig – dydyn ni byth yn gwybod am ba mor hir y bydd rhywbeth yn para.
- Roedd Pennod 3 yn archwilio amrywiaeth o risgiau economaidd sy'n dod i'r amlwg mewn lle, gan gynnwys technolegau newydd a'r newid yn y berthynas sydd gan y DU gyda'r Undeb Ewropeaidd. Mae digwyddiadau a grymoedd allanol fel hyn yn gallu newid y sefyllfa mewn ffyrdd sy'n ddigon annisgwyl weithiau, a bryd hynny gall y rhai sydd 'ar y blaen' fynd i 'gefn y ras' yn gyflym iawn.

Felly, mae angen cynllunio adfywiad ac ailddatblygiad economaidd lle yn ofalus iawn er mwyn cael y siawns orau o wneud ymyrraeth gwbl gynaliadwy.

- Pan mae'n llwyddiannus, mae ymyrraeth y llywodraeth yn achosi i begwn twf go iawn dyfu ac mae hwn yn (i) gweithredu fel catalydd i gyflymu llwyddiant economaidd ar raddfa ehangach sy'n para'n hirach ac mae'n (ii) gallu dangos gwytnwch os bydd yr hinsawdd economaidd ehangach yn gwaethygu.
- Ar y llaw arall, os bydd y ceisiadau i adfywio gweithgareddau economaidd heb eu cynllunio'n dda iawn, bydd pobl yn debygol o'u gwawdio am lunio polisi ail-greu sy'n ddim mwy na 'phlastr dros dro ar y briw'. Mewn rhai cyd-destunau mae datblygiadau tirnod, stadiymau chwaraeon a buddsoddiadau eraill wedi troi'n niwsans drud (gweler Ffigur 5.1).

Gwaddol y Gemau Olympaidd

Mae'n ffaith bod rhai stadiymau Olympaidd wedi gwneud yn well nag eraill o ran dod yn safleoedd y mae modd eu cynnal yn economaidd.

- Mae nifer o'r safleoedd a gostiodd 12 biliwn o ddoleri UDA i Lywodraeth Brasil eu hadeiladu ar gyfer gemau'r haf yn 2016, gan gynnwys y stadiwm chwaraeon dŵr yn Rio de Janeiro, wedi cael enw drwg erbyn hyn am fod yn begynau twf aflwyddiannus, neu'n niwsans drud. Mae hanes yr un mor wael i'r cyfleusterau yn Athen oedd yn weddill ar ôl Gemau Olympaidd yr Haf yn 1997.
- Ar y llaw arall, mae llawer o bobl yn ystyried mai'r gwaith yn Llundain i gynnal Gemau Olympaidd a Pharalympaidd 2012 oedd y cam cyntaf yn y broses lwyddiannus i adfywio Stratford yn nwyrain Llundain. Yn ôl y sôn, Llywodraeth y DU a sbardunodd y gweddnewidiad yn Stratford drwy dalu am adeiladu safleoedd chwaraeon ac, yn hanfodol iawn, ailddatblygiad mawr yr orsaf drenau leol i wella cysylltedd a chapasiti'r lle. Agorodd canolfan siopa Westfield yn Stratford yn 2011, gan greu 10,000 o swyddi, a gwelwyd galw cynyddol am dai gan bobl broffesiynol oedd eisiau symud i mewn i'r

TERMAU ALLWEDDOL

Pegwn twf Lleoliad sydd wedi ei ddatblygu'n benodol gyda'r bwriad o ysgogi datblygiad economaidd, cyflogaeth a gwella'r safonau byw. Mae pegynau twf yn derbyn arian 'cychwyn busnes' yn rhan o gynllun datblygu ffurfiol gan y llywodraeth sydd efallai'n cynnwys cyfalaf ar gyfer datblygu isadeiledd; yna mae pobl sydd â chyfalaf preifat yn cael eu hannog i ymuno. Mewn egwyddor, unwaith mae buddsoddiadau newydd wedi sefydlu maen nhw'n denu diwydiannau eraill nes bydd y twf yn ei gynnal ei hun.

Niwsans drud Buddsoddiad lle mae cost rhywbeth yn llawer mwy na'i ddefnyddioldeb.

▲ **Ffigur 5.1** Cyn cael ei ailfrandio gyda'r enw newydd O2 Arena yn 2005, dioddefodd y Millennium Dome yn Greenwich gyfnod byr o fod yn 'niwsans drud' am ei fod yn lle arddangos oedd heb bwrpas go iawn bellach

ardal. Mae hyn yn dystiolaeth o dwf caseg eira a gyflymwyd gan fuddsoddiad y sector cyhoeddus yn isadeiledd trafnidiaeth yr ardal.

- Cafwyd canmoliaeth arbennig i East Village (sef Athletes' Village gynt) am fod yn adeilad cymunedol cynaliadwy mor llwyddiannus (gweler Ffigur 5.2).
- Ond, mae rhannau o Stratford yn parhau'n ddifreintiedig iawn: dydy'r cyfoeth a'r cyfleoedd ddim wedi treiglo i lawr i rai cymdogaethau eto. Dywedodd Maer Llundain, Sadiq Khan, yn 2017: 'Mae marc cwestiwn mawr ynglŷn ag etifeddiaeth, neu ddiffyg etifeddiaeth, o ystyried y ffaith bod prinder eang o gartrefi fforddiadwy newydd yn Stratford'.

▲ **Ffigur 5.2** Cafodd East Village yn Stratford ei lunio'n fwriadol yn lle trefol cynaliadwy

Y broses achosiaeth gronnus

Mae daearyddwyr yn defnyddio syniadau a modelau economaidd i'w helpu i ddeall yr amodau y mae'n rhaid eu cyflawni er mwyn cael twf economaidd sy'n ei gynnal ei hun mewn lleoedd lleol. Mae'r broses o achosiaeth gronnus yn gysylltiedig â damcaniaethau Gunnar Myrdal, yr economegwr o Sweden; Albert Hirschman, economegydd Americanaidd; a John Friedmann, cynlluniwr rhanbarthol Americanaidd. Am ddegawdau lawer, mae daearyddwyr wedi defnyddio damcaniaethau a syniadau gwreiddiol yr awduron hyn.

- Mae model Friedmann yn awgrymu bod y broses o achosiaeth gronnus yn egluro pam mae ardaloedd sy'n tyfu yn cadw eu mantais ddechreuol dros leoedd eraill yn aml iawn ac yn parhau i ddatblygu'n economaidd ar raddfa gyflym.
- Mae'r model achosiaeth gronnus yn gweld ardaloedd sy'n tyfu'n llwyddiannus yn denu hyd yn oed fwy o weithgarwch economaidd, yn uniongyrchol neu'n anuniongyrchol, dros amser. Y prif reswm sydd wedi ei awgrymu am hyn, yw bod buddsoddwyr, arloeswyr a mudwyr economaidd yn fwy tebygol o gael eu denu i ardaloedd o ehangiad economaidd cyflym sydd â'r isadeiledd, yr adnoddau a'r agweddau entrepreneuraidd priodol yno'n barod (gweler Ffigur 5.3).

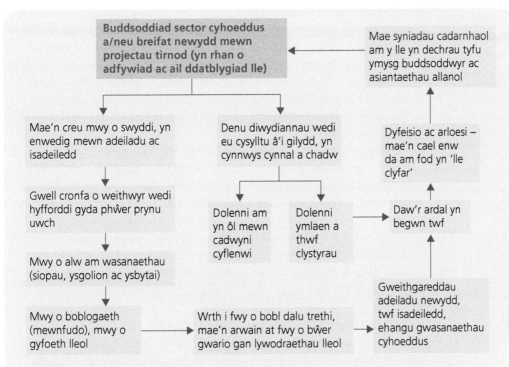

▲ **Ffigur 5.3** Mae twf economaidd llwyddiannus a hirbarhaus yn dibynnu ar achosiaeth gronnus (effeithiau 'caseg eira' parhaus)

Mae'r broses o achosiaeth gronnus a chylchol yn cynnwys nifer o **effeithiau lluosydd** sydd wedi eu cysylltu â'i gilydd.

1. Pan fydd llawer o weithgarwch economaidd newydd yn cyrraedd ardal mae'n creu mwy o swyddi ac yn codi incwm a phŵer prynu cyfanredol y boblogaeth sydd yno. Bydd effeithiau rhinweddol yn digwydd ar unwaith, yn cynnwys mwy o alw am nwyddau a gwasanaethau'r defnyddiwr, ysgolion a gwasanaethau gofal iechyd, a thai newydd.

2. Mae hyn, yn ei dro, yn agor llwybrau cyflogaeth newydd i'r bobl o oedran gweithio sy'n byw yno, a hefyd yn denu pobl broffesiynol i'r ardal.

3. Mae pob gweithgaredd economaidd newydd yn denu diwydiannau cysylltiol hefyd sydd naill ai'n ffurfio rhan o'i gadwyn gyflenwi neu'n defnyddio ei gynhyrchion. Pan fydd clwstwr o ddiwydiannau'n tyfu yn y ffordd yma, mae'n arwain at fwy o gynnydd mewn swyddi ac yn achosi i wasanaethau a gwaith adeiladu ehangu.

4. Pan fydd y gronfa swyddi'n tyfu a'r farchnad leol yn ehangu fel hyn, efallai y bydd angen i'r llywodraeth fuddsoddi mewn isadeiledd a gwasanaethau addysg am fod yr ardal wedi croesi'r **trothwyon galw**.

Felly, mae rowndiau newydd o greu swyddi a chreu cyfoeth yn parhau i ymddangos yn rhan o'r cylch rhinweddol o dwf ac ehangiad parhaus sy'n cael eu gyrru gan **adborth cadarnhaol**.

Wrth gwrs, gallech chi ddadlau nad ydy'r model achosiaeth gronnus yn ddilys. Mae economïau'r byd go iawn yn systemau eithriadol o gymhleth ac maen nhw'n gallu gweithredu mewn ffyrdd annisgwyl.

- Safbwynt arall yw syniad y ddamcaniaeth economaidd glasurol, sy'n dadlau y bydd lleoedd ffyniannus yn colli eu mantais ddechreuol dros amser am fod costau llafur a thir yn codi. Gall yr annarbodion (*diseconomies*) maint hyn, wrth iddyn nhw godi, arwain yn y pen draw at newid cyfeiriad llifoedd buddsoddiad newydd tuag at leoedd eraill sy'n lleoedd tlotach, a chydbwyso'r dirwedd economaidd unwaith eto (enghraifft o adborth negyddol mewn system). Yn ôl y safbwynt hwn, bydd unrhyw begwn twf yn debygol o weld ei dwf yn arafu a gorffen dros amser.

- Mewn egwyddor, dylai pegwn twf sy'n cyflawni'n dda gynhyrchu effeithiau da ychwanegol mewn ardaloedd cyfagos hefyd. Galwodd Myrdal hyn yn 'effaith lledaeniad' a'r enw gan Hirschman oedd 'diferu i lawr'. Ond mae'n gysyniad economaidd cynhennus. Mae nifer o enghreifftiau i'w cael o'r ffordd mae twf cymdeithasol a gofodol yn aml yn polareiddio dros amser heb fawr dystiolaeth o'r hyn rydyn ni'n ei alw'n 'effaith ddiferu i lawr'. Yn sicr, mae'r ffaith bod slymiau i'w cael o hyd yn ninasoedd mwyaf cyfoethog y byd yn awgrymu bod posibiliadau'r effeithiau lledaenu o leoedd ffyniannus yn gyfyngedig.

Gwerthuso'r parthau menter

Mae rhai o'r enghreifftiau a'r astudiaethau achos ym Mhennod 4 yn rhy ddiweddar ar adeg ysgrifennu hwn i ni allu cynnig asesiad tymor hir ystyrlon o'u llwyddiant. Does dim digon o amser wedi pasio ers blwyddyn Hull fel Dinas Diwylliant y DU 2017 i wybod i ba raddau mae wedi gwella sefyllfa economaidd a chymdeithasol tymor hir y ddinas (hyd yn oed os yw'r arwyddion cynnar yn addawol). Ar y llaw arall, mae'n bosibl cynnig gwerthusiad ôl-syllol go iawn o barthau menter y DU a sefydlwyd am y tro cyntaf yn 1981. Ardaloedd yn y ddinas fewnol oedd y rhain fel arfer, lle roedd y colli swyddi gwaethaf wedi digwydd mewn gweithgynhyrchu a mwyngloddio, ac roedd y rhain yn cael eu dynodi'n ardaloedd oedd angen cymorth arbennig.

- Roedd cwmnïau newydd oedd yn buddsoddi yn y mannau hyn wedi eu hesgusodi rhag talu trethi lleol am ddegawd.

- Byddai pob parth menter yn cael ei weinyddu gan Gorfforaeth Datblygiad Trefol (*Urban Development Corporation*), fel Corfforaeth Datblygiad Dociau Llundain (*London Docklands Development Corporation*).

- Rhoddwyd grym ac arian i'r Corfforaethau Datblygiad Trefol i brynu ac adfer safleoedd tir llwyd. Roedden nhw hefyd yn chwarae rôl bwysig yn y gwaith o ddatblygu isadeiledd lleol i helpu i ysgogi gweithgarwch economaidd yn y safleoedd hyn a fyddai'n denu rowndiau o fuddsoddiad newydd o'r sector preifat.

- Mewn egwyddor, roedd parthau menter yn gweithio fel pegynau twf, a'r bwriad oedd gweld yr adfywiad yn lledaenu dros ardal ehangach, y tu hwnt i ffiniau pob ardal ddynodedig. Y gobaith oedd y byddai prosesau lledaeniad neu ddiferu i lawr yn treiddio i mewn i'r rhanbarthau o amgylch y dinasoedd.

Cafodd bump ar hugain o barthau menter eu dynodi mewn dwy rownd rhwng 1981 a 1984 ar gyfer ardaloedd a effeithiwyd yn galed yn economaidd yn Clydebank, Corby, Dudley, Hartlepool, Salford, Speke, Abertawe, Tyneside, Wakefield, Allerdale, Delyn, Glanford, Invergordon,

Middlesbrough, Aberdaugleddau, gogledd ddwyrain Swydd Gaerhirfryn, gogledd-orllewin Caint, Rotherham, Scunthorpe, Tayside, Telford, Wellingborough, Belfast, Londonderry ac Isle of Dogs (Dociau Llundain) (gweler Ffigur 5.4). A weithiodd pob un ohonyn nhw? Mae beirniaid y don gyntaf hon o barthau menter wedi dadlau nad oedd llawer ohonyn nhw wedi parhau'n effeithiol a bod rhai eraill ohonyn nhw wedi tynnu swyddi a buddsoddiad o ardaloedd cyfagos mewn rhyw fath o gêm 'swm-sero'. Ystyr hyn oedd mai'r unig bryd y byddai'r parth menter yn elwa oedd pan fyddai lleoedd gerllaw'n dioddef colledion – y gwrthwyneb i'r effaith diferu i lawr y gobeithiwyd amdani.

- Yn ôl Centre for Cities, llwyddodd y parthau menter i gyd i ennill 58,000 o swyddi, *ond roedd mwy na 40 y cant o'r rhain yn gysylltiedig â busnesau oedd wedi symud er mwyn mwynhau'r gostyngiad yn y dreth.* Mae'n ymddangos felly bod y feirniadaeth a gafwyd am y gystadleuaeth 'swm-sero' yn hollol wir: cafodd un lle lwyddiant ar draul lle arall. Roedd hyn yn golygu bod cyfanswm y buddion cyflogaeth net yn y parth menter yn weddol fach.

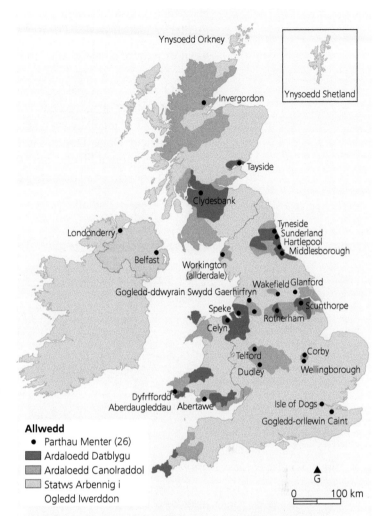

▲ **Ffigur 5.4** Cafodd parthau menter eu dynodi mewn llawer o leoedd, gan gynnwys Wakefield, Dudley a Scunthorpe, yn yr 1980au. Ond pa mor barhaol wnaethon nhw newid map economaidd y DU?

- Roedd y parthau menter yn ddrud i'w darparu hefyd. Ar gyfartaledd, mae un swydd ychwanegol ymhob parth menter yn costio £26,000 i'r Llywodraeth ym mhrisiau ein cyfnod ni heddiw.
- Ar ben hynny, doedd y buddion ddim bob amser yn para'n hir. Roedd rhai o'r lleoedd sydd wedi eu crybwyll uchod – yn cynnwys Wakefield a Middlesborough – wedi perfformio'n weddol wael yn yr adroddiad *Cities Outlook 2018* gan Centre for Cities.

Ond, dydy'r feirniadaeth hon ddim yn gwbl berthnasol i barth menter adnabyddus Isle of Dogs (Dociau Llundain). Dros y 35 mlynedd diwethaf, cafodd y lle hwn ei ailddatblygu'n ganolfan ariannol arwyddocaol oedd heb ei debyg yn Ewrop. Mae hefyd wedi gwasanaethu fel pegwn twf am fod haen ar ôl haen o ailddatblygiad ac adfywiad wedi tyfu o'i gwmpas yn ardaloedd cyfagos dwyrain Llundain. Fodd bynnag, law yn llaw â'r llwyddiant hwn cafwyd lefelau cynyddol o anghydraddoldeb yr oedd cenedlaethau blaenorol wedi ceisio ei ddiddymu. Mae gwahaniaeth cyfoeth enfawr yn bodoli erbyn hyn rhwng yr ardaloedd byw dosbarth uchaf a rhai ardaloedd mwy tlawd o amgylch gororau Isle of Dogs (sy'n awgrymu nad yw'r broses ddiferu i lawr wedi bod o fudd i'r lleoedd a'r cymunedau gerllaw bob tro).

Felly, mae'n bosibl y byddai gwerthusiad cyffredinol o strategaeth parthau menter yr 1980au yn dod i'r casgliadau hyn:

- yn y mwyafrif o leoedd, dim ond enillion economaidd cymedrol a gafwyd, a hynny weithiau ar draul y lleoedd cyfagos
- roedd y buddion yn rhai tymor byr yn unig yn aml iawn – pan ddaeth y cyfnod ariannu deng mlynedd i ben roedd rhai busnesau wedi cau neu symud i ardal arall, ac roedd hynny'n arbennig o amlwg yn Corby a Hartlepool
- roedd Isle of Dogs (Dociau Llundain) yn llwyddiant mawr o'i fesur mewn termau economaidd, ond cafwyd costau cymdeithasol wrth i bobl leol gael eu dadleoli gan yr ail ddatblygiad.

ASTUDIAETH ACHOS GYFOES: ISLE OF DOGS (DOCIAU LLUNDAIN)

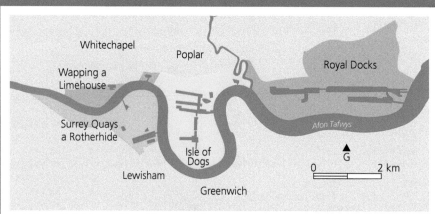

▲ **Ffigur 5.5** Mae tir Isle of Dogs wedi ei gau i mewn ar dair ochr gan droad yn ystum Afon Tafwys

Ym mis Gorffennaf 2017 roedd hi'n dri deg pump o flynyddoedd ers sefydlu parth menter Isle of Dogs yn nwyrain ardal Dociau Llundain (gweler Ffigur 5.5). Erbyn yr 1990au, roedd ardal oedd wedi dioddef dadfeiliad, diffeithio a chynnydd mewn diweithdra wedi cael ei weddnewid yn gyfan gwbl diolch i gynllun datblygu uchelgeisiol oedd wedi mynd ati'n strategol i gyflawni targedau adfywio tymor hir drwy ddenu cenhedlaeth newydd o gyflogwyr 'ôl-ddiwydiannol' (busnesau yn y sector gwasanaeth).

Yn 1981, sefydlwyd corfforaeth i ddatblygu dociau Llundain (*LDDC: London Docklands Development Corporation*) oedd â'r dasg ddigalon o adfywio cannoedd o erwau o ddiffeithdir diwydiannol. Dechreuodd y cyflogwyr gweithgynhyrchu mawr, fel y diwydiannau tecstilau a phrosesu bwyd, gau eu drysau yn Llundain ar ôl yr 1960au oherwydd y syfliad byd-eang a newidiadau yn nhechnoleg y llongau cynwysyddion. Dechreuodd y llongau cludo gyda'u cynlluniau newydd dyfu yn eu maint i gario cynwysyddion mwy a llawer mwy ohonyn nhw.

Ond, doedd y llongau mawr hyn ddim yn gallu teithio i mewn i'r tir ar hyd Afon Tafwys cyn belled ag Isle of Dogs. Yn lle hynny, adeiladwyd dociau newydd i lawr yr afon mewn dŵr dyfnach, yn agosach at Fôr y Gogledd, yn Tilbury. Yn dilyn hyn, caewyd mwy o ddociau yn ninas fewnol Llundain.

Roedd yn rhaid i Isle of Dogs wynebu'r pethau hyn hefyd:

- dirywiad yn ei stoc tai a adeiladwyd yn yr 1800au (ystyriwyd bod traean o'r tai yn ardal Dociau Llundain yn anaddas i bobl fyw ynddyn nhw erbyn 1981)
- dadfeiliad adeiladau a llygredd yn y tir o ganlyniad i'r dad-ddiwydianeiddio (erbyn 1981, roedd 50 y cant o ardal Dociau Llundain yn cael ei ystyried yn ddiffaith)
- roedd pobl oedd yn gallu fforddio gwneud hynny yn symud allan o'r ardal (yn gyffredinol, roedden nhw'n symud tuag at faestrefi Llundain, gan adael cylch dieflig o dlodi ar eu holau; yn 1981, roedd diweithdra yn ardal Isle of Dogs wedi cyrraedd 24 y cant, sef dwywaith y cyfartaledd cenedlaethol).

Am bron i 20 mlynedd, gweithiodd LDDC i wyrdroi sefyllfa'r ardal hon mewn partneriaeth â chwaraewyr eraill, yn cynnwys Llywodraeth y DU a datblygwyr eiddo a fyddai, yn y pen draw, yn arwain y projectau adeiladu mawr yn Isle of Dogs. Y LDDC a baratodd y ffordd ar gyfer y rheilffordd gul (*DLR: Docklands Light Railway*). Maes Awyr Dinas Llundain a'r estyniad i'r llinell Jubilee (a gorsaf Canary Wharf). Ychydig iawn o bobl yn 1981 fyddai wedi credu y byddai Isle of Dogs yn dod yn bwerdy economaidd a chanolbwynt diwylliannol fel y mae heddiw, gyda phoblogaeth breswyl sy'n tyfu yn gyflym.

Ers canol yr 1990au (cyn hynny roedd y twf yn araf) mae Isle of Dogs wedi mynd o nerth i nerth, gan basio rhanbarth Dinas Llundain (gweler tudalen 141) yn 2012 i ddod yn barth cyflogaeth trefol mwyaf Llundain ar gyfer bancio a gwasanaethau ariannol. Mae'r chwe banc mwyaf yn y DU rhyngddyn nhw yn cyflogi bron i 50,000 o weithwyr mewn clwstwr o amgylch gorsaf Canary Wharf. Mae pencadlysoedd HSBC a Barclays yno; yno hefyd mae banciau buddsoddi Credit Suisse a banciau UDA Citigroup a Morgan Stanley.

Y rheswm dros lwyddiant y lle hwn yn rhannol yw'r adeiladau uchel iawn, mawr eu capasiti, a gafodd eu hadeiladu (gweler Ffigur 5.6). Mae hyn wedi caniatáu i fusnesau ariannol mawr gynnwys eu staff i gyd ar un safle (mewn mannau eraill yn Llundain, mae'n rhaid i fusnesau mawr brynu neu rentu cyfres o adeiladau Fictoraidd neu Sioraidd sydd â llawer llai o loriau na nendyrau Canary Wharf). Rheswm arall yw natur ei gysylltiadau gyda lleoedd a marchnadoedd ariannol eraill. Mae swyddfeydd Canary Wharf yn y gylchfa amser berffaith ar gyfer busnes a masnachu am ei fod yn pontio'r bwlch amser rhwng yr Unol Daleithiau, Japan ac, yn gynyddol, China. Mae'r iaith Saesneg yn ased lleol pwysig arall i esbonio rôl hanesyddol Llundain fel canolfan ariannol fyd-eang.

Yn gyffredinol, dros amser, mae Isle of Dogs wedi perfformio fel y dylai yn ôl y damcaniaethau achosiaeth gronnus am y ffordd mae pegynau twf llwyddiannus yn tyfu. Mae astudiaethau'n dangos bod buddsoddiad preifat o £10 wedi'i wneud am bob punt o arian cyhoeddus a wariwyd, sy'n dystiolaeth glir o effeithiau lluosyddion grymus.

Ond, mae asesiadau eraill wedi bod yn fwy beirniadol.

- Pan ddechreuodd y gwaith yn gyntaf ar ail-greu Isle of Dogs i'w droi'n ganolfan ariannol byd-eang, daeth yn glir bod llawer o sefydliadau cymunedol oedd yno'n barod yn gwrthwynebu'n gryf. Yn 1985, trefnodd nifer o grwpiau cymunedol lynges fach o'r enw 'Docklands Fights Back'. Er bod hon wedi ennill brwydr neu ddwy, e.e. ystad Cherry Gardens (a gadwyd gan gyngor Southwark i'r bobl leol), ychydig iawn oedd gan y Docklands newydd i'w gynnig i gymunedau di-waith yr ardal.

- Ychydig iawn o'r swyddi newydd a grëwyd ers 1981 a aeth i'r teuluoedd hynny a gollodd eu swyddi pan gaeodd dociau Llundain. Yn aml iawn, roedd y bobl leol a lwyddodd i gael gwaith yn gwneud swyddi gwasaidd cyflog isel, fel glanhau neu weini coffi.

- Roedd y tai newydd yn ddrud a, chyn hir, roedd y rhenti a'r morgeisi wedi codi yn yr ardaloedd cyfagos.

Does neb yn gwybod eto pa mor wydn fydd y lle hwn wedi ysgariad rhwng y DU a'r Undeb Ewropeaidd. Efallai y bydd rhai banciau rhyngwladol yn dewis symud i gyfandir Ewrop yn dilyn Brexit (gweler tudalen 92) heblaw bod modd creu cytundeb sy'n gadael i weithwyr ac arian symud yn weddol rydd rhwng banciau Canary Wharf a chanolfannau ariannol eraill yr UE, fel Frankfurt. Mae'n ansicr iawn a fydd modd cyflawni hynny a beth fydd yn digwydd os nad.

Parthau menter yr unfed ganrif ar hugain

Dynododd Llywodraeth David Cameron don newydd o barthau menter yn 2010. Rhwng 2011 a 2017, dewiswyd 48 o ardaloedd lleol. Yn wahanol i'r 1980au – pan ddewiswyd y lleoedd problemus oedd yn cael trafferthion difrifol – cafodd ardaloedd gyda rhagolygon am dwf cryf yn y tymor canolig eu blaenoriaethu er mwyn rhoi'r siawns gorau posib o lwyddiant i'r genhedlaeth nesaf hon o begynau twf.

- Yn fwy na dim, roedd y rhanbarthau a dderbyniodd gymorth yn 2010 wedi bod yn mwynhau rhywfaint o lwyddiant cyn cael eu dethol, yn aml iawn yn y sector cwaternaidd (technoleg).

- Ymysg yr enghreifftiau mae parth menter North Kent Enterprise Zone (Ebbsfleet), y Business and Inovation Enterprise Zone yn Dudley (hyb technoleg newydd ar gyfer Canolbarth Lloegr) a Hyb Morol Cernyw (oedd yn canolbwyntio ar egni adnewyddadwy morol yn Nociau Falmouth).

▲ **Ffigur 5.6** Tirwedd ariannol Isle of Dogs

Dim ond llond llaw o barthau menter newydd gafodd eu dewis gan y Llywodraeth ganolog fel dewisiadau o'r brig i lawr. Yn hytrach, cafodd y mwyafrif eu dewis gyda chyfraniad o'r gwaelod i fyny gan randdeiliaid cymunedol sy'n perthyn i bartneriaethau menter lleol. Mae'r partneriaethau menter lleol hyn yn gyrff sydd wedi eu creu o gynrychiolwyr o awdurdodau lleol, prifysgolion, busnesau a chwaraewyr sector gwirfoddol. Mewn rhai achosion, mae partneriaethau menter lleol cyfagos wedi cydweithio i ganfod un pegwn twf haeddiannol yn eu rhanbarth ehangach, gan feithrin cydweithrediad rhwng lleoedd a chymunedau gwahanol. Y maen prawf ar gyfer dethol bob tro oedd y 'lle mwyaf tebygol o lwyddo' yn hytrach na'r 'lle sydd angen cymorth fwyaf'.

Mae nifer o fuddion i'r busnesau hynny sydd wedi eu sefydlu mewn parthau menter newydd:

- disgownt ar drethi busnes hyd at £275,000 fesul cwmni dros gyfnod o bum mlynedd
- gwell lwfansau cyfalaf (rhyddhad treth) sy'n hael ac werth miliynau i fusnesau sy'n gwneud buddsoddiadau mawr mewn adeiladau a pheirianwaith.

Yn ôl y sôn, roedd parthau menter newydd y DU wedi denu mwy na £2 biliwn o fuddsoddiad preifat rhwng 2012 a 2015.

ASTUDIAETH ACHOS GYFOES: PARTH MENTER CANOL DINAS BIRMINGHAM

Cafodd Canol Birmingham ei enwi'n barth menter yn 2011 (gweler Ffigur 5.7). Erbyn hyn, mae cynghrair rhwng Cyngor Dinas Birmingham a'r Greater Birmingham and Solihull Local Enterprise Partnership yn rheoli'r lle hwn. Hyd yn hyn, maen nhw wedi goruchwylio:

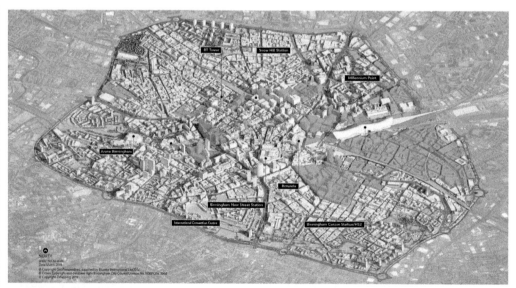

▲ **Ffigur 5.7** Mae Parth Menter newydd Canol Dinas Birmingham (Birmingham City Centre Enterprise Zone) yn cynnwys 39 o safleoedd wedi eu gwasgaru drwy ganol y ddinas

- y £125 miliwn a wariwyd ar godi safon isadeiledd y ddinas, y band eang a'r lle i swyddfeydd

- y gwaith adeiladu £600 miliwn i greu parth adwerthu Grand Central uwchben Gorsaf New Street Birmingham, gyda John Lewis yn denant 'angor' (dangoswyd yn Ffigur 1.11, tudalen 20).

- y gwaith o gysylltu gwahanol orsafoedd rheilffordd canol y ddinas â'i gilydd am gost o fwy na £100 miliwn

Mewn cyd-ddatganiad, mae'r Local Enterprise Parnership a Chyngor Dinas Birmingham wedi gosod meincnod iddyn nhw eu hunain ar gyfer llwyddo ymhellach: 'Erbyn 2031 bydd Birmingham yn adnabyddus fel dinas flaengar, arloesol a gwyrdd sydd wedi bod drwy newid gweddnewidiol gan dyfu ei heconomi a chryfhau ei safle ar y llwyfan rhyngwladol.' Yn 2017, cyhoeddwyd hefyd y bydd Birmingham yn cynnal Gemau'r Gymanwlad yn 2022, sef y digwyddiad chwaraeon fwyaf ei faint i gael ei lwyfannu yn y DU ers Gemau Olympaidd a Pharalympaidd 2012.

Er ei fod yn rhy fuan i farnu a fydd Canolfan Dinas Birmingham yn mwynhau yr un llwyddiant hirhoedlog ag Isle of Dogs (gweler tudalen 160), mae ei rhagolygon ar gyfer y dyfodol yn edrych yn dda. Efallai nad ydy hynny'n syndod o gofio bod chwaraewyr lleol wedi dewis y lle hwn yn ofalus oherwydd y rhagolygon am dwf uchel os byddai'n derbyn cymorth ychwanegol.

 # Ymdrin ag anghydraddoldeb a gwahaniaethau diwylliannol a chymdeithasol

▶ *Sut allai materion diwylliannol a chymdeithasol gael eu rheoli i sicrhau dyfodol mwy cydlynol a chynaliadwy i gymunedau lleol?*

Y profiad o fyw ag amrywiaeth ddiwylliannol

Mae Pennod 3 yn archwilio'r ffordd y mae amrywiaeth ddiwylliannol wedi tyfu dros amser yn y DU, gan olygu bod yn rhaid i wneuthurwyr polisïau roi mwy o ystyriaeth ac ymdrechu fwy nag erioed i gadw rheolaeth ofalus ar gydlyniad cymunedol a lles grwpiau lleiafrifoedd ethnig er budd y gymdeithas gyfan. Ochr yn ochr â strategaethau cynaliadwy i gynnal twf economaidd, mae creu lleoedd anheddadwy yn dibynnu hefyd yn aml iawn ar gadw rheolaeth yn llwyddiannus ar densiynau, amrywiadau ac anghydraddoldeb cymdeithasol a diwylliannol. Pan mae'r llywodraethu'n dda, mae amlddiwylliannaeth yn gallu creu cymdogaethau heterogenaidd amrywiol a bywiog (gweler tudalen 105). Mae rhagfarn a diffyg dealltwriaeth ar y ddwy ochr wedi dod â thensiwn a gwrthdaro i rai lleoedd ar brydiau, ond mae hyn wedi tueddu i ddigwydd yn arbennig lle mae materion yn ymwneud ag amrywiaeth ddiwylliannol wedi'u cysyllu â her economaidd ddifrifol, fel dad-ddiwydianeiddio.

Ar lefel leol, mae ysgolion a cholegau'r DU yn lleoedd pwysig i drafod ac archwilio hunaniaeth bersonol gan bobl ifanc Prydeinig sy'n dangos amrywiaeth gynyddol yn eu treftadaeth a'u hethnigrwydd. Er enghraifft, yn Ysgol Bancroft yn Essex, mae corff cymysg mawr o fyfyrwyr Mwslimaidd, Sikhaidd, Hindwaidd a Bwdhaidd yn cydweithio â'u cyfoedion Prydeinig Gwyn bob blwyddyn yn yr ŵyl Taal. Mae'n cyfuno cerddoriaeth a dawnsio traddodiadol a modern i greu mynegiant diwylliannol cymhleth o'r profiad o gael eich magu gydag un droed ym mywyd Llundain a'r droed arall yn niwylliant y teulu Asiaidd. Yn 2016, perfformiodd y myfyrwyr ddiweddariad yn arddull Bollywood o *Pride and Prejudice* Jane Austen.

ASTUDIAETH ACHOS GYFOES: ACHOSION CADARNHAOL O AMRYWIAETH YN NEWHAM

Mae Newham yn fwrdeistref yn nwyrain Llundain sydd â lefelau uwch o amrywiaeth nag unrhyw le arall yn y DU. Roedd tri deg chwech o'r holl enedigaethau yn Newham yn ystod 2016 i famau oedd yn hanu o wlad dramor. Mae niferoedd mawr o bobl o India, Pacistan, Pilipinas, Somalia ac yn fwy diweddar o Wlad Pwyl a România yn byw yn Canning Town, Plaistow a Barking Road.

Roedd un papur newydd yn 2016 wedi dweud gyda thôn gadarnhaol bod Newham a'i boblogaeth amrywiol fel 'derbynfa i'r byd'. Mae rhes ddi-ddiwedd o siopau bwyd ethnig amrywiol. Mae'r siopau gwyliau'n hysbysebu teithiau awyren rhad i Kingston a Dhaka, ac mae'r taflenni sydd i'w gweld mewn ffenestri siopau eraill yn hysbysebu ystafelloedd i'w rhentu mewn 40 o wahanol ieithoedd. Ddwywaith y dydd, mae seremoni ddinasyddiaeth leol i drigolion Newham dan lywyddiaeth cynghorwyr lleol mewn ystafell sy'n orlawn â symbolau o fywyd Prydeinig, yn cynnwys baneri Jac yr Undeb a darlun o'r Frenhines Mary.

Am fwy na degawd, mae cyngor Newham wedi ymdrechu i wella integreiddiad. Maen nhw'n cynnig gwersi Saesneg am ddim i bobl sydd wedi cyrraedd yn ddiweddar. Mae strategaeth ehangach hefyd i fuddsoddi mewn gerddi cyhoeddus, llyfrgelloedd, partïon stryd a rhwydweithiau gwirfoddoli gan obeithio y bydd pobl o gymunedau amrywiol yn dod at ei gilydd. Dydy hi ddim yn hawdd casglu data ansoddol i benderfynu ydy polisi fel hyn yn gweithio oherwydd mae barn pobl ynglŷn â beth yw 'llwyddiant' yn gwahaniaethu. Ond roedd arolwg diweddar i ganfod a yw Newham yn anheddadwy yn dangos bod naw allan o bob deg o bobl a gyfwelwyd yn credu bod Newham yn fan lle mae pobl o wahanol gefndiroedd yn 'dod ymlaen yn dda â'i gilydd' – rhywbeth y mae nifer o bobl ifanc yn ei gymryd yn ganiataol erbyn hyn.

Mae beirniaid yn dweud mai'r unig gymuned sydd wedi cael ei hesgeuluso yw'r Prydeinwyr Gwyn, a oedd mewn mwyafrif ym mhoblogaeth y fwrdeistref hon ar un cyfnod. Rhwng 2001 a 2011, gostyngodd y gyfran o bobl wyn o tua eu hanner ac, mewn rhai wardiau, maen nhw'n cyfrif am lai na phump y cant o'r boblogaeth erbyn hyn. Mae'r rheiny sydd ar ôl yn tueddu i fod mewn grwpiau incwm isel.

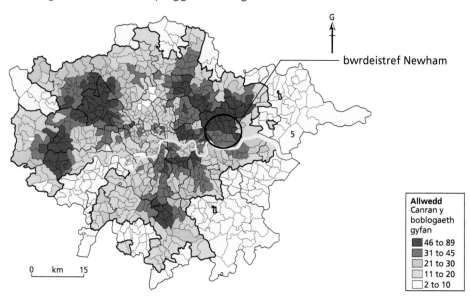

▲ **Ffigur 5.8** Dosbarthiad y grwpiau ethnig lleiafrifol yn Llundain yn 2010, gyda bwrdeistref Newham wedi ei chylchu

Yr hyn sy'n achosi tensiwn diwylliannol a chymdeithasol

Yn ystod yr 1970au, roedd y tensiynau hiliol mewn dinasoedd mewnol Prydeinig wedi eu fframio gan yr argyfwng cyffredinol oherwydd cyfalafiaeth oedd yn effeithio ar y DU a gwledydd mawr diwydiannol eraill ar y pryd. Cafodd y diweithdra cynyddol ar ôl 1976 ei deimlo waethaf yn ardaloedd diwydiannol y wlad lle roedd niferoedd mawr o fudwyr ôl-drefedigaethol Du ac Asiaidd wedi cyrraedd yn ystod y degawd blaenorol (gweler tudalen 107). Roedd mudiadau gwleidyddol adain dde fel y Ffrynt Cenedlaethol yn pwyntio'r bys yn ddichellgar gan honni mai'r mewnfudo oedd ar fai am achosi'r diweithdra (y gwir amdani oedd mai'r syfliad byd-eang oedd wedi achosi'r diweithdra, ynghyd â'r arafiad cylchol yn economi'r byd a sbardunwyd gan gynnydd yn y prisiau olew).Yn 1982, roedd yr awdur Paul Gilroy yn dadlau bod cysylltiad wedi datblygu rhwng yr 'hiliaeth newydd' a'r 'sefyllfa newydd o newid strwythurol ac ansicrwydd economaidd'.

Yn ystod y blynyddoedd hyn, tyfodd y tensiynau mewn rhai lleoedd i achosi anrhefn dreisgar a gwrthdaro â'r heddlu (gweler Ffigur 5.9). Cafwyd terfysgoedd ar strydoedd Toxteth (Lerpwl), Brixton a Broadwater Farm (Llundain) a Chapeltown (Leeds) ym mlynyddoedd cynnar yr 1980au. Cafodd dinasoedd eraill eu heffeithio hefyd, yn cynnwys Bryste, Sheffield, Manceinion a Birmingham. Roedd achosion y terfysgoedd yn gymhleth ond un o'r pethau a'u hachosodd nhw oedd y tactegau 'stopio a chwilio' a ddefnyddiwyd yn erbyn pobl ifanc Ddu. Hefyd, roedd terfysgoedd Brixton a Toxteth yn digwydd bod ar adeg pan oedd gan y DU y ffigurau diweithdra uchaf a gawsai erioed. Roedd dad-ddiwydianeiddio wedi cael effaith fwy ar gymunedau Du ac Asiaidd gweddol newydd y DU – am nad oedden nhw wedi bod ym Mhrydain yn ddigon hir i symud ymlaen i swyddi lefel uwch eto, roedden nhw'n debygol iawn o gael eu heffeithio gan y colli swyddi mewn gweithgynhyrchu.

Un casgliad y gallwn ni ddod iddo felly yw mai problemau economaidd strwythurol o dan yr wyneb oedd gwir achos y tensiwn cymunedol yn y cyfnod hwn, yn hytrach na materion diwylliannol. Mae'n sicr hefyd bod y tensiynau hiliol sy'n parhau mewn llawer o ardaloedd dinesig mewnol yng Ngogledd America'n gysylltiedig â'r heriau economaidd a adawyd ar ôl dad-ddiwydianeiddio dinasoedd a oedd unwaith yn ddinasoedd llwyddiannus, fel Detroit, Baltimore a Jackson. Mae amrywiadau ac anghydraddoldeb diwylliannol yng nghymdeithas UDA'n parhau mewn mannau lle mae newidiadau economaidd strwythurol wedi gwthio llawer o deuluoedd o Americanwyr Affricanaidd dros y llinell dlodi.

▲ **Ffigur 5.9** Terfysgoedd yn Brixton yn 1981

Cafwyd terfysgoedd eto mewn dinasoedd Prydeinig yn 2011. Roedd yr amseriad yn arwyddocaol. Roedd hi'n dair blynedd ers uchafbwynt yr argyfwng ariannol byd-eang ac yn flwyddyn ers i Lywodraeth y DU gyflwyno'r hyn roedden nhw'n eu galw'n fesurau llymder (gweler tudalen 87). Ond roedd prisiau tai yn ne Lloegr a rhai dinasoedd mawr yn tyfu unwaith eto, gan gynyddu cyfoeth y bobl hynny oedd yn ddigon ffodus i fod yn berchen ar dŷ yn y lleoedd hyn.Y tro hwn, roedd cymysgedd eang o bobl ifanc (gwyn a lleiafrifoedd ethnig) yn cymryd rhan yn y terfysgoedd. Roedd hyn yn awgrymu bod y terfysgoedd yn ymwneud llai â drwgdeimlad un grŵp ethnig penodol ac yn ymwneud â'r pwysau cymdeithasol ac economaidd oedd ar bobl ifanc fwy tlawd yn gyffredinol.

▲ Ffigur 5.10 Dewisodd y BBC actor Prydeinig gyda llinach o Guyana, Angel Coulby, i chwarae rhan y Frenhines Guinevere yn ei gyfres deledu *Merlin*. Mae pobl wedi meddwl ers talwm am chwedl y Brenin Arthur fel pennod bwysig yn 'stori Prydain'.

Gwelliannau yn y ffordd y mae amrywiaeth yn cael ei rheoli a'i chynrychioli

O ganlyniad i'r terfysgoedd eang a gafwyd yn ninasoedd y DU o gwmpas y flwyddyn 1980, cynhaliwyd ymholiad dylanwadol o'r enw Adroddiad Scarman. Roedd hwn yn adroddiad pwysig am ei fod wedi tynnu sylw at yr angen tymor hir i ail-greu ac ailfrandio lleoedd yn y dinasoedd mewnol er mwyn (i) ymdrin â phroblemau cymdeithasol oedd yn gysylltiedig â'r cylch amddifadedd mewn dinasoedd mewnol a (ii) gwella cysylltiadau cymunedol a hiliol. Ers hynny, mae nifer mawr o fesurau wedi eu cyflwyno i ymdrin ag anghydraddoldeb a gwahaniaethu, ac i ddatblygu cydlyniad cymunedol.

- Mae Tabl 5.1 yn dangos bod yr amrediad o fentrau ac ymdrechion cynyddol i gynrychioli lleoedd a chymunedau yn y DU yn amrywiol, amlddiwylliannol a chynhwysol.

Ardal	Enghreifftiau o integreiddiad amlddiwylliannol
Y Cyfryngau	Yn 2016, cyflwynodd y BBC darged amrywiaeth a chynhwysiad iddo'i hun, sef bod o leiaf bymtheg y cant o'r bobl sy'n ymddangos yn ei raglenni ar y sgrin ac mewn rolau arweiniol yn bobl Ddu, Asiaidd a lleiafrifoedd ethnig. Hyd yn oed mewn cynrychioliadau hanesyddol o leoedd penodol, gall y gwylwyr ddisgwyl gweld cymuned amrywiol wedi'i chynrychioli (gweler Ffigur 5.11). Yn y gyfres deledu *Doctor Who*, roedd y cymeriad Bill Potts yn fenyw Ddu hoyw. Roedd ei phortread fel cymeriad hyfryd 'y ferch drws nesaf' yn helpu i greu cydlyniad cymunedol drwy ddangos mor normal yw rhywioldeb amrywiol.
Hanes	Mae ysgolion Prydain yn addysgu Hanes Pobl Dduon erbyn hyn – a chyfraniad pobl Dduon i naratif yr hanes cenedlaethol. Yn 2017, cynhyrchodd y BBC gyfres o'r enw *Black and British: A Forgotten History* lle dadorchuddiwyd placiau cofio gan David Olusoga mewn lleoedd arwyddocaol yn y DU, Affrica a'r Caribî. Mae un plac yn Rochdale yn adrodd hanes y gweithwyr melin yn y bedwaredd ganrif ar bymtheg a ddangosodd gefnogaeth i'r bobl hynny oedd mewn caethwasiaeth drwy wrthod trin cotwm a gasglwyd gan gaethweision yn nhaleithiau deheuol UDA.
Chwaraeon	Mae pump ar hugain o chwaraewyr pêl-droed Prydeinig yn dod o gefndir ethnig heb fod yn wyn erbyn hyn. Cyrille Regis oedd un o chwaraewyr Du cyntaf y DU a chwaraeodd i Loegr bum gwaith yn ystod yr 1980au. Treuliodd saith mlynedd yn West Bromwich Albion ac, yn ystod yr amser hwnnw, er ei fod wedi dioddef hiliaeth ofnadwy o'r terasau, parhaodd i chwarae heb dalu sylw iddo. Roedd Regis yn fodel rôl ac yn ysbrydoliaeth i filoedd o blant.
Diwylliant	Yn 2016, chwaraeodd yr actores Brydeinig Sophie Okonedo ran y Frenhines Margaret yng nghynhyrchiad y BBC o *The Hollow Crown*, addasiad o ddramâu *The Wars of the Roses* Shakespeare. Roedd David Oyelowo yn un o'r actorion Du cyntaf i chwarae rhan brenin Gwyn mewn cynhyrchiad llwyfan mawr yn 2001 pan gymerodd rôl Henry VI i'r Royal Shakespeare Company. Wrth ddefnyddio actorion Du yn y rolau hyn, mae cwmnïau cynhyrchu'n adlewyrchu gwneuthuriad cymunedol mewn lleoedd yn y DU heddiw.
Gwleidyddiaeth	Yn etholiad 2015, cafwyd 3 miliwn o bleidleisiau gan aelodau o gymunedau lleiafrifoedd ethnig, oedd yn uwch na'r 2.5 miliwn yn 2010. Daeth Etholiad Cyffredinol 2017 â mwy o aelodau seneddol oedd yn bobl Ddu, Asiaidd ac o leiafrifoedd ethnig nag erioed o'r blaen, gyda'r nifer wedi cynyddu o 41 i 51, gan gynnwys yr AS Sikh benywaidd cyntaf (Preet Gill, Llafur). Yn 2018, roedd y gwleidyddion proffil uchel o gefndiroedd heb fod yn Wyn yn cynnwys yr Ysgrifennydd Cartref Sajid Javid, Ysgrifennydd Cartref yr Wrthblaid Diane Abott, David Lammy a Maer Llundain Sadiq Khan.

▲ Tabl 5.1 Mae'r DU yn cael ei chynrychioli fwy a mwy fel cymdeithas amrywiol

- Mae'r cwricwlwm cenedlaethol i ysgolion yn bwysig hefyd i ddarparu'r canlyniad hwn. Mae addysgu a dysgu am brofiadau, credau a safbwyntiau gwahanol grwpiau mewn cymdeithas, a hynny drwy bynciau sy'n cynnwys Dinasyddiaeth a Daearyddiaeth, yn bwysig i sicrhau bod pawb yn deall ac yn parchu ei gilydd.

Gwahanol safbwyntiau ar reoli amrywiaeth

Ar fysiau a threnau yn y mwyafrif o ddinasoedd mawr y DU, byddwch chi'n clywed amrywiaeth o ieithoedd llafar yn cael eu siarad yn rheolaidd. Mae llawer o leoedd wedi gweddnewid yn ddiwylliannol o ganlyniad i'r prosesau mudo ar ôl y rhyfel a amlinellwyd ym Mhennod 4 (gweler tudalen 106-107).

Yn anochel, mae'r farn am y newidiadau hyn yn gwahaniaethu.

- Mae rhai pobl yn barnu bod graddfa a chyfradd y newid diwylliannol wedi bod yn rhy fawr. Mae llawer o'r rheini a bleidleisiodd o blaid ymadawiad y DU â'r Undeb Ewropeaidd yn 2016 wedi gwneud hynny oherwydd eu bod yn anghytuno â'r lefelau uchel o fewnfudo i'r wlad mewn blynyddoedd diweddar. Yn eu barn nhw, mae'r problemau mewnfudo a newid diwylliannol wedi cael eu rheoli'n wael gan Lywodraethau olynol y DU.
- Ym marn pobl eraill, mae'r DU yn gymdeithas amlddiwylliannol sy'n cael ei rheoli'n llwyddiannus lle mae croeso i fudwyr a lle dylai menywod Mwslimaidd gael yr hawl i wisgo'r gorchudd niqab traddodiadol dros eu wynebau yn gyhoeddus os ydyn nhw'n dewis gwneud hynny.
- Trydedd farn yw bod mudo rhyngwladol yn dda i'r wlad yn economaidd ond bod angen rheoli'r cynnydd mewn amrywiaeth ethnig mewn ffordd sy'n cadw'r newidiadau diwylliannol i leoedd mor isel ag y bo modd. I wneud hyn, y ddadl yw y dylai cymunedau o leiafrifoedd ethnig wneud mwy i gymhathu eu ffordd nhw o fyw gyda'r ffordd Brydeinig o fyw. Ond, gallai dadleuon yn y gorffennol oedd o blaid cymathiad – yn cynnwys awgrym y dylai Asiaid Prydeinig gefnogi tîm criced Lloegr – achosi tramgwydd i gynulleidfa ein cyfnod ni (gweler Ffigur 5.12).

Yn 2016, adroddodd Adolygiad Casey bod Llywodraeth y DU 'heb ddangos ewyllys parhaus a chronnus' yn ei hymdrechion i wella cydlyniad cymunedol. Tynnodd yr adroddiad sylw at y risgiau sy'n gysylltiedig â thwf y cymunedau ynysig a'r cymunedau mewn getos dros y blynyddoedd diwethaf.

- Am fod ymddygiad treisgar i'w weld ledled Ewrop, mae'n anodd barnu bod yr ymdrechion i reoli amrywiaeth ddiwylliannol drefol wedi bod yn gwbl lwyddiannus. Achosodd ymosodiadau

▲ **Ffigur 5.11** Canolfan siopa Westfield yn Stratford, Llundain: mae gwaith yn digwydd yn y lle adwerthu hwn sydd wedi globaleiddio i gryfhau cydlyniad y gymuned leol

🔑 **TERM ALLWEDDOL**

Cymathiad Y broses lle mae grwpiau sy'n dod i mewn yn mabwysiadu rhai o werthoedd a normau'r gymdeithas ehangach sydd yno'n barod.

Today

The ultimate test for being British: Which side do the Asians cheer for at cricket?

TEBBIT RACE BOUNCER

NORMAN TEBBIT bowled the Government a vicious bouncer yesterday when he claimed many Asian immigrants failed his 'cricket test' to be a true Brit.

'Which side do they cheer for?' the former Tory Party chairman asked.

▲ **Ffigur 5.12** Mae'r papur newydd hwn o 1990 yn ffynhonnell o wybodaeth ansoddol ar gyfer gwneud dadansoddiad beirniadol. Beth mae hwn yn ei ddweud wrthym am ddadleuon yn ymwneud â hunaniaeth genedlaethol a chydlyniad cymunedol yn ôl yn yr 1980au a'r 1990au? Sut mae'r ddadl wedi symud ymlaen ers hynny?

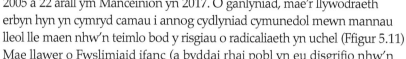

terfysg gan ddinasyddion Prydeinig farwolaeth 56 o bobl yn Llundain yn 2005 a 22 arall ym Manceinion yn 2017. O ganlyniad, mae'r llywodraeth erbyn hyn yn cymryd camau i annog cydlyniad cymunedol mewn mannau lleol lle maen nhw'n teimlo bod y risgiau o radicaliaeth yn uchel (Ffigur 5.11)

- Mae llawer o Fwslimiaid ifanc (a byddai rhai pobl yn eu disgrifio nhw'n archolladwy ac yn argraffadwy) wedi eu radicaleiddio ac wedi teithio o'r DU a gwledydd Ewropeaidd eraill i frwydro i Daesh (neu ISIS fel maen nhw'n eu galw) yn Syria a'r Dwyrain Canol. Daw'r bobl hyn sydd eisiau Jihad yn ôl i'r ardaloedd roedden nhw wedi eu gadael gynt ac mae hyn yn achosi pryderon mawr i wasanaethau diogelwch yn y DU a gwledydd Ewropeaidd eraill.

- Mae unigolion wedi gweithredu'n dreisgar mewn cyd-destunau eraill hefyd. Cafodd yr aelod seneddol Jo Cox ei llofruddio yn 2016 gan aelod wedi'i radicaleiddio o grŵp sydd â chredoau ideolegol adain dde eithafol.

Roedd rhai o feirniaid Adolygiad Casey yn teimlo'n anghyffordus am ei naws 'gymathiadol' (h.y. eisiau integreiddiad hiliol neu ddiwylliannol). Ond, er bod pobl yn teimlo bod amrywiaeth ddiwylliannol yn dod â newidiadau cadarnhaol i leoedd, mae'n amlwg ei fod yn creu heriau newydd hefyd.

Rheoli boneddigeiddio ac anghydraddoldeb cymdeithasol

Pan mae pobl gyfoethog a buddsoddiad newydd yn llifo i mewn i le, mae boneddigeiddio'n digwydd. Mae'r broses hon, sy'n gymhleth ar brydiau, wedi helpu i ailsiapio lleoedd drwy'r DU gyfan dros y degawdau diweddar, gan gynnwys y rhanbarthau wedi eu boneddigeiddio sy'n hynod o ffasiynol erbyn hyn fel Hoxton a Notting Hill yn Llundain. Mae'n broses lle mae llifoedd newydd o bobl a buddsoddiad yn dod i mewn i leoedd a oedd gynt yn dirywio neu wedi eu hesgeuluso (gweler Ffigur 5.13). Daeth y gair 'boneddigeiddio' yn rhan o eirfa daearyddwyr dros hanner canrif yn ôl, wedi iddo gael ei gyflwyno'n gyntaf gan y cymdeithasegydd Prydeinig Ruth Glass yn 1964. Cafwyd ymchwil daearyddol pwysig i foneddigeiddio pan oedd y term yn weddol newydd gan Neil Smith. Ynghyd â nifer o ddaearyddwyr trefol a chymdeithasol eraill, aeth Smith ati i archwilio'r boneddigeiddio cyflym oedd yn digwydd mewn dinasoedd drwy'r byd datblygedig i gyd

Dosbarth creadigol Grŵp demograffig wedi ei greu o weithwyr gwybodaeth (sector cwaternaidd), artistiaid (yn cynnwys cerddorion, actorion a 'hipsters' fel y byddai pobl yn eu galw nhw) a deallusion (yn cynnwys staff prifysgol a newyddiadurwyr). Mae'r academydd Richard Florida wedi ysgrifennu toreth am gyfraniad y dosbarth creadigol i ail-greu lle yn llwyddiannus ac yn gynaliadwy.

Mae'r arwydd 'ar werth' hwn yn cynrychioli Balham fel cyrchfan 'dull o fyw' ffasiynol

Yn y pen draw daeth yr eiddo gwag a welwch chi yn y ffotograff cyntaf yn far diodydd meddal ffasiynol

Eiddo gwag yn y camau cynnar o gael ei adfywio a'i ail werthu

Efallai y bydd siopau cadwyn a chorfforaethau trawswladol yn ceisio cael troedle mewn mannau sy'n boneddigeiddio

▲ **Ffigur 5.13** Tystiolaeth maes o foneddigeiddio yn Balham, Llundain yn ystod yr 1980au, yn rhannol o ganlyniad i ddadreoleiddio'r farchnad dai. Ffactor bwysig arall oedd yn gyrru boneddigeiddio oedd pwysigrwydd cynyddol buddsoddi mewn eiddo fel gweithgaredd economaidd ôl-ddiwydiannol.

Mae boneddigeiddio'n rhan annatod o ail-greu lle yn aml iawn. Mae'r broses yn tueddu i fod yn gymhleth ac yn addas i iawn i'w thrafod wrth feddwl yn feirniadol am y cysyniad daearyddol pwysig o adborth cadarnhaol.Y rheswm dros hynny yw bod boneddigeiddio'n cael ei achosi gan achosion a arweinir gan y bobl (o'r gwaelod i fyny) ac achosion sefydliadol (o'r brig i lawr).

- Mae boneddigeiddio'n cael ei arwain gan bobl pan fydd pobl yn buddsoddi, ac yn cymryd diddordeb o'r newydd, mewn hen gymdogaethau. Mae hyn yn cychwyn gyda chyrhaeddiad dosbarth creadigol o artistiaid a phobl broffesiynol ifanc (sydd felly'n dal i fod yn weddol isel eu cyflog) sydd wedi bod yn chwilio'n annibynnol am le fforddiadwy a chanolog i fyw sydd â 'chymeriad' a 'dilysrwydd' (yn wahanol i'w syniad nhw o'r maestrefi). ardaloedd dadfeiliedig sydd wedi bod drwy ddad-ddiwydianeiddio wedi cadw nodweddion pensaernïol a threftadaeth diddorol ac atyniadol sy'n denu'r dosbarth creadigol.
- Mae boneddigeiddio'n cael ei yrru gan fuddsoddiad o'r brig i lawr hefyd. Gallai adeiladu gorsaf drenau, tramiau neu diwb newydd adfywio hen gymdogaeth, gan yrru prisiau'r eiddo i fyny'n gyflym iawn. Trwy gydweithio, mae grymoedd o'r gwaelod i fyny ac o'r brig i lawr yn cyd-greu cylch cysylltiedig o adborth cadarnhaol.Mae pob llif newydd o fudo a buddsoddi'n arwain, yn eu tro, at ragor o arian a phobl yn llifo i mewn (gweler Ffigur 5.14).
- Dydy hon ddim yn broses drefol yn anad dim; gall lleoedd gwledig gael eu boneddigeiddio hefyd. Mae prisiau tai mewn rhai pentrefi a threfi yn Swydd Rydychen wedi ffrwydro mewn blynyddoedd diweddar ac, yn nhref wledig fach Thame, roedd tŷ pedair ystafell wely'n costio tua £500,000 yn 2017 (tua dwywaith y cyfartaledd cenedlaethol).

Buddion a chostau boneddigeiddio

'Mae gweithwyr cymunedol, gwneuthurwyr polisi a chynllunwyr trefol drwy'r byd i gyd yn ceisio mynd i'r afael â'r her o integreiddio hen gymunedau a chymunedau newydd ac adeiladu teimlad o le.' [*Financial Times*]

Mae boneddigeiddio'n broses ail-greu lle gydag amrywiol fuddion a chostau i wahanol unigolion a chymdeithasau. Mae fel arfer wedi ei gysylltu â chreu neu adfer cymdogaethau mwy cyfoethog. Bydd prisiau eiddo'n codi pan fydd y galw am dai'n

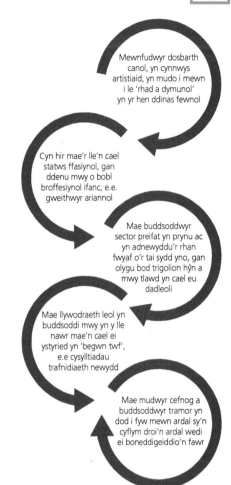

▲ **Ffigur 5.14** Y ffordd y mae adborth cadarnhaol yn creu 'cylch rhinweddol'o lifoedd mudo a buddsoddi i mewn i le dinesig mewnol (ond hefyd yn dadleoli trigolion hŷn)

▲ **Ffigur 5.15** Chelsea Harbour yn Llundain: mae hon yn gymdogaeth tu ôl i gatiau sydd â pherchnogion tramor, lle mae lefel uchel o ddiogelwch, a lle does dim llawer o ryngweithio gyda lleoedd oddi amgylch

cynyddu mewn cymdogaeth. Bydd stoc tai oedd gynt o werth isel – ac a gafodd eu rhentu'n rhad i grwpiau incwm is – yn cael ei werthu i brynwyr preifat unwaith mae ei werth yn dechrau codi. Yn yr ardaloedd cod post sydd wedi eu boneddigeiddio fwyaf yn Llundain, cyrhaeddodd gwerth y tir uchafbwynt uwch nag erioed o'r blaen rhwng 2014 a 2016.

O'i fesur fel hyn, rydyn ni'n ystyried ail-greu lle yn 'llwyddiannus' pan fydd yr ardal yn dod yn lle poblogaidd iawn i gael eiddo. Mae'r galw mawr am dai yn gwthio gwerth y tir i fyny ac, ar y pwynt hwnnw, gallwn ni ddisgwyl i adwerthwyr a datblygwyr eiddo ddechrau buddsoddi arian yn y lle. Yn anochel, mae hyn yn cael effeithiau niweidiol ar yr aelodau mwy tlawd o'r gymuned sydd wedi bod yno ers cyn y newid.

- Efallai fod aelodau iau o rai o'r teuluoedd cenhedloedd niferus sy'n byw yn lleol yn weithwyr ar gyflogau is mewn swyddi llai medrus na'r bobl broffesiynol sy'n symud i mewn; dydyn nhw ddim yn gallu fforddio gadael cartref y teulu a phrynu eu heiddo eu hunain yn lleol.
- Mae tenantiaid sydd ar incwm isel yn gorfod gadael eu cartrefi a dod o hyd i gartref newydd yn rhywle arall, yn enwedig lle mae gorgynhesu economaidd yn digwydd, gan achosi i bobl gael eu dadleoli, eu 'tywallt allan' ac i'r gymuned ddadfeilio (gweler Tabl 5.2).
- Gallwn ni weld y prosesau hyn yn digwydd o gwmpas y DU i gyd, o St Ives a Plymouth i Salford a Peckham.

Yn sicr, mae effeithiau negyddol y boneddigeiddio'n enghraifft arall o 'broblem gas' (gweler tudalen 86) mewn astudiaethau Daearyddiaeth.

Weithiau mae datblygwyr yn creu cymdogaethau tu ôl i gatiau mewn ardaloedd sy'n boneddigeiddio. Cafodd y rhain eu beirniadu'n gryf am nad oedden nhw'n fodlon integreiddio trigolion newydd â'r gymuned oddi amgylch. Mae Chelsea Harbour yn Llundain (gweler Ffigur 5.15) wedi derbyn beirniadaeth am fod yn ddatblygiad 'un defnydd' sy'n gwneud dim ymdrech i gysylltu â'r cymdogaethau sydd o'i gwmpas ac sy'n gwrthod rhoi cyfle i bobl o'r tu allan ryngweithio ag o fel lle. Mae'n aneglur hefyd a fydd lle fel Chelsea Harbour yn gallu datblygu'n lle cydlynol ar y tu mewn chwaith. Gan mlynedd yn ôl, eglwys neu ganolfan gymunedol fyddai'r lle canolog wrth wraidd y gymdogaeth. Heddiw, dydy datblygiadau preswyl newydd fel Chelsea Harbour ddim yn gallu cynnig mwy na champfa neu archfarchnad fach fel calon i'r gymdogaeth. A yw hyn yn ddigon i helpu i siapio teimlad cynaliadwy o le a hunaniaeth?

TERM ALLWEDDOL

Cymdogaeth tu ôl i gatiau Lle diogel o gartrefi uchel eu safon gyda mannau mynediad penodol. Mae rhai lleoedd tu ôl i gatiau'n defnyddio camerâu gorchwylio a gardiau diogelwch.

Y broblem	Effeithiau
Gorgynhesu	Rhan o'r anhawster wrth reoli lleoedd yn gynaliadwy yw'r ffordd y gall gorgynhesu economaidd ddigwydd mewn ardaloedd llwyddiannus. Er enghraifft, yn Hackney yn Llundain cododd prisiau'r tai o 65 y cant rhwng 2012 a 2017.
	■ Mae problem gyffredin yn codi'n gyflym iawn i bobl sy'n gweithio mewn diwydiannau creadigol, fel artistiaid ac awduron. Yn syth wedi iddyn nhw helpu i ddarparu lle newydd a'i foneddigeiddio gyda'i 'naws' creadigol, mae'r landlordiaid yn dechrau codi'r rhenti, gan orfodi'r artistiaid i symud allan. Yn Llundain, gwelwyd y cylch hwn yn Notting Hill yn yr 1960au, Shoreditch yn yr 1990au a Hackney yn yr 2000au.
	■ Mae rhai ardaloedd trefol sydd wedi uwch-foneddigeiddio wedi dod yn rhywle nad yw gweithwyr allweddol fel nyrsys ac athrawon ifanc yn gallu eu fforddio. Mae'r goblygiadau i gynaliadwyedd cymunedol yn arswydus.
	■ O ganlyniad, bydd swyddogion cynllunio'n mynnu'n aml iawn bod datblygiadau eiddo newydd yn cynnwys rhywfaint o dai fforddiadwy. Ond, mae beirniaid yn dweud mai dim ond canran fechan iawn o'r stoc tai sy'n dai fforddiadwy ac nid yw hynny'n gwneud iawn am golli cymaint o leoedd byw rhad.
	■ Mae gorgynhesu'n gallu niweidio busnesau bach hefyd. Yn ddiweddar, codwyd yr ardrethi busnes ledled Llundain am y tro cyntaf mewn saith mlynedd, ac ym mwrdeistref Hackney y cafwyd y cynnydd mwyaf – sef bron i 50 y cant. I fusnesau hipster bach a fu'n helpu i wthio adfywiad Hackney, mae'r cynnydd hwn wedi ei gwneud hi'n amhosibl i rai pobl wneud elw.
Cymuned yn dadfeilio ac yn symud allan	Yn aml iawn, mae ardaloedd wedi'u boneddigeiddio'n cael eu cynrychioli fel lleoedd cydlynol lle mae pobl leol yn dod at ei gilydd mewn bariau, bwyta a marchnadoedd newydd a digwyddiadau newydd yn y gymuned.
	■ Ond gall y cymunedau sydd ar incwm isel gael eu dadleoli – neu eu tywallt allan – o leoedd sydd wedi boneddigeiddio dros amser. Mae hyn yn golygu eu bod nhw'n cael eu symud i ardal arall yn gyfan gwbl neu, yn achos Tŵr Grenfell Llundain, i leoedd byw cymdeithasol peryglus sydd wedi eu llunio'n wael (gweler tudalen 111).
	■ Mae cynllun ailddatblygu £8 miliwn Earls Court yn Llundain wrth wraidd dadl a ddechreuodd yn 2009. Ar y dechrau, roedd y cynghorau lleol a Maer Llundain yn cefnogi'r cynlluniau ar gyfer codi 7500 o gartrefi, oedd yn rhai drud gan fwyaf. Roedd y gwaith yn cynnwys chwalu dwy stad cyngor a chanfod lle newydd i fyw i 760 o bobl a theuluoedd incwm isel oedd yn byw yno. Ond mae'r ymgyrchwyr sy'n gwrthwynebu'r ailddatblygiad yn dweud na fyddai digon o dai fforddiadwy'n cael eu darparu yn rhan o'r gwaith. Canlyniad hyn yw cymuned lle mae'r trigolion yn anghytuno'n ffyrnig.
	■ Mae gan foneddigeiddio ddimensiwn diwylliannol weithiau; mae grwpiau ethnig ar incwm isel wedi cael eu dadleoli i raddau mawr o rai rhannau o Balham (gweler Ffigur 5.14), Tooting a Brixton yn Llundain. Yn lle'r siopau bwyd ethnig a chynnyrch gwallt Caribïaidd Affricanaidd oedd yno gynt, mae bariau a bwytai newydd yno nawr ar gyfer cwsmeriaid gwahanol.
	■ Dyma sy'n gwneud boneddigeiddio'n broses wleidyddol a dadleuol; gallai'r tensiynau sy'n codi o ganlyniad i hyn ddatblygu'n wrthdaro a throseddu mwy difrifol, fel a digwyddodd gyda'r Cereal Killer Café yn Brick Lane Llundain.

▲ **Tabl 5.2** Y cysylltiad rhwng gorgynhesu, chwalfa'r gymuned a dadleoliad y bobl

🔑 **TERMAU ALLWEDDOL**

Uwch-foneddigeiddio (neu dra-foneddigeiddio) Lle wedi'i foneddigeiddio i lefel eithafol, yn aml pan fydd buddsoddi preifat a chyhoeddus yn atgyfnerthu ei gilydd drwy adborth cadarnhaol.

Gweithwyr allweddol Pobl mewn swydd sy'n darparu gwasanaeth hanfodol i'r gymuned (fel yr heddlu, gweithwyr iechyd ac athrawon).

ASTUDIAETH ACHOS GYFOES: THE CEREAL KILLER CAFÉ

Mae addasiadau i'r amgylchedd adeiledig o ganlyniad i foneddigeiddio yn gallu bod o fudd i rai grwpiau o bobl ond gall achosi gwrthwynebiad gan bobl eraill sy'n ystyried y newidiadau i'r lle (a'r bobl sy'n gyfrifol amdanyn nhw) mewn ffordd negyddol.

Sefydlodd Alan a Gary Keery y caffi Cereal Killer Café yn Brick Lane Llundain. Mae'n gwerthu powlenni o rawnfwyd am £3.50. Yn 2015, cafodd busnes y brodyr Keery ei dargedu gan dorf o derfysgwyr oedd yn gwrthdystio yn erbyn boneddigeiddio. Yn ôl y papur newydd *The Guardian*, cafodd y brotest ei threfnu ar-lein gan y grŵp anarchaidd Class War, a dechreuodd ganolbwyntio ar y caffi fel 'symbol o anghydraddoldeb yn nwyrain Llundain'. Roedd rhai o'r dorf yn cario pennau mochyn a thortshys ac aethon nhw ati i beintio'r gair 'scum' mewn paent coch ar ddrws blaen y caffi.

- Mewn cyfweliad â phapur newydd Llundain, *Evening Standard* , meddai Alan Keery: 'Roedd y protestwyr yn gwybod yn union beth roedden nhw'n wneud. Roedden nhw'n gwybod, os bydden nhw'n ymosod arnon ni, bydden nhw'n cael sylw yn y cyfryngau. Roedd hynny'n glyfar.' Roedd ef a'i frawd yn honni eu bod nhw wedi derbyn bygythiad i'w bywydau hefyd.

- Dywedodd y protestwyr wrth y gohebwyr eu bod nhw'n ddig am y newidiadau yn y gymdogaeth. Y prif fater ar eu meddyliau oedd y broblem gyda thai fforddiadwy, ond roedden nhw hefyd yn meddwl am y cynnydd yn y prisiau mae adwerthwyr, bariau a chaffis yn eu codi.

- Cyn hynny, roedd cyflwynydd o *Newyddion Sianel 4* wedi beirniadu'r brodyr Keery am werthu grawnfwyd am grocbris mewn ardal lle roedd lefelau uchel o dlodi.

- Ers digwyddiadau 2015, mae'r brodyr wedi ehangu a globaleiddio eu busnes, gan sefydlu canghennau Cereal Killer yn Birmingham. Kuwait a Dubai.

▲ **Ffigur 5.16** The Cereal Killer Café

Cadw'r dosbarth creadigol

Yn ddiweddar, cyflwynodd un fwrdeistref yn Llundain, sef Barking a Dagenham, bolisïau oedd wedi eu llunio i'w helpu i gadw eu dosbarth creadigol. Rhoddodd y cyngor rôl ffurfiol i artistiaid lleol yn ei raglen adfywio drwy sefydlu Parth Menter i Artistiaid yng nghanol tref Barking, ynghyd â chynllun tai arbrofol. Mae hwn yn darparu nifer o fflatiau am gyfraddau is i bobl sydd ar incymau isel sy'n gweithio yn y diwydiannau creadigol ac, yn eu tro, mae gofyn iddyn nhw helpu gyda rhaglenni celfyddydau sydd wedi eu seilio yn y gymuned. Mewn cyfweliad papur newydd, dywedodd y cyfarwyddwr strategol dros dwf yng Nghyngor Barking a Dagenham:'Un o'r problemau i ni yw sut ydyn ni'n creu'r teimlad hwnnw o le fel ein bod i'n gwneud mwy na dim ond adeiladu llwyth o dai. Mae'n ymddangos i ni bod artistiaid a'r diwydiannau creadigol yn sylfaenol i hynny.'

Mynd i'r afael â straen amgylcheddol trefol

▶ *Pam mae strategaethau amgylcheddol, trafnidiaeth a thai yn bwysig i'r broses o ail-greu lle?*

Creu lleoedd anheddadwy

Roedd Pennod 1 yn archwilio pwysigrwydd y pethau sydd yn y safle ffisegol wrth astudio sut a pham mae lleoedd yn datblygu yn y lle cyntaf yn hanesyddol. Yna, mae'r ffaith bod pobl yn dechrau byw yno'n achosi i'r lle newid mewn nifer o ffyrdd ffisegol dros amser, gan gynnwys: clirio llystyfiant a chynhyrchu arwynebau anhydraidd; dargyfeirio afonydd a throi dyfrffyrdd yn gamlesi; adeiladu pontydd, argloddiau ac addasiadau eraill yn y dirwedd; gosod amddiffynfeydd arfordirol. Ochr yn ochr â'r ymyriadau amgylcheddol bwriadol hyn, mae prosesau datblygiad economaidd sy'n digwydd dros amser yn achosi rhywbeth y mae economegwyr yn ei alw'n allanoldebau negatif: yn yr achos hwn, dyma'r cyfuniad o effeithiau llygredd tir, aer a dŵr, ynghyd â thagfeydd traffig a phrinder tai.

- Os yw ardal wedi bod drwy ddad-ddiwydianeiddio ar raddfa fawr, efallai fod hynny wedi gadael pethau amgylcheddol hyll yno (ffatrïoedd gwag a thir gwastraff), ac y mae angen ymdrin â nhw cyn y bydd hi'n bosibl denu unrhyw wasanaethau hamdden newydd a buddsoddwyr yno.
- Er bod cymunedau mewn trefi a dinasoedd yn iach yn economaidd, mae'n bosibl eu bod nhw'n dioddef problemau traffig a thai sy'n effeithio'n negyddol ar ansawdd bywyd y bobl.

Mae'r adran nesaf yn rhoi crynodeb byr o'r materion amgylcheddol pwysig hyn.

Ansawdd aer trefol

Yn y gorffennol, roedd y lefelau uchel o lygredd aer gronynnol (solid) a ffoto-cemegol mewn dinasoedd Prydeinig (oherwydd diwydiannau trwm a gor-ddibyniaeth ar losgi glo i gael gwres) wedi achosi i lawer o bobl farw cyn eu hamser. Yn y DU, rydyn ni'n cofio Rhagfyr 1952 oherwydd y 'mwrllwch ffiaidd' yn Llundain oedd, yn ôl yr amcangyfrifon, wedi lladd mwy na 4000 o bobl (gweler Ffigur 5.17). Mae heriau tebyg yn parhau mewn gwledydd eraill heddiw: yn ôl Sefydliad Iechyd y Byd, bydd 500 miliwn o bobl yn China yn marw pum mlynedd cyn eu hamser ar gyfartaledd oherwydd yr hyn maen nhw'n ei alw'n 'aerpocalyps' sydd wedi ei achosi gan ddatblygiad economaidd diweddar China.

Cafwyd cynnydd mawr yn y DU o ran gwella ansawdd yr aer trefol; cyflwynwyd rheolau llym gan Ddeddf Aer Glân 1956 a chychwynodd hyn y broses raddol o ddefnyddio llai o lo. Canlyniad hynny'n ddiweddar oedd diwrnod o gynhyrchu pŵer 'heb ddim glo' (gweler tudalen 94). Mae diwydiannau llygru budr wedi symud dramor (er enghraifft i China) ac yn eu lle mae gennym weithgareddau

 TERM ALLWEDDOL

Allanoldebau negatif
Costau sy'n codi oherwydd gweithgaredd economaidd, yn cynnwys difrod i'r amgylchedd neu'r gymdeithas nad oes iawndal wedi ei dalu amdano.

▲ Ffigur 5.17 Pan gafwyd mwrllwch Llundain yn 1952 daeth rhai cymdogaethau yng nghanol Llundain, yn cynnwys Whitechapel, yn lleoedd peryglus iawn i fyw neu weithio

economaidd ôl-ddiwydiannol glanach, fel twristiaeth a hamdden. Mae hyn yn dangos pwynt pwysig i ni am gysylltedd lle: mae gwell ansawdd aer mewn lleoedd trefol yn y DU wedi ei gysylltu â'r amodau sy'n dirywio i bobl yn ninasoedd China.

Mae gan bob dinas fawr yn y DU ei strategaethau gostwng llygredd ei hun, er enghraifft y trefniadau Parcio a Theithio yn Rhydychen. Yn 2017, cyhoeddodd Llywodraeth y DU eu bod yn bwriadu cynyddu nifer y parthau awyr glân trefol yn ninasoedd y DU, gan obeithio ymdrin â mygdarthau cerbydau diesel. Gweithred arall i ymdrin â hyn yw dyblu'r tâl tagfeydd yng nghanol Llundain ar gyfer cerbydau sy'n arbennig o ddrwg am lygru (gan olygu bod y ffi ddyddiol yn fwy nag £20).

Ansawdd y dŵr a draeniad trefol

Mae trefoli'n effeithio ar y gylchred ddŵr: am ein bod ni'n gosod arwynebau anathraidd mae llai o ddŵr yn mynd i fannau storio dalgylchoedd yr afonydd, gan gynnwys y llystyfiant a'r storfeydd pridd, ac mae mwy o ddŵr yn llifo dros y tir. O ganlyniad, os edrychwn ni ar batrwm symudiad dŵr drwy ddalgylchoedd trefol, byddwn ni fel arfer yn gweld ei fod ar ffurf hydrograffau fflachiog (arllwysiad brig uchel, amser oedi isel a braich esgynnol serth).

▲ Ffigur 5.18 Mae cerddwyr trefol yn gallu cerdded ar hyd Afon Wandle gyfan yn ne-orllewin Llundain erbyn hyn am ei bod wedi cael ei hadfer i gyflwr mwy naturiol

- Mae systemau draenio trefol cynaliadwy yn un ffordd o reoli glawiad mewn ardaloedd trefol. Mae'r rhain yn ceisio efelychu systemau draenio naturiol.

- Gallai hynny olygu cynyddu nifer yr arwynebau athraidd fel bod dŵr arwyneb yn gallu draenio mewn ffordd fwy naturiol ac mae llai o ddibyniaeth ar garthffosydd a pheipiau glaw i dynnu'r dŵr.

- Er enghraifft, mae datblygiad tir Barking Riverside Park Land yn Llundain wedi adfer hen ardaloedd gorlifdir Afon Tafwys. Gall dŵr glaw ymdreiddio i mewn i'r tir eto yn ystod glawiad trwm.

Adfer a gofalu am yr afonydd mewn dalgylchoedd trefol

Yr enw ar y camau mae pobl yn eu cymryd i ddychwelyd sianel afon i'w gyflwr naturiol yw 'adferiad afon'. Mae hyn yn cynnwys gwella ansawdd y dŵr ac ailgyflwyno nodweddion penodol (ystumiau) a rhywogaethau (fel yr eog). Gall hyn fod yn rhan hanfodol o'r broses adfywio mewn trefi a dinasoedd lle mae eu heconomi'n dibynnu bellach ar dwristiaeth a hamdden. Cafwyd gwaith adfer mewn llawer o leoedd yn y DU, yn cynnwys Afon Wandle yn ne Llundain (gweler Ffigur 5.18) a Salford Quays ym Manceinion Fwyaf. Yn Salford Quays roedd gwaith i adfer ansawdd y dŵr yn rhan o fenter llawer ehangach i adfer Afon Mersi a Chamlas Llongau Manceinion (gweler tudalennau 147-148).

DADANSODDI A DEHONGLI

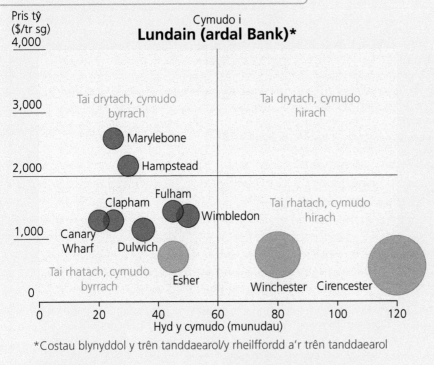

Pris tŷ ($/tr sg)

Cymudo i
Lundain (ardal Bank)*

4,000

3,000 — Tai drytach, cymudo byrrach — Tai drytach, cymudo hirach

Marylebone

2,000 — Hampstead

Fulham

Clapham — Tai rhatach, cymudo hirach

Wimbledon

1,000 — Canary Wharf — Dulwich

Tai rhatach, cymudo byrrach — Esher — Winchester — Cirencester

0

0   20   40   60   80   100   120

Hyd y cymudo (munudau)

*Costau blynyddol y trên tanddaearol/y rheilffordd a'r trên tanddaearol

Dull cymudo

● Cludiant tanddaearol

● Prif reilffordd

Mae cylchoedd mwy yn golygu taith gymudo ddrytach

$300 ○ ◯ $14,000

Graffeg FT: Paul McCallum

Ffynonellau: Ymchwil FT; Knight Frank; TFL; gweithredwyr y DU

▲ **Ffigur 5.19** Amseroedd cymudo a chostau tai mewn gwahanol leoedd

Astudiwch Ffigur 5.19, sy'n dangos yr amseroedd teithio i ganol Llundain a'r costau tai ar gyfer gwahanol leoedd o fewn a thu allan i Lundain.

(a) Nodwch yr amser teithio, ar gyfartaledd, i bobl deithio i ganol Llundain o (i) Marylebone a (ii) Cirencester.

CYNGOR

Mae angen i chi fod yn gywir iawn er mwyn cwblhau'r dasg hon yn llwyddiannus. Byddwch angen canfod canol pob cylch cyfraneddol a nodi'r gwerth echel-x cywir sy'n cyfateb.

▶

(b) Dadansoddwch yr amrywiadau yn y costau byw i weithwyr yng nghanol Llundain sy'n byw yn y lleoedd a welwch yn Ffigur 5.19.

CYNGOR

I wneud y dasg hon yn llwyddiannus, byddwch angen gwneud mwy na dim ond rhestru data. Mae'n bwysig eich bod chi hefyd yn cydnabod y ffordd y mae'r data wedi ei rannu'n bedwar rhan gan y graff: o ganlyniad, mae tri grŵp o gylchoedd i'w crybwyll, ac mae pob un wedi ei ddosbarthu yn ôl y gost gyffredinol o fyw yno (gan ystyried yn rhan o hynny beth yw prisiau'r eiddo a'r costau cymudo blynyddol). Un dull da efallai fyddai i chi roi ateb strwythuredig o dri pharagraff byr (un i bob grŵp). Byddwch yn ofalus wrth gynnig data cefnogol eich bod chi'n tynnu'r wybodaeth allan yn gywir. Mae'n rhaid i chi ganfod yn gywir lle mae canol pob cylch er mwyn i chi allu darllen oddi ar y gwerthoedd echel-x ac echel-y cyfatebol.

(c) Awgrymwch y ffyrdd gwahanol y gallai'r amseroedd teithio hir a welwch yn Ffigur 5.19 effeithio ar brofiad pobl o fyw mewn lleoedd fel Winchester a Cirencester.

CYNGOR

Mae'r cwestiwn hwn yn ymwneud yn rhannol â chynnwys Pennod 2, oedd yn archwilio teimladau, ystyron a phrofiadau lle. Mae'r adnodd yn ymdrin â phrofiadau un grŵp demograffig penodol - cymudwyr. Efallai y gallech chi gynnwys y thema ganlynol neu themâu eraill yn yr ateb i'r cwestiwn hwn.

- Am eu bod nhw'n treulio hyd at bedair awr y diwrnod yn cymudo o Cirencester i Lundain, does gan gymudwyr ddim llawer o amser i fwynhau cymryd rhan mewn grwpiau cymunedol neu weithgareddau lleol heblaw ar y penwythnosau. Gallai hyn olygu nad ydy cymudwyr bob amser yn uniaethu'n gryf â'r fan lle maen nhw'n byw; yna gall hyn effeithio ar gydlyniad y gymuned mewn mannau lle mae llawer o bobl yn treulio oriau hir yn teithio i'w gwaith.
- Efallai y bydd costau uchel y cymudo'n gadael y rhan fwyaf o bobl heb lawer o incwm i'w wario ar hamdden a gweithgareddau yn y mannau lle maen nhw'n byw. Hefyd, mae hyn yn effeithio'n negyddol ar eu teimlad o berthyn i'r lle.
- Mae'r ardaloedd hynny lle mae niferoedd mawr o bobl yn absennol am oriau lawer yn y dydd am eu bod nhw'n teithio'n bell i'w gwaith yn gallu dechrau cael eu hadnabod fel anheddau 'noswylio' sydd ddim yn ardaloedd lliwgar iawn. Gallai hyn arwain at gynrychioliad negyddol o'r lleoedd hyn yn y cyfryngau.

Materion yn ymwneud â thrafnidiaeth a thai

I lawer o bobl yn y DU, materion yn ymwneud â thrafnidiaeth a thai fydd y ffactorau pwysig wrth iddyn nhw benderfynu pa mor 'anheddadwy' o ran ei deimlad yw'r fan lle maen nhw'n byw. Mae dwy ran o dair o'r boblogaeth genedlaethol (tua 40 miliwn o bobl) o oedran gweithio ac mae'r mwyafrif ohonyn nhw'n teithio o'u cartrefi i le gweithio bob diwrnod yn yr wythnos. Mae llawer o bobl yn dewis lle i fyw ar sail y cydbwysedd anheddadwy sydd ei angen rhwng costau byw (sy'n cael eu penderfynu i raddau mawr gan y galw a'r argaeledd yn yr ardal) a chostau teithio i'r gwaith.

- Ers yr 1990au hwyr, y mater sy'n achosi'r straen mwyaf mewn llawer o drefi a dinasoedd, yn enwedig y rheini yn ne ddwyrain Lloegr, yw'r prinder eang o dai fforddiadwy, yn enwedig i weithwyr allweddol.

- Mae'n rhaid i bobl ifanc sydd o dan bwysau dyledion myfyriwr yn barod dalu cannoedd lawer o bunnoedd bob mis i rentu ystafell wely. Dydy llawer ohonyn nhw ddim yn gallu gweld unrhyw bosibilrwydd o brynu eu cartrefi eu hunain yn y rhan fwyaf o fwrdeistrefi Llundain.
- Felly, mae gwahaniaethau cymdeithasol newydd yn tyfu mewn rhannau o'r DU. Gall oedolion ifanc o deuluoedd mwy cyfoethog ddibynnu ar 'fanc mam a dad' i'w help i brynu cartref a gosod gwreiddiau parhaol mewn lleoedd fel Clapham neu Wimbledon yn Llundain; ond dydy'r manteision hyn ddim i'w cael i'r bobl ifanc o deuluoedd tlotach. O ganlyniad, mae cydlyniad a chynaliadwyedd tymor hir y cymunedau yn yr ardaloedd hyn wedi eu bygwth gan ymraniad o ran cyfoeth, sydd wedi golygu bod cyfran fawr o bobl iau yn methu gwneud buddsoddiad tymor hir mewn cartref yn yr ardal lle cawson nhw eu magu.

I'r bobl hynny sy'n methu benthyg gan eu rhieni, un ateb yw aros gartref nes byddan nhw yn eu hugeiniau hwyr neu yn eu tridegau – ond gall hyn roi pwysau ar berthynas y teulu. Efallai y bydd oedolion ifanc sydd eisiau eu cartrefi eu hunain yn teimlo mai'r unig opsiwn yn lle hynny yw symud ymhellach allan i'r rhanbarthau cymudo lle mae prisiau'r tai fel arfer yn rhatach. Eto, mae'r pwysau cynyddol ar y rheilffyrdd wedi golygu bod llawer o'r cymudwyr sydd ar y trenau prysuraf yn methu canfod sedd wrth deithio i'r gwaith, er eu bod wedi talu pris uchel am eu taith. O ganlyniad, efallai y bydd llawer o bobl sy'n gorfod teithio ymhell i'w gwaith yn teimlo nad ydy eu dull nhw o fyw yn gynaliadwy. Yn anffodus, does dim ateb gwleidyddol effeithiol ar y gorwel ar hyn o bryd i'r prinder tai fforddiadwy yn ninasoedd y DU.

Cysgu allan a phensaernïaeth ataliol

Un her derfynol i reolwyr lle yw'r cynnydd diweddar yn y nifer o bobl sy'n ddigartref yn y DU. Yn ôl un amcangyfrif, roedd un ymhob dau gant o ddinasyddion y DU yn ddigartref yn 2018. Mae prif achosion yr argyfwng hwn wedi eu hesbonio mewn rhannau eraill o'r llyfr hwn, ac maen nhw'n cynnwys: colli swyddi sy'n gysylltiedig â'r mesurau llymder; yr argyfwng ariannol byd-eang; newidiadau technolegol sy'n effeithio ar leoedd gwaith; a'r ffaith bod prisiau tai'n rhy uchel mewn llawer o leoedd, yn enwedig yn ne Lloegr. Dydy'r rhan fwyaf o'r bobl sy'n cael eu cyfri fel pobl ddigartref ddim yn cysgu allan. Maen nhw'n symud o le i le ac yn aros yn nhai eu ffrindiau neu aelodau o'u teuluoedd – 'syrffwyr soffa' yw un enw arnyn nhw. Mae llawer ohonyn nhw'n defnyddio hostelau. Ond, mae hyd at 8000 o bobl yn cysgu allan ac mewn perygl difrifol o ddioddef hypothermia, problemau iechyd meddwl neu gorfforol, ymosodiadau neu gamfanteisio rhywiol.

Mae rhai lleoedd penodol yn denu niferoedd llawer uwch o bobl yn cysgu allan na lleoedd eraill. Mae'r rhain yn cynnwys ardaloedd canolog o Brighton, Exeter a Chaerdydd, ynghyd â rhannau niferus o Lundain, yn cynnwys Windsor. Os byddwch chi'n beirniadu cymdeithas yn ôl y ffordd y mae'n trin ei haelodau mwyaf bregus, yna efallai y byddwch chi'n synnu o weld rhai o'r mesurau 'goddef dim' a gyflwynwyd yn ddiweddar i ymdrin â phobl sy'n cysgu allan.

- Mae pobl sy'n cysgu allan wedi cael eu gwahardd i bob pwrpas o rai o'r gorsafoedd trenau mawr, yn cynnwys Caerdydd Canolog a London Victoria, o dan y cynllun Diddymu Caniatadau Ymhlyg (*WIP – Withdrawal of Implied Permissions*).

▲ **Ffigur 5.20** Mae pensaernïaeth ataliol wedi ei lunio i rwystro pobl sy'n cysgu allan rhag setlo mewn ardaloedd penodol. Mae rhai pobl yn teimlo bod hyn yn angenrheidiol er mwyn gwella golwg y lle a gwella profiad pobl o'r lle a hefyd i wneud y lle'n fwy 'anheddadwy' i bawb arall; mae pobl eraill yn teimlo bod hyn yn anghyfiawnder cymdeithasol yn erbyn pobl sy'n agored i niwed

● Mae pensaernïaeth ataliol yn cael ei osod mewn llawer o leoedd i atal pobl ddigartref rhag cysgu yno (gweler Ffigur 5.20). Mae perchnogion tir yn gosod barrau a sbigynnau yn y mannau lle maen nhw eisiau atal cysgwyr allan rhag setlo. Un enghraifft o hyn yw'r sbigynnau sydd wedi ymddangos y tu allan i Selfridges ym Manceinion (cawson nhw eu tynnu nes ymlaen). Mae'r bobl sy'n beirniadu'r rhain yn dweud bod hyn yn eu hatgoffa o oes Fictoria pan oedd yr heddlu'n aml yn gwrthod gadael i bobl ddigartref ganfod lloches yng nghanol dinasoedd.

Ar y llaw arall, mae grwpiau ymgyrchu fel Shelter a Sefydliad Joseph Rowntree yn parhau i gynnig cymorth i gysgwyr allan. Mae elusennau eraill yn ymgyrchu'n ddiflino i dynnu sylw at y problemau sy'n sail i'r mater hwn, gan gynnwys prinder tai fforddiadwy a diffyg cymorth cymunedol i bobl fregus sydd mewn perygl o fynd yn ddigartref. Defnyddir technoleg hefyd i helpu pobl sy'n cysgu allan: mae'r ap ffôn StreetLink yn gadael i ddinasyddion lleol gysylltu â gweithwyr elusen os ydyn nhw'n canfod rhywun sydd angen cymorth yn cysgu allan yn eu cymdogaeth nhw.

 Gwerthuso'r mater

▶ *I ba raddau mae'r camau gweithredu i greu lleoedd cynaliadwy wedi bod yn llwyddiannus?*

Nodi cyd-destunau a meini prawf posibl ar gyfer beirniadu llwyddiant

Mae ffocws y ddadl yn y bennod hon ar gamau gweithredu i greu lleoedd mwy cynaliadwy ac i ganfod i ba raddau y cafodd nodau'r camau gweithredu hyn eu cyflawni'n llwyddiannus.

Y peth cyntaf y dylech chi ei nodi wrth baratoi'r cefndir ar gyfer dadlau'r mater hwn yw bod gan gynaliadwyedd (a datblygiad cynaliadwyedd) nifer o wahanol linynnau. Ond, er mwyn i rywle fod yn gynaliadwy – ac er mwyn iddo fod yn lle braf ac 'anheddadwy' i bawb sydd yno – mae'n rhaid cyflawni nodau cymdeithasol, economaidd ac amgylcheddol sydd wedi eu cysylltu â'i gilydd. Dyma gwestiynau posibl i'w gofyn wrth ymchwilio a yw lle yn gynaliadwy:

● Beth yw'r polisïau economaidd ar gyfer creu swyddi?
● A oes polisïau cymdeithasol ar gyfer cydlyniad a lles y gymuned?
● A oes polisïau amgylcheddol yn bodoli ar gyfer gwella ansawdd aer a dŵr?
● Sut mae problemau trafnidiaeth a thai yn cael eu trin?

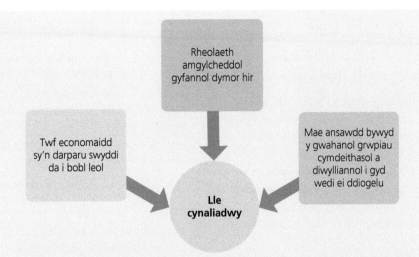

▲ **Ffigur 5.21** Map yn dangos sut i wneud lleoedd yn gynaliadwy ac anheddadwy

Mae 'cynaliadwyedd' fel cysyniad yn cyfeirio at ddatblygiad sy'n ateb anghenion y presennol heb beryglu gallu *cenedlaethau'r dyfodol* i fodloni eu hanghenion nhw eu hunain. I ddadlau'r mater hwn yn iawn, mae angen i ni hefyd feddwl yn feirniadol o'r dechrau beth yw'r ffordd orau o farnu a yw unrhyw weithred wedi bod yn 'llwyddiannus' ai peidio. Mae Tabl 5.3 yn nodi meini prawf pwysig ar gyfer llwyddo.

Meini prawf gwerthuso	Materion i'w hystyried
Sut mae safbwyntiau pobl leol yn gwahaniaethu?	Yn aml iawn mae gwrthwynebiad i brosesau ail-greu lle, fel y gwelwn ni mewn nifer o'r enghreifftiau yn y llyfr hwn. Y rheswm dros hynny yw bod pob rhanddeiliad mewn un lle'n gallu gweld pethau'n wahanol. ■ Os yw ailddatblygiad tirnod yn achosi i niferoedd mawr o bobl symud o'u cartrefi, gallan nhw i gyd farnu wedyn bod y strategaeth yn 'fethiant'. ■ Gallai rhai pobl deimlo bod dinistrio rhywle adnabyddus er mwyn codi datblygiad newydd yn rhywbeth mor ofnadwy nes bod hynny'n negyddu unrhyw fanteision. ■ Dydy 'llwyddiant' boneddigeiddio ddim bob amser yn diferu i lawr i grwpiau incwm is.
Ydy hi'n bosibl 'meincnodi' llwyddiant strategaeth?	Mae 'meincnodi' yn golygu gosod targed o flaen llaw y gallwch chi wedyn fesur cynnydd yn ei erbyn. Er enghraifft gallech chi osod y nifer targed o ymwelwyr newydd yr hoffech eu cael. Yn debyg i gyrraedd y lefel ofynnol mewn arholiad, gallwch chi wedyn ddweud a ydych chi wedi 'pasio' neu 'fethu' eich targed. Gallai meincnodau meintiol gynnwys gosod targed ar gyfer cynyddu cyflogaeth neu ostwng y nifer o safleoedd sy'n wag yng nghanol tref, a hynny o ganran arbennig. Gallech chi ofyn i bobl ddweud pa mor hapus ydyn nhw yno (dyma eu 'profiad' byw' o'r lle). Mae'r project Mappiness yn enghraifft o sut i wneud hyn (gweler tudalen 73).
A oes cyd-destun daearyddol ehangach i'w ystyried?	Dydy meincnodi ddim bob amser mor syml ag y dychmygwch chi. Y rheswm dros hynny yw bod llwyddiant unrhyw weithred neu strategaeth leol yn dibynnu hefyd ar y cyd-destunau rhanbarthol, cenedlaethol a byd-eang ehangach y mae pob lle lleol yn rhan ohonyn nhw. ■ Os bydd gwlad yn mynd drwy ddirwasgiad economaidd, efallai na fydd strategaeth adfywio lleol yn llwyddo cystal â'r disgwyl. Ond a ddylen ni wedyn ystyried bod y strategaeth yn fethiant? ■ I ba raddau mae buddion economaidd yr adfywiad ynghanol y ddinas yn diferu i lawr, mewn ffyrdd mesuradwy, i gymunedau a chymdogaethau tlotach gerllaw?

▲ **Tabl 5.3** Ffyrdd o feirniadu a yw gweithredoedd a strategaethau wedi bod y llwyddiannus

Gwerthuso'r farn bod camau gweithredu i greu lleoedd cynaliadwy wedi llwyddo

I gefnogi'r datganiad, gadewch i ni edrych ar waith Ymgyrch Basn y Mersi (MBC) y buon ni'n sôn amdani ym Mhennod 4 (gweler tudalen 146). Roedd MBC yn gweithio ochr yn ochr â rhanddeiliaid cyhoeddus a phreifat yn ystod yr 1990au i adfer ansawdd y dŵr drwy fasn Afon Mersi i gyd, yn cynnwys Camlas Llongau Manceinion. Mae Ffigur 5.22 yn dangos y cynllun cynaliadwyedd strategol ffurfiol a fabwysiadwyd gan MBC o'r dechrau. Fel y gwelwch chi, mae'n amlwg eu bod nhw wedi mynd ati i geisio cyflawni pob gofyniad o ran cynaliadwyedd. Mae adferiad Salford Quays, sef lle ar yr ochr orllewinol i ganol dinas Manceinion, yn adnabyddus fel stori lwyddiant o ail-greu lle a lwyddodd i wella'r amodau cymdeithasol, economaidd ac amgylcheddol i gyd ar yr un pryd.

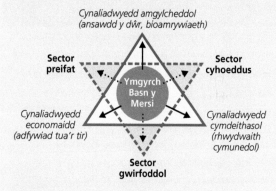

▲ **Ffigur 5.22** Defnyddiodd Ymgyrch Basn y Mersi fframwaith cynaliadwyedd yn llwyddiannus i ddod â newidiadau amgylcheddol, economaidd a chymunedol i leoedd ar lannau'r dŵr yng ngogledd-orllewin Lloegr

Mae Salford Quays yn ardal ar ymyl gorllewinol Manceinon lle mae cyfres o ddociau mawr iawn yn ymuno â Chamlas Llongau Manceinion (sydd, yn ei thro, yn cysylltu ag Afon Mersi).

- Roedd y gwaith diwydiannol trwm yn Salford Quays wedi gadael y dŵr yn llygredig iawn. Erbyn i hen ddiwydiannau'r doc ddechrau cau o ganlyniad i'r syfliad byd-eang yn yr 1970au, doedd neb eisiau buddsoddi mewn unrhyw ailddatblygu ar ochr y doc oherwydd y dŵr brwnt.
- Yr ardal a effeithiwyd waethaf oedd y Basn Troi – 28 hectar o ddŵr agored yn bybylu ac yn arogleuo'n ofnadwy (oherwydd y methan a'r hydrogen sylffid oedd yn dianc). Roedd carthion dynol yn pydru yn y dŵr (am nad oedd y carthffosydd wedi eu cynnal yn effeithiol) gan achosi i'r lefelau ocsigen ddarwagio'n gyfan gwbl.
- Roedd o fantais mawr iawn i Salford Quays pan wnaed y gwelliannau i ansawdd y dŵr yng Nghamlas Llongau Manceinion a'r Afon Mersi – a ariannwyd i raddau helaeth gan y cwmni dŵr United Utilities – a gafodd eu hamlinellu ym Mhennod 4 (tudalen 147). Yn Salford Quays, gosodwyd chwistrellwyr ocsigeniad oedd â chynllun unigryw yn 2001 am gost o £4.5 miliwn (gweler Ffigur 5.23). Mae'n bosibl ychwanegu hyd at 15 tunnell o ocsigen hylifol bob dydd er mwyn helpu i adfer a chynnal ansawdd y dŵr.

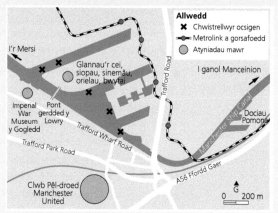

▲ **Ffigur 5.23** Heb wellannau i ansawdd y dŵr yn Salford Quays, mae'n annhebygol y byddai datblygiadau'r glannau sydd i'w gweld yma wedi cael eu hariannu o gwbl

Heblaw am ddatrys y problemau amgylcheddol, y broses hon oedd y cam cyntaf yn y broses o adfywio'r ardal yn economaidd ac yn gymdeithasol. Wrth i ansawdd y dŵr wella, dechreuodd datblygiadau tai a masnachol newydd wedi eu hariannu gan chwaraewyr sector preifat fel Peel Holdings ymddangos ar lannau'r dŵr.

- Cafodd Salford fudd mawr hefyd o'r sylw yn y cyfryngau pan gynhaliwyd Cwpan y Byd y Treiathlon yno yn 2003. Efallai fod y lluniau o bobl yn nofio yn y dŵr oedd mor llygredig gynt wedi helpu i newid barn pobl o'r tu allan am yr ardal: ers hynny mae heidiau mawr o bobl ifanc broffesiynol a hyddysg wedi dod i fyw yn Salford.
- Erbyn hyn, mae'r rhanbarth yn cefnogi 13,000 o swyddi ac yn gweld tua 4 miliwn o ymwelwyr yn cyrraedd bob blwyddyn, i fwynhau lle glân, atyniadol lle gallan nhw fwynhau datblygiadau blaenllaw arwyddocaol fel y Lowry ac Amgueddfa Ryfel Imperialaidd y Gogledd. Dewiswyd Salford gan y BBC ar gyfer ei safle cynhyrchu newydd yn 2004 (gweler Ffigur 5.24).
- Pan roddodd y papur newydd *The Financial Times* enw Manceinion Fwyaf yn rhif un fel ardal drefol fwyaf cymdeithasol 'egnïol' y DU yn 2015 (ar sail cyfuniad o ddata'r cyfrifiad a data masnachol dros gyfnod o ddeng mlynedd), dewisodd Salford fel ardal arbennig o lwyddiannus.

▲ **Ffigur 5.24** Mae llawer o bobl heddiw yn ystyried Salford Quays yn lle amgylcheddol, economaidd a chymdeithasol gynaliadwy

Os edrychwn ni yn ôl ar Ffigur 5.22, mae'n ymddangos bod holl dargedau cynaliadwyedd Ymgyrch Basn y Mersi wedi eu cyflawni. Ac eto nid yw pawb yn cytuno bod adfywiad Salford wedi bod yn llwyddiant *ysgubol*: mae rhai o'r ysgolion ar gyrrion yr ardal sy'n addysgu disgyblion mewn rhannau hirsefydlog o'r gymuned leol yn tanberfformio ar hyn o bryd.

Dangosodd adroddiad o Brifysgol Salford yn ddiweddar bod deg y cant o'r tai sydd ar rent yn yr ardal o safon annerbyniol i bobl fyw ynddyn nhw, ac mae Cyngor Salford lle mae'r Blaid Lafur mewn grym yn parhau'n bryderus bod rhai tenantiaid cymdeithasol yn byw mewn amodau 'tebyg i'r slymiau'. Mae hyn yn awgrymu nad ydy'r ffyniant economaidd wedi diferu i lawr rhyw lawer eto i nifer o'r ardaloedd cyfagos ac ar y ffiniau.

Gwerthuso'r farn bod camau gweithredu i greu lleoedd cynaliadwy wedi methu

Yr wrth-ddadl yw ei bod hi'n amhosibl i greu lleoedd cwbl gynaliadwy oherwydd y methiant systemig gan wneuthurwyr polisi'r DU i wynebu nifer o broblemau argyfyngus.Dyma nhw:

- yr argyfwng cymdeithasol ar hyn o bryd yn y cyflenwad tai a'u fforddiadwyedd mewn llawer o leoedd yn y DU
- bygythiadau economaidd tymor canolig, yn cynnwys deallusrwydd artiffisial a roboteg (gweler tudalen 95)
- y goblygiadau lleol a byd-eang tymor hir i'r amgylchedd oherwydd ôl troed ecolegol y dinasoedd.

O'r rhain, y problemau tai sy'n achosi'r pryder uniongyrchol mwyaf. Gellir dadlau nad oes gobaith i nifer o'r cynlluniau ail-greu lle ledled y DU fod yn gynaliadwy am fod prinder difrifol o dai ar gael i bobl ifanc eu prynu yn eu lleoedd cartref. Mae hyn yn arbennig o wir am yr ardaloedd canol dinas a'r trefi marchnad poblogaidd yng nghefn gwlad lle mae'r galw am dai yn llawer iawn uwch na'r cyflenwad (gweler tudalen 175). Ers 2010, mae nifer y perchnogion tai o dan 45 oed yn Lloegr wedi gostwng o 4.5 miliwn i 3.5 miliwn (gweler Ffigur 5.25). Mae llawer o bobl ifanc yn gorfod byw gartref gyda'u rhieni fel oedolion ifanc neu rentu eiddo sydd â ffioedd mor uchel nes bod cynilo digon o arian i dalu am flaendal i brynu tŷ bron yn amhosibl.

Perchnogaeth cartrefi yn Lloegr fesul grŵp oedran, 1991 a 2016

▲ **Ffigur 5.25** Mae gan y patrwm demograffig newidiol mewn perchnogaeth tai yn y DU oblygiadau sy'n achosi pryder i gynaliadwyedd cymdeithasol cymunedau lleol drwy'r wlad gyfan

Yn 1997, roedd canolrif pris tŷ yn y DU tua thair gwaith canolrif yr incwm blynyddol. Bellach mae bron wyth gwaith yn fwy na'r cyflogau arferol. Am ddegawdau, mae un llywodraeth ar ôl y llall wedi methu adeiladu digon o gartrefi i'r boblogaeth sy'n tyfu, er bod arbenigwyr wedi rhybuddio'n ddiddiwedd bod y galw'n llawer uwch na'r cyflenwad, oherwydd:

- poblogaeth sy'n heneiddio (mae'r henoed sy'n byw'n hirach heddiw yn aros yn eu cartrefi'n llawer hirach nag y gwnaeth y cenedlaethau blaenorol)
- cynnydd mewn cyfoeth, sy'n gadael i fwy o ddeuluoedd brynu ail dŷ
- cyfreithiau tyn yn atal adeiladu tai newydd mewn ardaloedd o gefn gwlad sydd wedi'u diogelu
- mewnfudo i'r DU, yn enwedig o ddwyrain Ewrop
- **prynu eiddo yn ased** gan chwaraewyr tramor sy'n chwilio am ffyrdd diogel o fuddsoddi arian
- mae mwy o bobl ifanc yn gadael adref yn 18 oed i fynd i'r brifysgol, gan greu mwy o brinder tai yn y trefi a'r dinasoedd lle mae prifysgolion.

Yn ôl yr arbenigwyr, i ddarparu digon o dai i ateb y galw, rhaid adeiladu 300,000 o gartrefi newydd bob blwyddyn, ond dydy hynny ddim wedi digwydd ers yr 1970au, a dim ond tua hanner hynny sy'n cael eu cwblhau bob blwyddyn. Weithiau gallwn ni esbonio pam mae pethau'n araf yn symud ymlaen drwy ystyried yr agweddau NIMBY (*not in my back yard* nid yn fy ngardd gefn i) – lle mae pobl leol yn defnyddio'r cyfreithiau cynllunio i rwystro datblygiadau tai newydd yn eu lle cartref nhw eu hunain (gweler tudalen 18).

Am fod prinder tai yn broblem drwy'r wlad i gyd, mae pobl sydd wedi byw mewn ardal ers blynyddoedd yn tueddu i ystyried project ail-greu lle llwyddiannus yn fendith gymysg. Wedi'r cwbl mae'n denu pobl newydd i mewn i'r ardal, gan olygu bod y prisiau tir lleol yn codi fwy fyth. I'r bobl hynny sy'n berchen ar gartref, mae cynnydd fel hyn yn y prisiau'n gallu sicrhau swm o arian iddyn nhw sy'n debyg i 'wobr loteri' os ydyn nhw'n dewis gwerthu eu tai a symud i rywle arall. I'r bobl mewn tai cymdeithasol neu sy'n rhentu'n breifat, mae'n stori wahanol iawn.

- Mae gan Gyngor Haringey yn Llundain gynlluniau i chwalu ystadau Northumberland Park a Broadwater Farm yn rhan o gynllun ailddatblygu i adeiladu 6400 o gartrefi newydd. Er bod y cynlluniau'n cynnwys mannau gwyrdd ac yn edrych yn gynaliadwy o ran yr amgylchedd, mae llawer o'r bobl sy'n byw yno'n pryderu beth fydd yn digwydd unwaith mae'r ailddatblygiad wedi ei gwblhau. I ble fydden nhw'n gorfod symud i fyw? Yn naturiol, maen nhw'n amau faint o dai fforddiadwy fydd ar gael, yn enwedig am fod cyllidebau'r cyngor lleol wedi gostwng ers i'r mesurau llymder gael eu cyflwyno yn 2010.
- Ar dudalen 111, trafodwyd y tân yn 2017 a ddinistriodd 24 llawr o fflatiau cymdeithasol yn Nhŵr Grenfell, sydd yng Ngogledd

---

🔑 **TERM ALLWEDDOL**

Prynu eiddo fel ased Pobl o'r tu allan sy'n prynu cartrefi yn lleol fel buddsoddiad yn hytrach na phobl leol sydd eu hangen nhw. Ar ôl yr argyfwng ariannol byd-eang, roedd llawer o fuddsoddwyr tramor yn ystyried eiddo Llundain yn asedau gweddol ddiogel i'w prynu. Felly, mae hyd at un ymhob tri o'r cartrefi sydd wedi eu hadeiladu o'r newydd yn lleoliadau gorau Llundain yn wag oherwydd y ffenomenon 'prynu i adael' (dydy'r perchnnog ddim eisiau byw yno ac mae'n fodlon i wneud dim byd mwy na bod yn berchen ar yr eiddo a gwylio ei werth yn cynyddu).

Kensington – ardal wedi'i boneddigeiddio. Mae'n eironi creulon bod Cyngor Kensington a Chelsea, bron i ddeng mlynedd ynghynt, wedi lansio strategaeth gymunedol ar gyfer y degawd dilynol oedd yn rhoi'r flaenoriaeth uchaf i'ddatblygu cymuned gynaliadwy'.

- Yn Streatham yn ne-orllewin Llundain yn 2017, y gost arferol am fflat un ystafell wely oedd traean o filiwn o bunnoedd. Mae'n anodd dychmygu y bydd llawer o'r plant sy'n mynd i'r ysgol gynradd yn Streatham ar hyn o bryd yn gallu fforddio prynu eu cartrefi eu hunain pan fyddan nhw'n cyrraedd oedran gweithio. Dyna fygythiad i ddyfodol y gymdeithas leol felly, oherwydd sut mae'n mynd i barhau os na fydd y genhedlaeth nesaf yn gallu prynu cartrefi yn yr ardal lle cawson nhw eu magu?

Mae gofynion yn y DU bod cwmnïau sy'n datblygu eiddo newydd yn darparu canran o'r cartrefi mewn projectau newydd am brisiau fforddiadwy. Ond, yn aml iawn, mae'r ganran hon yn isel iawn: er enghraifft, dydy datblygwyr yng nghanol Leeds ddim ond angen ateb y gofyniad bod 5 y cant o'r cartrefi ymhob project newydd ar gael am brisiau fforddiadwy. Y diffiniad o bris fforddiadwy yw 80 y cant o bris y farchnad – ond mae hyn yn dal i fod yn llawer iawn o arian i lawer o bobl.

Dod i gasgliad sy'n seiliedig ar dystiolaeth

I ba raddau mae camau gweithredu diweddar i greu lleoedd cynaliadwy wedi llwyddo mewn gwirionedd? Wrth gwrs, mae'n debyg y bydd gan wahanol bobl farn wahanol am lwyddiant neu fethiant strategaeth neu fenter. Y rheswm dros hynny yw bod gwahanol randdeiliaid – yn cynnwys llywodraethau lleol a chenedlaethol, busnesau lleol a thrigolion – yn asesu llwyddiant gan ddefnyddio meini prawf gwahanol i'w gilydd. Efallai fod llywodraethau'n gwerthfawrogi'r'darlun mawr' o ran creu swyddi, ond efallai fod barn pobl leol yn dibynnu mwy ar eu profiadau byw eu hunain o'r mannau newidiol lle maen nhw'n byw.

Mae lleoedd sy'n gynaliadwy yn economaidd, fel Isle of Dogs yn Llundain, wedi parhau i ddenu rowndiau newydd o fuddsoddiad yn llwyddiannus drwy weithredu'r prosesau achosiaeth gronnus ('caseg eira'). Ac eto, fel rydyn ni wedi'i weld yn y bennod hon, mae gorgynhesu economaidd, prisiau tai yn codi a phroblemau cymudo oll yn gallu gwneud i leoedd sy'n llwyddiannus yn economaidd deimlo'n llai atyniadol ac yn llai anheddadwy i rai o'u trigolion.

Mewn llawer o'r dinasoedd mewnol sydd wedi'u boneiddigeiddio, dydy pawb ddim yn mynd i gytuno bod gan y lleoedd hyn ddyfodol cynaliadwy o gwbl o ystyried y ffaith nad ydy'r tai'n fforddiadwy i bobl gyffredin mewn nifer gynyddol o ardaloedd. Hyd yn oed yn Salford Quays – lle mae'r weledigaeth gyfannol go iawn o ail-greu lle wedi cael effeithiau gwych ar yr amgylchedd, y gymdeithas a'r economi – mae'r lle hwn hefyd wedi cael ei feirniadu gan fod rhai pobl leol wedi eu heithrio'n gymdeithasol o'r marchnadoedd swyddi a thai lleol.

Yn olaf, mae'n bwysig cofio bod llwyddiant a chynaliadwyedd unrhyw le lleol yn cael ei benderfynu hefyd, i raddau mawr, gan ffyniant neu fethiant yr economi sy'n sylfaen i'r dinasoedd, y rhanbarthau a'r gwledydd y maen nhw'n rhan ohonyn nhw. Mae economïau lleoedd lleol yn y DU wedi cael dwy ergyd. Yn gyntaf cawsant eu taro gan yr argyfwng ariannol byd-eang, ac yna'n fwy diweddar cafwyd yr ansicrwydd sy'n gysylltiedig â pherthynas newidiol y wlad gyda'r Undeb Ewropeaidd. Os bydd nifer fawr o weithwyr sydd wedi symud yma o Ewrop yn gadael Llundain a dinasoedd mawr eraill, gallai hynny effeithio ar y marchnadoedd tai a'r busnesau mewn llawer o leoliadau. Does neb yn gwybod eto a fydd effeithiau hirdymor pleidlais Brexit yn rhwystro neu'n gwella'r rhagolygon tymor hir ar gyfer creu lleoedd cynaliadwy yn y DU.

Crynodeb o'r bennod

✔ Mae llywodraethau lleol a chenedlaethol yn chwarae rôl bwysig iawn o ran defnyddio polisïau i ddod â newid economaidd, er enghraifft y parthau menter. Mae polisïau i ysgogi datblygiad economaidd wedi eu gwreiddio mewn modelau a damcaniaethau economaidd sydd â rhinweddau ond sy'n cael eu beirniadu hefyd.

✔ Cafodd y parthau menter eu defnyddio'n gyntaf yn yr 1980au a chawson nhw eu hadfywio'n ddiweddar ar ôl yr argyfwng ariannol byd-eang. Yn gyffredinol, mae barn pobl am lwyddiant y parthau menter yn amrywio; ond, mae llawer o bobl yn cytuno bod Corfforaeth Datblygiad Dociau Llundain (LDDC: London Docklands Development Corporation) wedi gwneud gwaith rhagorol o ran ailddatblygu Isle of Dogs i ddod yn ganolfan gwasanaethau ariannol.

✔ Mae boneddigeiddio'n broses economaidd a chymdeithasol ddadleuol am fod cymaint o anfanteision yn mynd law yn llaw â'r manteision. Mae costau a phrinder tai mewn lleoedd wedi'u boneddigeiddio'n broblem annifyr sydd heb unrhyw atebion hawdd.

✔ Yn ystod y 40 blynedd diwethaf, mae'r gymdeithas Brydeinig wedi dod yn fwy cydlynol a chynhwysol yn gyffredinol. Cafwyd ymdrechion gwych i ymdrin ag achosion tensiwn diwylliannol yn y DU ac i reoli amrywiaeth yn llwyddiannus. Cafwyd amrywiaeth o bolisïau llywodraethol (lleol a chenedlaethol) a strategaethau sefydliadol newydd i geisio meithrin cydlyniad cymunedol a chafwyd rhai canlyniadau llwyddiannus.

✔ Er bod llawer o leoedd trefol yn llawer mwy anheddadwy nag oedden nhw mewn cyfran fawr o'r ugeinfed ganrif, mae'n wir o hyd bod ansawdd aer gwael, problemau trafnidiaeth a phrinder tai wedi creu amrywiaeth o broblemau trefol sy'n dal i achosi straen.

✔ Mae strategaethau i greu lleoedd mwy cynaliadwy wedi dod â chanlyniadau cymysg yn aml iawn. Cymerwyd camau mawr i wneud rhai lleoedd yn fwy anheddadwy yn gyffredinol; mae hanes Salford Quays yn stori lwyddiannus iawn.

✔ Fodd bynnag, mae problemau gyda'r cyflenwad tai drwy'r DU i gyd yn bygwth dyfodol llawer o leoedd – gallai niweidio llwyddiant a chynaliadwyedd tymor hirach y cynlluniau ail-greu lle sy'n derbyn sylw yn y bennod hon a phenodau eraill.

Cwestiynau adolygu

1 Beth yw ystyr y termau daearyddol canlynol? Pegwn twf; achosiaeth gronnus; diferu i lawr; parth menter.

2 Amlinellwch y pethau y mae parthau mentrau'n eu cynnig i annog diwydiannau newydd.

3 Esboniwch y newidiadau swyddogaethol, demograffig ac amgylcheddol sydd wedi effeithio ar Isle of Dogs ers yr 1980au.

4 Gan ddefnyddio enghreifftiau, esboniwch achosion y tensiwn diwylliannol mewn dinasoedd Prydeinig ac Americanaidd.

5 Cymharwch y costau a'r buddion sy'n gysylltiedig â boneddigeiddio ardaloedd yn y dinasoedd mewnol.

6 Gan ddefnyddio enghreifftiau, awgrymwch ffyrdd o ymdrin â thensiynau diwylliannol a chymdeithasol mewn ardaloedd trefol.

7 Beth yw ystyr y termau daearyddiaeth canlynol? Gorgynhesu; dadleoli; cymuned tu ôl i giatiau; allanoldebau negatif.

8 Gan ddefnyddio enghreifftiau, esboniwch ffyrdd o wneud lleoedd trefol yn fwy cynaliadwy yn amgylcheddol.

9 Esboniwch pam mae cymaint o bobl yn ystyried mai tai yw'r her fwyaf argyfyngus i lawer o leoedd trefol.

Gweithgareddau trafod

1 Mewn grwpiau, trafodwch y farn hon: dylai mwy o arian ddod o'r trethi gwladol i dalu am strategaethau adfywio economaidd mewn lleoedd lleol sydd angen cymorth fwyaf.

2 Mewn grwpiau, cymharwch y model achosiaeth gronnus gyda'r ddamcaniaeth economaidd glasurol sy'n dadlau y bydd lleoedd ffyniannus yn colli eu mantais ddechreuol wrth i amser fynd yn ei flaen (oherwydd cynnydd mewn costau llafur a chostau tir). Beth yw cryfderau a gwendidau'r dadleuon y mae'r modelau a'r damcaniaethau hyn yn eu defnyddio?

3 Trafodwch y farn hon: mae'n anochel bod prosesau adfywio a boneddigeiddio yn mynd i greu 'enillwyr' a 'chollwyr'. Dyfeisiwch restr wirio o gamau posibl y gallai awdurdod lleol eu cymryd er mwyn cyfyngu ar effeithiau negyddol boneddigeiddio i rai grwpiau o bobl.

4 Mewn parau, cynlluniwch fap meddwl sy'n dangos sut mae gwahanol grwpiau diwylliannol ac ethnig wedi eu cynnwys mewn gwahanol gategorïau o destun cyfryngol sy'n cael eu cynhyrchu yn y DU (sioeau teledu, ffilmiau, hysbysebion) rydych chi'n gyfarwydd â nhw. Pam ydyn ni'n ystyried cynrychioliadau cynhwysol yn bwysig?

5 Mewn grwpiau, trafodwch eich agweddau chi'ch hun tuag at ddull o fyw'r cymudwyr y mae llawer o bobl yn y DU wedi ei fabwysiadu. Os cewch chi swydd yng nghanol dinas rhyw ddiwrnod, fyddai'n well gennych chi fyw'n agos i'ch gwaith mewn lle drud neu fyw mewn lle rhatach ymhellach i ffwrdd?

6 Trafodwch beth sydd angen ei wneud am argyfwng tai y DU er mwyn helpu pobl sy'n 16-21 oed ar hyn o bryd i allu prynu cartrefi'n gynharach unwaith maen nhw'n dechrau gweithio. A ddylai mwy o dai gael eu hadeiladu ac, os felly, ymhle? A ddylai pobl sy'n rhentu tai gael yr hawl i'w prynu nhw? A ddylai cyfreithiau gael eu pasio i atal pobl rhag prynu eiddo dim ond fel ased? Beth arall fyddai'n bosibl ei wneud?

FFOCWS Y GWAITH MAES

Mae'r pynciau sydd dan sylw yn y bennod hon yn cynnig llawer o gyfleoedd i wneud ymchwiliad annibynnol Safon Uwch sy'n archwilio effeithiau a phroblemau economaidd, cymdeithasol neu amgylcheddol ail-greu lle.

A *Defnyddio cymysgedd o ddata holiadur a ffynonellau eilaidd i ymchwilio'r ffordd mae lle wedi ei foneddigeiddio.* Gallech chi ymchwilio i gymdogaeth rydych wedi'i dewis yn ofalus ac y mae ymchwil blaenorol yn dangos ei bod wedi mynd drwy, neu yn mynd drwy, y broses o foneddigeiddio. Gallai data eilaidd gynnwys: newidiadau mewn prisiau tai dros amser; proffil economaidd-gymdeithasol y lle yng Nghyfrifiad 2001 a 2011; cynrychioliadau o'r lle yn y cyfryngau (bydd rhai lleoedd sydd wedi'u boneddigeiddio wedi ymddangos mewn papurau newydd, er enghraifft, 'y deg lle mwyaf cŵl i fyw'). Gallai'r dulliau o gasglu data cynradd gynnwys: cyfweliadau â phobl sy'n defnyddio gwasanaethau a chysylltiadau cludiant lleol; ffotograffau o fariau, bwytai a busnesau ffasiynol newydd. Gallai'r ymchwiliad ganolbwyntio ar faint y newidiadau sydd wedi digwydd neu ar y gwahaniaeth barn sydd gan wahanol bobl am y newidiadau hyn.

B *Cyfweld pobl i ganfod rhagor am batrymau cymudo a'r broses o wneud penderfyniadau sy'n effeithio ar le mae pobl yn byw.* Gallech chi gyfweld detholiad doeth o gymudwyr er mwyn canfod rhagor am y pellter y mae pobl yn barod i'w deithio i'r gwaith fel arfer mewn lle arbennig. Ond, bydd angen i chi feddwl yn ofalus am eich methodoleg. Pan fydd pobl yn brysio i'r gwaith neu i ddal eu trên adref, efallai fod hynny'n amser drwg i'w bachu nhw i ateb cwestiynau. Syniad gwell efallai fyddai cynnal y cyfweliadau amser cinio mewn stryd yn llawn o gaffis lle mae niferoedd mawr o weithwyr yn mynd i gael eu cinio.

C **Ymchwilio problem bwysig sy'n gwneud lle cartref yn llai anheddadwy.** Mae nifer o gyfleoedd i wneud ymchwiliad annibynnol diddorol neu anarferol sy'n ymdrin â mater amgylcheddol neu gymdeithasol arbennig. Mae digartrefedd, cysgu allan, llygredd aer a rheoli gwastraff i gyd yn faterion perthnasol a allai fod yn ffocws derbyniol ar gyfer eich ymchwiliad annibynnol. Ond, cyn ceisio unrhyw beth fel hyn mae'n rhaid i chi feddwl yn ofalus pa mor ymarferol fydd y gwaith sy'n ofynnol, ynghyd â materion diogelwch a moesegol. Byddwch chi angen gwneud asesiad risg go iawn cyn i chi fynd ati i gasglu unrhyw ddata cynradd. Efallai fod apiau ffôn clyfar defnyddiol ar gael i fesur pethau, er enghraifft, ansawdd yr aer.

Deunydd darllen pellach

Amin, A. (2012) *Land of Strangers*. Caergrawnt: Polity.

Andreou, A. (2015) Anti-homeless spikes: 'Sleeping rough opened my eyes to the city's barbed cruelty'. *The Guardian* [ar-lein]. Ar gael yn: www.theguardian.com/society/2015/feb/18/defensive-architecture-keeps-poverty-undeen-and-makes-us-more-hostile [Cyrchwyd 21 Chwefror 2018].

Barczewski, S. 2000) *Myth and National Identity in Nineteenth-Century Britain: The Legends of King Arthur and Robin Hood.* Rhydychen: Gwasg Prifysgol Rhydychen.

CerealKillerCafé.com. Ar gael yn: http://www.cerealkillercafe.co.uk.

Florida, R. (2017) *The New Urban Crisis: Gentrification, Housing Bubbles, Growing Inequality and What We Can Do About It.* Llundain: Oneworld.

Gilroy, P. (1986) *There Ain't No Black in the Union Jack: The Cultural Politics of Race and Nation.* Llundain: Hutchinson.

Khomami, N. a Halliday, J. (2015) Shoreditch Cereal Killer Cafe targeted in anti-gentrification protests. *The Guardian [ar-lein]*. Ar gael yn: http://www.theguardian.com/uk-news/2015/sep/27/shoreditch-cereal-cafe-targeted-by-anti-gentrificationprotesters [Cyrchwyd: 23 Mawrth 2018].

Larkin, K. a Wilcox, Z. (2011) What would Maggie do? *Centre for Cities* [ar-lein]. Ar gael yn: www.centreforcities.org/wp-content/uploads/2014/09/11-02-28-What-would-Maggie-do-Enterprise-Zones.pdf [Cyrchwyd 21 Chwefror *2018*].

Lees, L. Slater, T. a Wyly, E. (2010) *The Gentrification Reader.* Abingdon: Routledge.

London Borough of Barking and Dagenham (2016) *Barking Artists Enterprise Zone* [ar-lein]. Ar gael ar: www.lbbd.gov.uk/wp-content/uploads/2016/04/Barking-Artist-Enterprise-Zone.pdf [Cyrchwyd 21 Chwefror 2018].

Massey, D. (2007) *World City.* Caergrawnt: Polity.

May, J. (2014) Exclusion. Yn: P. Cloke, P. Crang a M. Goodwin. *Introducing Human Geographies.* Abingdon: Routledge.

Myrdal, G. (1957) *Economic* Theory *and Under-Developed Regions.* Llundain: Duckworth.

Oakes, S. (2017) Wicked problems. *Geography Review,* 30(4), 25–27.

Whitehead, M. (2006) *Spaces of Sustainability: Geographical Perspectives on the Sustainable Society.* Abingdon: Routledge.

Problemau sy'n wynebu lleoedd gwledig

Ers yr 1970au, mae grymoedd allanol wedi bod yn ail siapio gwahanol fathau o leoedd gwledig mewn ffyrdd amrywiol. Weithiau mae'r newidiadau hyn wedi achosi mathau newydd o hunaniaeth wledig ond maen nhw hefyd wedi achosi tensiwn a gwrthdaro, ac mae enghreifftiau lu o leoedd gwledig a chymunedau o'r fath. Mae'r bennod hon yn:

- archwilio sut mae lleoedd gwledig wedi cael eu siapio gan gysylltiadau â lleoedd eraill yn y gorffennol a'r presennol
- ymchwilio newidiadau economaidd a demograffig a heriau ar gyfer mathau amrywiol o leoedd gwledig
- dadansoddi i ba raddau mae gwahanol geisiadau i ail-greu lle gwledig wedi bod yn llwyddiannus
- trafod pa mor bell y mae agweddau cymdeithasol tuag at hunaniaeth wledig yn amrywio ymysg gwahanol grwpiau o bobl.

CYSYNIADAU ALLWEDDOL

Cefn gwlad gwahaniaethol Y syniad bod unrhyw ddadansoddiad o gefn gwlad yn mynd i ddatgelu gwahanol fathau o leoedd gwledig gyda hunaniaethau economaidd, cymdeithasol, gwleidyddol ac amgylcheddol gwahanol iawn. Mae'r hunaniaethau gwahanol hyn – neu'r 'elfennau gwledig' – yn codi'n aml iawn o ganlyniad i ba mor bell yw'r ardaloedd gwledig o'r ardaloedd trefol.

Ardal wyllt Ardaloedd anghysbell lle mae'r nodweddion esthetig sydd heb eu handwyo yn werthfawr yn ecolegol ac yn wyddonol. Mae maint yr ardal wyllt yn gallu amrywio; rydyn ni'n galw ardaloedd cyfandirol mawr o Diroedd America'n ardaloedd gwyllt, ond mae corneli bach o gefn gwlad Prydain yn ardaloedd gwyllt hefyd, er enghraifft, tyrrau Dartmoor neu'r rhannau mwy anghysbell o'r Pennines. Mae pobl yn dadlau yn erbyn y syniad hwn am fod cynifer o leoedd sy'n cael eu galw'n ardaloedd gwyllt wedi eu haddasu gan bobl; cafodd tirweddau y byddwn ni'n meddwl amdanynt fel rhai naturiol, er enghraifft Ardal y Llynnoedd, eu newid yn fawr yn y gorffennol (pan gafodd fforestydd eu clirio ar gyfer pori defaid).

① Lleoedd, cyfranogwyr a chysylltiadau gwledig

▶ *Ym mha ffyrdd mae lleoedd gwledig wedi cael eu siapio gan eu cysylltiadau â lleoedd eraill yn y presennol a'r gorffennol ?*

Llifoedd newidiol o bobl, buddsoddiad ac adnoddau

Roedd penodau blaenorol yn canolbwyntio'n bennaf ar y ffordd y mae lleoedd trefol wedi cael eu heffeithio gan rymoedd alldarddol fel syfliad byd-eang, technolegau newydd a mudo rhyngwladol. Mae grymoedd newid sy'n debyg i'r rhain yn digwydd mewn lleoedd gwledig. Mae'r lleoedd hyn hefyd yn cael eu hail siapio'n barhaol gan lifoedd newidiol o bobl, adnoddau a buddsoddiad o amrywiol faint, gydag amrywiaeth o effeithiau demograffig, economaidd-gymdeithasol a diwylliannol.

- Rydyn ni wedi edrych yn barod ym Mhennod 1 (tudalennau 11 a 23) ar y ffordd y cafodd swyddogaethau rhannau mawr o gefn gwlad Prydain eu gweddnewid i'w gwneud nhw'n lleoedd 'ôl-gynhyrchiol'.

"I hope this client knows what he's doing — giving us a bob for every pylon we knock down on his farm."

London Express Service

▲ **Ffigur 6.1** Cafodd lleoedd gwledig eu gweddnewid pan gyflwynodd y llywodraeth ganolog y grid cenedlaethol yn yr 1950au a 1960au. Gallwn ni weld tystiolaeth ansoddol yn y cartŵn papur newydd hwn o 1965 o'r dadlau a achoswyd pan gafodd lleoedd lleol eu hail-siapio gan y grymoedd gwleidyddol alldarddol (roedd yr artist, Carl Giles, yn ddig am y ffaith bod rhywun newydd osod peilonau'n agos at ei gartref)

▲ **Ffigur 6.2** Pentref Derwent a foddwyd i greu Cronfa Ddŵr Ladybower yn Swydd Derby. Diflannodd tŵr yr eglwys yn araf o dan y dŵr wrth i'r gronfa lenwi yn 1946

- Mae llawer o leoedd gwledig wedi cael eu trawsffurfio gan symudiadau'r boblogaeth o ardaloedd trefol gerllaw; mae'r galw am gartrefi ymysg mudwyr gwrthdrefol cyfoethog yn esbonio pam fod diffyg difrifol o dai fforddiadwy mewn llawer o bentrefi poblogaidd. Mae boneddigeiddio gwledig yn achosi dadleoliad graddol y teuluoedd incwm is.
- Mae grymoedd a chyfranogwyr ar raddfa genedlaethol, gan gynnwys llywodraeth y DU a chwmnïau mawr fel Sainsbury's, yn cael dylanwad dros leoedd gwledig. Gall y penderfyniadau strategol y mae Llywodraeth ganolog yn eu gwneud am isadeiledd newid y sefyllfa'n llwyr i ardaloedd gwledig (gweler Ffigur 6.1). Mae'r dadleuon sy'n digwydd yn ein cyfnod ni'n cynnwys dewis safleoedd ar gyfer rhedfeydd maes awyr newydd (Heathrow), teithiau rheilffyrdd (High Speed 2) a gorsafoedd pŵer (Hinkley Point C). Yn y gorffennol, cafodd pentrefi gwledig eu haberthu i adeiladu cronfeydd dŵr (gweler Ffigur 6.2). Mae llywodraethau'n defnyddio archebion prynu gorfodol fel cyfryngau cynllunio mewn achosion fel y rhain, gan olygu nad oes llawer o iawndal i berchnogion tir gwledig. Gallwn ni weld dylanwad cwmnïau yn y parciau siopa sector preifat newydd sy'n cyrraedd ardaloedd gwledig, fe Bluewater yng Nghaint. Mae'r datblygiadau newydd hyn yn creu swyddi ond maen nhw hefyd yn dod â thagfeydd traffig a llygredd.

🔑 **TERMAU ALLWEDDOL**

Mudwyr gwrthdrefol Pobl sydd wedi dadleoli o ddinasoedd i drefi a phentrefi gwledig. Mae rhai ohonyn nhw'n bobl o oedran gweithio, gyda theuluoedd ifanc yn aml iawn; mae eraill wedi ymddeol.

Boneddigeiddio gwledig Yn debyg i'r broses o foneddigeiddio trefol, mae mudwyr gwrthdrefol dosbarth canol newydd yn adnewyddu hen stoc tai mewn trefi a phentrefi gwledig, ac yn y pen draw mae hyn yn gyrru'r prisiau ymhell y tu hwnt i gyrhaeddiad y teuluoedd cyffredin sydd wedi byw yno'n hirach.

- Ymysg y cyfranogwyr mawr byd-eang hynny sy'n cael effaith ar leoedd gwledig mae corfforaethau trawswladol sydd â chyfran yn y parciau siopa, a buddsoddwyr sy'n gwario o gronfeydd buddsoddi'r wlad ar reilffyrdd, gorsafoedd pŵer a phrojectau isadeiledd eraill (gweler tudalennau 128–129).

ASTUDIAETH ACHOS GYFOES: TYWODYDD YN SYMUD A LLIFOEDD TIROEDD Y CYRION YN FORMBY

Yn eu llyfr *Edgelands*, mae Paul Farley a Michael Roberts yn dadansoddi nodweddion ac ystyron lle sydd ddim yn drefol nac yn wledig. Mae rhannau o arfordir Sefton, i'r gogledd o Lerpwl, yn ateb y disgrifiad hwn yn dda. Maen nhw'n lleiniau a phocedi o dir sydd yn union drws nesaf i ardaloedd o boblogaeth ddwys o fewn cyrion gwledig/trefol llawer mwy dinas Lerpwl – yn cynnwys eangderau o dwyni. Mae gan Sefton yr ardal fwyaf o dwyni yn Lloegr. Mae'n ymestyn dros 17 km a hyd at 4 km o led mewn rhai lleoedd (gweler Ffigur 6.3). Am eu bod nhw'n agos at dai yn Crosby, Formby, Ainsdale a Southport, mae'n bosib – ym marn yr awdur lleol Jean Sprackland – galw'r rhain yn diroedd y cyrion.

Mae'r twyni'n hynod o symudol ac, yn y gorffennol, wrth i'w tywydd symud maen nhw wedi llyncu tai. Mae ffynonellau data eilaidd mewn llyfrgelloedd lleol yn sôn am bymtheg o dai a orchuddiwyd gan dwyni yn dilyn storm yn 1670. Dros amser, mae pobl wedi defnyddio amgylchedd tiroedd y cyrion mewn nifer o wahanol ffyrdd. Heddiw, mae'r twyni a'r traethau rhwng Southport a Crosby yn balimpsest (gweler tudalen 32) o feysydd golff, strwythurau diwydiannol sy'n rhydu, caeau chwaraeon, ceir wedi eu llosgi, llochesi rhyfel gwag, ffosydd draenio, maes tanio milwrol, un maes awyr bach, leiniau aros yr rheilffyrdd, coetiroedd yr Ymddiriedolaeth Genedlaethol, malurion glan môr plastig, defaid yn pori, llongddrylliad y *Star of Hope* a 100 delw dynol wedi eu creu o haearn bwrw yn syllu tua'r môr a gafodd eu suddo ym mharth rhynglanwol Crosby gan y cerflunydd Antony Gormley.

Yn y gorffennol a'r presennol, mae hwn wedi bod yn lle gyda llawer iawn o gysylltiadau bob amser. Yn hanesyddol, mae tiroedd y cyrion ar arfordir Formby wedi ffurfio cysylltiadau â lleoedd eraill ar raddfeydd rhanbarthol, cenedlaethol a byd-eang oherwydd y llifoedd o bobl, tywod, bwyd a gwastraff sydd yno. Mae llawer o straeon a gwahanol fathau o ddaearyddiaeth yn croestorri yn y lle hwn.

- Cafodd ardaloedd mawr o dwyni mewndirol eu datblygu ar gyfer adeiladu tai yn yr 1960au.

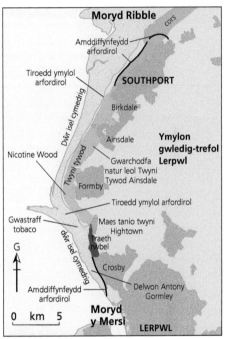

▲ **Ffigur 6.3** Mae'r llain o dir arfordirol rhwng Southport a Lerpwl yn ardal ddynamig o diroedd ymylol (wedi eu gosod o fewn ffin gwledig-trefol ehangach Lerpwl) sydd wedi cael eu hail siapio nifer o weithiau gan rymoedd ffisegol a dynol

Ffrwydrodd poblogaeth Formby o 5000 i tua 30,000 o gwmpas yr un adeg pan gafodd trefi newydd fel Milton Keynes eu hadeiladu.

- Ar un adeg, roedd y twyni'n adnabyddus yn genedlaethol am fod yn safle cynhyrchu asbaragws. Heddiw, mae asbaragws o Formby sy'n cael ei gynhyrchu'n organig ar raddfa fach yn cael ei werthu ym marchnad Covent Garden a Harrods yn Llundain. Cyn i system garthffosiaeth Lerpwl gael ei chwblhau yn hwyr yn yr 1800au, cafodd meintiau mawr o 'bridd y nos' (carthion dynol) eu cludo i mewn i Formby ar y rheilffordd bob dydd i'w ddefnyddio fel gwrtaith ar yr asbaragws.

■ Cafodd meintiau mawr o dywod mân wedi ei chwythu gan y gwynt eu cloddio o'r twyni rhwng yr 1930au a'r 1950au i'w defnyddio gan ddiwydiannau gwneud gwydr y rhanbarth, yn cynnwys Pilkington yn St Helens. Roedd y tywod yn berffaith hefyd ar gyfer cwmnïau gollwng-ofannu (*drop-forging*) mewn lleoedd pell i ffwrdd fel Birmingham a Coventry.

■ Cafodd meintiau enfawr o wastraff tybaco eu gollwng yn y twyni rhwng 1956 a 1974. Daeth y rhain o ddiwydiant tybaco Lerpwl; yn ei dro, roedd y tybaco ei hun wedi dod o China, Brasil, Cuba, Gwlad Pwyl, India ac Unol Daleithiau America. Y rheswm bod y gwastraff tybaco yn y fan honno oedd bod porthladd Lerpwl yn y gorffennol yn ganolfan ddiwydiannol fyd-eang fawr oedd â chysylltiadau, drwy lifoedd o adnoddau a phobl, ag amrywiaeth fawr o leoedd pell. Heddiw, mae'r diwydiant tybaco wedi mynd ac mae Warws Tybaco Doc Stanley enfawr Lerpwl yn wag a'i ffenestri wedi torri (er bod cynlluniau i'w ailddatblygu'n dai moethus). Yn Formby hefyd mae atgofion wedi parhau o'r fasnach dybaco a'i gwastraff gydag enwau lleoedd fel Nicotine Path a Nicotine Wood.

Ym mis Ionawr 2014, cafodd arfordir Sefton yr ymchwydd storm mwyaf ers 1953. Cyfunodd llanw 9.8m â thymestl orllewinol ddifrifol a gwasgedd atmosfferig isel a chynhyrchodd hynny ddŵr eithriadol o uchel. Trawodd tonnau mawr dinistriol yn erbyn blaen y twyni gan achosi difrod mawr, yn enwedig ar Formby Point. Mae Ffigur 6.4 yn dangos talpiau enfawr o wastraff tybaco yn syrthio allan o dwyni toredig i'r traeth isod. Fel ymarfer defnyddiol, brasluniwch fap meddwl sy'n esbonio'r holl ddigwyddiadau a arweiniodd at y digwyddiad hwn. Byddwch yn gweld eich bod yn cysylltu amrywiaeth o wahanol brosesau a llifoedd dynol a ffisegol (presennol a gorffennol) at ei gilydd, ac maen nhw i gyd yn dod at ei gilydd yn nhiroedd y cyrion ar arfordir Formby.

▲ **Ffigur 6.4** Erydiad y twyni gan storm yn 2014 pan ddatgelwyd gwastraff o'r busnes tybaco byd-eang, a ollyngwyd yn nhiroedd y cyrion yn Formby yn ystod yr 1950au

Rôl y cyfranogwyr allanol o ran gyrru newid gwledig

Mae llawer o grwpiau a sefydliadau'n helpu i ailsiapio lleoedd gwledig dros amser drwy lywodraethu ar y cyd. Mae'r term 'llywodraethu ar y cyd' yn disgrifio strwythur pŵer mwy ymledol na'r llywodraeth ac yn cynnwys gweithredoedd llawer o gyfranogwyr. Mae gan rai ohonyn nhw bŵer uniongyrchol am eu bod nhw'n gallu cyrchu'r arian y mae lleoedd ei angen, a hynny heb unrhyw gyfyngiad, tra bo gan eraill rôl gynghori neu ddylanwadu ehangach. Yn aml iawn, mae ardaloedd gwledig sy'n cael eu hystyried yn lleoedd problemus gan wleidyddion, yn cael eu llywodraethu gan rwydweithiau cymhleth o weithredwyr. Un enghraifft o le fel hyn yw arfordir gwledig ac ynysoedd Strathclyde yn yr Alban (gweler Ffigur 6.5).

Pan fydd dyfodol cymuned wledig mewn perygl oherwydd newidiadau economaidd, demograffig neu dechnolegol, mae gweithredoedd ail-greu lle'n dod yn angenrheidiol, lle mae rôl i gyfranogwyr o'r brig i lawr ac o'r gwaelod i fyny. Ond, gallai gwrthdaro ddilyn hyn os bydd rhai rhanddeiliaid eisiau cadw'r dirwedd fel y mae ac mae eraill yn gobeithio manteisio arno'n economaidd. Fel arfer, efallai y bydd gwrthdaro rhwng gweithgareddau cynhyrchiol (ffermio, sy'n dal i ddominyddu defnydd tir gwledig mewn llawer o ranbarthau), buddiannau defnyddwyr (diwydiannau hamdden a thwristiaeth) a symudiadau amgylcheddol (ddim eisiau gweld unrhyw ddatblygiad o gwbl). Rydyn ni'n archwilio'r tensiynau hyn ymhellach ar dudalen 200.

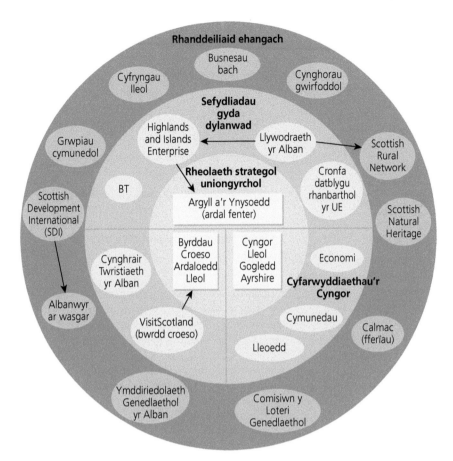

◀ **Ffigur 6.5** Mae'r llywodraethiant ar arfordiroedd gwledig ac ynysoedd mewnol gorllewin yr Alban yn cynnwys rhwydwaith cymhleth o weithredwyr sy'n cynnwys chwaraewyr mewnol (mewndarddol) ac allanol (alldarddol)

ASTUDIAETH ACHOS GYFOES: GŴYL GLASTONBURY

Mae'r astudiaeth achos hon yn rhoi dadansoddiad byr i chi o'r cyfranogwyr a'r cysylltiadau allanol sydd wedi siapio Gŵyl Glastonbury yn Wiltshire yn un o ddigwyddiadau cerddoriaeth mwyaf llwyddiannus y byd. Mae gwyliau byrion (sy'n canolbwyntio ar gerddoriaeth, celfyddydau, bwyd, chwaraeon neu ddiddordebau eraill) yn astudiaethau achos diddorol o newid delwedd lle am eu bod nhw'n bethau byrhoedlog (dros dro).

Glastonbury yw'r fwyaf o tua 20 gŵyl gerdd fawr sy'n cael eu llwyfannu yn yr awyr agored yn y DU. Mae bron i 200,000 o bobl yn mynd i'r digwyddiad 72 awr,

▲ **Ffigur 6.6** Am bum niwrnod y flwyddyn, mae safle Gŵyl Glastonbury gerllaw pentref Pilton yn troi'n 'ddinas dros dro' ac yn 46fed anheddiad mwyaf y DU yn ôl ei faint

sy'n cael ei gynnal mewn ardal wledig brydferth yn agos i fryn Glastonbury Tor (gweler Ffigur 6.6). Does gan safle'r ŵyl ei hun ddim arwyddocâd ecolegol arbennig ac mae'n cael ei ddefnyddio fel porfa i wartheg am weddill y flwyddyn. Mae'r glaswellt yn anhygoel o wydn a gall dyfu'n ôl yn gryf ar ôl i gannoedd o filoedd o draed ddawnsio arno dros gyfnod yr ŵyl ac achosi'r effaith 'daear llosgedig' oherwydd y sathru.

Ond, mae straen mawr ar drigolion lleol drwy gydol yr ŵyl, yn cynnwys sŵn a niwsans gan bobl sy'n dathlu drwy'r nos. Yn anochel, mae hyn yn creu gwrthwynebiad. Mae hyrwyddwr Glastonbury, Michael Eavis, wedi bod drwy nifer o frwydrau cyfreithiol gyda'i gymdogion ers i'r ŵyl gael ei chynnal yn gyntaf yn 1970.

Llwyfannu'r digwyddiad bob dwy flynedd, yn hytrach na bob blwyddyn, yw un newid a wnaeth fel cyfaddawd â'r rhannau hynny o'r gymuned sy'n dal i wrthwynebu'r ŵyl. Mae pobl leol eraill yn hoffi'r holl fusnes a ddaw i'r ardal oherwydd yr ŵyl. Gall gwestai a busnesau gwely a brecwast godi prisiau anhygoel ar sêr a rheolwyr uwch yn y diwydiant cerdd. Gall busnesau bach ennill cyfran fawr o'u henillion blynyddol yn ystod pum niwrnod yr ŵyl.

Mae Ffigur 6.7 yn dangos sut mae safle Glastonbury'n troi'n lle sydd â chysylltiadau byd-eang drwy gydol yr ŵyl. Mae'r llifoedd o bobl, arian a gwybodaeth yn gweithredu ar raddfeydd sy'n amrywio o rai lleol i rai

rhyngwladol. Mae'r rhwydwaith hwn o lifoedd dros dro'n cael ei adeiladu ar y cyd gan amrywiaeth o gyfranogwyr.

- Daw pobl i'r ŵyl o'r ardal leol, o'r DU gyfan ac o wledydd eraill o amgylch y byd (mae llawer o ymwelwyr rhyngwladol yn mynd i'r ŵyl; mae rhai yn ei ystyried yn 'daith unwaith mewn bywyd' neu'n 'brofiad hanfodol cyn marw').

- Daw cerddorion sy'n perfformio yn yr ŵyl o'r Unol Daleithiau ac o lawer o wledydd eraill.

- Bydd llawer o newyddiadurwyr, gwneuthurwyr ffilmiau a chynhyrchwyr teledu yn bresennol, gan gynnwys tîm mawr o'r BBC sy'n darlledu'r digwyddiad i gynulleidfaoedd cenedlaethol a byd-eang.

- Mae cwmnïau arlwyo lleol yn darparu bwyd a diod ar y safle.

Yn ogystal â gwyliau mawr fel Glastonbury, mae gan lawer o wyliau llai rôl hanfodol hefyd i gefnogi ffyniant economaidd ardaloedd gwledig o flwyddyn i flwyddyn. Mae Gŵyl y Dyn Gwyrdd yn Aberhonddu gerllaw'r Fenni wedi helpu i roi'r rhan gweddol anghysbell hwn o Gymru ar y map. Pan fydd gan rywle gysylltiad parhaol â gŵyl flynyddol sy'n boblogaidd a ffasiynol, gall hynny gael effaith bwysig a pharhaol ar y ffordd y mae pobl o'r tu allan yn meddwl am y lle – er nad ydy digwyddiad yr ŵyl ei hun yn para'n hir.

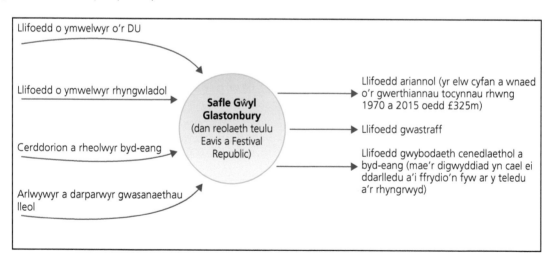

▲ **Ffigur 6.7** Mae Gŵyl Glastonbury yn enghraifft o ail-greu lle dros dro sy'n digwydd bob dwy flynedd. Mae'r chwaraewyr lleol allweddol, teulu Eavis, wedi gweithio gyda'r cwmni Prydeinig Festival Republic i gynhyrchu llifoedd ar raddfa fyd-eang o fuddsoddiad a phobl

Newid a her mewn cefn gwlad gwahaniaethol

▶ *Sut mae pwysau economaidd a demograffig wedi effeithio ar wahanol fathau o leoedd gwledig?*

Lleoedd gwledig amrywiol

Roedd Pennod 1 yn archwilio diffiniadau o'r gair 'gwledig' gan gyfeirio at swyddogaethau economaidd, dwysedd poblogaeth a meini prawf o ran defnydd y tir. Yn y DU, mae tua 95 y cant o arwynebedd y tir heb gael ei adeiladu arno felly gallan ni ystyried y DU yn wledig (dim ond 0.1 y cant o'r tir sy'n 'ffabrig trefol parhaus' o dan system Gorchudd Tir Corine yr Undeb Ewropeaidd ac mae 4.4. y cant yn 'ffabrig trefol toredig'). Mae'r rhain yn ystadegau diddorol am fod cymaint o bobl yn meddwl am y DU fel gwlad lawer mwy trefol nag ydyw mewn gwirionedd.

Dydy'r mas gwledig hwn ddim yr un fath ymhob man o bell ffordd. Ym Mhennod 1 cyflwynwyd cysyniadau 'trawsnewidiol' fel y continwwm gwledig-trefol, y cyrion gwledig-trefol a thiroedd y cyrion. Ond mae gwahaniaeth ffisegol, economaidd a chymdeithasol mawr i'w gael hefyd rhwng gwahanol leoedd gwledig mwy anghysbell. Yn ystod yr 1990au, gwelodd dîm o ddaearyddwyr gwledig dan arweiniad Terry Marsden bod pedwar math nodweddiadol o dirwedd yn y DU. Gallwch chi weld y rhain yn Ffigur 6.8. Mae hwn yn dacsonomi sy'n edrych ar ystyron a chynrychioliadau lle i'r un graddau ag y mae'n edrych ar y gwahaniaethau mewn swyddogaethau economaidd a chymeriad demograffig. Mae'r model hwn o gefn gwlad gwahaniaethol yn edrych hefyd ar bwy sy'n dal y pŵer dros y gwahanol leoedd gwledig hyn.

Newid economaidd yn y cefn gwlad ôl-gynhyrchiol

Parhaodd blynyddoedd cynhyrchiol cefn gwlad Prydain tan yr 1970au hwyr. Ers hynny, mae'r lle blaenllaw a gafodd amaethyddiaeth ym myd busnes cefn gwlad wedi cael ei erydu'n raddol gan gyfuniad o rymoedd allanol, sy'n cynnwys:

- twf amaeth-fusnes byd-eang (a mewnforion bwyd rhatach) a chynnydd mewn mecaneiddio ffermio. Mae hyn wedi golygu bod llawer llai o swyddi i gymunedau oedd wedi hen sefydlu yn yr ardaloedd hynny lle roedd amaethyddiaeth wedi darparu llawer iawn o'r swyddi yn draddodiadol.
- gwrthdrefoli a phobl gyfoethog yn symud i mewn i rai lleoedd gwledig gyda'u safbwyntiau a'u gwerthoedd eu hunain (sydd wedi eu seilio'n aml iawn ar ystyr lle pwerus y ddelfryd wledig, oedd dan sylw ym Mhennod 2; gweler tudalen 63)
- newid mewn agweddau cymdeithasol a thwf ymwybyddiaeth amgylcheddol, yn cynnwys gwrthwynebiad (yn arbennig ymysg trigolion dinasoedd) i arferion ffermio dwys a hela llwynogod (gweler tudalen 68)

 TERMAU ALLWEDDOL

Amaeth-fusnes byd-eang
Cwmni ffermio a/neu gynhyrchu bwyd trawswladol. Mae'r term cyffredinol hwn yn cynnwys amrywiol fathau o gorfforaethau trawswladol sy'n arbenigo mewn cynhyrchu bwyd, hadau a gwrtaith, yn ogystal â pheiriannau fferm, cynnyrch amaeth-gemegol a dosbarthiad bwyd.

- cyrhaeddiad gwasanaethau rhyngrwyd band eang (oedd yn annog mwy o bobl i symud i ardaloedd gwledig lle maen nhw'n gallu gweithio o gartref, gan helpu diwydiannau gwledig a thwristiaeth i hysbysebu eu gwasanaethau'n fyd-eang).

Ardaloedd gwledig sydd wedi eu diogelu

Mae'r math hwn o le gwledig yn nodweddiadol o Diroedd Isel Lloegr, yn cynnwys ardaloedd mawr o Surrey, Caint, Swydd Buckingham ac ardaloedd mwy hygyrch o dir uchel fel Ardal y Llynnoedd. Agwedd nodweddiadol y trigolion yn y math hwn o le gwledig yw dymuniad i gadw pethau fel y maen nhw, ac mae llawer o'r trigolion hyn yn bobl dosbarth canol sydd wedi symud i mewn. Mae'n debyg y bydd cynlluniau datblygu newydd sy'n bygwth profiad y 'ddelfryd wledig' (tudalen 63) mewn ardaloedd fel hyn yn cael eu gwrthwynebu'n llym gan fewnfudwyr gwrthdrefol sydd wedi ymgartrefu a boneddigeiddio pentrefi lle maen nhw'n teimlo bod cyfoeth o dreftadaeth naturiol a/neu ddiwylliannol. Daw'r agweddau NIMBY ('nid yn fy ngardd gefn i') hyn o'r safbwynt bod gan ardaloedd gwledig ystyron a hunaniaethau hanesyddol y mae'n rhaid eu diogelu waeth beth yw'r gost.

Ardaloedd gwledig dadleuol

Mewn ardaloedd sydd ond ychydig bellter tu draw i'r cyrion gwledig a threfol (a chyfyngiadau'r parthau cymudo metropolitan), efallai fod gan ffermwyr a pherchnogion tir ddigon o rym a dylanwad o hyd i ddod â newidiadau datblygiadol, yn enwedig os nad oes gan y dirwedd ansawdd amgylcheddol arbennig. Ond, mae rhai ardaloedd gwledig mwy anghysbell yn dechrau derbyn mwy o fewnfudwyr am fod mwy o gyfleoedd i weithio o'r cartref erbyn hyn gan ddefnyddio'r rhyngrwyd band eang. Gall dadleuon godi am leoedd pan fydd y mewnfudwyr hyn eisiau gweld yr ardal wledig yn cael ei chadw'n ardal wyllt, ac mae'r ffermwyr eisiau tirwedd waith gynhyrchiol. Dyma'r math o broffil sydd mewn rhannau mawr o Swydd Efrog a Dyfnaint.

Cefn gwlad tadol

Mae'r term hwn yn disgrifio lleoedd gwledig lle mae grym 'tadol' yr hen berchnogion ystadau (sydd efallai'n aristocrataidd) a ffermydd mawr yn parhau heb gael ei herio bron o gwbl. Ond, wrth i incwm yr ystadau ostwng mae rhai perchnogion tir mawr yn mynd ati'n frwd i arallgyfeirio'n economaidd. Gallai'r mentrau newydd gynnwys tripiau hela, a'r bwriad yw gallu rheoli'r ystâd yn y tymor hir mewn ffordd sy'n gynaliadwy'n economaidd. Mae Ynys Jura yn yr Alban yn enghraifft dda o'r proffil hwn: mae Ystâd Ruantallain yn rhoi'r cyfle i dwristiaid cyfoethog hela ceirw am gost o tua £400 y carw. Mae ardaloedd gwledig anghysbell eraill yn cael eu defnyddio fwy a mwy i gynhyrchu pŵer adnewyddadwy.

Cefn gwlad cleientaidd

Yn rhai o ardaloedd gwledig mwyaf anghysbell y DU, dydy gweithgaredd economaidd ddim yn bosibl heb gymorth y wlad. Does dim cymaint o fewnfudwyr wedi dod i leoedd fel hyn o ganlyniad i'r mudo gwrthdrefol. Mae'r hinsawdd wael mewn rhai ardaloedd tir uchel, ynghyd â'r ffaith eu bod nhw'n anghysbell ac anodd eu cyrraedd yn golygu nad ydyn nhw'n gallu sicrhau llawer o refeniw o dwristiaeth. Mae'r wleidyddiaeth leol yn ymwneud fwy â phryderon am swyddi a chynaliadwyedd y gymuned na diogelu'r amgylchedd. Efallai fod y bobl leol yn hynod o ddibynnol ar grantiau a chymorthdaliadau'r llywodraeth. Mae nifer o ardaloedd y cyrion yn Ucheldiroedd ac Ynysoedd yr Alban, a rhannau o ganolbarth Cymru'n cyfateb â'r proffil lle hwn.

▲ **Ffigur 6.8** Pedwar gwahanol broffil lle yng 'nghefn gwlad gwahaniaethol' y DU

Achosodd y newidiadau hyn, a newidiadau eraill, anhrefn yn yr ardaloedd gwledig cynhyrchiol. Dechreuodd gwleidyddion a'r cyhoedd fel ei gilydd ofyn cwestiynau fel: Beth yw pwrpas lleoedd gwledig? I bwy maen nhw? Mae daearyddwyr gwledig, yn cynnwys Paul Cloke, wedi ysgrifennu'n doreithiog am y ffordd y mae'r 'cydlyniad' hwn yn y ffordd y meddyliwn ni am leoedd gwledig wedi chwalu, o'i gymharu â'r oes gynhyrchiol pan oedd llawer mwy o gytundeb am swyddogaeth cefn gwlad.

Nodweddion cyflogaeth wledig

Mae ciplun o'r DU heddiw, drwy garedigrwydd Adran yr Amgylchedd, Bwyd a Materion Gwledig (Defra) yn dangos y canlynol.

- Roedd oddeutu 9.3 miliwn o bobl, neu 17 y cant o boblogaeth Lloegr, yn byw mewn ardaloedd gwledig o Loegr yn 2014.
- Mae maint y gweithlu amaethyddol yng Nghymru a Lloegr wedi dirywio'n barhaus ers 1840, pan oedd yn cyflogi 22 y cant o weithlu'r DU (a'r cyfan bron o'r gweithwyr gwledig), i 1 y cant yn genedlaethol yn 2011 (yn codi i 3.5 y cant wedi eu cyflogi mewn amaethyddiaeth, coedwigaeth a physgota mewn ardaloedd gwledig). O ystyried bod 71 y cant o'r tir yn y DU – dyna 17.2 miliwn hectar – yn dal i gael ei ddefnyddio fel tir fferm, mae hwn yn amlwg yn ddiwydiant sydd wedi dod yn ddibynnol iawn ar beirianwaith.
- Ar gyfartaledd, mae 15 y cant o gyflogaeth wledig mewn adwerthu, tua 13 y cant mewn twristiaeth a 18 y cant yn y gwasanaethau cyhoeddus (llywodraeth, iechyd ac addysg). Mewn rhai lleoedd, mae niferoedd sylweddol o bobl yn gweithio i gyflogwyr preifat neu'n hunangyflogedig.
- Mae Ffigur 6.9 yn dangos y gyflogaeth yn yr Alban gyfan. Mae'n amlwg bod hollt clir rhwng y gyflogaeth yn y wlad a'r dref. Hefyd, mae mwy o ddibyniaeth ar ddiwydiant cynradd yng nghefn gwlad yr Alban nag yng nghefn gwlad Lloegr.

Amrywiadau rhwng gwahanol ardaloedd gwledig

Mae nodweddion cyflogaeth yn amrywio'n sylweddol *rhwng* gwahanol fathau o leoedd gwledig yn y cefn gwlad gwahaniaethol.

- Mae Marsden *et al.* yn gefn gwlad 'tadol' neu 'gleientaidd' fel rheol (gweler tudalen 194) – ac yn yr ardaloedd hyn gall y gyfran o weithwyr sy'n gweithio mewn diwydiannau cynradd fod draean yn uwch.
- Mewn rhai ardaloedd anghysbell, mae traean arall yn gweithio o gartref (gallai niferoedd sylweddol fod yn fudwyr proffesiynol gwrthdrefol, fel awduron, artistiaid a dylunwyr).
- I'r gwrthwyneb, mae cyfran uchel iawn o'r bobl sy'n byw mewn lleoedd gwledig cyfoethog yn agos i ddinasoedd mawr fel Llundain neu Fanceinion yn bobl broffesiynol sy'n cymudo, yn cynnwys athrawon, meddygon, cyfreithwyr a bancwyr.

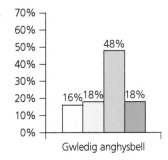

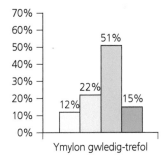

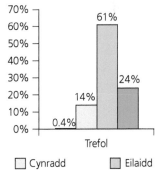

▲ **Ffigur 6.9** Yn yr Alban, mae cyfran weddol uchel o weithwyr cyflogedig mewn ardaloedd gwledig yn gweithio yn y sector cynradd.
Ffynhonnell: Cofrestr Busnes Rhyng-adrannol, 2014

- Mewn lleoedd sy'n ardaloedd 'pot mêl' i dwristiaid, bydd y gyfran o bobl sy'n gweithio i ddiwydiannau twristiaeth yn llawer uwch (Ffigur 6.10).

▲ **Ffigur 6.10** Mae cyflogaeth wedi newid yn fawr yn Tobermory yn yr Alban dros y degawdau diwethaf. Mae llai o bobl yn gweithio yn y diwydiant pysgota yn awr ond mae twristiaeth yn ffynnu yno oherwydd cafodd y rhaglen deledu i blant, *Balamory*, ei ffilmio yno

Newidiadau, heriau a buddiannau demograffig

Mae llai na hanner y bobl sy'n byw mewn ardaloedd gwledig yn iau na 45 oed, o'i gymharu â bron i ddwy ran o dair mewn ardaloedd trefol. Mae Ffigur 6.11 yn dangos oed cyfartalog llawer uwch i gymunedau sy'n byw mewn ardaloedd gwledig sydd ddim ar y cyrion. Unwaith eto, mae'n bwysig cydnabod faint mae'r data hwn yn gallu amrywio ar gyfer gwahanol 'fathau' gwledig. Mewn rhai lleoedd gwledig anghysbell a 'chleientaidd', mae allfudo'r ifanc a diffyg mewnfudwyr wedi arwain at strwythur poblogaeth sydd hyd yn oed yn fwy 'pendrwm'.

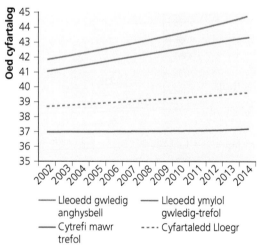

▲ **Ffigur 6.11** Mae'r gwahaniaethau demograffig rhwng lleoedd gwledig a threfol yn cynyddu

Ar y llaw arall, mae poblogaethau gweddol ifanc mewn rhai lleoliadau gwledig sy'n weddol hawdd eu cyrraedd ac sydd wedi newid eu delwedd yn fwy llwyddiannus, fel Glastonbury neu Hebden Bridge yn Swydd Efrog, o ganlyniad i donau gweddol ddiweddar o fudo gwrthdrefol. Ond, mae poblogaeth sy'n heneiddio i'w chael mewn rhai lleoedd a ddenodd nifer fawr o fudwyr gwrthdrefol yn yr 1970au a'r 1980au, am fod y bobl a symudodd i mewn wedi cyrraedd oed ymddeol erbyn hyn, er enghraifft ar Ynys Arran yn yr Alban.

Mae tensiynau wedi datblygu weithiau yn y lleoedd gwledig sydd wedi eu heffeithio fwyaf gan wrthdrefoli. Mewn pentrefi poblogaidd, mae tonau o fewnfudwyr cyfoethog wedi gyrru prisiau eiddo yn llawer uwch nag y gallai'r cymunedau traddodiadol eu fforddio. Gwaethygodd y prinder tai ar ôl yr 1970au pan ddechreuodd trigolion trefol brynu eiddo gwledig i fod yn ail gartref iddyn nhw neu'n lle i ddianc iddo o'r ddinas. Yng Nghymru, cafodd y broses o foneddigeiddio gwledig ei gwrthwynebu'n gryf mewn mannau lle saethodd costau tai i fyny oherwydd y galw gan brynwyr o Loegr. Rhwng 1979 a 1981 cafwyd mwy na 200 o achosion o losgi bwriadol gan genedlaetholwyr Cymreig ar gartrefi a brynwyd gan bobl o Loegr yn rhan o ymgyrch Meibion Glyndŵr. Yn yr achos hwn, roedd newidiadau economaidd wedi dod yn gymysg â materion ehangach hunaniaeth lle.

Mudo rhyngwladol a newid yn y boblogaeth wledig

Weithiau, mae niferoedd gweddol fawr o fudwyr rhyngwladol yn cyrraedd ardaloedd gwledig.

- Mae ardaloedd ffermio gwledig o amgylch Peterborough wedi denu gweithwyr mudo gwrywaidd o ddwyrain Ewrop (er hynny, ers refferendwm Brexit mae rhai ffermydd yn cael trafferth canfod gweithiwyr yn ôl y sôn)
- Mae gwestai mewn ardaloedd gwledig o'r Alban yn dibynnu fwy a mwy ar staff benywaidd o ddwyrain Ewrop.
- Mae Holy Island yn Strathclyde yn gartref i boblogaeth fechan o fynachod Tibetaidd a ymgartrefodd yno yn yr 1990au. Maen nhw wedi datblygu lle i encilio a myfyrio i bobl ysbrydol eu meddwl, ac mae hwn wedi bod yn llwyddiant masnachol.

Mewn blynyddoedd diweddar mae rhai daearyddwyr gwledig wedi ymchwilio profiadau pobl Brydeinig dosbarth gweithiol gwyn traddodiadol mewn lleoedd gwledig a effeithiwyd gan fudo rhyngwladol a gwrthdrefol. Mae llawer ohonyn nhw wedi cael trafferth dod o hyd i waith ers i amaethyddiaeth beidio â bod yn gyflogwr mawr. Un patrwm sydd wedi dod i'r amlwg yw'r gyfran uchel o bobl yn y cymunedau hyn sydd wedi cefnogi'r blaid wleidyddol UKIP ac a bleidleisiodd yn 2016 i'r DU adael yr Undeb Ewropeaidd. Mae ymchwil wedi dangos bod llawer o bobl a aned mewn lleoedd gwledig yn Swydd Lincoln ac East Anglia yn teimlo bod Llywodraeth y DU wedi eu 'hesgeuluso' nhw.

Wrth gwrs, mae manteision clir i fewnfudo gwledig, fel mae Ffigur 6.12 yn ei ddangos. Efallai fod cynnydd yn nifer y boblogaeth yn hanfodol er mwyn i rai gwasanaethau cyhoeddus allu parhau, yn cynnwys ysgolion, meddygfeydd a swyddfeydd post. Os bydd nifer y boblogaeth yn disgyn y is na throthwy penodol, gallai'r ardal golli gwahanaethau fel hyn. Yna, gallai dirywiad economaidd a chymdeithasol ddilyn hynny sy'n cyflymu ac yna'n amhosibl dod allan ohono. Mae hyn yn adlewyrchu'r newidiadau sydd i'w cael mewn rhai ardaloedd trefol oherwydd dad-ddiwydianeiddio (tudalen 85). Mewn achosion fel hyn, mae twf y boblogaeth yn beth da iawn mewn rhai agweddau.

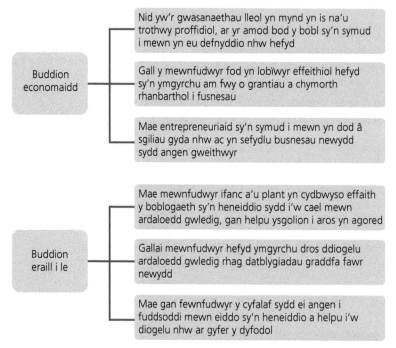

Buddion economaidd

Nid yw'r gwasanaethau lleol yn mynd yn is na'u trothwy proffidiol, ar yr amod bod y bobl sy'n symud i mewn yn eu defnyddio nhw hefyd

Gall y mewnfudwyr fod yn lobïwyr effeithiol hefyd sy'n ymgyrchu am fwy o grantiau a chymorth rhanbarthol i fusnesau

Mae entrepreneuriaid sy'n symud i mewn yn dod â sgiliau gyda nhw ac yn sefydlu busnesau newydd sydd angen gweithwyr

Buddion eraill i le

Mae mewnfudwyr ifanc a'u plant yn cydbwyso effaith y boblogaeth sy'n heneiddio sydd i'w cael mewn ardaloedd gwledig, gan helpu ysgolion i aros yn agored

Gallai mewnfudwyr hefyd ymgyrchu dros ddiogelu ardaloedd gwledig rhag datblygiadau graddfa fawr newydd

Mae gan fewnfudwyr y cyfalaf sydd ei angen i fuddsoddi mewn eiddo sy'n heneiddio a helpu i'w diogelu nhw ar gyfer y dyfodol

▲ **Ffigur 6.12** Mae mewnfudo'n gallu dod â llawer o fuddion i leoedd gwledig ar yr amod bod cydlyniad cymunedol rhwng y mewnfudwyr a'r trigolion sydd wedi byw yno ers amser

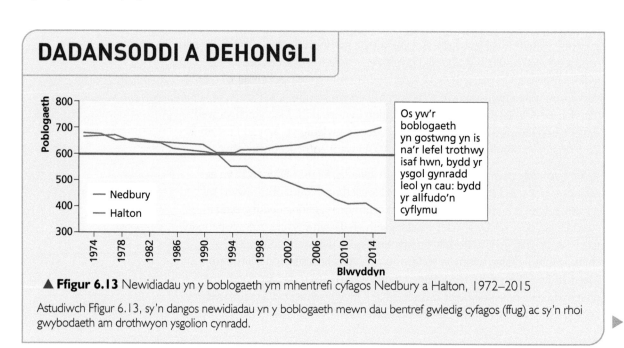

DADANSODDI A DEHONGLI

Os yw'r boblogaeth yn gostwng yn is na'r lefel trothwy isaf hwn, bydd yr ysgol gynradd leol yn cau: bydd yr allfudo'n cyflymu

▲ **Ffigur 6.13** Newidiadau yn y boblogaeth ym mhentrefi cyfagos Nedbury a Halton, 1972–2015

Astudiwch Ffigur 6.13, sy'n dangos newidiadau yn y boblogaeth mewn dau bentref gwledig cyfagos (ffug) ac sy'n rhoi gwybodaeth am drothwyon ysgolion cynradd.

(a) Amcangyfrifwch y gwahaniaeth ym maint y boblogaeth yn Nedbury a Halton yn (i) 1994 a (ii) 2010.

(b) Awgrymwch pam mae'r newidiadau ym maint y boblogaeth ar gyfer y ddau bentref yn debyg i ddechrau ond yn dechrau gwahaniaethu dros amser.

CYNGOR

Mae'r cwestiwn hwn yn profi a ydych chi'n deall y cysyniad trothwy. Ni ddirywiodd poblogaeth Nedbury yn is na'r lefel trothwy critigol a fyddai wedi gorfodi i'r ysgol gau. O ganlyniad, mae'n debyg bod y pentref yn gallu denu mewnfudwyr newydd o'r 1990au ymlaen, yn cynnwys teuluoedd ifanc sy'n dianc o fywyd dinas. Erbyn 2014, roedd poblogaeth y pentref wedi gwella i'r un lefel â'r 1970au cynnar. Ar y llaw arall, roedd colli'r boblogaeth yn Halton ychydig bach yn waeth nag yn Nedbury yn ystod yr 1990au cynnar. Ond cafodd y gwahaniaeth bach hwn effaith drychinebus ar Halton: byddai ei ysgol gynradd wedi cau pan ddisgynnodd poblogaeth y pentref yn is na'r lefel trothwy oedd yn ofynnol i ddarparu gwasanaeth addysgol. Yn y blynyddoedd ers hynny, mae hyd yn oed mwy o deuluoedd wedi gadael Halton am nad oes ysgol yno. Mae mewnfudwyr posibl yn osgoi'r lle hwn am yr un rheswm. Mae Halton wedi mynd i gyflwr anghynaliadwy ond dydy Nedbury ddim.

(c) Eglurwch pa gamau gweithredu allai gael eu cymryd i helpu anheddiad sy'n dirywio fel Halton.

CYNGOR

Mae'r cwestiwn hwn yn rhoi cyfle i chi ddefnyddio gwybodaeth a dealltwriaeth gymhwysol am y broses o ail-greu lle a'i amrywiol linynnau, yn cynnwys adfywio, newid delwedd ac ail-frandio. O ystyried maint bach yr anheddiad – llai na 400 o bobl – mae'n bwysig rhoi ateb realistig. Dydy hwn ddim yn anheddiad lle byddai datblygiad tirnod mawr wedi cael ei adeiladu erioed. Bydd angen i unrhyw gatalydd parhaol ar gyfer ailddatblygu fod yn un raddfa fach, o ystyried y cyd-destun, fel siop fferm newydd. Ar y llaw arall, mae'n bosibl y gallai Halton gael ei ddewis fel safle ar gyfer gŵyl gerddoriaeth flynyddol newydd neu fel lleoliad ar gyfer sioe deledu neu ffilm.

3 Ail-greu lle mewn cyd-destun gwledig

▶ *I ba raddau mae ceisiadau i ail-greu lle wedi llwyddo?*

Ail-frandio ac adfywio gwledig

Mae Tabl 6.1 yn dangos amrywiaeth o ddulliau ail-greu lle a strategaethau arallgyfeirio ardaloedd gwledig. Mae'r rhai mwyaf uchelgeisiol o'r rhain yn gobeithio codi proffil lleoedd o fewn diwydiant twristiaeth wedi globaleiddio sy'n hynod o gystadleuol; mae eraill eisiau llwyddiant lleol neu ranbarthol yn unig. Mae llawer o leoedd gwledig yn awr yn ganolfannau twristiaeth adnabyddus am eu bod nhw wedi rheoli eu hadnoddau twristiaeth ffisegol a diwylliannol mewn ffordd ddeallus. Ond, mae dadl hefyd o blaid diogelu rhai tirweddau gwledig rhag llifoedd twristiaeth sydd wedi eu masnacheiddio'n ormodol, a'u trin nhw fel ardaloedd naturiol. Byddwn ni'n dod yn ôl at y thema hon yn ddiweddarach yn y bennod.

Strategaeth	Enghreifftiau
Treftadaeth leol, yn cynnwys hanes lleol a chofebion	■ Mae ardaloedd gwledig Prydain yn llawn o atyniadau treftadaeth a digwyddiadau treftadaeth lleol, o'r ŵyl dân Up Helly Aa yn Shetland i Arthur's Quest yn Land's End. ■ Crëwyd pentref sy'n efelychu pentref oes Fictoria yn Ironbridge Gorge yn Swydd Amwythig, sef Safle Treftadaeth Byd sy'n cael ei gydnabod yn eang fel man cychwyn Chwyldro Diwydiannol Prydain. ■ Ers 2017, mae twristiaeth wledig mewn rhanbarthau oedd yn ardaloedd glofaol ar un cyfnod wedi elwa o gyfres o deithiau gan Man Engine, sef glöwr tun mecanyddol enfawr (Ffigur 6.14). Mae hwn yn enghraifft dda o brofiad modern i ymwelwyr mewn twristiaeth treftadaeth (tudalen 132).
Treftadaeth naturiol	■ Cafodd darn 96 milltir o dde-orllewin Lloegr ei ail-frandio fel yr Arfordir Jwrasig yn 2001 ar ôl iddo ennill statws Treftadaeth Byd UNESCO am ei ddaeareg a'i ffosilau. O ganlyniad, mae busnesau lleol wedi llwyddo i gael arian i greu atyniadau newydd a gwell i ymwelwyr o amrywiaeth o ffynonellau llywodraethol a'r Loteri Genedlaethol. ■ Profiad modern arall o dreftadaeth i ymwelwyr yw'r platfform gwylio gwydr a'r man bwyta sy'n edrych dros How Stean Gorge yn Lofthouse yn Nyffrynnoedd Swydd Efrog; mae ar gael i'w hurio ar gyfer partïon.
Diwydiannau, crefftau a chynhyrchu bwyd traddodiadol	■ Mae tref farchnad Llwydlo, Swydd Amwythig, wedi datblygu enw da i'w fwyd er mwyn sicrhau'r siawns orau o ddenu twristiaid. Mae rhwydwaith o fusnesau lleol wedi gweithio gyda'r cynghorau tref, sir a bro i gyflawni'r targed hwn. ■ Mae cefn gwlad Prydain yn gartref i lawer o ddiwydiannau ôl-Fordaidd graddfa fach (tudalen 136), yn cynnwys crefftau metel, pren a thecstilau, a chynhyrchwyr bwyd a diod.
Arallgyfeirio ffermydd	■ Mae teulu Edwards o Ormskirk, Swydd Gaerhirfryn wedi ail-frandio eu fferm a'i galw'n Fferm Antur Farmer Ted's. Gallwch chi weld sw anifeiliaid anwes a lle chwarae i blant bach yno erbyn hyn, ochr yn ochr â'r ffermio llaeth traddodiadol. Llwyddodd y fferm i wneud hyn gyda chymorth gan y bwrdd croeso lleol a'r awdurdod addysg (Ffigur 6.15). ■ Mae'r un fferm wedi arallgyfeirio ymhellach drwy gynnal digwyddiad 'Farmageddon' gyda'r nos yn ystod tymor Calan Gaeaf. Mae pobl leol yn talu hyd at £35 (prisiau 2017) i sombïo redeg ar eu holau drwy'r fferm yn y tywyllwch: ewch i www.farmaggedon.co.uk.
Lleoedd yn y cyfryngau	■ Gweler tudalen 143 i ddarllen am y lleoedd sydd yn y cyfryngau, ac mae llawer o'r rhain yn wledig. Mae Ffigur 4.23 (tudalen 143) yn dangos ymwelwyr mewn lle gwledig (lle cafodd y sioe deledu *Game of Thrones* ei ffilmio).

▲ **Tabl 6.1** Strategaethau ail-frandio ac adfywio gwledig

▶ **Ffigur 6.14** Mae Man Engine, sef glöwr tun mecanyddol enfawr a adeiladwyd gydag arian y Loteri Genedlaethol, wedi teithio rhanbarthau glofaol gwledig y DU, yn cynnwys y Safle Treftadaeth Byd Glofaol yng Nghernyw a De Cymru (mae i'w weld yma'n ymweld ag Abertawe yn 2018)

Mae mentrau unigol mewn lleoedd gwledig yn weddol fach yn aml iawn ac, ar eu pennau eu hunain, does ganddyn nhw ddim cylch dylanwad mawr iawn. Ond, mewn rhai ardaloedd o gefn gwlad Prydain, mae clystyrau o fentrau bach gyda'i gilydd wedi newid delwedd yr ardal i greu cyrchfannau ôl-gynhyrchiol i dwristiaid sydd â chylch dylanwad mawr. Un enghraifft yw Sir Fynwy:

- a enillodd wobr 2008 am y Cyrchfan Fwyd Orau yng Nghymru oherwydd y nifer fawr o gynhyrchwyr crefftau bwyd sydd o fewn ac o amgylch Trefynwy; mae'r cyflwynydd teledu Kate Humble wedi arallgyfeirio fferm ('Humble by Nature') ger Trefynwy, lle mae cyrsiau coginio ar gael yn awr
- sydd wedi bod yn boblogaidd gyda thwristiaid ers blynyddoedd oherwydd ei chefn gwlad prydferth a'i safleoedd o ddiddordeb hanesyddol (mae naw castell i ymweld â nhw gerllaw tref Trefynwy ei hun)
- lle mae tref farchnad Y Fenni, sy'n cynnal gŵyl fwyd flynyddol erbyn hyn ac sy'n agos i ŵyl gerdd y Dyn Gwyrdd, ac mae'r ddwy ŵyl yn denu ymwelwyr o'r DU i gyd.

Am fod cymaint o wahanol fentrau gwledig – yn darparu ar y cyd i amrywiaeth eang o ddiddordebau – gallwn ni ystyried Sir Fynwy yn ardal wledig sydd wedi newid ei delwedd yn llwyddiannus.

Ond nid yw pob menter wledig yn llwyddo. Roedd Canolfan Cywain yn y Bala, gogledd Cymru, yn 'wallus o'r cychwyn un' meddai ymchwiliad gan Swyddfa Archwilio Cymru. Roedd y ganolfan i fod i arddangos treftadaeth leol, creu swyddi a gwasanaethu fel canolfan gelfyddydau gymunedol, ond caeodd dair blynedd wedi iddi agor gyda cholled o £3.4 miliwn i'r asiantaeth fenter leol, Antur Penllyn. Roedd y dystiolaeth yn dangos bod yr ailddatblygiad hwn yn debygol o gael trafferthion o'r dechrau oherwydd:

- gwallau yn y tybiaethau am incwm (roedd yr amcangyfrif y byddai 40,000 o ymwelwyr yn dod bob blwyddyn yn eithriadol o optimistaidd o gofio mor anghysbell oedd lleoliad y ganolfan yng nghanolbarth Cymru)
- diffyg eglurder ynglŷn â'r hyn roedd y ganolfan i fod i'w gynnig, i bobl leol ac i ymwelwyr.

O ganlyniad i'r methiannau hyn roedd hi'n amhosibl denu arian o'r sector preifat a sbarduno effeithiau lluosydd yn lleol.

▲ **Ffigur 6.15** Mae Fferm Antur Farmer Ted yn engrhaifft o arallgyfeirio gwledig; mae'r busnes yn ddibynnol ar lifoedd o ymwelwyr a thripiau ysgol o ddalgylch lleol gweddol fach

Mae'r astudiaeth achos hon yn archwilio problemau sy'n ymwneud ag adfywiad, newid delwedd ac ail-frandio ynys wledig Arran yn yr Alban. Mae'n rhoi darlun cyflawn gwerthfawr o newidiadau a gafwyd yn y lle am dri rheswm:

1 Mae hysbysebion newydd ar gyfer Arran yn gwahaniaethu'n fawr oddi wrth y rheiny a ddefnyddiwyd yn y gorffennol, ond mae'r newidiadau hyn yn y cynrychioliadau lle wedi achosi tensiwn a dadlau i gymuned yr ynys.

2 Mae'r cynllun ail-frandio VisitArran ffurfiol a lansiwyd yn 2007 wedi gosod targedau ariannol a thargedau o ran ymwelwyr, sy'n golygu y gallan nhw feirniadu ei lwyddiant drwy gyfeirio at feincnodau swyddogol.

3 Digwyddodd nifer o bethau allanol annisgwyl yn y degawd ar ôl i VisitArran lansio, yn cynnwys yr argyfwng ariannol byd-eang a phleidlais Brexit; gyda'r astudiaeth achos hon, gallwn ni archwilio pa mor wydn mewn amseroedd anodd yw cyrchfan i dwristiaid a gafodd ei ail-frandio.

Amseroedd newidiol, twristiaeth newidiol

Yn draddodiadol, cafodd Arran ei farchnata fel lle i brofi'r byd naturiol sy'n addas iawn ar gyfer gwyliau cerdded. Fel arfer, roedd grwpiau teulu yn dod ar wyliau am wythnosau ar y tro mewn lleoedd aros hunanarlwyo rhad. Roedd y bwrdd croeso lleol yn hysbysebu Arran gan ddefnyddio'r slogan 'Scotland in miniature' oedd yn dangos bod gan yr ynys ddaeareg, priddoedd a llystyfiant amrywiol iawn. Byddai twristiaid yn cyrraedd mewn fferi ac fel arfer yn dringo mynydd Goatfell, yn gobeithio gweld ceirw gwyllt neu'n archwilio nodweddion daearegol fel Hutton's Unconformity. Mewn erthygl am Arran yn y cylchgrawn *National Geographic* yn 1965 dangoswyd sut roedd llawer o bobl – pobl leol a thwristiaid fel ei gilydd – yn teimlo am yr ynys: 'Does neb erioed wedi ceisio ei throi hi'n gyrchfan gonfensiynol. Agwedd yr ynyswyr brodorol oedd "cymerwch y lle fel y mae neu ewch adref", sef agwedd a sicrhaodd bod harddwch yr ynys heb ei andwyo a'i bod wedi ei chadw fel roedd yr ymwelwyr ei eisiau.' Mae 'heb ei andwyo' yn ymadrodd pwysig: mae'n awgrymu bod datblygiad masnachol yn sbwylio lle.

Erbyn yr 1990au, roedd y slogan 'Scotland in miniature' wedi dechrau colli ei apêl ac roedd angen gwneud rhywbeth i godi nifer yr ymwelwyr. O dan yr hen batrwm, dim ond ychydig o arian fyddai'n dod i mewn i'r economi lleol gan gerddwyr mynyddoedd mewn lle hunanarlwyo. I wneud pethau'n waeth, roedd teithiau awyren rhad i gyrchfannau tramor yn golygu bod llai o ddinasyddion y DU yn ymddiddori mewn gwyliau gartref. Roedd cyflogaeth lawn amser drwy'r flwyddyn gron wedi dechrau diflannu o'r ynys, gan fygwth cynaliadwyedd cymunedol. Roedd dadl gref erbyn hyn dros ddarparu cyfleusterau tywydd gwlyb i ymwelwyr – lle byddai ymwelwyr yn gwario arian drwy'r flwyddyn gron – ynghyd â dadl bod angen i Arran newid ei ddelwedd.

Yn yr 2000au cynnar, ffurfiodd llawer o gwmnïau mawr rwydwaith busnes a'u targed nhw i gyd oedd 'ail sbarduno' twristiaeth. Ymysg y cyfranogwyr allweddol roedd distyllfa wisgi yn Lochranza a chyrchfan sba a gwesty Auchrannie. Gyda'i gilydd, ffurfiodd y rhain Sefydliad Rheoli Cyrchfan a lwyddodd i dderbyn arian gan yr asiantaeth lywodraethol Scottish Tourism. Cyhoeddodd y Sefydliad Rheoli Cyrchfan ei nod o 'ddod â busnesau a sefydliadau sector cyhoeddus at ei gilydd i hyrwyddo a rheoli diwydiant twristiaeth ar Arran gyda'i gilydd'. Mae'n amlwg bod elfennau tebyg yn y fan yma i'r gwaith llwyddiannus a wnaeth Ymgyrch Basn y Mersi (Penodau 4 a 5) o ran dod â chyfranogwyr yng ngogledd-orllewin Lloegr at ei gilydd. Dyma oedd rhai o gamau gweithredu penodol y Sefydliad Rheoli Cyrchfan:

■ gosod targed meincnod o 5000 o ymwelwyr ychwanegol bob blwyddyn (Ffigur 6.16)

■ datblygu hunaniaeth brand cryf drwy hyrwyddo Arran fel cyrchfan premiwm arhosiad byr sydd â sefydliadau moethus yn Auchrannie a Lochranza

■ lansio gwefan newydd o'r enw VisitArran i hybu'r ynys fel cyrchfan siopa a lle delfrydol am wyliau byr: 'Gynted ag y byddwch chi'n camu ar dir Arran byddwch yn profi digwyddiadau, gweithgareddau a chynnyrch sy'n unigryw i'r ynys,' yw addewid y wefan

■ cyflogi cwmni cysylltiadau cyhoeddus i gynnal ymarferion marchnata i ddefnyddwyr yn y DU, gan gynnwys y digwyddiad lansio oedd yn cynnwys dangos Miss Scotland (Aisling Friel) mewn sgert ar batrwm sgert o Hawaii gyda mynydd eiconig Goatfell yn y cefndir (yr enw ar y portread hwn oedd 'Aloha Arran' – sef cymysgedd rhyfedd o'r Albanaidd a'r trofannol – oedd yn atgyfnerthu slogan swyddogol VisitArran 'island time in no time' yn berffaith).

Mae Ffigur 6.17 yn cymharu ffotograff ymgyrch 'Aloha Arran' gyda cherdyn post o'r ynys o'r 1960au. Ym Mhennod 2 (gweler tudalen 51) cyflwynwyd y dechneg o ddadansoddi delwedd, *mise-en-scène*, sy'n edrych yn feirniadol ar y ffordd y mae gwrthrychau wedi eu trefnu'n strategol a'u fframio mewn llun. Mae mynyddoedd Arran yng nghanol y llwyfan fel yr 'uchafbwynt' yn nelwedd yr 1960au (mae dringwyr i'w gweld hefyd, er bod hynny mewn rôl gefnogol yn unig) ond dim ond nodwedd yn y cefndir ydyn nhw yn 2007. Mae hyn yn cyfateb yn llwyr â'r ffordd y mae Arran yn cael ei hyrwyddo'n eang erbyn hyn fel 'lle i siopa a bwyta mewn lle prydferth'. Os byddwch chi'n gwneud dadansoddiad beirniadol o Aloha Arran gallech chi hefyd ystyried i ba raddau mae'r cynrychioliad lle hwn wedi ei dargedu at dwristiaid heterorywiol gwrywaidd. Beth yw eich barn chi?

Gwerthuso'r lefel llwyddiant

Roedd gweithgaredd lansio 2007 yn llwyddiant mawr. Soniodd pedwar deg o bapurau newydd a 22 o sioeau teledu am ail-frandio Arran, yn cynnwys y BBC, *The Sun*, *The Daily Mirror* a *The Daily Express*. Yn y blynyddoedd yn syth wedyn, cafodd y targedau meincnodi eu cyflawni'n gyfforddus.

■ Yn ôl y sôn, tyfodd gwariant y twristiaid o £27 miliwn yn 2006 i £35 miliwn yn 2010. Cynyddodd nifer yr ymwelwyr o 5000 a chododd ymhellach fyth yn 2015 pan ostyngodd y cwmni fferi Caledonian MacBrayne y prisiau i deithio i'r ynys.

■ Yn 2015, 2016 a 2017, enillodd busnesau twristiaid VisitArran ac Arran lu o wobrau twristiaeth Albanaidd.

■ Syrthiodd nifer yr ymwelwyr am gyfnod byr yn 2009 yn dilyn yr argyfwng ariannol byd-eang. Ond, roedd Arran yn fwy gwydn na llawer o gyrchfannau eraill. Mae rhai arbenigwyr yn rhagweld dyfodol gwael i dwristiaeth yr Alban gyfan oherwydd y posibilrwydd y bydd prinder gweithwyr o ddwyrain Ewrop. Efallai y bydd Arran yn dangos gwytnwch eto os bydd y pryderon hyn yn dod yn wir.

Nid yw pawb yn Arran yn hapus â'r newid cyfeiriad yn nhwristiaeth yr ynys, fodd bynnag. Roedd yn well gan rai o drigolion hŷn Arran eu bywyd yno pan oedd y tymor yn dawel ar yr ynys. Mae hyn yn arbennig o wir am lawer o fudwyr gwrthdrefol o Loegr a symudodd i Arran yn arbennig am fod naws o fyd natur heb ei andwyo yno – ffaith a gafodd ei chanmol ar un cyfnod gan *National Geographic*. Barn y bobl hyn yw y byddai'r ynys mewn sefyllfa well os byddai wedi ceisio cael statws Parc Cenedlaethol wedi'i ddiogelu, yn hytrach na mwy o fasnach. Mae'r papur newydd ar-lein lleol, yr *Arran Banner*, yn rhoi tystiolaeth ansoddol o anghytuno. Cwynodd un person mewn llythyr 'nad gwesty digon drud yw'r *gwir* brofiad o Arran'. Roedd un arall yn difaru bod 'bywyd Arran yn arfer bod yn rhagorol pan oedd y ffyrdd yn wag ac roedd llai o blincin twristiaid yn dal y traffig yn ôl drwy yrru ar gyflymder o ddwy filltir yr awr'.

▲ **Ffigur 6.16** Mae gweithgareddau hamdden 'talu i chwarae' fel y rhai sy'n cael eu cynnig yng Nghanolfan Balmichael wedi helpu Arran i gyrraedd ei darged cynyddu ymwelwyr

▲ **Ffigur 6.17** Cerdyn post o'r 1960au yn hysbysebu Arran a'r ffotograff cysylltiadau cyhoeddus a lansiodd ymgyrch newid delwedd VisitArran yn 2007. Mae gwahaniaeth amlwg yn y ffordd y mae'r ddau'n defnyddio golygfeydd yr ynys

4 Gwerthuso'r mater

▶ *Trafod gwahanol safbwyntiau am hunaniaeth lleoedd gwledig.*

Nodi safbwyntiau posibl a chyd-destunau gwledig

Yn y ddadl olaf hon, byddwn yn dychwelyd mewn cylch cyflawn i'r themâu pwysig, ystyron lle a chynrychioliadau lle a archwiliwyd ym Mhenodau 1 a 2. Mae pobl yn gweld, yn ymgysylltu â, ac yn ffurfio cysylltiad â lleoedd mewn ffyrdd sy'n gysylltiedig â'u safbwyntiau a'u profiadau gwahanol eu hunain. Mae'r 'gwactod' economaidd ôl-gynhyrchiol yr oedden ni wedi'i ddadansoddi'n gynharach yn y bennod hon wedi creu tirwedd wledig 'bolysemig'. Mae hynny'n golygu bod ganddi ystyron a hunaniaethau amrywiol ar gyfer gwahanol grwpiau mewn cymdeithas fodern (Ffigur 6.18).

- Un farn yw bod angen gwahanu rhai lleoedd gwledig oddi wrth ddefnydd dynol yn gyfan gwbl a'u gadael i ddatblygu hunaniaeth naturiol. Gallwn ni ddadlau hefyd y dylai ardaloedd gwledig sydd wedi eu haddasu gan ganrifoedd o weithgareddau dynol gael eu gadael yn awr i dyfu'n wyllt eto. Dydy'r farn hon gan bobl sydd eisiau cadw lle naturiol yn naturiol ddim yn cyfateb â phrosesau datblygu o unrhyw fath.
- Ar y llaw arall, efallai fod pobl sy'n newydd i gefn

gwlad yn cael eu denu yno am fod y lle wedi'i gynrychioli mewn diwylliant poblogaidd fel y 'ddelfryd wledig' – fel rheiny a welsom ni ym Mhennod 2. Mae pobl sy'n symud i rywle am eu bod nhw'n gwerthfawrogi ei dirwedd naturiol a'i ffordd draddodiadol o fyw yn fwy tebygol o wrthwynebu cynlluniau datblygu newydd sy'n bygwth yr hunaniaeth hon. Efallai y byddan nhw'n dangos agweddau NIMBY ('nid yn fy ngardd gefn i') ac yn ceisio rhwystro newidiadau gan ddefnyddio cyfreithiau cynllunio.

- I rai pobl sydd wedi byw mewn lleoedd gwledig drwy gydol eu bywydau, efallai eu bod nhw'n gweld y tir fel ased yn fwy na dim sy'n eu helpu i ennill bywoliaeth. Os byddwn ni'n ystyried mai prif hunaniaeth cefn gwlad yw tirwedd waith, gallwn ni ddadlau'n hawdd bod yn rhaid i gartrefi newydd a chyfleoedd cyflogaeth newydd gael blaenoriaeth uwchlaw materion amgylcheddol.

Gan gyfeirio yn ôl at y syniad o gefn gwlad gwahaniaethol (gweler tudalen 194), mae'r safbwyntiau a welwch chi yma'n dod yn haws neu'n anoddach i'w cefnogi yn dibynnu pa fath o le gwledig rydyn ni'n eu trafod. Dydy hi ddim yn realistig i ni ddisgwyl adfer tiroedd y cyrion yn y ffiniau gwledig-trefol i'w cyflwr gwyllt fel roedden nhw'n arfer bod (sut bynnag y bydd hynny'n edrych). Ond, gallwn ni ddadlau'n llawer cryfach dros geisio adfer ardaloedd o gefn gwlad 'tadol' neu 'gleientaidd' i'w cyflwr naturiol lle mae'n

Dydy'r bobl leol o deuluoedd sydd wedi byw yma am genedlaethau ddim yn gallu fforddio'r prisiau tai sy'n codi ac yn ystyried bod eu lle cartref o **dan fygythiad** oherwydd y mewnfudo

Cafodd mudwyr diweddar eu denu yma gan y golygfeydd; maen nhw'n ystyried y lle hwn yn lle **diamser** ac maen nhw eisiau rhwystro unrhyw ddatblygiad masnachol newydd er y byddai hynny'n creu swyddi

Mae'r llywodraeth leol yn ystyried y lle hwn yn **le problemus gyda** diweithdra uchel ymysg y bobl ifanc: ei nod pennaf yw meithrin a helpu i dalu am dwf mewn swyddi newydd

Mae ystyr y lle yn hollol wahanol i wahanol chwaraewyr. Mae hyn yn golygu y bydd hi'n **anodd cytuno ar benderfyniadau** am ddyfodol y lle gwledig hwn.

Mae buddsoddwyr mewn lleoedd eraill yn ystyried y lle penodol hwn yn **gyfle busnes** am fod y costau llafur yn isel ac efallai bod grantiau ar gael ar gyfer cychwyn busnesau newydd

Mae rhai perchnogion tir a ffermwyr yn gweld y lle hwn fel **ased gwerthfawr**: maen nhw'n falch bod y mudwyr newydd yn gyrru prisiau tai, tir a rhentu'n uwch

Mae rhai amgylcheddwyr yn ystyried cefn gwlad yn **lle gwyllt** lle dylai natur gael ei adael i 'dyfu'n naturiol' ac mae anghenion pobl yn dod yn ail

Lle gwledig dadleuol

◀ **Ffigur 6.18** Mae gan wahanol grwpiau o bobl safbwyntiau amrywiol am hunaniaeth wledig (wedi ei amlygu mewn print trwm) a'r ffordd orau o reoli lleoedd gwledig

annhebygol iawn y bydd cymunedau gwasgaredig yno'n gallu parhau'n economaidd a chymdeithasol gynaliadwy beth bynnag.

Safbwynt 1: mae'n well gadael rhai lleoedd gwledig yn wyllt

Mae ardal wyllt yn lle sydd â nodweddion naturiol heb eu handwyo (er bod gan wahanol bobl farn wahanol ynglŷn â beth yw'naturiol'). Weithiau, bydd pobl yn dadlau y dylai ardal wyllt sydd o dan fygythiad o gael ei hecsbloetio gael ei gwahanu oddi wrth y datblygiad. Hefyd, mae pobl yn dadlau y dylai rhai lleoedd gwledig sy'n cael eu rheoli ar hyn o bryd gael eu gadael yn llonydd a'u hadfer i'w cyflwr naturiol blaenorol. Mae'r gair'ail-wylltio'yn cael ei ddefnyddio i ddisgrifio'r broses hon o adael i fyd natur dyfu'n naturiol. Un enghraifft enwog o ail-wylltio rydych efallai wedi dod ar ei draws o'r blaen oedd ailgyflwyno bleiddiaid i Barc Cenedlaethol Yellowstone yn UDA yn 1995. Pan ddaeth y bleiddiaid yn ôl ar ôl 70 mlynedd o absenoldeb, sbardunwyd rhaeadr troffig anghyffredin (dilyniant o newidiadau cysylltiedig yn yr ecosystem) ac, yn fwy o syndod fyth, dechreuodd y systemau tirffurf ddod yn ôl. Roedd hynny'n cynnwys coed yn aildyfu, a newid yn ymddygiad sianelau'r afonydd wrth i'r glannau sefydlogi. Cafodd hyn i gyd ei sbarduno gan y bleiddiaid am eu bod nhw'n gostwng nifer yr anifeiliaid pori oedd yn bwyta'r llystyfiant ac oedd wedi atal y coed rhag aildyfu.

Mae'r mudiad ail-wylltio yn adlewyrchu'r newid agwedd tuag at y byd naturiol a sut rydyn ni'n meddwl am y gofodau a'r lleoedd gwledig. Mae llawer ohonon ni wedi dechrau disgwyl gweld 'gwelliannau' amgylcheddol nawr am ein bod ni'n perthyn i gymdeithas ôl-ddiwylliannol, fel mae'r gromlin Kuznets amgylcheddol yn ei awgrymu (gweler tudalen 97). Mae ffermio'n llai pwysig fel ffordd o greu cyfoeth, ac mae gwell dealltwriaeth

o'r syniad o gwasanaethau'r ecosystem wedi lledaenu'r farn hon bod gan y byd naturiol werth economaidd cynhenid.

Er enghraifft, mae ecosystemau'r fforestydd a'r gweundiroedd mawn a gafodd eu hadfer yn atafaelu carbon. Yn Yellowstone, darparodd y bleiddiaid y gwasanaeth naturiol o reoli'r boblogaeth drwy gyfyngu ar nifer y ceirw a'r cwningod. Felly, mae organebau a lleoedd gwledig yn cael hunaniaeth newydd fel asedau economaidd, hyd yn oed pan maen nhw'n cael eu gadael yn llonydd.

- Mae Tabl 6.2 yn dangos enghreifftiau o ddad-ddofi mewn lleoedd gwledig drwy'r DU i gyd. Mae'r rhan fwyaf o'r cynlluniau hyn yn ddadleuol. Cododd yr undebau ffermio eu pryderon am ffermwyr yn dioddef colledion ariannol am fod afancod wedi cael eu hailgyflwyno, ac mae'r Gymdeithas Ddefaid Genedlaethol yn gwrthwynebu ailgyflwyno'r lyncs.

Lle	Effaith ddad-ddofi
Norfolk a Cumbria (lyncs)	1,300 o flynyddoedd ar ôl i lyncs olaf Prydain gael ei ladd, mae Ymddiriedolaeth Lyncs y DU eisiau dod â'r anifail yn ei ôl, gan ddadlau bod cathod mawr yn gostwng nifer y ceirw ac yn adfer cydbwysedd yr ecosystem.
Argyll, Yr Alban (afancod)	Afancod a ailgyflwynwyd yn adeiladu argaeau yn yr afon. Yn y pen draw, mae'r rhain yn draenio i greu dolydd, ac felly'n creu cynefin pwysig i rywogaethau eraill.
Ynys Mull, Yr Alban (eryr cynffonwyn)	Yn yr 1980au, cafwyd rhaglen fridio i ailgyflwyno'r eryr cynffonwyn am fod nifer yr adar hyn wedi bod yn dirywio ers 70 mlynedd. Mae un pâr ar bymtheg wedi sefydlu ar yr ynys erbyn hyn.
Ynys Arran, Yr Alban (adfywio gwely'r môr)	Un enghraifft o ail-wylltio morol yw parth dim pysgota cyntaf yr Alban, a sefydlwyd yn 2008. Mae cimychiaid, crancod, cregyn bylchog *scallops* a physgod oll yn ffynnu yn y dyfroedd 'gwyllt' hyn.

▲ **Tabl 6.2** Dad-ddofi lleoedd gwledig yn y DU

 TERM ALLWEDDOL

Gwasanaethau ecosystem Y buddion y mae pobl yn eu cael o'r ecosystemau a fyddai'n creu costau economaidd os na fydden nhw ar gael bellach. Dyma enghreifftiau o wasanaethau ecosystem: cynnyrch fel bwyd a dŵr, rheoli llifogydd a storio carbon.

- Mae cyfyng-gyngor moesegol ac athronyddol yn digwydd hefyd. Yn yr Iseldiroedd, cafodd ardal wedi'i dad-ddofi o'r enw Oostvaardersplassen ei beirniadu am fod ceffylau'n cael eu gadael i farw pan oedd y bwyd yn brin yn y gaeaf. Roedd grwpiau hawliau anifeiliaid yn gwrthwynebu'r ffordd y gadawyd i'natur ddigwydd yn naturiol' yno. Roedden nhw'n dadlau bod dad-ddofi'n fath o arbrawf gwyddonol mewn gwirionedd. Yn rhesymegol, dydy'r ceffylau ddim yn hollol wyllt ac felly, dan y gyfraith, maen nhw'n haeddu cael eu trin gyda thrugaredd.
- Yn olaf, mae pobl wedi beirniadu'r syniad o roi 'hunaniaeth naturiol' i leoedd gwledig, ac mae rhai wedi gofyn: pam ydyn ni'n defnyddio diwedd y Pleistosen fel 'gwaelodlin' ar gyfer dad-ddofi? Ymhellach yn ôl, 115,000 o flynyddoedd yn ôl, roedd y DU yn gartref i eliffantod a rhinoserosod. Beth am wneud hynny'n waelodlin felly? Gan bwy mae'r grym i wneud y penderfyniadau hyn a pham?

Safbwynt 2: dylai pobl gael byw mewn lleoedd gwledig ond dylai'r lleoedd hyn gael eu diogelu rhag newid hunaniaeth

Mae teimladau NIMBY (nid yn fy ngardd gefn i) am hunaniaeth wledig yn dod i'r wyneb yn aml iawn pan fydd pobl yn ceisio cyflwyno ffynonellau egni adnewyddadwy mewn lleoedd gwledig, yn enwedig wrth osod tyrbinau gwynt tal. Am ein bod ni fel hil ddynol angen gostwng ein ôl troed carbon, mae llawer o bobl yn ystyried tyrbinau gwynt yn ased i ardaloedd lleol, heb sôn am ased i'r wlad ac i'r byd i gyd. Mae hefyd yn bosibl newid delwedd ardal gan ddefnyddio egni adnewyddadwy; ym Mhennod 4, cafwyd syniadau am ail-frandio oedd yn cynnwys lleoedd eco a thirweddau technolegol. Mae'r rhain yn berthnasol i leoedd gwledig hefyd. Cafodd gogledd-orllewin Cumbria – lle mae nifer o'r tyrbinau hyn – ei ail-frandio'n 'arfordir egni Prydain' gan gonsortiwm o gynghorau sir a busnesau.

Ond, mewn lleoedd eraill, cafwyd gwrthwynebiad cryf yn erbyn tyrbinau oherwydd eu heffaith go iawn, a'r effaith a ddychmygwyd gan bobl, ar dirweddau gwledig a hunaniaeth lleoedd gwledig. Yn 2012, rhoddodd Cyngor Bradford stop ar ei gynlluniau i ddatblygu gweunydd Gorllewin Swydd Efrog gerllaw Haworth. Y rheswm dros hynny oedd bod y Gymdeithas Brontë wedi ymgyrchu'n frwd, ac yn llwyddiannus yn y pen draw, yn eu herbyn.

- Os bydden nhw wedi cael eu caniatáu, byddai'r tyrbinau can metr oedd i gael eu gosod yn sefyll ar y gweunydd gwyllt a ysbrydolodd lawer o waith gorau Emily Brontë, yn cynnwys *Wuthering Heights*. Roedd Cymdeithas Brontë eisiau cadw hunaniaeth y gweunydd yn union fel roedden nhw yn y nofelau enwog (gweler tudalen 59).
- Dywedodd cadeirydd Cymdeithas Brontë ar ôl y dyfarniad: 'Mae ymwelwyr yn dod o bob rhan o'r byd i weld gweunydd gwyllt *Wuthering Heights* Emily Brontë ac maen nhw eisiau gweld y grug yn chwythu yn y gwynt – nid tyrbinau uchel yn chwythu yn y gwynt. Rwyf wrth fy modd â'r penderfyniad hwn a'r ffaith y bydd angen i bob cais yn y dyfodol ystyried pwysigrwydd cysylltiadau hanesyddol a llenyddol yr ardal.'

Un mater diddorol sydd weithiau'n codi yn rhan o'r broses gadwraeth hon – ac a gafodd ei archwilio eisoes ym Mhennod 1 – yw'r penderfyniad blinderus ynglŷn â lle i osod y ffin ar gyfer unrhyw ardal wledig sydd angen ei chadw a'i diogelu rhag newid hunaniaeth. Un enghraifft yw'r penderfyniad i osod ffiniau ar gyfer Parc Cenedlaethol South Downs (*SDNP: South Downs National Park*), a ddaeth yn weithredol o'r diwedd yn 2011. Yn wreiddiol, yr awgrym oedd y dylai'r SDNP gynnwys rhanbarth o'r enw Western Weald (Ffigur 6.19). Ond, cafodd y lle hwn ei eithrio yn y pen draw oherwydd gwahaniaethau mewn daeareg. Does gan Western Weald ddim y famgraig sialc sy'n nodwedd ddiffiniol o SDNP. Mae llawer o bobl

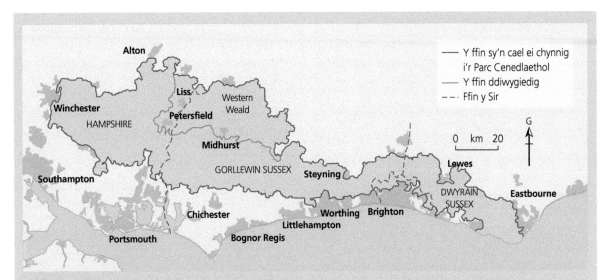

▲ **Ffigur 6.19** Roedd mater ffiniau Parc Cenedlaethol South Downs yn codi cwestiynau pwysig am hunaniaeth lle gwledig: ble mae un lle yn gorffen ac un arall yn cychwyn?

leol yn anghytuno â'r eithrio yma, gan ddadlau bod Western Weald yn rhannu'r un nodwedd gyffredinol â gweddill y rhanbarth wledig maen nhw'n ystyried ei fod yn rhan ohoni. Cafodd y ddadl hon ei gwrthod yn y diwedd.

Safbwynt 3: mae angen swyddi a chartrefi newydd felly mae'n rhaid gadael i leoedd newid

Un safbwynt olaf o ran hunaniaeth lle gwledig yw y dylai gael cyfle i esblygu ei hun dros amser yn unol ag anghenion newidiol y bobl leol. Pan mae tai wedi mynd yn rhy ddrud bellach i'r bobl leol oherwydd y galw gan bobl wrthdrefol sy'n symud i mewn, gallwn ni'n sicr ddadlau bod rhaid aberthu rhywfaint o'r tir i adeiladu tai fforddiadwy i'r bobl sydd eu hangen nhw. Mae hyn yn arbennig o wir os ydyn ni'n credu bod y cymunedau sydd â chysylltiad hanesyddol hir â lle arbennig yn haeddu dyfodol cynaliadwy yn y fan *lle maen nhw'n barod*. Gallwn ni ddadlau yr un peth am gyflwyno diwydiannau newydd fydd yn dod â swyddi angenrheidiol iawn. Mae pobl sy'n symud i mewn i leoedd gwledig yn dod â gwaith proffesiynol gyda nhw'n aml iawn

ar eu gliniaduron, ond efallai fod y cyfleoedd gwaith i deuluoedd sydd wedi byw yno ers talwm yn gyfyngedig oherwydd mecaneiddio ffermio.

Yn 2017, cyflwynodd y cwmni Treetop Treks gais cynllunio am 'Ganolfan Weithgareddau' yn Thirlmere yn Ardal y Llynnoedd. Roedd yn cynnwys cynnig i osod wyth gwifren sip ar draws Llyn Thirlmere (Ffigur 6.20).

- Roedd cefnogwyr y cynnig yn dadlau y byddai'r Ganolfan Weithgareddau'n creu gwaith cyfatebol â 28 swydd lawn amser, y byddai llawer o'r rhain yn swyddi drwy'r flwyddyn gron nid yr haf yn unig, ac y gallan nhw ddenu mwy na 100,000 o ymwelwyr y flwyddyn. Yn ei gyflwyniad cynllunio, dywedodd Treetop Treks: 'Dydy Ardal y Llynnoedd ddim yno i gerddwyr a dringwyr yn unig. Mae yno i bawb. Ddylen ni ddim ceisio ei gadw mewn asbig.'

- Cafodd y project wrthwynebiad cryf iawn gan ymgyrchwyr oedd yn dweud y byddai gweld a chlywed reidwyr sgrechlyd yn 'tarfu ar heddwch' y lle ac yn andwyo hunaniaeth yr ardal hon. Casglodd grŵp lleol o'r enw 'Zip Off' filoedd o lofnodion yn gwrthwynebu'r cynllun.

Mae tensiwn cyson rhwng prosesau datblygu a chadwraeth yn y rhan hwn o Ardal y Llynnoedd, lle mae 18 miliwn o bobl yn ymweld bob blwyddyn ac sydd hefyd yn cynnal 18,000 o swyddi.

Dod i gasgliad sy'n seiliedig ar dystiolaeth

Pam mae barn pobl yn gwahanaethu cymaint am y ffordd orau o reoli hunaniaeth wledig? Mae'r drafodaeth hon wedi archwilio rhwyg sylfaenol yn y ffordd y mae gwahanol grwpiau o bobl yn ystyried, ac yn ymwneud â, lleoedd gwledig.

- Mae'r safbwyntiau'n cael eu penderfynu'n rhannol gan agweddau o hunaniaeth bersonol pobl, e.e. faint o incwm maen nhw'n eu hennill a'u rhagolygon o ran cael gwaith; a ydyn nhw wedi mudo i le yn ddiweddar ynteu oes ganddyn nhw wreiddiau dyfnach yno; beth yw eu credoau moesegol a phersonol eu hunain ynglŷn â diogelu natur.

- Mae'r trafod a'r anghytuno am hunaniaeth wledig yn gwaethygu os nad oes cytundeb cryf ynglŷn â beth yw swyddogaeth cefn gwlad. Yn y gorffennol, roedd y mwyafrif o bobl yn cytuno y dylai lle gwledig gael ei ddefnyddio'n gynhyrchiol i gynhyrchu adnoddau, cyflogaeth a chyfoeth. Heddiw, mae rhai pobl yn dal i gredu hyn ond mae lleisiau eraill, sy'n gryfach yn aml iawn, wedi ymuno â'r ddadl.

- Yn anochel, mae barn am bwysigrwydd diogelu hunaniaeth wledig yn amrywio, yn dibynnu ar y math o le gwledig rydyn ni'n ei drafod. Mewn penodau blaenorol, gwelsom ni bod gan rai tirweddau gymeriad eiconig oherwydd y ffordd y cawson nhw eu portreadu ar un adeg mewn llenyddiaeth, barddoniaeth, celfyddyd neu ffilm. Wrth gwrs, bydd cynigion i ddod â newid hunaniaeth i ranbarth byd-enwog Ardal y Llynnoedd yn creu mwy o wrthwynebiad na, dywedwch, gynllun i addasu'r tiroedd ar y cyrion yn Formby, y mae llawer llai o bobl wedi clywed amdanyn nhw neu'n hidio amdanyn nhw.

Wrth gloi, mae'n bwysig cofio y bydd yr holl hunaniaethau gwledig yn newid yn y pen draw, gyda threigl amser (beth bynnag yw barn gwahanol bobl am y newid). Mae cafnau rhewlifol Ardal y Llynnoedd yn edrych yn wahanol iawn yn awr i'r ffordd y bydden nhw wedi edrych 10,000 o flynyddoedd yn ôl, yn fuan wedi i iâ'r Pleistosen encilio. Mewn blynyddoedd i ddod, mae'n debyg y bydd newid hinsawdd yn dod â newidiadau amlwg i'r ecoleg ac i'r gylchred ddŵr yn Thirlmere, p'un a ydy'r gwifrau sip yno ai peidio. Nid yw hunaniaeth lle'n ddiogel yn y tymor hir. Ond nid yw hyn yn beth drwg i gyd oherwydd newid, ynghyd â pharhad, sy'n gwneud y weithred o astudio lleoedd mor ddiddorol i ddaearyddwyr.

◀ **Ffigur 6.20** Llyn Thirlmere: a fyddai reidwyr sgrechlyd ar y wifren sip yn newid hunaniaeth y lle hwn am byth?

Crynodeb o'r bennod

✔ Mae lleoedd gwledig drwy'r DU gyfan wedi cael eu gweddnewid gan lifoedd newydd o bobl, buddsoddiad ac adnoddau. Mae rhai newidiadau wedi digwydd dan arweiniad y llywodraeth (fel projectau isadeiledd), tra bo eraill wedi eu harwain gan y bobl (fel mudo gwrthdrefol).

✔ Mae amrywiaeth eang o gyfranogwyr a sefydliadau wedi helpu i ailsiapio lleoedd gwledig drwy lywodraethu ar y cyd dros gyfnodau o wahanol hyd, yn amrywio o wyliau byrhoedlog i newidiadau mwy parhaol yn nefnydd y tir.

✔ Gallwn ni ddosbarthu lleoedd gwledig mewn gwahanol ffyrdd. Un dull yw gwahaniaethu rhwng ardaloedd o gefn gwlad wedi'u cadw, cefn gwlad dadleuol, cefn gwlad tadol a chefn gwad cleientaidd. Gallwn ni hefyd ddosbarthu lleoedd gwledig yn ôl eu nodweddion economaidd a demograffig.

✔ Mae newidiadau demograffig yn ddylanwad pwysig ar oroesiad cymunedau gwledig yn y DU. Mae'n bosibl i leoedd gyda phoblogaeth sy'n heneiddio ac yn lleihau groesi'r trothwy dirywiad fel nad yw'n bosibl darparu gwasanaethau pwysig yno bellach.

✔ Mae ail-greu lle mewn cyd-destun gwledig yn cynnwys strategaethau ail-frandio, newid delwedd ac adfywio sydd yn aml yn defnyddio'r dreftadaeth naturiol a diwylliannol sydd i'w chael mewn gwahanol leoedd. Mae Ynysoedd Arran yr Alban yn enghraifft o ail-frandio gwledig llwyddiannus, er bod rhywfaint o wrthwynebiad lleol.

✔ Mae dadleuon yn codi'n aml iawn am y ffordd y mae lleoedd gwledig yn cael eu rheoli am fod gan wahanol bobl safbwyntiau gwahanol ynglŷn â hunaniaeth cefn gwlad. Sbectrwm o safbwyntiau yn amrywio o gymorth i ddad-ddofi cefn gwlad i alw am adeiladu mwy o dai yn y dyfodol.

Cwestiynau adolygu

1 Beth yw ystyr y termau daearyddol canlynol? Ardal wyllt; cefn gwlad ôl-gynhyrchiol; tiroedd y cyrion.

2 Gan ddefnyddio enghreifftiau, amlinellwch y rôl y mae gwahanol rymoedd allanol yn ei chwarae i achosi newid mewn lleoedd gwledig.

3 Amlinellwch nodweddion mathau cyferbyniol o leoedd gwledig rydych wedi'u hastudio.

4 Eglurwch y rhesymau pam mae pwysigrwydd amaethyddiaeth fel ffynhonnell swyddi wedi dirywio dros amser yng nghefn gwlad Prydain.

5 Dadansoddwch newidiadau economaidd, demograffig a chymdeithasol diweddar yn y strwythur poblogaeth mewn rhai lleoedd gwledig.

6 Beth yw ystyr y termau daearyddol canlynol? Trothwy; adborth cadarnhaol; cylch dylanwad.

7 Gan ddefnyddio enghreifftiau, esboniwch wahanol fathau o strategaethau ail-frandio i leoedd gwledig.

8 Amlinellwch ddadleuon o blaid ac yn erbyn ailgyflwyno bleiddiaid a mathau eraill o anifeiliaid i leoedd gwledig yn y DU.

Gweithgareddau trafod

1 Mewn grwpiau, trafodwch newidiadau y mae Llywodraeth y DU wedi eu gorfodi ar leoedd gwledig yn y degawdau diwethaf. A ddylai lleoedd a chymunedau gwledig gael eu diogelu fwy?

2 Mewn parau, lluniwch fap meddwl yn dangos cysylltiadau synoptig posibl rhwng astudio lleoedd gwledig a thopigau daearyddol eraill fel: tirweddau arfordirol a rhewlifedig; y cylchredau carbon a dŵr; tirweddau a pheryglon tectonig; systemau byd-eang a llywodraethu byd-eang.

3 Mewn grwpiau neu barau, gwnewch asesiad o'r effeithiau tymor byr a thymor hir (cadarnhaol a negyddol) y gall gwyliau (*festivals*) eu cael ar amgylcheddau ac economïau gwledig.

4 Mewn grwpiau, trafodwch nodweddion economaidd, demograffig ac amgylcheddol lleoedd gwledig yn y DU rydych wedi ymweld â nhw'n bersonol.

5 Trafodwch y farn bod yr holl leoedd gwledig yn y DU wedi eu heffeithio i ryw raddau gan globaleiddio a llifoedd pobl byd-eang.

6 Mewn grwpiau, trafodwch y farn y dylai anghenion tai a chyflogaeth pobl wledig fod yn bwysicach bob amser na diogelu'r amgylchedd rhag datblygiad.

FFOCWS Y GWAITH MAES

Mae'r pynciau sydd dan sylw yn y bennod hon yn cynnig nifer o gyfleoedd i chi wneud ymchwiliad annibynnol Safon Uwch sy'n archwilio lleoedd a materion gwledig.

A *Creu ymchwiliad annibynol sy'n archwilio un agwedd o ddaearyddiaeth yr ŵyl gerddoriaeth.* Efallai y byddai gennych chi ddiddordeb mewn dadansoddi pam mae gŵyl gerdd fel Glastonbury, y Dyn Gwyrdd neu Latitude wedi eu lleoli mewn lle penodol. Gallech chi ymchwilio amrywiaeth o ffactorau daearyddol fel perchnogaeth y tir, y dirwedd, draeniad, y math o bridd, risg llifogydd, hinsawdd, rhwydweithiau cludiant a chyfreithiau cynllunio. Ar y llaw arall, gallech chi archwilio effeithiau gŵyl, yn amrywio o'r materion sy'n codi mewn perthynas ag ailgylchu gwastraff safle i wneud astudiaeth o gylchoedd dylanwad yr ŵyl yn rhanbarthol, yn genedlaethol ac yn fyd-eang (efallai y bydd pobl yn dweud mewn cyfweliad pa mor bell maen nhw wedi teithio). Ar y llaw arall, byddai'n ddiddorol canfod pa mor arwyddocaol yw'r manteision i westai a busnesau gwely a brecwast yn yr ardal leol.

B *Ymchwilio cysylltiadau a nodweddion lleoedd gwledig.* Gallwch chi addasu'r rhan fwyaf o'r awgrymiadau am y gwaith maes mewn penodau blaenorol ar gyfer cyd-destunau lleoedd gwledig. Mae Tabl 6.3 yn crynhoi'r syniadau allweddol a allai fod yn sylfaen ar gyfer ymchwiliad annibynnol wedi ei seilio mewn lle gwledig.

Ffocws yr ymchwil	Cwestiynau Posibl
Dylanwadau cenedlaethol ar leoedd gwledig	■ Pa mor bwysig yw polisïau cludiant ar gyfer goroesiad lleoedd gwledig ynysig? ■ I ba raddau mae band eang wedi helpu i gysylltu lleoedd gwledig gyda gweddill y DU?
Dylanwadau byd-eang ar leoedd gwledig	■ Faint mae lleoedd gwledig wedi globaleiddio? ■ Sut mae pobl wledig leol yn teimlo am benderfyniad y DU i adael yr Undeb Ewropeaidd?
Hunaniaethau gwledig newidiol	■ Sut mae incymau, iechyd ac addysg pobl wledig wedi newid dros amser a pham? ■ A yw mudo rhyngwladol wedi achosi i gymdeithas amlddiwylliannol ddatblygu mewn rhai lleoedd gwledig?
Cynrychioli lleoedd gwledig	■ Sut mae'r cynnwys ar wefannau twristiaeth ffurfiol yn cymharu â blogiau a gwefannau anffurfiol? ■ Pa mor wahanol yw portreadau lle gwledig mewn testunau a grëwyd gan bobl leol o'i gymharu â'r rheiny a ysgrifennwyd gan dwristiaid?

▲ **Tabl 6.3** Themâu posibl i waith maes gwledig

Deunydd darllen pellach

ArranBanner.com. Ar gael yn: https://www.arranbanner.co.uk.

Cloke, P. a Little, J., gol. (1997) *Contested Countryside Cultures*. Llundain: Routledge.

Cloke, P., Marsden T. a Mooney, P. gol. (2006) *Handbook of Rural Studies*. Llundain: Sage.

Ford, R. a Goodwin, M. (2014) *Revolt on the Right: Explaining Support for the Radical Right in Britain* Llundain: Routledge: Llundain.

Halfacree, K. a Boyle, P. (1998) Migration, rurality and the post-productivist countryside. Yn: H. Boyle a K. Halfacree, gol. *Migration into Rural Areas*. Chichester: John Wiley & Sons, 1–20.

Hatherley, O. (2014) Glastonbury: the pop-up city that plays home to 200,000 for the weekend. *The Guardian*.

Howells, H. (1965) Home to Arran, Scotland's magic isle. *National Geographic*, tud. 80–99.

Marsden, T., Murdoch, J., Lowe, P., Munton, R., a Flynn, A., gol. (1993) *Constructing the Countryside*. Llundain: UCL Press.

Monbiot, G. (2013) *Feral*. Llundain: Penguin.

Murdoch, J. a Marsden, T. (1994) *Reconstituting Rurality*. Llundain: UCL Press.

Rae, A. (2017) *A Land Cover Atlas of the United Kingdom*. Sheffield: Prifysgol Sheffield.

Wood, M. (2004) *Rural Geography: Processes, Responses and Experiences of Rural Restructuring*. Sage: Llundain

Canllaw astudio

Daearyddiaeth Safon Uwch CBAC: Lleoedd Newidiol

Canllaw i'r cynnwys

Mae'n rhaid i fyfyrwyr CBAC astudio testun gorfodol Lleoedd Newidiol, sy'n cael ei gefnogi'n llawn gan y llyfr hwn. Dylech chi ddysgu am amrywiaeth o leoedd, yn cynnwys eich lle cartref. Gallwch chi ddefnyddio'r astudiaethau achos sydd i'w cael drwy'r llyfr hwn i gyd i gefnogi gwahanol rannau o'r cwrs Lleoedd Newidiol. Dylai'r astudiaeth o'r rhain a lleoedd eraill ganolbwyntio ar:

- nodweddion dynamig lleoedd a'r ffordd y maen nhw'n datblygu hanes haenedig dros amser (sy'n helpu i ddarparu 'personoliaeth' unigryw i bob lle)
- effaith ailstrwythuro economaidd a grymoedd allanol eraill ar leoedd gwledig a threfol
- y ffordd y mae'r lle cartref ac ardaloedd yr astudiaethau achos eraill yn cael eu cynrychioli, er enghraifft mewn deunydd gwybodaeth i dwristiaid neu yn y cyfryngau cenedlaethol
- y ffordd y mae grymoedd allanol ar wahanol raddfeydd, yn cynnwys busnesau a llywodraethau, yn effeithio ar nodweddion lleoedd.

Lleoedd Newidiol

Mae'r adran hon o fanylebau CBAC wedi ei llunio o gwmpas deg is-thema fer.

Cwestiwn ymholi a chynnwys	Defnyddio'r llyfr hwn
Lleoedd Newidiol – cydberthnasoedd a chysylltiadau Mae'r adran gyflwyniadol hon yn archwilio nodweddion demograffig, economaidd-gymdeithasol a diwylliannol lleoedd; a'r ffactorau, llifoedd a chysylltiadau pobl, adnoddau, arian a syniadau sy'n helpu i siapio'r nodweddion hyn.	Pennod 1, tudalennau 1–35
Lleoedd Newidiol – ystyr a chynrychiolaeth Mae'r adran hon yn ymdrin ag ystyron, canfyddiadau a chysylltiadau sy'n cysylltu pobl â lleoedd; a gwahanol ffyrdd y mae lleoedd yn cael eu cynrychioli mewn cyfryngau amrywiol gan gyfranogwyr ffurfiol ac anffurfiol. Dylech chi fod yn ymwybodol o barhad a newid mewn ystyron lle (hynny yw, pwysigrwydd treftadaeth a hanes).	Pennod 2, tudalennau 39–70
Newidiadau dros amser yn nodweddion economaidd lleoedd Yn y fan yma, mae'r ffocws ar newidiadau strwythurol economaidd sydd wedi eu gyrru gan globaleiddio a'r newidiadau sy'n dilyn hynny yn strwythur cyflogaeth y DU (fel y gwelwn ym model Clark-Fisher).	Pennod 3, tudalennau 74–78

Cwestiwn ymholi a chynnwys	Defnyddio'r llyfr hwn
Newid economaidd ac anghydraddoldebau cymdeithasol mewn lleoedd trefol sydd wedi dad-ddiwydianeiddio Pan fydd diwydiannau traddodiadol yn mynd, mae'r canlyniadau'n cynnwys cylch o amddifadedd yn ogystal ag effeithiau cadarnhaol fel lefelau is o lygredd. Mae'r adran hon hefyd yn archwilio polisïau'r llywodraeth ar gyfer lleoedd wedi eu dad-ddiwydianeiddio sy'n ceisio denu buddsoddiad a mathau newydd o gyflogaeth.	Pennod 3, tudalennau 79–94 Pennod 5, tudalennau 154–162
Yr economi gwasanaethau (gwaith trydyddol) a'i effeithiau cymdeithasol ac economaidd Mae'r adran hon yn ymdrin â thwf adwerthu a gwaith y sector gwasanaethau masnachol sy'n cael eu gyrru gan gynnydd mewn cyfoeth a newid technolegol. Mae cysylltiadau pwysig â boneddigeiddio mewn ardaloedd trefol (lle mae twf y sector gwasanaethau wedi denu pobl broffesiynol ifanc). Ymysg y materion eraill sy'n gysylltiedig â'r sector gwasanaethau mae parciau siopa mawr tu allan i'r dref a siopa ar y rhyngrwyd.	Pennod 3, tudalennau 95–97
Economi gwybodaeth yr 21ain ganrif (gwaith cwaternaidd) a'i effeithiau cymdeithasol ac economaidd Mae angen i chi allu disgrifio ac esbonio twf economi gwybodaeth y DU a'r effaith ehangach y mae hyn yn ei gael ar leoedd lle mae diwydiannau gwybodaeth (cwaternaidd) wedi clystyru (er enghraifft, trefi a dinasoedd prifysgol).	Pennod 4, tudalennau 137–142
Y broses ail-frandio a'r bobl sy'n rhan ohoni mewn lleoedd gwledig Mae'r adran hon yn ymdrin â newid a heriau mewn ardaloedd gwledig ôl-gynhyrchiol, yn cynnwys arallgyfeirio ac yna newid delwedd ac adfywio'r lleoedd gwledig wedyn. Dylech chi hefyd fod yn gyfarwydd ag effeithiau amrywiol y newidiadau hyn ar wahanol grwpiau o bobl.	Pennod 6, tudalennau 187–202
Rheolaeth wledig a heriau parhad a newid Yn y fan yma, mae'r ffocws yn symud at leoedd gwledig sy'n parhau i wynebu amrywiaeth o heriau, er enghraifft efallai nad ydy'r ddarpariaeth gwasanaethau'n ddigonol, neu does dim polisïau adfywio neu efallai fod prinder tai. Dylech chi hefyd archwilio camau gweithredu posibl i reoli'r heriau hyn.	Pennod 6, tudalennau 204-208
Y broses ail-frandio a'r bobl sy'n rhan ohoni mewn lleoedd trefol Mae'r adran hon yn archwilio ail-greu lle mewn ardaloedd trefol, sy'n cynnwys newid delwedd, adfywio, datblygiadau tirnod ac effaith y strategaethau hyn ar weithredoedd ac ymddygiad gwahanol gyfranogwyr.	Pennod 4, tudalennau 117–136 a 144–149 Pennod 5, tudalennau 175–180
Rheolaeth drefol a heriau parhad a newid Mae'r adran lawn hon yn adolygu gwrthdaro a allai godi o'r broses ail-greu lle a'r heriau parhaus i leoedd trefol lle mae adfywio wedi achosi 'gorgynhesu' neu lle dydy adfywio ddim wedi digwydd.	Pennod 3, tudalennau 109–113 Pennod 5, tudalennau 168–171

Canllaw asesu CBAC

Caiff Lleoedd Newidiol ei asesu fel rhan o:

- *CBAC Uned 2*. Mae'r arholiad Safon Uwch hwn yn para 1 awr a 30 munud a'r dyraniad marciau cyfan yw 64. Mae 32 o farciau wedi eu dyrannu ar gyfer Lleoedd Newidiol, sy'n awgrymu y dylech chi dreulio tua 45 munud yn ateb. Mae'r 32 marc yn cynnwys:
  - dau gwestiwn strwythuredig a phob un werth 16 marc (sef 32 o farciau i gyd), sy'n cynnwys dau 'draethawd byr' 8 marc sy'n defnyddio gair gorchymyn fel 'archwiliwch' neu 'aseswch'.

Cwestiynau atebion byr

Bydd rhai o'r cwestiynau a ofynnir i chi wedi eu cysylltu â ffigurau (mapiau, siartiau, tablau neu ffotograffau).

- Bydd y cwestiwn/cwestiynau agoriadol wedi ei dargedu/eu targedu at amcan asesu 3 (AA3). Mae hyn yn golygu y bydd gofyn i chi ddefnyddio sgiliau daearyddol (AA3) i ddadansoddi neu ddyfynnu tystiolaeth neu wybodaeth ystyrlon o'r ffigur. Mae'n fwy na thebyg y bydd y cwestiynau hyn yn defnyddio geiriau gorchymyn sy'n cynnwys 'disgrifiwch', 'dadansoddwch' neu 'cymharwch'. Mae'r cwestiynau 'Dadansoddi a dehongli' sydd wedi eu cynnwys drwy'r llyfr hwn i gyd wedi eu gosod i gefnogi'r sgiliau astudio rydych eu hangen i ateb y math hwn o gwestiwn yn llwyddiannus.
- Neu, efallai y bydd gofyn i chi gwblhau tasg rifyddol neu graffigol fer sydd wedi ei seilio ar sgiliau. Mae eich manyleb yn cynnwys rhestr o sgiliau a thechnegau y mae disgwyl i chi allu eu gwneud, er enghraifft prawf cydberthyniad rhestrol Spearman, cyfrifo amrediad rhyngchwartel neu blotio data'n gywir ar siart neu graff.
- Yn olaf, efallai y bydd gofyn i chi roi eglurhad posibl o'r wybodaeth a welwch yn y ffigur gan ddefnyddio gwybodaeth gymhwysol. Mae'r math hwn o gwestiwn wedi'i dargedu at amcan asesu 2 (AA2) ac, yn fwy na thebyg, bydd yn defnyddio'r gair gorchymyn 'awgrymwch'. Bydd hefyd yn cynnwys y cyfarwyddyd: 'Defnyddiwch y ffigur'.
- Er enghraifft, gallech chi gael cyfres o gwestiynau byr sy'n dod ochr yn ochr â map yn dangos yr amrywiad mewn disgwyliad oes o fewn ardal drefol benodol. Fel cwestiwn agoriadol (AO3) gallech chi ddefnyddio: 'Dadansoddwch y patrwm a welwch yn y ffigur'. Gallai'r cwestiwn AO2 sy'n dilyn ofyn: 'Awgrymwch resymau pam mae gan rai lleoedd ddisgwyliad bywyd is nag eraill a welwch yn y ffigur'. I gael marciau llawn, mae'n rhaid i chi (i) ddefnyddio'r wybodaeth a'r ddealltwriaeth ddaearyddol yn y cyd-destun newydd hwn sy'n cael ei ddangos i chi, a (ii) sefydlu cysylltiadau clir iawn rhwng y cwestiwn sy'n cael ei ofyn a'r deunydd ysgogi a ddangoswyd i chi.

Yn yr arholiad, does dim ffigur gyda rhai o'r cwestiynau atebion byr. Maen nhw wedi eu targedu ar y cyd at AA1 ac AA2 ac maen nhw werth 8 marc. Mae'n fwy na thebyg y bydden nhw'n defnyddio'r geiriau gorchymyn 'archwiliwch' neu 'aseswch'. Er enghraifft: 'Archwiliwch y rhesymau pam mae wedi dod mor bwysig i arallgyfeirio economïau lleoedd gwledig.' Rhoddir marciau uchel i fyfyrwyr sy'n gallu ysgrifennu atebion cryno a manwl sy'n cynnwys ac sy'n cysylltu amrywiaeth o syniadau, cysyniadau neu ddamcaniaethau daearyddol at ei gilydd. Hefyd, yn rhan o'ch ateb, dylech chi wneud rhywfaint o fyfyrio beirniadol byr neu bwysoli'r dystiolaeth. Yn yr enghraifft uchod, gallai eich ateb fyfyrio'n gryno ar y gwahanol fathau o leoedd gwledig y gallech chi ddefnyddio'r datganiad hwn ar eu cyfer (gweler tudalen 194).

Daearyddiaeth synoptig

Yn ogystal â'r tair prif Amcan Asesu, bydd rhai o'ch marciau'n cael eu rhoi am 'synoptigedd'. Yn lle canolbwyntio ar un pwnc ar ei ben ei hun, mae disgwyl i chi dynnu gwybodaeth a syniadau at ei gilydd ar hyd a lled y fanyleb er mwyn gwneud cysylltiadau rhwng gwahanol 'barthau' o wybodaeth, yn enwedig y cysylltiadau rhwng pobl a'r amgylchedd (hynny yw, cysylltiadau ar draws daearyddiaeth ddynol a daearyddiaeth ffisegol). Mae'r astudiaeth o diroedd ymylol Formby (gweler tudalen 189) yn enghraifft dda o ddaearyddiaeth synoptig; enghraifft dda arall yw'r astudiaeth o Salford Quays (gweler tudalennau 147 a 180) oherwydd y cysylltiadau pwysig rhwng rheoli'r gylchred ddŵr ac ail-greu lle trefol.

Drwy gydol eich cwrs, nodwch y themâu synoptig yn ofalus lle bynnag y maen nhw'n ymddangos yn eich gwersi ac wrth ddarllen. Dyma rai enghreifftiau o themâu synoptig: effaith y peryglon tectonig ar bensaernïaeth drefol a symudiadau'r boblogaeth; strategaethau i ostwng meintiau ôl troed carbon er mwyn helpu i leihau'r allyriadau anthropogenig sy'n mynd i mewn i'r gylchred garbon. Pryd bynnag y byddwch yn gorffen darllen pennod yn y llyfr hwn, gwnewch nodyn gofalus o unrhyw themâu synoptig sydd wedi dod i'r amlwg (efallai eu bod nhw wedi eu nodi neu efallai eich bod chi wedi gweld y cysylltiadau hyn drosoch eich hun).

Asesiad synoptig CBAC

Mae rhan o Uned 3 wedi'i neilltuo ar gyfer synoptigedd, Mae synoptigedd yn cael ei archwilio gan ddefnyddio asesiad o'r enw 'Sialensau'r 21ain ganrif'. Mae'r ymarfer synoptig hwn yn cynnwys cyfres gysylltiedig o bedwar ffigur (mapiau, siartiau neu ffotograffau) gyda dewis o ddau gwestiwn traethawd i gyd-fynd â nhw. Mae uchafswm o 26 marc ar gyfer y cwestiwn hwn. Dyma rai cwestiynau posibl:

Trafodwch pa mor ddifrifol yw'r gwahanol risgiau y mae dinasoedd yn eu hwynebu fwy a mwy.

I ba raddau allai cadw rheolaeth ar wahanol risgiau arwain at newidiadau yn nodweddion y lleoedd trefol?

Yn rhan o'ch ateb, byddwch angen defnyddio amrywiaeth o wybodaeth o wahanol dopigau rydych chi wedi dysgu amdanynt a gwneud defnydd dadansoddol da o'r adnoddau nad oeddech wedi eu gweld o'r blaen er mwyn cael credyd AA3 (mae'r cwestiynau 'Dadansoddi a dehongli' yn y llyfr hwn wedi eu llunio'n ofalus i'ch helpu yn y cyswllt hwn). Gallai un o'r cwestiynau, neu'r ddau gwestiwn, ymwneud yn ddigon amlwg â'r topig Lleoedd Newidiol fel mae'r teitlau enghreifftiol uchod yn ei ddangos.

- Gallai'r risgiau i ddinasoedd gynnwys y bygythiadau i gyflogaeth a chymunedau mewn lleoedd trefol sydd wedi dod oherwydd syfliad byd-eang a thechnolegau newydd.
- Nodwch hefyd bod yr ail gwestiwn yn gadael i chi archwilio nid yn unig newidiadau pensaernïol y 'byd go iawn' ond hefyd newidiadau yn y *canfyddiadau* sydd gan bobl o le (wedi eu cysylltu â theimladau o gynnydd mewn perygl neu o fod yn agored i niwed).

Bydd geiriau ac ymadroddion gorchymyn fel 'i ba raddau' a 'trafodwch' yn gofyn i chi ddod i farn derfynol. Cofiwch roi eich barn y naill ffordd neu'r llall. Defnyddiwch yr holl ddadleuon a'r ffeithiau rydych wedi eu cyflwyno'n barod ym mhrif gorff y traethawd, ystyriwch eich tystiolaeth i gyd a dywedwch a ydych chi – o ystyried y cyfan – yn cytuno neu'n anghytuno â'r cwestiwn. Fel canllaw, dyma dair rheol syml.

1 *Peidiwch byth â dangos ansicrwydd - gwnewch benderfyniad.* Cafodd teitlau'r traethawd eu creu yn fwriadol i gynhyrchu trafodaeth sy'n gwahodd dadl ac yna farn derfynol. Peidiwch â disgwyl derbyn marc uchel iawn os byddwch chi'n gorffen traethawd gydag ymadrodd fel hyn: 'Felly, o ystyried y cyfan, mae dinasoedd yn wynebu nifer o risgiau ac maen nhw i gyd yn bwysig.'

2 *Yn yr un modd, mae'n well osgoi cytuno neu anghytuno eithafol.* Yn benodol, ddylech chi ddim dechrau eich traethawd drwy wrthod un safbwynt yn gyfan gwbl, er enghraifft drwy ysgrifennu: 'Yn fy marn i, newid hinsawdd yw'r risg mwyaf y mae pob lle yn ei wynebu a bydd y traethawd hwn yn esbonio'r holl resymau pam.' Yn lle hynny, dylech chi fod yn ystyried ystod o ddadleuon neu safbwyntiau penodol.

3 *Y safbwynt gorau i'w gymryd yw un sy'n nodi: 'Cytuno, ond ...' neu 'anghytuno, ond ...'.* Mae hwn yn safbwynt aeddfed sy'n dangos eich bod chi'n gallu rhoi barn eich hun ar fater gan hefyd ystyried safbwyntiau a barnau pobl eraill.

Mynegai

Cydnabyddiaeth ffotograffau